全国中等卫生职业教育规划教材

供中等卫生职业教育各专业使用

信息技术应用基础

（修订版）

主　编　张伟建　程正兴

副主编　刘　浩　涂黎明　张全丽

编　者　(以姓氏笔画为序)

牛晓强　江西省赣州卫生学校

乔爱玲　北京市海淀区卫生学校

刘　浩　郑州市卫生学校

苏　翔　安徽省淮南卫生学校

李　敬　新疆伊宁卫生学校

张　伟　皖北卫生职业学院

张伟建　皖北卫生职业学院

张全丽　黑河市职业技术教育中心学校

张晓悦　首都医科大学附属卫生学校

赵立春　山东省临沂卫生学校

耿　云　江苏省宿迁卫生中等专业学校

涂黎明　南昌市卫生学校

程正兴　安徽省淮南卫生学校

熊　英　重庆市医药卫生学校

科学出版社

北　京

内 容 简 介

本书采用任务驱动模式进行编写，操作系统软件由 Windows XP 升级为 Windows 7，常规应用软件由 Office 2003 升级为 Office 2010。书中每个任务都有具体的任务目标，对任务中所涉及的基础知识和操作技能要点都有翔实的分析讲解；学生上机操作是对学生布置的课堂上机任务，要求学生通过学习和实践能够较好地完成；任务完成评价部分是针对评估大多数学生的学习情况而提出的基本要求；知识技能拓展则是在学生现有认知水平的基础上略有提高。全书主要内容包括计算机基础知识、Windows 7 中文操作系统、Word 2010 文字处理软件、Excel 2010 电子表格软件、Power Point 2010 演示文稿软件、互联网的应用等，配有网络教学资料、供学习和复习使用的练习题和考试模拟卷。

本书供全国中等卫生职业教育各专业使用。

图书在版编目(CIP)数据

信息技术应用基础 / 张伟建，程正兴主编．—修订本．—北京：科学出版社，2016

全国中等卫生职业教育规划教材

ISBN 978-7-03-048656-1

Ⅰ．信…　Ⅱ．①张…　②程…　Ⅲ．电子计算机-中等专业学校-教材　Ⅳ．TP3

中国版本图书馆 CIP 数据核字(2016)第 127442 号

责任编辑：郝文娜　杨小玲 / 责任校对：王　瑞
责任印制：徐晓晨 / 封面设计：黄华斌

科学出版社 出版
北京东黄城根北街 16 号
邮政编码：100717
http://www.sciencep.com

北京虎彩文化传播有限公司 印刷
科学出版社发行　各地新华书店经销

*

2016 年 6 月第 一 版　开本：787×1092　1/16
2021 年 8 月第六次印刷　印张：18 1/4
字数：423 000

定价：35.00 元

(如有印装质量问题，我社负责调换)

全国中等卫生职业教育规划教材
编审委员会
（修订版）

全国中等卫生职业教育规划教材
教 材 目 录
（修订版）

1	解剖学基础	于晓谟	袁耀华	主编
2	生理学基础	柳海滨	林艳华	主编
3	病理学基础	周溢彪	刘起颖	主编
4	生物化学概论		高怀军	主编
5	病原生物与免疫学基础	饶洪洋	张晓红	主编
6	药物学基础	符秀华	付红焱	主编
7	医用化学基础	张彩霞	张　勇	主编
8	就业与创业指导	丁来玲	万东海	主编
9	职业生涯规划		宋建荣	主编
10	卫生法律法规		李云芝	主编
11	信息技术应用基础	张伟建	程正兴	主编
12	护理伦理学		王晓宏	主编
13	青少年心理健康		高云山	主编
14	营养与膳食指导	靳　平	冯　峰	主编
15	护理礼仪与人际沟通	王　燕	丁宏伟	主编
16	护理学基础	王　静	冉国英	主编
17	健康评估	张　展	袁亚红	主编
18	内科护理	董燕斐	张晓萍	主编
19	外科护理	王　萌	张继新	主编
20	妇产科护理	王春先	刘胜霞	主编
21	儿科护理	黄力毅	李砚池	主编
22	康复护理	封银曼	高　丽	主编
23	五官科护理		陈德荣	主编
24	老年护理		生加云	主编
25	中医护理	韩新荣	朱文慧	主编
26	社区护理		吴　苇	主编
27	心理与精神护理		杨明荣	主编
28	急救护理技术		杨建芬	主编
29	护理专业技术实训		曾建平	主编
30	产科护理	潘　洁	李民华	主编
31	妇科护理	王月秋	吴晓琴	主编
32	母婴保健	王海燕	王莉杰	主编
33	遗传与优生学基础	田廷科	赵文忠	主编

全国中等卫生职业教育规划教材
修 订 说 明

《全国中等卫生职业教育规划教材(护理、助产专业)》在编委会的组织下,在全国各个卫生职业院校的支持下,从2009年发行至今,已经走过了8个不平凡的春秋。在8年的教学实践中,教材作为传播知识的有效载体,遵照其实用性、针对性和先进性的创新编写宗旨,落实了《国务院关于大力发展职业教育的决定》精神,贯彻了《护士条例》,受到了卫生职业院校及学生的赞誉和厚爱,实现了编写精品教材的目的。

这次修订再版是在前两版的基础上进行的。编委会全面审视前两版教材后,讨论制定了一系列相关的修订方针。

1. 修订的指导思想　实践卫生职业教育改革与创新,突出职业教育特点,紧贴护理、助产专业,有利于执业资格获取和就业市场。在教学方法上,提倡自主和网络互动学习,引导和鼓励学生亲身经历和体验。

2. 修订的基本思路　首先,调整知识体系与教学内容,使基础课更侧重于对专业课知识点的支持、利于知识扩展和学生继续学习的需要,专业课则紧贴护理、助产专业的岗位需求、职业考试的导向;其次,纠正前两版教材在教学实践中发现的问题;最后,调整教学内容的呈现方式,根据年龄特点、接受知识的能力和学习兴趣,注意纸质、电子、网络的结合,文字、图像、动画和视频的结合。

3. 修订的基本原则　继续保持前两版教材内容的稳定性和知识结构的连续性,同时对部分内容进行修订和补充,避免教材之间出现重复及知识的棚架现象。修订重点放在四个方面:①根据近几年新颁布的卫生法规和卫生事业发展规划及人民健康标准,补充学科的新知识、新理论等内容;②根据卫生技术应用型人才今后的发展方向,人才市场需求标准,结合执业考试大纲要求增补针对性、实用性内容;③根据近几年的使用中读者的建议,修正、完善学科内容,保持其先进性;④根据学生的年龄和认知能力及态度,进一步创新编写形式和内容呈现方式,以更有效地服务于教学。

现在,经过全体编者的努力,新版教材正式出版了。教材共涉及33门课程,可供护理、助产及其他相关医学类专业的教学和执业考试选用,从2016年秋季开始向全国卫生职业院校供应。修订的教材面目一新，具有以下创新特色。

1. *编写形式创新* 在保留“重点提示，适时点拨”的同时，增加了对重要知识点/考点的强化和提醒。对内容中所有重要的知识点/考点均做了统一提取，标列在相关数字化辅助教材中以引起学生重视，帮助学生拓展、加固所学的课程知识。原有的“讨论与思考”栏目也根据历年护士执业考试知识点的出现频度和教学要求做了重新设计，写出了许多思考性强的问题，以促进学生理论联系实际和提高独立思考的能力。

2. *内容呈现方式创新* 为方便学生自学和网络交互学习，也为今后方便开展慕课、微课等学习，除了纸质教材外，本版教材创新性提供了手机版 APP 数字化辅助教材和网络教学资源。其中网络教学资源是通过网站形式提供教学大纲和学时分配以及讲课所需的 PPT 课件（包含图表、影像等），手机版数字化教辅则通过扫描二维码下载 APP，帮助学生复习各章节的知识点/考点，并收集了大量针对性强的各类练习题（每章不低于 10 题，每考点 1~5 题，选择题占 60% 以上，专业考试科目中的案例题不低于 30%，并有一定数量的综合题），还有根据历年护士执业考试调研后组成的模拟试卷等，极大地提高了教材内涵，丰富了学习实践活动。

我们希望通过本次修订使新版教材更上一层楼，不仅继承发扬该套教材的针对性、实用性和先进性，而且确保其能够真正成为医学教材中的精品，为卫生职教的教学改革和人才培养做出应有的贡献。

本套教材第 1 版和第 2 版由军队的医学专业出版社出版。为了配合当前实际情况，使教材不间断地向各地方院校供应，根据编委会的要求，修订版由科学出版社出版，以便为各相关地方院校做好持续的出版服务。

感谢本系列教材修订中全国各卫生职业院校的大力支持和付出，希望各院校在使用过程中继续总结经验，使教材不断得到完善和提高，打造真正的精品，更好地服务于学生。

编委会

2016 年 6 月

修订版前言

本书依据新近发布的《全国计算机等级考试一级 MS Office 考试大纲》和《中等职业学校计算机应用基础教学大纲》编写而成。以培养中等职业教育各类专业人才为目标,从整体上把握教材内容的思想性、科学性、先进性、启发性和适用性。本书的主要特点是强调基础、注重实用、取材合理、深浅适度。在内容的采集与取舍上,力求做到有利于提高学生的知识水平和实践技能,有利于提高学生的科学文化素质和思维能力。

《信息技术应用基础》是各专业必修的一门基础课。信息技术在现代社会生活、生产和科学研究等各个领域均有广泛的应用,学习《信息技术应用基础》这门课,对进一步提高学生的科学素养,增强学生的实践能力和创新意识,形成科学的世界观和价值观具有重要意义。掌握信息技术基础知识和基本技能对帮助学生跟上时代步伐,更好地适应现代社会生活,具有非常积极的作用。本门课程的开设,应为实现各类职业教育培养的总目标做出更大的贡献。

本书为了配合当前教育教学改革的需要,采用任务驱动模式进行编写。按有关大纲的基本要求,本版的操作系统软件由 Windows XP 升级为 Windows 7,常规应用软件由 Office 2003 升级为 Office 2010。如此改进,也是为了更好地适应信息技术不断发展进步的需要。

本书的主要内容包括计算机基础知识、Windows 7 中文操作系统、Word 2010 文字处理软件、Excel 2010 电子表格软件、Power Point 2010 演示文稿软件、互联网的应用等。各章配有网络教学资料,供学习和复习使用的练习题,书末附全国计算机等级考试模拟卷。

本书编写中,对每个任务都提出了具体的任务目标;对任务中所涉及的基础知识和操作技能要点都做了比较翔实的分析讲解;学生上机操作是对学生布置的课堂上机任务,要求学生通过学习和实践能够较好地完成;任务完成评价部分,是针对评估大多数学生的学习情况而提出的基本要求;知识技能拓展,则是在学生现有认知水平的基础上略有提高,也是为了引导学有余力的部分学生进一步学习和研究而设立的。以上这些方面,对教师的教与学生的学都留有一定弹性,既便于教师把握教学,又给学生提供了自主发挥的空间。

本书的编写,得到了出版社的精心组织和指导,得到了编者所在院校的大力帮助和支持,在此表示感谢。

由于编者水平有限,对书中的不足或错漏之处,欢迎广大读者批评指正,以便今后修订提高。

编　者

2016 年 6 月

目 录

第1章 计算机基础知识 …………………………………………………………… (1)
1.1 任务一 了解计算机的发展与应用 …………………………………………… (1)
知识要点解析 ………………………………………………………………… (1)
知识点1 计算机的发展 ………………………………………………………… (1)
知识点2 计算机的主要特点 …………………………………………………… (2)
知识点3 计算机的分类 ………………………………………………………… (3)
知识点4 计算机的主要应用领域 ……………………………………………… (3)
1.2 任务二 认识计算机系统 ……………………………………………………… (5)
知识要点解析 ………………………………………………………………… (5)
知识点1 计算机的硬件系统 …………………………………………………… (5)
知识点2 计算机的软件系统 …………………………………………………… (12)
1.3 任务三 了解信息和数据在计算机中的表示 ………………………………… (14)
1.3.1 知识要点解析 ……………………………………………………………… (14)
知识点1 信息和数据 …………………………………………………………… (14)
知识点2 二进制数与数制转换 ………………………………………………… (14)
知识点3 计算机中数据和信息的单位 ………………………………………… (18)
知识点4 ASCⅡ码和汉字编码 ………………………………………………… (18)
1.3.2 学生上机操作 ……………………………………………………………… (20)
学生上机操作1 ………………………………………………………………… (20)
学生上机操作2 ………………………………………………………………… (21)
1.4 任务四 计算机系统的安全使用 ……………………………………………… (23)
1.4.1 知识要点解析 ……………………………………………………………… (23)
知识点1 引发数据安全问题的主要原因 ……………………………………… (23)
知识点2 计算机病毒与防治 …………………………………………………… (23)
1.4.2 学生上机操作 ……………………………………………………………… (24)
1.5 任务五 认识鼠标和键盘 ……………………………………………………… (24)
1.5.1 知识要点解析 ……………………………………………………………… (24)
知识点1 鼠标的结构与基本操作 ……………………………………………… (24)
知识点2 键盘的结构与基本操作 ……………………………………………… (25)
知识点3 键盘指法 ……………………………………………………………… (26)
知识点4 中、英文输入法 ……………………………………………………… (27)
1.5.2 学生上机操作 ……………………………………………………………… (28)

学生上机操作 1 …… (28)
学生上机操作 2 …… (29)
1.6 任务六 了解多媒体计算机 …… (29)
1.6.1 知识要点解析 …… (29)
知识点 1 多媒体计算机 …… (29)
知识点 2 多媒体常用设备 …… (30)
1.6.2 学生上机操作 …… (32)
学生上机操作 1 …… (32)
学生上机操作 2 …… (32)
1.7 本章复习题 …… (33)
第 2 章 Windows 7 中文操作系统 …… (35)
2.1 任务一 认识 Windows 7 中文操作系统 …… (35)
2.1.1 知识要点解析 …… (35)
知识点 1 Windows 7 的启动与退出 …… (35)
知识点 2 Windows 7 的桌面 …… (36)
知识点 3 Windows 7 的“开始”菜单 …… (38)
知识点 4 Windows 7 的窗口 …… (40)
知识点 5 Windows 7 的对话框 …… (43)
知识点 6 Windows 帮助和支持 …… (44)
2.1.2 学生上机操作 …… (45)
学生上机操作 1 …… (45)
学生上机操作 2 …… (45)
学生上机操作 3 …… (45)
学生上机操作 4 …… (46)
学生上机操作 5 …… (46)
2.2 任务二 了解文件和文件夹的概念 …… (46)
2.2.1 知识要点解析 …… (46)
知识点 1 文件 …… (46)
知识点 2 文件夹 …… (47)
知识点 3 “Windows 资源管理器”和“计算机” …… (48)
知识点 4 库 …… (49)
2.2.2 学生上机操作 …… (52)
学生上机操作 1 …… (52)
学生上机操作 2 …… (52)
2.3 任务三 文件和文件夹的管理 …… (54)
2.3.1 知识要点解析 …… (54)
知识点 1 新建文件夹和文件 …… (54)
知识点 2 重命名文件或文件夹 …… (55)
知识点 3 选定对象(文件或文件夹) …… (56)

知识点 4　复制或移动文件(或文件夹) …… (56)
知识点 5　删除文件或文件夹、回收站的处理 …… (57)
知识点 6　搜索文件或文件夹 …… (57)
2.3.2　学生上机操作 …… (59)
学生上机操作 1 …… (59)
学生上机操作 2 …… (59)
学生上机操作 3 …… (59)
2.4 任务四　使用 Windows 7 的控制面板 …… (60)
2.4.1　知识要点解析 …… (60)
知识点 1　认识控制面板 …… (60)
知识点 2　设置“外观和个性化” …… (60)
知识点 3　任务栏和开始菜单 …… (64)
知识点 4　时钟、语言和区域 …… (64)
知识点 5　设置键盘和鼠标 …… (66)
知识点 6　设置程序 …… (67)
知识点 7　添加打印机 …… (68)
2.4.2　学生上机操作 …… (70)
学生上机操作 1 …… (70)
学生上机操作 2 …… (70)
学生上机操作 3 …… (71)
2.5 任务五　使用 Windows 7 的附件程序 …… (71)
2.5.1　知识要点解析 …… (71)
知识点 1　画图 …… (71)
知识点 2　计算器 …… (72)
知识点 3　记事本和写字板 …… (74)
知识点 4　“运行”命令和“命令提示符” …… (76)
知识点 5　系统工具 …… (76)
2.5.2　学生上机操作 …… (79)
学生上机操作 1 …… (79)
学生上机操作 2 …… (80)
学生上机操作 3 …… (80)
学生上机操作 4 …… (80)
2.6　本章复习题 …… (80)
第 3 章　Word 2010 文字处理软件 …… (82)
3.1 任务一　认识 Word 2010 …… (82)
3.1.1　知识要点解析 …… (82)
知识点 1　启动与退出 Word 2010 …… (82)
知识点 2　Word 2010 窗口 …… (83)
知识点 3　获得 Word 2010 的帮助 …… (89)

3.1.2 学生上机操作 …………………………………………………… (89)
学生上机操作 1 …………………………………………………… (89)
学生上机操作 2 …………………………………………………… (90)
3.2 任务二 Word 文档的创建与保存、打开与关闭 …………………… (90)
3.2.1 知识要点解析 …………………………………………………… (90)
知识点 1 创建文档 …………………………………………………… (90)
知识点 2 保存文档 …………………………………………………… (91)
知识点 3 打开与关闭 Word 文档 ……………………………………… (94)
知识点 4 设置文档视图 ……………………………………………… (96)
知识点 5 多文档与多窗口操作 ……………………………………… (98)
3.2.2 学生上机操作 …………………………………………………… (99)
学生上机操作 1 …………………………………………………… (99)
学生上机操作 2 …………………………………………………… (100)
学生上机操作 3 …………………………………………………… (100)
3.3 任务三 文档的基本编辑 ………………………………………… (100)
3.3.1 知识要点解析 …………………………………………………… (101)
知识点 1 文本的录入 ………………………………………………… (101)
知识点 2 插入操作 …………………………………………………… (104)
知识点 3 插入和删除分隔符 ………………………………………… (105)
知识点 4 重复、撤消与恢复操作 …………………………………… (106)
知识点 5 选定文本 …………………………………………………… (106)
知识点 6 复制和移动文本 …………………………………………… (107)
知识点 7 查找和替换 ………………………………………………… (109)
知识点 8 插入和编辑公式 …………………………………………… (112)
知识点 9 字数统计、拼写和语法检查 ……………………………… (114)
3.3.2 学生上机操作 …………………………………………………… (115)
学生上机操作 1 …………………………………………………… (115)
学生上机操作 2 …………………………………………………… (115)
学生上机操作 6 …………………………………………………… (116)
3.4 任务四 文档的格式设置与排版 ………………………………… (116)
3.4.1 知识要点解析 …………………………………………………… (117)
知识点 1 设置字符格式 ……………………………………………… (117)
知识点 2 设置段落格式 ……………………………………………… (119)
知识点 3 添加项目符号和编号 ……………………………………… (120)
知识点 4 添加边框和底纹 …………………………………………… (120)
知识点 5 使用格式刷复制文本格式 ………………………………… (121)
知识点 6 设置分栏 …………………………………………………… (122)
知识点 7 设置页眉和页脚 …………………………………………… (122)
3.4.2 学生上机操作 …………………………………………………… (123)

学生上机操作 1 …………………………………………………… (123)
学生上机操作 2 …………………………………………………… (123)
3.5 任务五　在文档中使用图形 ……………………………………… (124)
3.5.1　知识要点解析 …………………………………………………… (124)
知识点 1　设置图片和图形的插入/粘贴方式 ……………………… (124)
知识点 2　插入图片 ……………………………………………… (125)
知识点 3　插入艺术字 …………………………………………… (127)
知识点 4　使用自选图形 ………………………………………… (129)
知识点 5　使用文本框 …………………………………………… (133)
3.5.2　学生上机操作 …………………………………………………… (136)
学生上机操作 1 …………………………………………………… (136)
学生上机操作 2 …………………………………………………… (136)
学生上机操作 3 …………………………………………………… (136)
3.6 任务六　制作 Word 表格 ……………………………………………… (136)
3.6.1　知识要点解析 …………………………………………………… (136)
知识点 1　创建表格 ……………………………………………… (136)
知识点 2　文本与表格的相互转换 ………………………………… (138)
知识点 3　编辑修改表格 ………………………………………… (139)
知识点 4　表格数据的计算与排序 ………………………………… (142)
3.6.2　学生上机操作 …………………………………………………… (145)
学生上机操作 1 …………………………………………………… (145)
学生上机操作 2 …………………………………………………… (145)
学生上机操作 3 …………………………………………………… (145)
3.7 任务七　页面布局和打印文档 ……………………………………… (146)
3.7.1　知识要点解析 …………………………………………………… (146)
知识点 1　页面设置 ……………………………………………… (146)
知识点 2　打印文档 ……………………………………………… (146)
3.7.2　学生上机操作 …………………………………………………… (148)
学生上机操作 1 …………………………………………………… (148)
学生上机操作 2 …………………………………………………… (149)
3.8　本章复习题 …………………………………………………………… (149)
第 4 章　Excel 2010 电子表格软件 ……………………………………… (150)
4.1 任务一　认识 Excel 2010 …………………………………………… (150)
4.1.1　知识要点解析 …………………………………………………… (151)
知识点 1　启动与退出 Excel 2010 ………………………………… (151)
知识点 2　Excel 2010 的窗口 ……………………………………… (151)
知识点 3　工作簿和工作表 ……………………………………… (152)
知识点 4　行、列、单元格 ………………………………………… (152)
4.1.2　学生上机操作 …………………………………………………… (153)

学生上机操作 1 …… (153)
学生上机操作 2 …… (153)
学生上机操作 3 …… (153)
4.2 任务二 掌握 Excel 2010 的基本操作 …… (153)
4.2.1 知识要点解析 …… (153)
知识点 1 工作簿(文件)的管理 …… (153)
知识点 2 工作表的数据输入 …… (156)
知识点 3 工作表的管理 …… (158)
知识点 4 单元格及行、列的操作 …… (160)
知识点 5 设置工作表的格式 …… (162)
4.2.2 学生上机操作 …… (164)
学生上机操作 1 …… (164)
学生上机操作 2 …… (165)
学生上机操作 3 …… (165)
学生上机操作 4 …… (165)
学生上机操作 5 …… (165)
学生上机操作 6 …… (165)
4.3 任务三 使用公式和函数 …… (166)
4.3.1 知识要点解析 …… (166)
知识点 1 公式与运算符 …… (166)
知识点 2 单元格的引用 …… (167)
知识点 3 求和与求平均值 …… (168)
知识点 4 函数的使用 …… (169)
4.3.2 学生上机操作 …… (175)
学生上机操作 1 …… (175)
学生上机操作 2 …… (175)
学生上机操作 3 …… (176)
4.4 任务四 数据管理 …… (176)
4.4.1 知识要点解析 …… (176)
知识点 1 数据清单 …… (176)
知识点 2 数据排序 …… (177)
知识点 3 数据筛选 …… (178)
知识点 4 分类汇总 …… (182)
知识点 5 数据透视表 …… (184)
4.4.2 学生上机操作 …… (186)
学生上机操作 1 …… (186)
学生上机操作 2 …… (186)
学生上机操作 2 …… (186)
学生上机操作 3 …… (187)

4.5 任务五　使用图表 …… (188)
4.5.1　知识要点解析 …… (188)
知识点 1　认识图表 …… (188)
知识点 2　创建图表 …… (188)
知识点 3　编辑图表 …… (188)
4.5.2　学生上机操作 …… (193)
学生上机操作 …… (193)
4.6 任务六　页面设置与打印 …… (195)
4.6.1　知识要点解析 …… (195)
知识点 1　打印前的准备工作 …… (195)
知识点 2　页面设置 …… (197)
知识点 3　打印输出 …… (197)
4.6.2　学生上机操作 …… (197)
学生上机操作 1 …… (197)
学生上机操作 2 …… (198)
4.7　本章复习题 …… (198)
第 5 章　Power Point 2010 演示文稿软件 …… (200)
5.1 任务一　Power Point 2010 的基本操作 …… (500)
5.1.1　知识要点解析 …… (200)
知识点 1　认识 Power Point 2010 …… (200)
知识点 2　新建与保存、打开与关闭演示文稿 …… (203)
知识点 3　编辑演示文稿 …… (205)
5.1.2　学生上机操作 …… (211)
学生上机操作 1 …… (211)
学生上机操作 2 …… (211)
5.2 任务二　修饰演示文稿 …… (212)
5.2.1　知识要点解析 …… (212)
知识点 1　使用母版 …… (212)
知识点 2　使用主题 …… (214)
知识点 3　设置幻灯片的背景 …… (214)
5.2.2　学生上机操作 …… (216)
学生上机操作 1 …… (216)
学生上机操作 2 …… (216)
5.3 任务三　设置动画与超链接 …… (216)
5.3.1　知识要点解析 …… (216)
知识点 1　设置动画效果 …… (216)
知识点 2　设置幻灯片的切换效果 …… (221)
知识点 3　设置幻灯片的超链接 …… (222)
5.3.2　学生上机操作 …… (224)

学生上机操作 1 …… (224)
学生上机操作 2 …… (224)
5.4 任务四 演示文稿的放映和打印 …… (225)
5.4.1 知识要点解析 …… (225)
知识点 1 放映幻灯片 …… (225)
知识点 2 设置幻灯片放映 …… (228)
知识点 3 打印演示文稿 …… (230)
知识点 4 打包演示文稿 …… (231)
5.4.2 学生上机操作 …… (232)
学生上机操作 1 …… (232)
学生上机操作 2 …… (232)
5.5 本章复习题 …… (233)
第 6 章 互联网的应用 …… (234)
6.1 任务一 Internet 基础知识 …… (234)
6.1.1 知识要点解析 …… (234)
知识点 1 计算机网络的概念 …… (234)
知识点 2 计算机网络的分类 …… (236)
知识点 3 Internet 概述 …… (238)
知识点 4 Internet 的连接 …… (241)
6.1.2 学生上机操作 …… (242)
学生上机操作 1 …… (242)
学生上机操作 2 …… (242)
6.2 任务二 IE 浏览器的使用 …… (248)
6.2.1 知识要点解析 …… (248)
知识点 1 认识 IE 浏览器 …… (248)
知识点 2 浏览网页 …… (249)
知识点 3 使用收藏夹 …… (250)
知识点 4 保存和打印网页 …… (251)
知识点 5 下载软件 …… (251)
6.2.2 学生上机操作 …… (253)
6.3 任务三 使用电子邮件 …… (254)
6.3.1 知识要点解析 …… (254)
知识点 1 电子邮件 …… (254)
知识点 2 申请免费电子邮箱 …… (255)
知识点 3 收发电子邮件 …… (255)
知识点 4 Outlook Express 的设置和使用 …… (256)
6.3.2 学生上机操作 …… (257)
6.4 任务四 医学文献检索 …… (258)
6.4.1 知识要点解析 …… (259)

知识点 1　文献检索的概念 …… (259)
知识点 2　科技期刊的检索 …… (259)
知识点 3　电子图书 …… (261)
知识点 4　特种文献数据库的检索 …… (263)
6.4.2　学生上机操作 …… (264)
6.5　本章复习题 …… (264)
全国计算机等级考试一级 MSOFFICE 模拟卷 …… (266)
《信息技术应用基础》各章选择题参考答案 …… (271)

第 1 章

计算机基础知识

信息是人类赖以生存和发展的重要资源。在信息时代,以计算机技术、网络技术和传感技术为代表的信息技术已渗透到人们生产、生活的各个方面,彻底改变了人们的生活方式。信息技术的发展与应用有力地推动了世界经济的增长和人类社会的发展。因此,我们要把握机遇,刻苦学习,强化技能,面向未来,勇敢地迎接信息时代的挑战。

1.1 任务一　了解计算机的发展与应用

计算机是一种能够按照事先存储的程序,自动、精确、高速地对各种数据和信息进行加工处理、存储、传送的智能化电子设备。经过不断地发展,它已经由一种数值计算工具,逐步演变成为适用于不同领域的信息处理设备。计算机看起来很复杂,其实它的本质是很简单的。这是因为在计算机的内部,所有的程序、文字、图像、音频和视频等数据都是用 0 和 1 这两个代码来表示和演变的。

★任务目标展示

1. 了解计算机技术的发展过程和发展趋势。
2. 了解计算机的特点和分类。
3. 了解计算机技术在信息时代的广泛应用。

知识要点解析

知识点 1　计算机的发展

计算机是 20 世纪人类社会最伟大的发明之一。在第二次世界大战中,美国军方为了研制新式武器,解决有关弹道轨迹等复杂计算的需求,经有关科学家多年研究,于 1946 年在美国宾夕法尼亚大学研制出世界上第一台电子计算机 ENIAC(中文名为埃尼阿克),如图 1-1 所示。这台电子计算机的诞生,标志着人类社会计算机时代的开始。

从第一台电子计算机诞生至今,计算机的硬件和软件技术都取得了惊人的发展。一般认为,按照所采用的主要电子元器件的进步,可把计算机的发展进步划分为 4 个阶段(俗称四代),如表 1-1 所示。

图 1-1 世界上第一台电子计算机(ENIAC)

表 1-1 计算机的发展阶段

发展阶段	电子元器件	软件	应用领域
第一代(1946~1958 年)	电子管	机器语言,汇编语言	科学计算
第二代(1958~1965 年)	晶体管	高级语言,批处理系统	数据处理,过程控制
第三代(1965~1972 年)	中、小规模集成电路	操作系统,会话式语言	企业管理,自动控制,辅助设计和辅助制造
第四代(1972 年至今)	大规模和超大规模集成电路	数据库管理系统,网络操作系统	办公自动化,音频视频处理,人工智能,社会的各个领域

当前,广泛应用的计算机均属于第四代电子计算机。超大规模集成电路的广泛应用,是第四代电子计算机的主要特征。

计算机正朝着巨型化、微型化、网络化、智能化和多功能化方向发展。高性能计算机的研制和应用,是衡量一个国家经济实力、科学技术水平的重要标志。我国在此领域中取得了重大进展,在国际 TOP500 组织公布的最新全球超级计算机 500 强排行榜中,广州国家超级计算机中心的天河二号超级计算机,2015 年 11 月 16 日再次荣登全球超级计算机 500 强排行榜榜首,以每秒 33.86 千万亿次的浮点运算速度,荣获世界超算“六连冠”。

知识点 2　计算机的主要特点

1936 年,英国数学家与逻辑学家图灵提出了“图灵机”和“图灵测试”等重要概念,奠定了计算机的逻辑结构基础。

目前,使用最多的计算机的基本工作原理是存储程序和程序控制,这一原理是由美籍匈牙利数学家冯·诺依曼提出的。其主要特点为:第一,在计算机内部,程序和数据以二进制代码表示;第二,程序和数据存放在存储器中(即程序存储的概念);第三,计算机的基本结构由控制器、运算器、存储器、输入设备和输出设备五大部分组成(这称为冯·诺依曼结构)。计算机在执行程序时,无须人工干预,能自动、连续地执行程序,并得到预期的结果。

计算机的主要特点如下。

1. 运算速度快　目前的超级计算机,每秒能完成数十千万亿次运算。

2. 计算精度高　电子计算机的计算精度在理论上不受限制,一般的计算机均能达到15位有效数字。通过一定的技术手段,可以实现任何精度要求。例如对圆周率的计算,使用酷睿i5 CPU的计算机5min就可计算到小数点后1600万位。

3. 具有记忆和逻辑判断功能　计算机的存储设备可把原始数据、中间结果、计算结果等信息存储起来供再次使用。计算机不仅能进行算术运算,还能进行逻辑运算,做出逻辑判断,并能根据判断的结果自动选择以后所要执行的操作。

4. 具有自动执行功能　程序和数据事先存储在计算机中,一旦向计算机发出运行指令,计算机就能在程序的控制下,自动按事先规定的步骤执行,直到完成指定的任务为止。

知识点3　计算机的分类

根据计算机的用途、性能和价格等标准,可将计算机分为:巨型机(也称超级计算机)、大型机、中型机、小型机、微型机和单片机。最常见的微型机,又可分为台式机、便携机(笔记本电脑)、一体机和掌上机(PDA)等,如图1-2所示。

图1-2　计算机的分类

知识点4　计算机的主要应用领域

计算机的应用非常广泛,在科研、生产、文化、军事、医疗卫生及家庭生活等方面,都有广泛的运用。其主要应用领域可概括为以下几个方面。

1. 科学计算(数值计算)　自世界第一台计算机诞生之日起,数值计算就一直是计算机的重要应用领域之一。如在空气动力学、量子化学、核物理学和天文学等领域中,都依赖于计算机进行复杂的计算。在军事方面,导弹的发射及其飞行轨道的计算、人造卫星与运载火箭的轨道计算等更是离不开计算机。另外,计算机在数学、力学、天气预报、石油勘探及土木工程等领域也得到了广泛的应用。

2. 数据处理(信息管理) 数据包括文字、数字、图像、音频和视频等编码。数据处理包括数据的采集、转换、分组、计算、存储、检索和排序等。当前计算机应用最多的方面就是数据处理。例如,文字处理、电子表格、图书管理、学籍管理、金融统计、情报检索、人口统计、企事业管理等。

3. 过程控制(实时控制) 过程控制是计算机实时采集系统数据,并利用编制好的控制流程快速地处理并自动控制系统对象的过程。如工业流程控制、城市交通管理、铁路运输调度、火箭发射及航空导航等。

4. 计算机辅助系统 计算机辅助系统包括计算机辅助设计(computer aided design,CAD)、计算机辅助制造(computer aided manufacturing,CAM)、计算机辅助教育(computer aided education,CAE)和计算机集成制造系统(computer integrated manufacturing system,CIMS)等。

(1)CAD:是指通过计算机辅助各类设计人员进行设计。利用此项技术可取代传统的从图纸设计到加工流程编制和调试的手工技术及操作过程,可使设计速度加快,精度和质量得到明显提高。如机械设计、建筑设计、船舶设计、飞机设计、大规模集成电路的设计等。

(2)CAM:是指通过计算机进行生产设备的管理、控制和操作的技术,使用 CAM 可以提高产品质量,降低成本,缩短生产周期,降低劳动强度。

(3)CAE:包括计算机辅助教学 CAI 和计算机管理教学 CMI,其中 CAI 是通过人机交互方式帮助学生自学、自测,代替教师提供丰富的教学资料和各种问答方式,使教学内容生动形象、图文并茂。

(4)CIMS:是指通过计算机,并综合现代管理技术、设计和制造技术、信息技术等功能于一体,将企业生产全部过程中有关的人才、技术、经营管理三大要素以及信息与物流有机集成并得以优化运行的综合系统。

5. 人工智能 人工智能是指用计算机模拟人类大脑的演绎推理和决策等智能活动。如专家系统可模拟医学专家的诊断过程,模式识别可通过计算机识别和处理声音、图形、图像等。

2016 年 3 月 9 日至 15 日,李世石与阿尔法围棋人机大战引起了全世界的关注。谷歌公司开发的人工智能围棋软件 Alpha Go 以 4∶1 战胜了韩国九段职业棋手(前世界围棋冠军)李世石,从而在智力游戏领域攻陷了围棋这一“人类智慧的高地”。人类下了几百年的围棋定式,被 Alpha Go 改变了。Alpha Go 具有自我学习能力,在对弈中采用蒙特卡洛搜索树和估值网络判断棋局中每个落点的胜率,从而决定走子位置。Alpha Go 还在不断学习,其能力也在不断增强。此次 Alpha Go 获胜,将进一步推动人工智能技术的研究和发展。

6. 计算机网络 计算机网络技术是计算机技术和通信技术相结合的产物。随着 Internet 的广泛应用和快速发展,不仅解决了不同地区的计算机与计算机之间的通讯及各种软、硬件资源的共享问题,也大大促进了国际的文字、图像、声音和视频等各类数据的传输与处理。网络改变了人们获取信息的方式,这对人类社会的生产和生活产生了革命性的影响。

1.2 任务二　认识计算机系统

★任务目标展示

1. 熟悉计算机硬件系统与软件系统的组成。
2. 了解计算机的主要部件及其功能。
3. 了解存储设备内存、外存(硬盘、光驱、U 盘)的功能。
4. 了解输入/输出设备(键盘、鼠标、显示器、打印机等)的功能。

知识要点解析

计算机系统由硬件系统和软件系统两大部分组成。计算机硬件系统是指计算机的电子和机械部分,是由电子线路、各类电子元器件和机械部件构成的具体装置,计算机软件系统是计算机系统中运行的程序、数据和相应文档的集合。

知识点 1　计算机的硬件系统

大规模集成电路技术的运用使得可以将运算器和控制器集成在一个芯片中,称为中央处理器(CPU)。中央处理器、内存储器,及其与外部设备的接口,合称为主机。外部设备包括输入设备、输出设备和外存储器。如图 1-3 所示,这些部件共同组成了计算机的硬件系统。

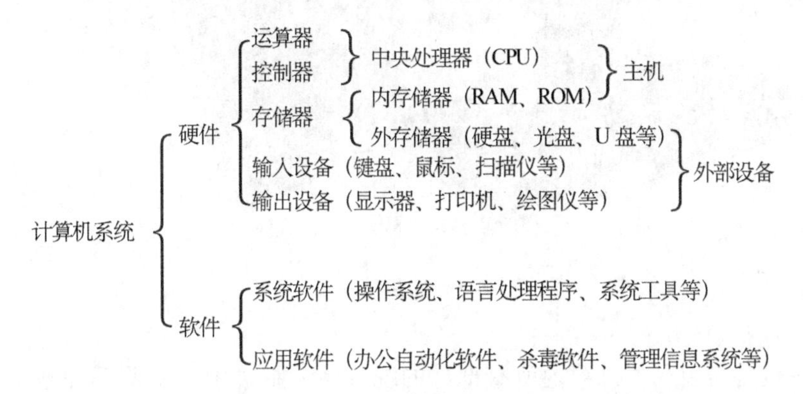

图 1-3　计算机系统的组成

计算机的硬件系统由 5 个基本部分组成,包括运算器、控制器、存储器、输入设备和输出设备,它们的功能分别如下。

运算器:运算器是计算机对数据进行计算处理的部件。主要执行算术运算和逻辑运算,也称为执行单元。

控制器:控制器是计算机的指挥中心。它对存储器中取出的指令逐条分析解释,然后根据指令要求,产生一系列控制命令和信号,使计算机各部分自动、连续和协调地运行,完成相应的操作。

存储器:存储器是计算机的记忆存储部件,用于存放程序指令和数据。存储器分为内部存储器和外部存储器。

输入设备:输入设备是用来完成输入功能的部件,即向计算机输入程序、数据以及各种信息的设备。常用的输入设备有键盘、鼠标、扫描仪、手写笔、触摸屏等。

输出设备:输出设备是用来把计算机工作的中间结果及处理后的结果显示出来的设备。常用的输出设备有显示器、打印机、绘图仪等。

计算机的各个主要部件之间通过总线(Bus)相连接。总线是一种电子电路结构,它是CPU、内存、输入、输出设备间传递数据与信息的公共通道。按照计算机所传输的信息种类,计算机的总线可以划分为数据总线、地址总线和控制总线,分别用来传输数据、数据地址和控制信号。主机的各个部件通过总线相连接,外部设备通过相应的接口电路再与总线相连接,从而组成了计算机的硬件系统。

普通用户最常用的计算机是微型计算机,也称PC机或电脑。常见的有台式机和笔记本两种类型,图1-4是一台基本配置的台式机的外观。

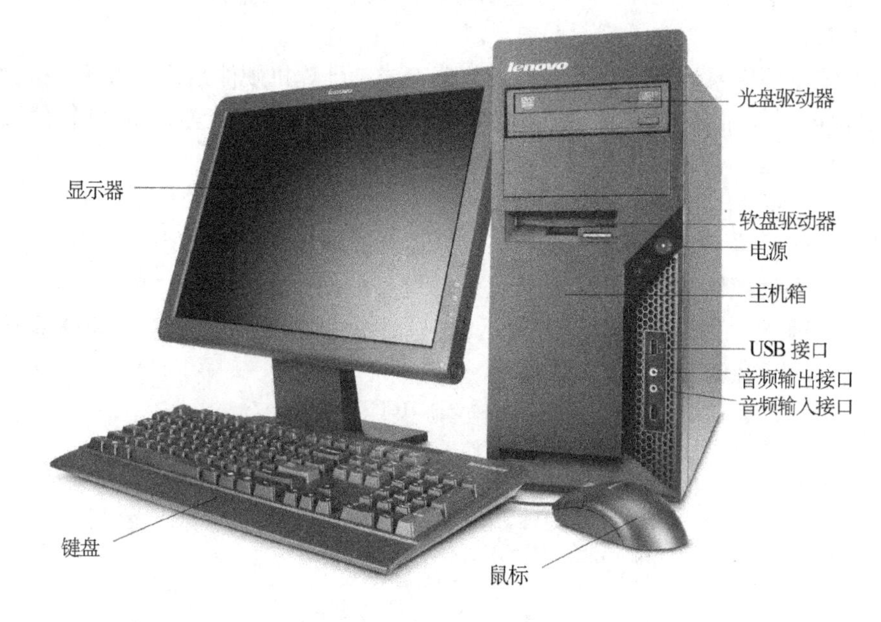

图1-4 台式机外观

1. 主机

(1)主板:主机是安装在主机箱内所有部件的统一体。主机中的主要部件基本上都安装连接在主板上。打开主机箱盖板,可看见主机箱内部的情况,如图1-5所示。

图1-5 主机箱内部结构

主机箱内部主要包括主板、CPU、内存条、硬盘、光盘驱动器、显卡、声卡、电源等,可以看出主机中最主要的部件基本都安装在主板上或是通过专用导线与主板相连。主板实际上是一个集成的电子电路板,上面有多种插孔插槽,用来连接各种硬件设备;主板上还有多个集成电路芯片(如北桥芯片、南桥芯片等),用来控制并协调各个部件之间进行有条不紊地工作。主板的结构,如图1-6所示。

图1-6 主板的结构

对于主板的各个部分,现简要说明如下。

PCI 插槽:是一种基于PCI局部总线的扩展插槽,它是主板的主要扩展插槽,可插入声卡、网卡、显卡等设备。

PCIE 插槽:PCI-Express是最新的总线和接口标准,这个新标准将全面取代现行的PCI和AGP,最终实现总线标准的统一。它的主要优势就是数据传输速度高。

IDE 接口:是一种硬盘或光盘驱动器的接口类型。用来连接硬盘或光驱的数据线。

SATA 接口:SATA接口是一种新型的串口接口类型,具有更高的数据传输速度和更强的纠错能力。目前市场上大部分硬盘都开始使用SATA接口。

内存插槽:主板上一般有2~4个内存插槽,用来插接内存条。

CMOS 电池:主板上有一个BIOS(基本输入输出系统)芯片,内有系统自检引导程序,并能对电脑硬件的参数进行一些基本设置(BIOS Setup程序)。设置参数保存在一个可读写的CMOS芯片中,开机时由主板供电,关机后则由CMOS电池进行供电保持。

外设接口:主板上有一些外部设备接口,如键盘接口、鼠标接口、USB接口、网卡接口、音频接口、串行接口、并行接口等。计算机上的很多接口、插槽都具有防呆设计,可防止插错。有些接口具有颜色标识,如PS/2鼠标接口为绿色,PS/2键盘接口为紫色,符合颜色规范的音频接口中蓝色为Speaker接口,红色为麦克风接口,绿色为Line-in音频输入接口,如图1-7所示。

(2)CPU(central processing unit,中央处理器):是一块超大规模集成电路,其中,主要包括

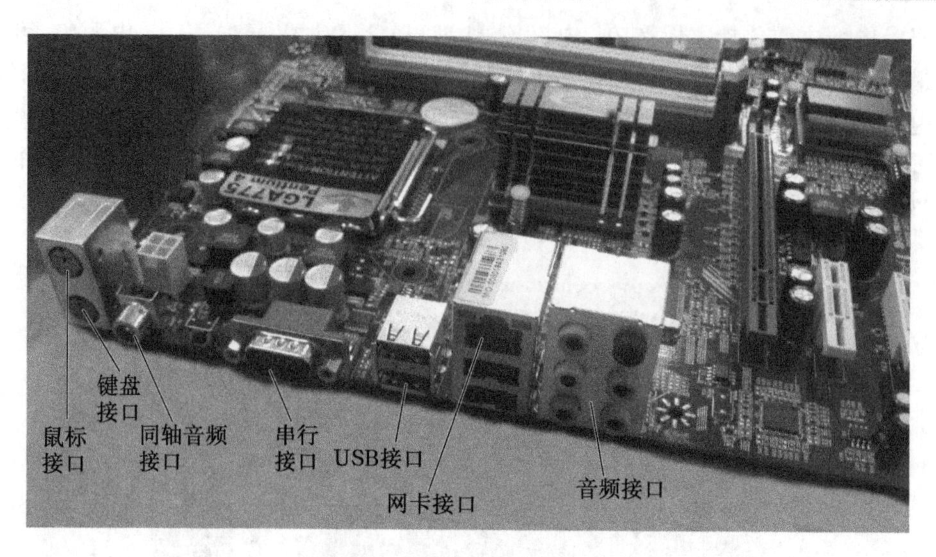

图 1-7 主板上的外部设备接口

运算器和控制器两个部件,它是计算机的核心。CPU 的主要功能是按照程序给出的指令序列分析指令、执行指令,完成对数据的计算处理。计算机所发生的全部动作都受 CPU 的控制。

计算机的功能和用途与 CPU 的性能有很大关系。CPU 的主要性能指标,包括字长、主频、缓存等。

字长:字长是指 CPU 一次运算能并行(同时)处理的二进制数据的位数。字长,是衡量计算机性能的一个重要技术指标。字长越长,计算机的处理能力越强,计算精度越高。字长总是 8 位的整数倍。目前常用的 CPU,多为 32 位和 64 位字长。

主频:CPU 的主频,即 CPU 内核运行的时钟频率。CPU 的主频并不表示 CPU 的运算速度。主频的大小只是反映了 CPU 性能的一个方面,并不能代表 CPU 的整体性能,但主频对提高 CPU 的运算速度会有较大的影响。

图 1-8 CPU 外观

缓存(Cache):是一种介于中央处理器和主存储器之间的高速小容量存储器。缓存的容量较小,但其数据交换速度比主存要高得多,比较接近 CPU 的速度。使用缓存的目的,就是为了提高 CPU 读取数据的速度。缓存的结构和大小对 CPU 的速度有较大的影响。缓存又可分为 L_1 Cache(一级缓存)、L_2 Cache(二级缓存)和 L_3 Cache(三级缓存)。

多核心:简称多核。是指在一枚处理器中集成两个或多个完整的计算内核(如常说的双核、四核、八核等)。现在 Inter 和 AMD 新推出的 CPU 大多采用多核心技术。如图 1-8,是一个 Inter 公司生产的采用 45nm 工艺的 64 位四核 CPU(型号为 INTER CORE i7-975,主频 3.33GHz,L_1 为 128KB,L_2 为 1MB,L_3 为 8MB)。

(3)内存:内存又称为内存储器或主存储器。内存是计算机运行时存储程序和数据的地方,它能与 CPU 直接交换数据。内存一般采用半导体存储单元,包括随机存取存储器(RAM)、只读存储器(ROM)和高速缓存(Cache)。

只读存储器(read only memory,ROM):ROM 中的信息只能读出,一般不能写入,即使机器断电,这些信息也不会丢失。ROM 中的信息是在制作 ROM 的时候就被存入并永久保存。ROM 一般用于存放计算机的最基本程序和数据,容量较小。如 BIOS 芯片。

随机存取存储器(random access memory,RAM):RAM 中的数据既可读出,也可写入。当机器断电时,其中的信息将丢失,即使再接通电源,信息也不可恢复。内存条就是将 RAM 集成块集中在一起的条形存储器,可插入主板上的内存插槽中。

目前,市场上内存条主要有 DDR2 和 DDR3 等类型的产品。通常,家用电脑的内存条容量一般为 2~16GB,如图 1-9 所示。

图 1-9　内存条

高速缓存(Cache):高速缓存是位于 CPU 与 RAM 内存之间,是一个读写速度比 RAM 更快的存储器,用以提高系统的工作效率。出于成本考虑,高速缓存的容量一般较小。

2. 外部存储器　外部存储器简称为外存,是与内存相比较而言的。计算机执行程序和加工处理数据时,外存中信息要先存入内存,才能由 CPU 处理调用。计算机最终处理的结果也必须放入外存中长期保存。根据存储介质的不同,可将外存分为硬盘、光盘、U 盘等。

(1)硬盘:硬盘是计算机中常用的外部存储设备,主要用来存放一些永久性的数据,用户几乎把所有的程序和数据资料都存储在硬盘中。硬盘的主要特点是存储容量大,存取速度快(但比内存要慢、比光盘要快)。硬盘的精密度非常高,在工作时内部的盘片高速转动,此时应禁止振动,否则易损坏硬盘。硬盘有机械硬盘(HDD,传统硬盘,采用磁性盘片来存储)、固态硬盘(SSD,新式硬盘,采用闪存颗粒来存储)、混合硬盘(HHD,把磁性硬盘和闪存集成在一起的一种新式硬盘)。

硬盘的主要参数有存储容量和转数。目前,家用电脑中硬盘的容量一般为 1TB 左右。转数,是指硬盘盘片在 1min 内所能完成的最大转数,在很大程度上直接影响到硬盘的读写速度。家用电脑中的硬盘的转速,一般为 7200r/m。硬盘的外观及内部结构如图 1-10 所示。

(2)光盘驱动器和光盘:光盘驱动器简称光驱,采用激光扫描方法从光盘上读取信息,如图 1-11 所示。光盘是存储数据的介质,按照记录数据的格式,可分为 CD 系列、DVD 系列等。按照读写方式,可分为只读式、一次性写入多次读出式、可读写式。

(3)U 盘:U 盘即 USB 盘的简称,它是基于 USB 接口采用闪存(flash memory)介质的新一代存储产品,故也称“闪盘”。USB(universal serial bus,通用串行总线)是一个外部总线标准,用于规范电脑与外部设备的连接和通讯。U 盘具有存储容量大、体积小、即插即用、热插拔、可靠性好、无须驱动程序(Windows2000 之后)等特点。U 盘已经取代了 3.5 英寸软盘,成为最常用的移动存储设备,如图 1-12 所示。

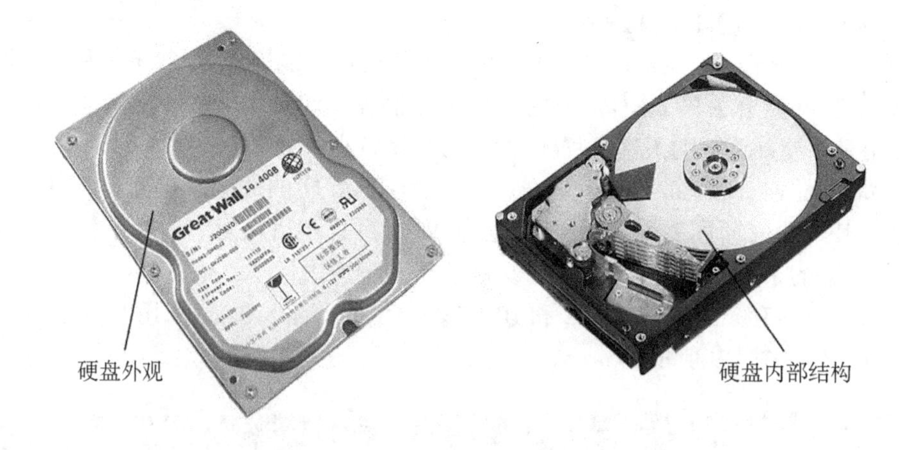

图 1-10　硬盘

图 1-11　光盘驱动器和光盘

图 1-12　U 盘

3. **输入设备**　输入设备,是向计算机输入数据和信息的设备。输入设备是用户和计算机系统之间进行信息交换的重要装置。常用的输入设备,如键盘、鼠标、摄像头、麦克风、扫描仪、手写板及触摸屏等。

图 1-13　鼠标

(1)键盘(keyboard):是计算机中标准配置的输入设备。它是由一组开关矩阵电路组成,包括数字键、字母键、符号键、功能键、控制键等。目前普遍使用的是标准的 104 键键盘,另外还有 101 键和 107 键的键盘。每一个按键在计算机中都有它的唯一代码,当按下某个键时,键盘接口将该键的二进制代码送入计算机的内存中。

(2)鼠标(mouse):是计算机中常用的输入设备之一,主要应用于多窗口图形界面操作。可以方便、快捷地选定对象、执行命令。因其外形而取名"鼠标",如图 1-13 所示。按接口不同,可分为 PS/2 接口和 USB 接口的鼠标;按有无连接导线,可分为有线和无线鼠标;按工作原理,可分为机械式和光电式鼠标。通常使用较多的是具有两个按键和一个滚轮、采用 USB 接口的光电式鼠标(有线或无线)。

4. **输出设备**　输出设备指将计算机处理的结果用人们容易识别的形式(数字、字符、图像、声音等)表示出来的设备。常见的输出设备有显示器、打印机、绘图仪、音箱等。

(1)显卡和显示器:显示适配器,简称显卡。显卡的主要作用是控制显示器上的字符和图形输出,负责将 CPU 送来的影像数据经过处理后,转换成数字信号或模拟信号,再将其传送到显示器上。显卡可分为独立显卡和主板集成显卡,独立显卡需插在主板的 AGP 或 PCIE 插槽上。目前使用的显卡都带有 3D 画面运算和图形加速功能,也称为“图形加速卡”或“3D 加速卡”,如图 1-14 所示。有些主板在北桥芯片中集成有显卡功能,这种显卡仅适用于对显示性能无较高要求的情况。

图 1-14　显卡

显示器通常也称为监视器或屏幕,它是计算机的标准输出设备,是用户与计算机之间对话的主要信息窗口,其作用是在屏幕上显示从键盘输入的命令或数据,程序运行时能自动将机内的数据转换成直观的字符、图形输出,以便用户及时观察必要的信息和结果。显示器需要在显卡的支持下才能正常工作。

显示器主要有阴极射线管显示器(CRT)、液晶显示器(LCD)等。显示器的主要性能指标有分辨率、屏幕尺寸、刷新频率等。

显示器上显示的字符和图形由一个个小光点组成,这些小光点称为像素。分辨率是指屏幕上能显示像素的个数,像素个数越多,图像也就越细腻。显示器的分辨率一般表示为水平显示的像素个数×水平扫描线数,如 800×600 像素、1024×768 像素等。显示器的分辨率越高,显示越清晰,但实际显示效果还与显卡的性能有关。

显示器上显示区域的大小用屏幕尺寸来衡量。屏幕尺寸一般用屏幕区域对角线的长度表示,单位为英寸(1 英寸=2. 54cm),常见的显示器产品有 17 英寸和 19 英寸,以及采用更大尺寸,如 20 英寸、21 英寸等。

刷新频率是指每秒刷新屏幕的次数,单位 Hz。阴极射线管显示器当刷新频率低于 60Hz 时,人眼会感到有闪烁,易疲劳;当刷新频率在 75Hz 以上时,基本感觉不到闪烁;当刷新频率在 85Hz 以上时,则不会有闪烁感。因此一般将阴极射线管显示器的刷新频率设置为 75~85。液晶显示器在通电之后就一直在发光,显示画面稳定而不闪烁,液晶显示器在普通情况下刷新频率设定为60Hz即可工作良好。

当前,液晶显示器(LCD)已经得到广泛应用。与CRT显示器相比,LCD显示器具有体积小、厚度薄、重量轻、辐射低、耗能少等优点,目前在家用电脑产品中,已取代CRT显示器,成为一种标准配置。

(2)打印机:打印机的作用是将计算机处理的信息以文字、表格、图形的方式打印在纸张上,以方便查看。按工作原理不同,可将打印机分为针式打印机、喷墨打印机和激光打印机等多种类型,如图1-15所示。

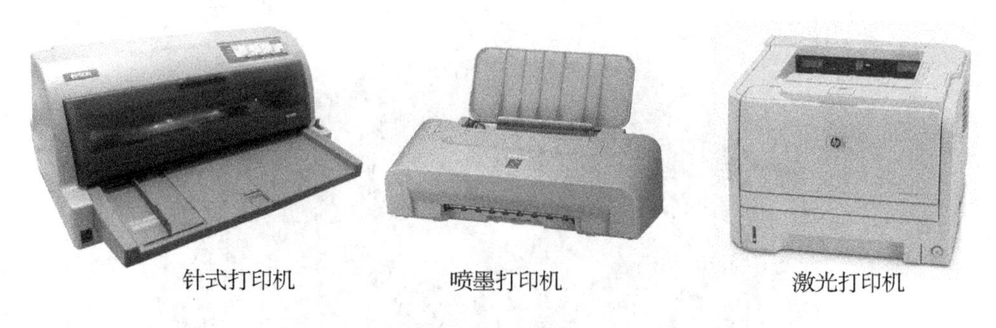

图1-15 打印机

针式打印机,其打印头是由排成一阵列并由电磁驱动的打印针构成。通过打印针的运动撞击色带,在纸上印出一系列的点,打印头沿横向移动打印出点阵,这些点的不同组合就可形成各种字符或图形。针式打印机的结构简单、成本低,缺点是速度慢、噪声大。

喷墨式打印机的基本原理是带电的喷墨雾点经过电极偏转后,直接在纸上形成字符和图形。其主要优点是噪声小、重量轻、比较清晰,缺点是打印速度慢、墨迹保存性较差。

激光打印机的内部有激光源,其发出的激光束经由字符点阵信息控制的激光偏转器调制后,进入光学系统,通过多面棱镜对旋转的感光鼓进行横向扫描,于是在感光鼓上的光导薄膜层上形成字符或图像的静电潜像,再经过显影、转印和定影,便在纸上得到所需的字符或图形。因其打印速度快、质量高、噪声小等优点,在办公中已获广泛使用。

打印分辨率是指打印输出时横向和纵向上每英寸最多能打印的点数,单位为dpi。它是衡量打印机打印质量的重要指标,分辨率越高,打印的效果越清晰。

知识点2　计算机的软件系统

软件是指在计算机中运行的各种程序及相关数据。软件和硬件同样重要,二者缺一不可。只有硬件没有软件的计算机称为“裸机”,是不能运行的。计算机的软件,包括系统软件和应用软件两大类。

1. 系统软件　系统软件是指为了方便用户操作、管理和维护计算机系统而设计的各种软件。系统软件一般包括操作系统、语言处理程序、系统服务程序等。

(1)操作系统(OS):是一组运行在计算机上的程序的集合。它的作用是管理计算机的硬件和软件资源,并提供用户使用计算机的接口。操作系统的功能一般包括处理器管理、存储管理、文件管理、设备管理和作业管理等。常见的操作系统有DOS、Windows、Linux、UNIX等。目前,微型计算机中常用的操作系统有Windows XP、Windows 7等。

(2)语言处理程序:程序是完成指定任务的有限条指令的集合,每一条指令都对应于计算机的一种基本操作。计算机的工作就是识别并按照程序的规定执行这些指令。计算机语言(也称程序设计语言),就是实现人与计算机交流的语言。计算机语言的发展,经历了以下 3 个阶段。

机器语言:机器语言是计算机的 CPU 能直接识别和执行的语言,它是用二进制代码表示的机器指令的集合。机器语言是面向具体机器的,不同型号的 CPU 所对应的机器语言也是不同的。早期的计算机程序大都用机器语言编写。机器语言学习困难,程序的通用性差,编写程序枯燥烦琐,容易出错且难以修改。例如,在 Intel 8088 CPU 中,下面这条指令表示把 7 这个数送到累加器 AL 中:10110000 0000 0111。

汇编语言:汇编语言是一种符号化的机器语言,它使用符号来表示二进制的机器语言。例如用 ADD 表示加法,MOV 表示传送等。上段中所举例的那条指令,如用汇编语言表示则为 MOV AL,7。用汇编语言编写的程序称为"汇编语言源程序",它不能直接被机器识别,必须用一套相应的语言处理程序将它翻译为机器语言,才能被计算机接受和执行。这种语言处理程序称为"汇编程序",译出的机器语言程序称为"目标程序",翻译的过程称为"汇编"。汇编语言的特点是容易记忆、便于阅读和书写,克服了机器语言的许多缺点,但仍与具体的机型有关。

高级语言:高级语言是一种易学、易懂和易书写的人机交互语言,是跟自然语言和数学语言比较接近的计算机程序设计语言。高级语言是面向问题和对象的,对问题和对象的描述不依赖于具体的机器。用高级语言编制的程序称为"源程序",也不能直接在计算机上运行,必须将其翻译成机器语言程序(目标程序),才能为计算机所理解和执行。每一种高级语言都有自己的语言处理程序,用于将高级语言编写的程序翻译成机器语言程序。根据翻译方式的不同,其翻译过程有编译和解释两种方式,如图 1-16 所示。

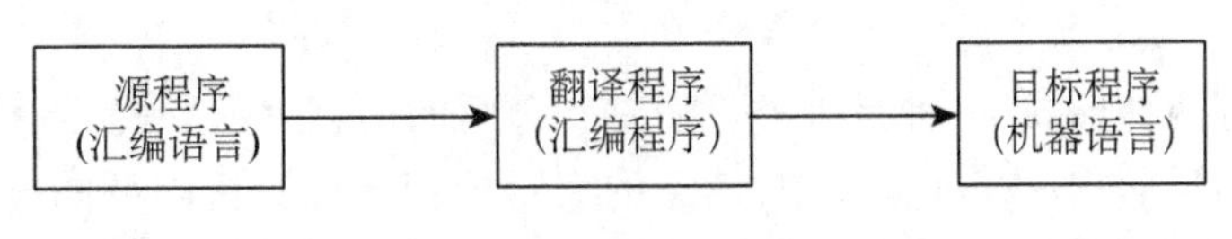

图 1-16　编译与汇编示意

编译是将高级语言编写的源程序整个翻译成目标程序,然后将目标程序交给计算机运行,编译过程由计算机执行编译程序自动完成。如 C 语言、Pascal 语言、Fortran 语言等。

解释是将高级语言编写的源程序逐句进行分析,边解释边执行,从而得到运行结果。解释过程由计算机执行解释程序自动完成,但不产生目标程序。如 Basic 语言。

目前比较流行的高级语言有 Visual Basic(VB)、Fortran、Delphi(可视化 Pascal)、C、C++、C#、Java 等。

(3)系统服务程序:系统服务程序是一类辅助性的工具软件,主要是指一些用于计算机的调试、故障检测和诊断及专门用于程序纠错的程序等。如工具软件、软件测试和诊断程序等。

2. 应用软件　应用软件是专业软件公司针对各种具体业务的需要,为解决某些实际问题而研制开发的各种程序,或是由用户根据具体需要而编制的实用程序。应用软件需要在系统软件的支持下,才能在计算机中运行。如常用的文字处理软件、电子表格软件、图像处理软件、网页制作软件、财务管理软件、医院信息管理软件等,均为应用软件。

★任务完成评价

通过学习,我们了解了计算机的发展,了解了计算机的特点和分类,以及计算机的各个应用领域。熟悉了计算机的硬件系统和软件系统的各个组成部分,了解了各种存储设备和输入输出设备的功能。通过这部分内容的学习,大家对计算机有一个大概的了解。

★知识技能扩展

上网查找有关资料,了解中央处理器 CPU 的发展情况。

上网查找有关资料,了解 Windows 操作系统的发展情况。

1.3 任务三 了解信息和数据在计算机中的表示

★任务目标展示

1. 了解二进制数,会进行二进制数与十进制数的转换。
2. 了解在计算机中数据和信息的单位,会计算存储空间的大小。
3. 了解 ASCⅡ码和汉字编码。

1.3.1 知识要点解析

知识点 1 信息和数据

信息是人们对现实世界中客观事物运动和特征的反映。信息可以是通过物质载体来传递和交换的各种消息、新闻、情报、指令和程序,以及其中所包含的可编码、可处理、可传递和可交换的东西。

数据是指一切可以被计算机加工、处理的对象。用数值、文字、语言、图形、图像都可传递信息,而这些信息都可转换为一定形式的数码(即数字化),由于信息是用数据表示的,所以信息处理也就是数据的处理。计算机进行信息处理就是根据需要对表示信息的数据进行组织、存储、加工或提取。

信息的表示有两种形式:一种是人类可识别和理解的信息表示形式;一种是计算机能够识别和理解的信息表示形式。在计算机中,信息的表示依赖于计算机内部的电子元器件的工作状态,而电子元器件大多都有两种稳定的工作状态,例如开关的断开和接通,电位的高和低,晶体管的导通和截止等。这些状态,可以很方便地用“0”和“1”来表示。

在二进制数中,只用两个数字符号“0”和“1”,这正好与逻辑代数的假和真相对应,因此,在计算机内部采用“0”和“1”表示的二进制数是非常自然的。通过输入设备输入到计算机中的任何信息和数据,都必须转换成二进制数,才能被计算机的硬件系统所识别。

知识点 2 二进制数与数制转换

数制是指用一组固定的数字和一套统一的法则来表示数目的方法。简略地说,数制就是记数的法则。在生活中人们通常采用十进制,而在计算机内部一律采用二进制。在进位计数制中,表示数值大小的数字符号与它在这个数中所处的位置有关。任何一种数制,都有两个基本要素,即基数和各数位的位权。

1. 数制的基数、位权和运算法则

(1)基数:简称“基”,是指在一种数制中所使用的数字符号的个数。例如,十进制的基数是 10,它用 0、1、2、3、4、5、6、7、8、9 共 10 个数字符号;二进制的基数是 2,它用 0、1 共 2 个数字符号。

(2)位权:简称“权”,是指在某一种数制中,一个多位数的每一个数位都有一个特定的权,它表示在这个数位上具有的数值量级的高低。位权的高低,是以基数为底、数码所在位置的序号为指数的整数次幂。

一个数字处在不同的位置上，它所代表的值是不同的。例如，十进制的数字 5，在个位上表示 5；在十位上表示 50，在百位上表示 500。在十进制数中，个位的位权是 10^0，十位的位权是 10^{-1}，百位的位权是 10^{-2}，……；十分位的位权是 10^{-1}，百分位的位权是 10^{-2}，……。

（3）运算法则：除了基数和位权，在数制中还涉及一个与基数和位权相联系的重要问题——运算法则。对于 N 进制来说，就是“逢 N 进一，借一当 N”。对于常用的十进制来说，就是“逢十进一，借一当十”。例如，一个十进制整数，它有个、十、百、千、万等不同的数位，分别代表了各自的“位权”。这表明，位权决定了这种数制的运算法则。十进制的计算法则是：逢十进一，借一当十；二进制的计算法则是：逢二进一，借一当二。

2. *几种常用的数制*　在计算机科学中，常用的数制有十进制、二进制、八进制和十六进制。下面就来介绍这几种常用的数制。

（1）十进制：十进制的基数是 10。它用十个数字符号，即 0、1、2、3、4、5、6、7、8、9。十进制的运算规则是“逢十进一，借一当十”。一个十进制数，可以展开写成系数与位权乘积之和，这称为按权展开式。

例如，一个十进制数 5678.9，可以把它按权展开如下式：

$(5678.9)_{10} = 5\times10^3 + 6\times10^2 + 7\times10^1 + 8\times10^0 + 9\times10^{-1}$

（2）二进制：二进制的基数是 2。它用两个数字符号，即 0 和 1。二进制的运算规则是“逢二进一，借一当二”。

例如，一个二进制数 101101，可以把它按权展开：

$(101101)_2 = 1\times2^5 + 0\times2^4 + 1\times2^3 + 1\times2^2 + 0\times2^1 + 1\times2^0$

二进制数的运算公式比较简单，加法和乘法各有 4 个运算公式。

加法：$0+0=0$　$0+1=1$　$1+0=1$　$1+1=10$

乘法：$0\times0=0$　$0\times1=0$　$1\times0=0$　$1\times1=1$

（3）八进制：八进制的基数是 8。它用 8 个数字符号，即 0、1、2、3、4、5、6、7。八进制的运算规则是“逢八进一，借一当八”。

例如，一个八进制数 23456，可以把它按权展开：

$(23456)_8 = 2\times8^4+3\times8^3+4\times8^2+5\times8^1+6\times8^0$

（4）十六进制：十六进制的基数是 16。它用 16 个数字符号，即 0、1、2、3、4、5、6、7、8、9、A、B、C、D、E、F。十六进制的运算规则是“逢十六进一，借一当十六”。

例如，一个十六进制数 5AB6，可以把它按权展开：

$(5AB6)_{16} = 5\times16^3+10\times16^2+11\times16^1+6\times16^0$

十进制、二进制、八进制和十六进制中所用的数字符号及其对应关系，如表 1-2 所示。

表 1-2　不同进制所用的数字符号及其对应关系

十进制	0	1	2	3	4	5	6	7	8	9	10	11	12	13	14	15
二进制	0	1	10	11	100	101	110	111	1000	1001	1010	1011	1100	1101	1110	1111
八进制	0	1	2	3	4	5	6	7	10	11	12	13	14	15	16	17
十六进制	0	1	2	3	4	5	6	7	8	9	A	B	C	D	E	F

为了区分不同进制的数，通常是在数字后加上一个英文字母以示区别。

十进制数，在数字后加 D（可省略）。例如，5678D 或 5678。

二进制数,在数字后加 B。例如,101101B 等同于(101101) 2。

八进制数,在数字后加 Q。例如,315Q 等同于(315) 8。

十六进制数,在数字后加 H。例如,5AB6H 等同于(5AB6) 16。

3. 不同制数的相互转换　把一个非十进制数转换为十进制数,其方法是把这个非十进制数"按权展开再求和"。把一个十进制数转换为非十进制数,通常是在整数的转换中采用"除基取余"的方法,在小数的转换中采用"乘基取整"的方法。在不同数制的相互转换中,关键是掌握好二进制与十进制的相互转换。

(1)二进制数转换成十进制数

方法:按权展开求和。

例 1　把二进制数 101011 转换成十进制数。

解:$(101011)_2$

$=1\times2^5+0\times2^4+1\times2^3+0\times2^2+1\times2^1+1\times2^0$

$=32+0+8+0+2+1$

$=43$

转换后的结果为$(101011)_2=(43)_{10}$。

(2)十六进制数转换成十进制数

方法:同上,也是按权展开求和。

例 2　把十六进制数 5AB6 转换成十进制数。

解:$(5AB6)_{16}$

$=5\times16^3+10\times16^2+11\times16^1+6\times16^0$

$=20480+2560+176+6$

$=(23222)_{10}$

转换后的结果为$(5AB6)_{16}=(23222)_{10}$。

(3)十进制数转换成二进制数:方法:把十进制数转换成二进制数,需将整数部分和小数部分分别进行转换。整数部分采用"除 2 倒取余"法;小数部分采用"乘 2 正取整"法。

例 3　把十进制数 215 转换成二进制数。

解:对被转换的十进制数 215,列竖式除以 2,作辗转相除,记录每次余数,直到商是 0 为止。然后以最后一个余数作为二进制数的最高位,第一个余数作为二进制数的最低位。

此即常说的"除 2 倒取余"法。图 1-17 所示。

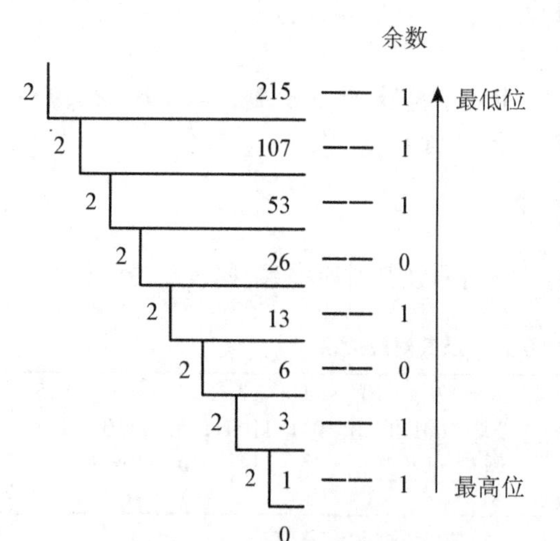

图 1-17　除 2 倒取余法

转换后的结果为:$(215)_{10}=(11010111)_2$。

例 4　把十进制小数 0.375 转化为二进制小数。

解:对被转换的十进制小数 0.375 列竖式乘以 2,取其乘积的整数部分,再将余下的小数部分乘以 2,取其乘积的整数部分,以此类推,直到小数部分为零或达到所需的精度(位数)。

此即常说的“乘 2 正取整”法，如图 1-18 所示。

转换后的结果为：$(0.375)_{10}=(0.011)_2$。

十进制小数转换为二进制小数时，乘 2 取整后小数部分如果一直不为零，则需要根据精度要求取相应的位数即可。也就是说，十进制小数转换为二进制小数时有时会带来转换误差。

	整数部分	
0.375 × 2		
(0).750 × 2	$b_{-1}=0$	高位
(1).500 × 2	$b_{-2}=1$	↓
(1).000	$b_{-3}=1$	低位

图 1-18　乘 2 正取整法

将上面两例结合起来易知：

$(215.375)_{10}=(11010111.011)_2$。

(4) 十进制数转换成十六进制数

方法：把十进制数转换成十六进制数，跟十进制数转换成二进制数的方法相同。即整数部分采用“除 16 倒取余”法，小数部分采用“乘 16 正取整”法。

例 5　将十进制数 54635 转换成十六进制数。

解：同上例，对被转换的十进制数 54635，列竖式除以 16，作辗转相除，记录每次余数，直到商是 0 为止。然后以最后一个余数作为十六进制数的最高位，第一个余数作为十六进制数的最低位。

这就是“除 16 倒取余”法。图 1-19 所示。

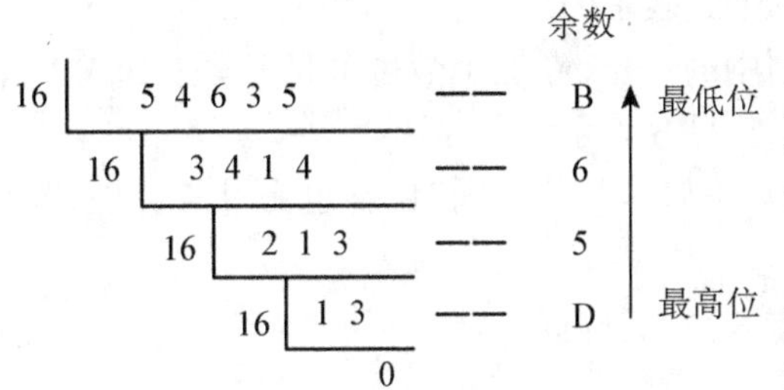

图 1-19　除 16 倒取余法

转换后的结果为：$(54635)_{10}=(\text{D56B})_{16}$

(5) 二进制数和八进制数、十六进制数的相互转换：由于二进制数在使用中位数太长，所以在计算机研究中常用八进制数和十六进制数。

方法：把一个二进制数转换成八进制数则比较简单，这就是从小数点开始“三位一组，逐组转换”，不足三位补零。例如，一个二进制数 10111011101，可分为 010，111，011，101 四组，它表示八进制数 2735。

反之，要把一个八进制数转换成二进制数也比较简单，只要把每一位八进制数用三位二进制数表示即可。例如，把$(315)_8$转换成二进制数，做法如下：

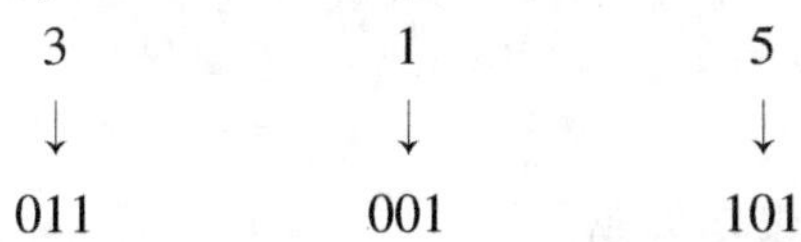

即 $(315)_8=(11001101)_2$

把一个二进制数转换成十六进制数的方法，是从小数点开始“四位一组，逐组转换”，不足四位补零。例如，二进制数 10111011011 可分为 0101，1101，1011 三组，它表示十六进制数 5DB。

反之，要把一个十六进制数转换成二进制数，只要把每一位十六进制数用四位二进制数表示即可。例如，把$(2\text{B}6)_{16}$转换成二进制数，做法如下：

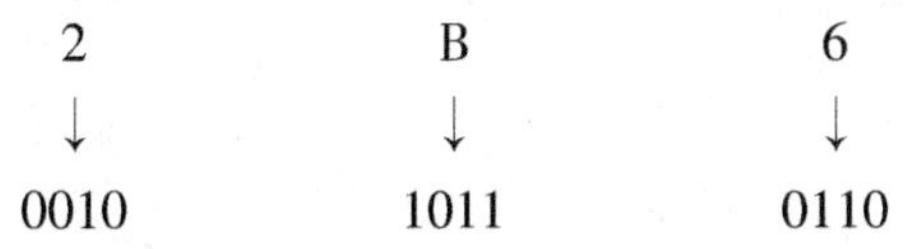

即 $(2\text{B}6)_{16}=(10\ 1011\ 0110)_2$

例 6　将二进制数$(11011100110.101)_2$转换成十六进制数。

解：

0110	1110	0110	·	1010
↓	↓	↓	·	↓
6	E	6	·	A

转换后结果为$(11011100110.101)_2=(6E6.A)_{16}$。

例7 将十六进制数$(3BAD.5)_{16}$转换成二进制数。

解：

3	B	A	D	·	5
↓	↓	↓	↓	·	↓
0011	1011	1010	1101	·	0101

转换后结果为$(3BAD.5)_{16}=(11\ 1011\ 1010\ 1101.0101)_2$。

最后指出，对于十进制数和八进制数、十六进制数之间的相互转换，既可以运用上面介绍的方法来转换，也可以通过二进制来实现间接转换：即先把十进制数转换成二进制数，然后再把这个二进制数转换成相应的八进制数或十六进制数。

知识点3 计算机中数据和信息的单位

在计算机中，所有的数据和信息都是以二进制形式表示的。

1. 位（二进制位 bit） bit（比特），表示二进制中的一位（在这个数位上只能写上0或1）。比特是表示数据和信息多少的最小单位。比特，用符号b表示。

2. 字节（byte） 字节，是计算数据和信息多少的基本单位。同时，它也是计算存储器存储空间大小的基本单位。字节，用符号B表示。

"字节"和"位"之间的换算关系是：1字节等于8个二进制位。即

1 Byte = 8 bit

字节这个基本单位比较小。在实际应用中，常用千字节、兆字节、吉字节等单位。这几种单位之间的换算关系如下。

1 KB（千字节）= 1024 B

1 MB（兆字节）= 1024 KB

1 GB（吉字节）= 1024 MB

1 TB（太字节）= 1024 GB

知识点4 ASCⅡ码和汉字编码

1. ASCⅡ码 由于在计算机中的各种信息都是使用二进制数来表示的，因此，人们规定使用二进制数码来表示字母、数字以及专门符号的编码，称为字符编码。在微型计算机中普遍采用ASCⅡ码（American Standard Code for Information Interchange，美国信息交换标准代码），该编码被国际标准化组织所采纳，作为国际上通用的信息交换代码。

ASCⅡ码由7位二进制数组成，能够表示128个字符数据，如表1-3所示。

表 1-3　ASCⅡ码表($b_7b_6b_5b_4b_3b_2b_1$)

$b_7b_6b_5$ / $b_4b_3b_2b_1$	000	001	010	011	100	101	110	111
0000	NUL 空白	DLE 转义	空格	0	@	P	、	p
0001	SOH 序始	DC1 机控 1	!	1	A	Q	a	q
0010	STX 文始	DC2 机控 2	”	2	B	R	b	r
0011	ETX 文终	DC3 机控 3	#	3	C	S	c	s
0100	EOT 送毕	DC4 机控 4	$	4	D	T	d	t
0101	ENQ 询问	NAK 否认	%	5	E	U	e	u
0110	ACK 承认	SYN 同步	&	6	F	V	f	v
0111	BEL 告警	ETB 组终	’	7	G	W	g	w
1000	BS 退格	CAN 取消	(	8	H	X	h	x
1001	HT 横表	EM 载终	)	9	I	Y	i	y
1010	LF 换行	SUB 取代	*	:	J	Z	j	z
1011	VT 纵表	ESC 扩展	+	;	K	[	k	{
1100	FF 换页	FS 卷隙	,	<	L	\	l	|
1101	CR 回车	GS 群隙	-	=	M	]	m	}
1110	SO 移出	RS 录隙	.	>	N	^	n	~
1111	SI 移入	US 无隙	/	?	O	_	o	DEL

从表 1-3 可以看出 ASCⅡ码具有如下特点。

(1)表中前 32 个字符和最后一个字符为控制字符,在通讯中起控制作用。

(2)10 个数字字符和 26 个英文字母由小到大排列,且数字在前,大写字母次之,小写字母在后,这一特点可用于字符数据的大小比较。

(3)在英文字母中,“A”的 ASCⅡ码值为 65,“a”的 ASCⅡ码值为 97,且由小到大依次排列。因此,只要我们知道了“A”和“a”的 ASCⅡ码,也就知道了其他字母的 ASCⅡ码。例如“D”的 ASCⅡ码值为 68,“e”的 ASCⅡ码值为 101。

ASCⅡ码是 7 位编码,为了便于处理,我们在 ASCⅡ码的最高位前增加一位 0,凑成 8 位,占 1 字节。因此,1 字节可存储一个 ASCⅡ码。也就是说,1 字节可以存储 1 个英文字符。

2. *汉字编码*　计算机在处理中文信息时,也需要对汉字进行编码。

(1)国标码(GB2312):1981 年,我国发布了《信息交换用汉字编码字符集 · 基本集》(GB2312-80)。它是汉字交换码的国家标准,简称为国标码。该标准收入了 6763 个常用汉字(其中一级汉字 3755 个,按汉语拼音字母顺序排列,同音字母以笔画顺序为序;二级汉字 3008 个,按部首顺序排列),以及英、俄、日文字母与其他符号 687 个。

国标码规定,每个字符由一个 2 字节代码组成,每个字节的最高位恒为“0”,其余 7 位用于组成各种不同的码值。如汉字“大”的国标码为“00110100　01110011”。

(2)机内码:汉字机内码是指在计算机内部存储、处理、传输汉字用的代码,又称内码。

计算机既要处理汉字,也要处理西文。由于国标码每个字节的最高位都是“0”,与国际通用的 ASCⅡ码无法区别,因此必须经过某种变换后才能在计算机中使用,英文字符的机内代码是 7 位的 ASCⅡ码,字节的最高位为“0”,因而将汉字国标码两个字节的最高位由“0”改为“1”,这就形成了汉字的机内码。如汉字“大”的机内码为“10110100 11110011”。

(3)汉字的输入码(外码):汉字的输入码是为了利用现有的计算机键盘,将形态各异的汉字输入计算机而编制的代码。编码方案可以分为:以汉字发音进行编码的音码,如全拼码、简拼码、双拼码等;按汉字书写的形式进行编码的形码,如五笔字型码;将音形相结合进行的编码,如自然码。显然,对于不同的输入法,一个汉字有不同的输入码。

(4)汉字的字形码:汉字的字形码是汉字字库中存储的汉字字形的数字化信息,用于汉字的显示和打印。汉字字形库可以用点阵与矢量来表示。目前汉字字形的产生方式大多是以点阵方式形成汉字,因此汉字字形码主要是指汉字字形点阵的代码。

汉字字形点阵有 16×16 点阵、24×24 点阵、32×32 点阵等多种。一个汉字方块中行数、列数分得越多,描绘的汉字也就越细微,但是占用的存储空间也就越多。汉字字形点阵中每一个点的信息要用一位二进制数来表示。存储 16×16 点阵中的一个汉字的字形码,需要用 32B(16×16÷8=32)的存储空间。图 1-20 为一个 16×16 点阵汉字的字模及存储数据。图 1-21 为几种汉字编码间的关系。

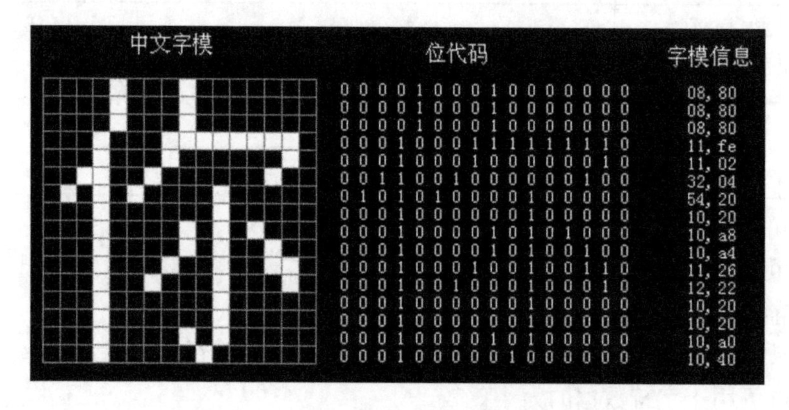

图 1-20 一个 16×16 点阵汉字的字模及编码

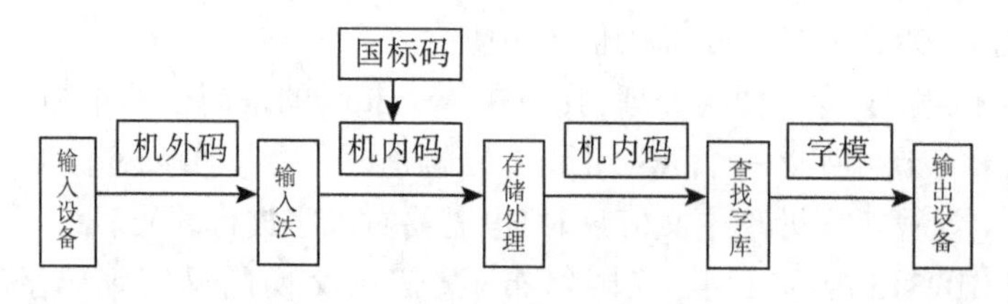

图 1-21 几种汉字编码间的关系

1.3.2 学生上机操作

学生上机操作 1 开机与关机

1. 开机 开机分为冷启动和热启动。

(1)冷启动:冷启动也叫加电启动,指计算机从关机状态进入工作状态时的启动。首先,打开显示器电源;然后,按下主机电源开关,显示器上开始显示系统启动画面。

(2)热启动:热启动是指在开机状态下,重新启动计算机(一般用于系统故障或操作不当,需要重新启动计算机)。

方法一:打开“开始”菜单,选择“关闭计算机”,从弹出的对话框中指向“重新启动”按钮,单击即可重新启动计算机。

方法二:按下主机箱上的“Reset”键,这时计算机将重新启动。

2. 关机　首先关闭任务栏上所有运行的程序;再打开“开始”菜单,选择“关闭计算机”,从弹出的对话框中单击“关闭”按钮。

当计算机出现严重故障,锁死键盘和鼠标,当需要强制关闭计算机时,可按住主机箱上的电源开关,约经数秒钟即可强制关闭计算机。

学生上机操作2　查看当前计算机的硬件参数

在启动计算机之后,可通过如下方法来查看计算机的硬件配置情况。

1. 通过“系统”窗口查看　用右键单击桌面上的“计算机”图标,在弹出的右键快捷菜单中单击“属性”命令,从打开“系统”窗口中,可以查看到计算机的基本信息,如图1-22所示。

图1-22　“系统”窗口

2. 通过“设备管理器”查看　在“系统”窗口中单击“设备管理器”(或是用右键单击桌面上的“计算机”图标,在弹出的右键快捷菜单中单击“设备管理器”命令),打开“设备管理器”窗口,从中可查看计算机硬件系统的全面信息,如图1-23所示。

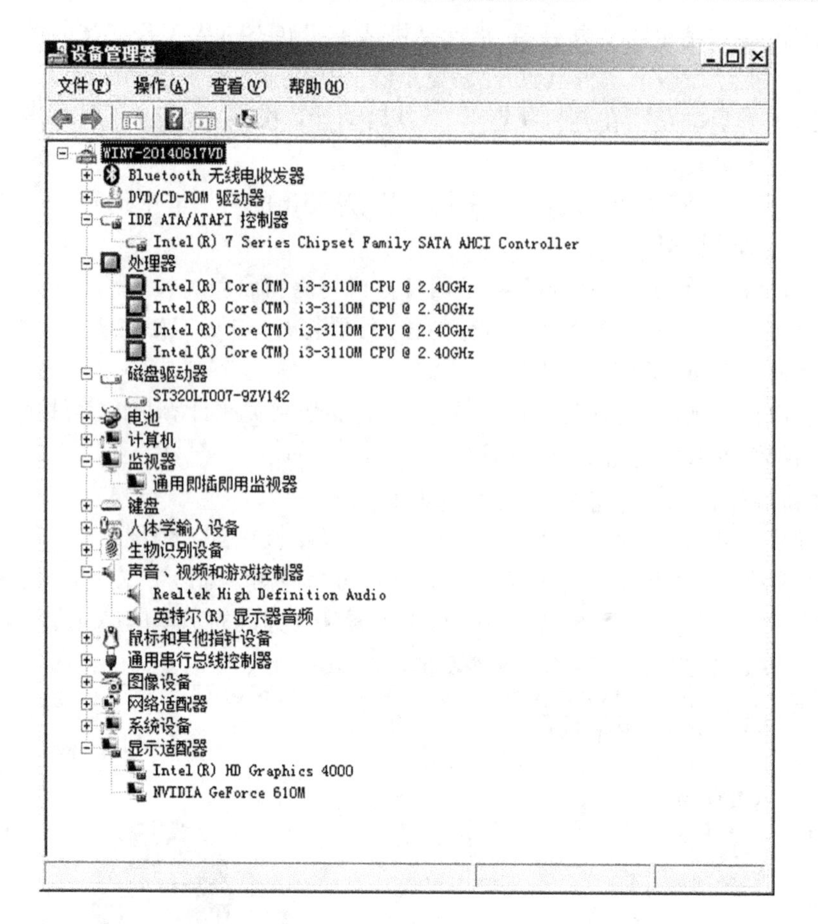

图 1-23 “设备管理器”窗口

使用上面介绍的方法,查看你所使用计算机的硬件参数,并填写到表 1-4 中。

表 1-4 计算机的硬件参数

操作系统		显示器	
CPU		声卡	
内存		网卡	
显卡		硬盘	

★**知识技能拓展**

是否还有查看计算机硬件参数的其他方法?请查阅有关资料,并试一试。

1.4 任务四 计算机系统的安全使用

随着计算机技术及通信技术的飞速发展,计算机的使用已越来越普及,社会也进入了信息时代,我们对计算机的依赖越来越大。但计算机在给我们的工作、学习及生活等诸多方面带来方便的同时,也给我们带来了新的挑战,那就是如何保障保存在计算机中重要数据的安全。

★任务目标展示

1. 了解信息安全的基础知识,使学生具有信息安全意识。
2. 了解计算机病毒的基础知识和防治方法,具有计算机病毒的防范意识。

1.4.1 知识要点解析

知识点1 引发数据安全问题的主要原因

引发数据安全问题的原因是多方面的,归纳起来主要有以下两方面的原因。

1. *物理的原因* 如供电故障、硬件损坏、火灾、水灾、雷电袭击及其他自然灾害等。
2. *人为的原因* 如粗心大意的误操作、计算机病毒的破坏、黑客的入侵及计算机犯罪等。

知识点2 计算机病毒与防治

计算机病毒不是天然存在的,是人为制造、能自我复制、并能对计算机的信息资源和正常运行造成危害的一种程序。计算机病毒具有破坏性、隐蔽性、传染性、潜伏性、激发性,它的活动方式与微生物学中的病毒类似,故被形象地称为计算机病毒。

1. *计算机病毒的分类* 计算机病毒的分类方法较多,按传染对象来分,病毒可划分为以下几类。

(1)引导型病毒:引导型病毒主要攻击磁盘的引导扇区,这样可以在系统启动时获得优先的执行权,从而控制整个系统。

(2)文件型病毒:这类病毒感染指定类型(如 .com,.exe 等)的文件,当这些文件被执行时,病毒程序就跟着被执行。

(3)宏病毒:宏病毒是利用高级程序设计语言——宏或 Visual Basic 等编制的病毒,宏病毒仅向 Word、Excel 和 Access 编制的文档进行传染,而不会传染给可执行文件。

(4)网络型病毒:计算机网络发展很快,而计算机病毒制造者也开始尝试让病毒和网络紧密地结合在一起,形成传播速度更快、危害性更大的计算机网络病毒。如特洛伊木马、蠕虫病毒和黑客型病毒均属于这类病毒。

(5)混合型病毒:混合型病毒早期是指兼具引导型病毒、文件型病毒及宏病毒 3 种特性的一类病毒。随着网络病毒的发展,最新混合型病毒是指集黑客程序、木马、蠕虫等网络病毒特征于一体的混合型恶意代码。新型的网络病毒、混合型病毒具有更强的破坏力!

2. *计算机病毒的危害*

(1)破坏系统和数据:大部分病毒在发作时,可以直接破坏计算机的重要信息。如格式化硬盘、删除重要文件、用无用的“垃圾”数据改写文件、改写 BIOS 等。

(2)耗费资源:病毒程序本身要非法占用一部分的磁盘空间,病毒还可以耗费大量的 CPU 和内存资源,造成计算机的运行效率大幅度降低,或者使计算机没有反应,处于“死机”状态。

(3)破坏功能:病毒程序可以造成不能正常列出文件清单、封锁打印功能等,可以自动启动外部设备,自动运行一些软件。如病毒可让黑客对中毒的计算机进行远程控制,启动摄像头进行偷拍,窃取用户存放在电脑里的私密文件等。

3. 预防计算机病毒　计算机病毒预防是指在病毒尚未入侵或进行入侵时,通过拦截、阻止等方式拒绝病毒的入侵的操作。当前计算机病毒主要通过移动存储介质和计算机网络两大途径进行传播,要有效地预防计算机病毒的入侵,需要注意以下几点。

(1)在机器上正确安装病毒防火墙和查、杀病毒软件,并开启杀毒软件的实时监控功能。目前,绝大部分杀毒软件实时监控功能安装后默认自动开启。常用的杀毒软件有瑞星、卡巴斯基、诺顿、金山毒霸、360 安全卫士等。

(2)不要轻易使用来历不明的各种软件;不要打开、运行来历不明的 E-mail 附件,尤其是在邮件主题中以诱惑的文字建议我们执行的邮件附件程序。

(3)及时升级杀毒软件,确保所使用的杀毒软件的扫描引擎和病毒代码库为最新的,定期使用杀毒软件扫描系统。

(4)重要数据文件要有备份。

(5)及时安装系统漏洞的补丁程序。

(6)上网时不浏览不安全的陌生网站,不从陌生网站下载软件。

1.4.2　学生上机操作

1. 查看你所使用计算机上安装的杀毒软件名称。
2. 杀毒软件的病毒数据库是否是最新的?如不是,请上网升级最新版。
3. 请用杀毒软件查杀本机的“系统内存”和“引导区”是否有病毒。

1.5 任务五　认识鼠标和键盘

★任务目标展示

1. 能熟练地使用鼠标进行操作。
2. 了解键盘键位及功能,会正确使用键盘录入字符。

1.5.1　知识要点解析

知识点 1　鼠标的结构与基本操作

鼠标是计算机最常用的输入设备之一,它的使用使得计算机的操作更加简便。目前使用较多的是三键滚轮鼠标,大多数人用右手握鼠标,示指和中指轻放在鼠标的左键和右键上。对于左手握鼠标的用户和对鼠标按键等默认设置不满意时,可以通过操作系统进行设置。

在图形用户界面中,当我们移动鼠标时,会发现屏幕上有一个箭头指针也会移动,这就是鼠标指针或鼠标光标。随着指向目标的不同,指针的形状也会改变,以表示不同的含义。使用鼠标操作电脑,可以代替键盘上的多种烦琐的指令,以完成不同的功能。例如,在编辑文本时,使用鼠标可以方便地选定文本和执行各种命令;在浏览网页时,用手指拨动滚轮,即可上下翻动页面,非常方便。

利用鼠标可以进行如下的操作。

指向:移动鼠标,鼠标指针指向屏幕上的某个目标。

单击:按下鼠标左键并很快松开,通常用来选择某个目标。

双击:快速而连续地按动两次鼠标左键,通常用来打开或运行选定的目标。

右击:按下鼠标右键并很快松开,通常用于打开指向对象的快捷菜单,用户可以在弹出的快捷菜单中执行所需的命令。

拖动:按住鼠标左键不放,将鼠标指针移动到另一个位置后松开,通常用于在桌面上或在窗口中移动所选目标。

知识点 2　键盘的结构与基本操作

键盘是用户与计算机进行交流的主要工具,是计算机最重要的输入设备,也是微型计算机必不可少的外部设备。

常用的微型机键盘有 101 键盘、104 键盘、107 键盘等,最常见的键盘是 104 键的标准键盘。键盘一般划分为 4 个键区,它们是功能键区、主键盘区(打字键区)、编辑键区、数字小键盘区(辅助键区),如图 1-24 所示。

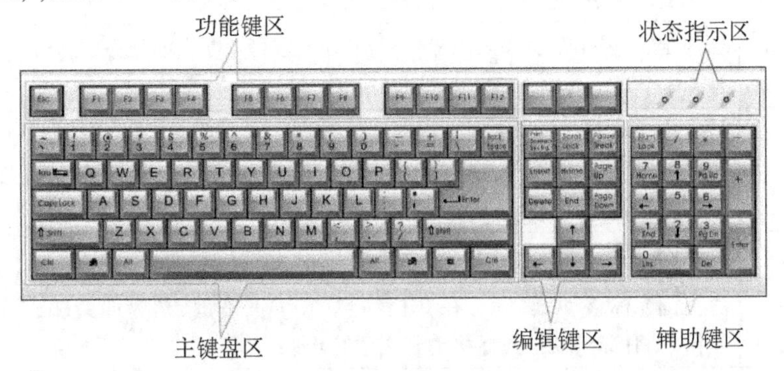

图 1-24　键盘的结构

键盘上的部分按键及其功能如表 1-5 所示。

表 1-5　键盘上部分按键及功能

键区	键符名称	功能与操作
打字键区	字母键	字母键上印着对应的英文字母
	数字键	数字键的下档为数字,上档字符为符号
	Tab	制表键,用于移动定义的制表符长度
	Caps Lock	大小写字母锁定转换键,它只对英文字母起作用,若原输入的字母为小写(或大写),按下此键后,再输入的字母为大写(小写)
	Shift	上档键,打字键区的有些键上有上下两个字符,直接按这些键是输入下面的字符。使用上档键,是输入该键的上档字符。操作方法是先按住本键不放,再按具有上下档符号的键时,则输入该键的上档字符
	Ctrl	控制键,主要用于与其他键组合在一起操作,构成某种控制作用
	Alt	组合键,同 Ctrl 键一样需要和其他键组合使用才能起特殊的作用
	空格键	空格键,在文档编辑中,每按一次产生一个空格
	Enter	回车键,按下此键表示开始执行输入的命令,在录入字符时,按下此键表示换行
	Backspace	退格键,按下此键删除光标左边的一个字符,光标回退一格
	Windows 徽标键	按下此键可打开【开始】菜单,此键也可和其他键组合使用,实现特殊的功能

续表

键区	键符名称	功能与操作
功能键区	Esc	功能键,一般用于退出某一环境或废除错误操作,在各个软件应用中,都有特殊作用
	F1~F12	功能键,在不同的软件中所定义的作用不同。例如,在 Windows 操作系统中,【F1】键被定义为"帮助"键,按下该键,即显示当前软件的帮助信息
	Print Screen	屏幕复制键,在连接打印机的情况下,利用此键可以实现将屏幕上的内容在打印机上输出,或者保存到剪贴板中,用户可以将剪贴板中的内容复制到他处
	Scroll Lock	屏幕滚动锁定键,控制屏幕的滚动,按下此键,则屏幕会立即停止滚动,再按此键,屏幕又会继续滚动显示余下的内容
	Pause Break	暂停键,一般用于暂停某项操作,与 Ctrl 同按可中断当前程序的运行
编辑键区	Insert	插入键,是"插入"和"改写"状态的切换键。在文档编辑中,当处于"插入"状态时,输入的字符会"插入"到光标位置;当处于"改写"状态时,输入的字符会覆盖掉光标右边的字符
	Delete	删除键,删除光标右边的一个字符
	Home	大范围光标移动键之一,在文档编辑中,按下该键,光标即会跳到光标行的开头。【Ctrl+Home】会把光标移动到文章的开头
	End	大范围光标移动键之一,在文档编辑中,按下该键,光标即会跳到光标行结尾。【Ctrl+End】会把光标移动到文章的结尾
	Page Up	向上翻页键,在文档编辑中,按下该键,即向上移动一页文字
	Page Down	向下翻页键,在文档编辑中,按下该键,即向下移动一页文字
	↑↓←→	光标移动键,控制光标上,下,左,右移动,每按一次,即将光标按箭头指示方向移动一个字符
数字小键盘区	小键盘	小键盘区的键都是上述一些键的重复,为了能够更方便数字的输入。键位上的数字也分上下档,是由【Num Lock】键进行控制,该键称为数字锁定键。当按下【Num Lock】键,右上角的 Num Lock 指示灯亮时,则此时小键盘上的键输入的是数字等;当再次按下【Num Lock】键,右上角的 Num Lock 指示灯熄灭时,此时再按小键盘上键就是光标移动或编辑键的功能了

知识点3 键盘指法

1. 正确的打字姿势 打字开始前一定要端正坐姿,如果姿势不正确,不但会影响打字速度,还容易导致身体疲劳,时间长了还会对身体造成伤害。正确的坐姿要求如下。

(1)两脚平放,腰部挺直,两臂自然下垂,两肘贴于腋边。

(2)身体可略倾斜,离键盘的距离为20~30cm。

(3)打字教材或文稿放在键盘的左边,或用专用夹固定在显示器旁边。

(4)打字时眼观文稿,身体不要跟着倾斜。

(5)注意休息,防止因过度疲劳导致身体和眼睛受到伤害。

2. 标准指法

(1)手指的分工:为了提高打字速度,减轻疲劳,人们在长期的打字录入实践中总结了一套打字方法,称为标准指法。标准指法对打字时手指的分工作了明确的规定。打字时,双手要半握拳,两手四指弯曲成弧形,轻轻地放在基准键位(左手 A、S、D、F,右手 J、K、L、;)上,两手大拇指轻放在空格键上方。在输入时,手指必须置于基准键位上面。在输入其他键位后必须重新放回基准键上面,再开始新的输入。为了定位左右手手型和方便盲打,键盘的 F 键和 J 键上通常会有一个凸出的横杠。

每个手指除了指定的基准键外,还分工有其他的字键,称为它的范围键。各手指的分工如图 1-25 所示。

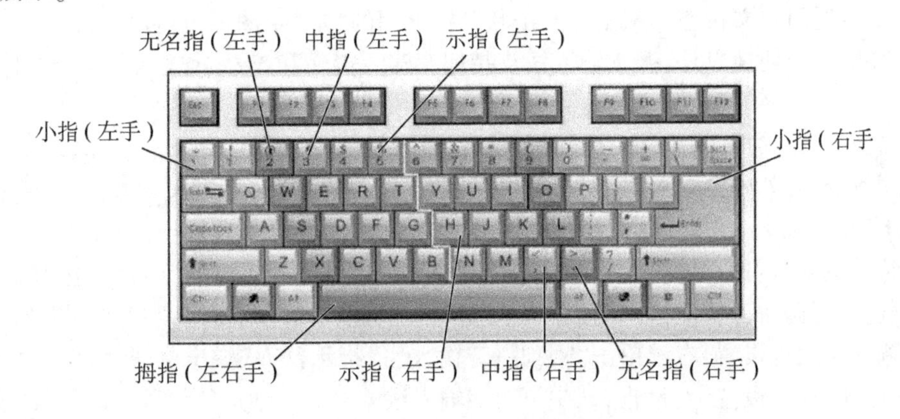

图 1-25　标准指法分工

(2)指法练习技巧:初练电脑打字时要注意以下几方面的要领。

眼睛注视文稿,少看屏幕,不看键盘。

思想集中,避免差错。

掌握正确的击键要领。

手腕保持平直,手臂保持静止,全部动作只限于手指部分;手指保持弯曲并稍微拱起,指尖的第 1 关节略成弧形,轻放在基准键的中央位置;击键时只允许伸出要击键的手指,击键完毕必须立即回位;击键要轻盈、快捷,富有弹性,不能拖泥带水、犹豫不决。

知识点 4　中、英文输入法

1. 中、英文输入法的切换　输入法是我们利用键盘或者鼠标把字符输入到电脑的一种软件。目前比较常见的中文输入法有全拼、微软拼音、智能 ABC、搜狗拼音、五笔字型等输入法。

在 Windows 中,默认的是英文输入状态,要想切换到中文输入法状态或在两种中文输入法之间切换,可以单击任务栏上的输入法指示器,从中单击一种要使用的输入法,如图 1-26 所示。

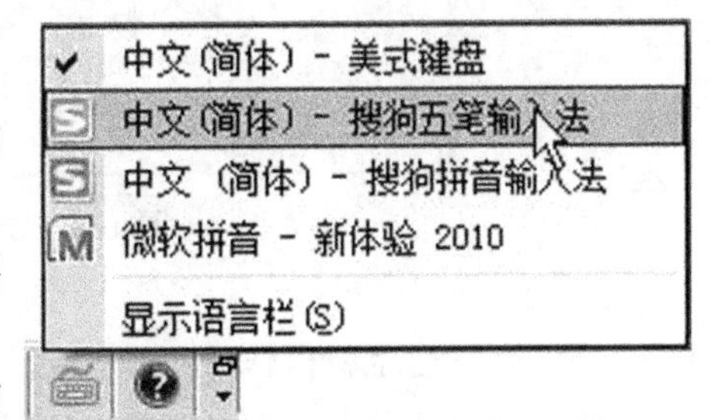

图 1-26　切换输入法

按“Ctrl+空格键”可在中文与英文输入法之间切换。按“Ctrl+Shift”键可在各种输入法之间轮换。

2. 搜狗拼音输入法　搜狗拼音输入法是搜狗网

站推出的一款输入法，提供了全拼输入、简拼输入、英文输入、模糊音输入、笔画筛选输入功能，还具有动态升级输入法和词库，智能调整词频等功能，特别适合网民的使用。

(1)翻页选字：搜狗拼音输入法默认的翻页键是“< , > .”，即输入拼音后，按 > . 进行向下翻页选字，相当于 Page Down 键，找到所选的字后，按其相对应的数字键即可输入。输入法默认的翻页键还有“— - + =”，“{ [}]”。

(2)使用简拼：搜狗输入法现在支持的是声母简拼和声母的首字母简拼。同时，搜狗输入法支持简拼全拼的混合输入，例如输入“srf”“sruf”“shrfa”都可以得到“输入法”。

(3)中英文切换输入：输入法默认是按下“Shift”键就切换到英文输入状态，再按一下“Shift”键就会返回中文状态。用鼠标点击状态栏上面的“中”字图标也可以切换。

除了“Shift”键切换以外，搜狗输入法支持回车输入英文和 V 模式输入英文。具体使用方法如下：

回车输入英文：输入英文，直接敲回车即可。

V 模式输入英文：先输入“V”，然后再输入你要输入的英文，可以包含@ + * /-等符号，然后敲空格即可。

(4)符号的输入：搜狗输入法提供了丰富的表情、特殊符号库以及字符画，按“Ctrl + Shift + B”就可进入搜狗拼音快捷输入面板，随意选择自己喜欢的表情、符号、字符画、日期时间等。

(5)输入法属性设置：右键单击“搜狗拼音输入法”指示器，从弹出的快捷菜单中单击“设置属性”，打开“属性设置”对话框，从中可对该输入法的有关属性进行设置，如图 1-27 所示。

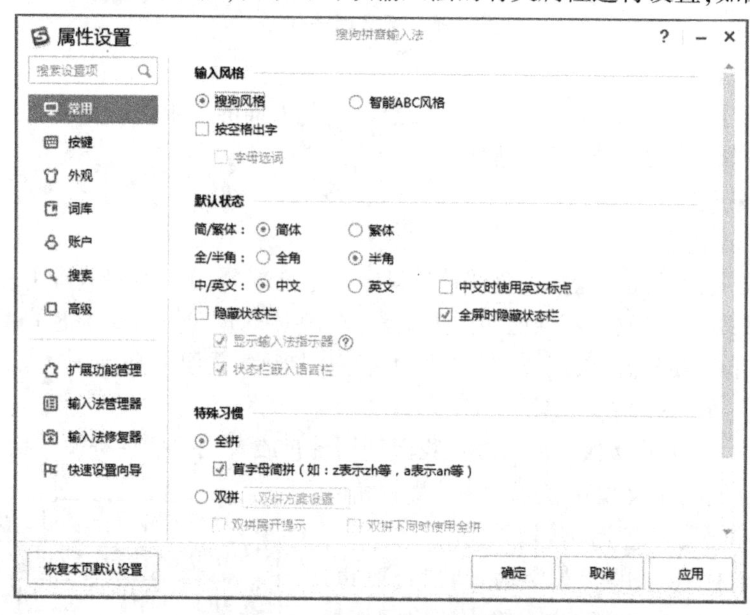

图 1-27　搜狗拼音输入法-属性设置

1.5.2　学生上机操作

学生上机操作 1　鼠标的基本操作

通过 Windows 7 系统附带的纸牌游戏，练习鼠标的基本操作。

1. 单击开始→所有程序→游戏→纸牌,打开纸牌窗口。

2. 了解游戏规则,在纸牌窗口中,单击帮助→目录,打开纸牌帮助系统,查看纸牌游戏规则。

3. 开始纸牌游戏,通过游戏来练习鼠标的基本操作(但不可迷恋游戏)。

学生上机操作 2　键盘的基本操作

1. 打开记事本程序,练习输入英文字母表(包括大小写)。

2. 在记事本中,练习上档键"Shift"键的使用,在记事本中输入下列符号:~ ! @ # $ % ^ & * ( ) _ + { } | :" " <>?

3. 利用打字学习软件,按照指法规则,反复练习键盘指法操作。

4. 使用"记事本"或"写字板",输入《信息技术应用基础》课本中第 1 页到第 2 页的部分内容(并按要求保存文档)。

★任务完成评价

通过本节的学习,我们了解了计算机的发展历程与主要应用领域,认识了微型计算机的硬件系统与软件系统,了解了数据和信息在计算机中如何表示,以及计算机系统的安全使用等知识。通过上机操作,初步熟悉了鼠标和键盘的使用方法。

★知识技能拓展

有一位老师,经常需要用计算机打印文稿,上网浏览新闻及查找资料,请你帮他参考一下如何配置一台适用的计算机。另有一位游戏发烧友,则应配置什么样的计算机才能满足他的使用需求?

1.6 任务六　了解多媒体计算机

★任务目标展示

1. 了解多媒体概念和媒体的分类。

2. 了解多媒体技术的主要特性。

3. 了解多媒体计算机系统和多媒体常用设备。

1.6.1　知识要点解析

知识点 1　多媒体计算机

1. 多媒体　媒体是指信息表示和传播的媒介载体(例如电视、广播、图书、杂志、报纸、邮件、互联网、手机等)。多媒体是指对多种媒体组合的综合应用。所使用的媒体,包括文字、图片、照片、音频(如音乐、特殊音效等)、视频(如动画、电视和电影等)。

2. 媒体的分类　国际电话电报咨询委员会(国际电信联盟的一个分会)将媒体分为如下 5 类。

(1)感觉媒体:指直接作用于人的感觉器官,使人产生直接感觉的媒体。例如,引起听觉的声音,引起视觉的图像、视频、自然景色等。

(2)表示媒体:指传输感觉媒体的中介媒体,即用于数据交换的编码。如文本编码(ASCⅡ码、GB2312 等)、图像编码、声音编码等。

(3)表现媒体:指用于信息输入和输出的媒体,输入媒体如键盘、鼠标、扫描仪、话筒、摄像机等;输出媒体如显示器、打印机、音响设备等。

(4)存储媒体:指用于存储表示媒体的物理介质。如硬盘、光盘、U 盘、ROM 和 RAM 等。

(5)传输媒体:指传输表示媒体的物理介质。如电缆、光缆、通信无线电波等。

人们通常所说的“媒体”主要包括两点含义,一个是指信息的物理载体(即存储和传递信息的实体),如书本、挂图、磁盘、光盘、磁带以及相关的播放设备等;另一个是指信息的表现形式(或说传播形式),如文字、声音、图像、动画等。多媒体计算机不仅能处理文字、数值之类的信息,还能处理声音、图形、电视图像等各种不同形式的信息。

3. 多媒体技术　多媒体技术,是指利用计算机对文本、图形、图像、声音和视频等多种媒体信息进行综合处理、建立逻辑关系和人机交互的多重技术。

多媒体技术的不断发展和广泛应用,改善了人机之间的交互界面,增加了计算机的处理功能和使用方式,进一步丰富了计算机的应用领域。简要地说,多媒体技术就是使计算机在综合处理多重媒体信息方面具有多样性、集成性、实时性和交互性的技术。

多样性、集成性、实时性和交互性,是多媒体技术的主要特性。

(1)多样性:是指信息种类和信息载体的多样化。也就是说,多媒体计算机具有处理的多种不同媒体信息的能力。

(2)集成性:包括两个方面,一是指包含多种媒体信息,如声音、文字、图形、图像、音频和视频等的信息组合;二是指对各种媒体进行处理的设备,具有对各种信息进行综合处理的功能。

(3)交互性:是指用户与计算机在进行信息交流过程中,用户与计算机具有平等的地位,改变了以往在信息交互过程中人的被动状态,使用户可以主动地参与各种媒体信息的加工、处理和交流。

(4)实时性:是指多媒体计算机具备对各种媒体信息进行实时同步处理功能。

4. 多媒体计算机　多媒体计算机系统不仅包括计算机系统本身,还包括处理不同信息的外部设备和相应的软件。也就是说,一个完整的多媒体计算机系统是由多媒体计算机硬件系统和多媒体计算机软件系统两部分组成的。使用多媒体计算机系统,可以方便地对多种媒体信息进行采集、存储、交流和传播。

在使用多媒体计算机时,人机之间对文字、图片、声音和视频等信息的交互都是实时的、同步的。

知识点 2　多媒体常用设备

多媒体计算机,是由计算机和多种媒体硬件设备、多媒体软件系统、网络设备和网络系统,以及各种媒体数据库组合而成的有机整体。

常用的多媒体设备,包括信息的输入/输出、传递、加工及存储等设备。在此,介绍几种常用的多媒体输入/输出及存储设备。

1. 摄像头　摄像头(又称电脑相机、电脑眼、电子眼),是一种常用的视频输入设备,如图 1-28所示。它被广泛地运用于各种视频通信,如视频会议、远程医疗、实时监控、视频聊天等方面。人们常用摄像头在网络上进行视频通讯。

摄像头具有视频摄像/传播和静态图像捕捉等功能,它是由镜头采集图像后,由摄像头内的感光组件电路及控制组件对图像进行处理并转换成电脑所能识别的数字信号,然后经并行端口或 USB 连接输入到电脑后由软件再进行图像还原。

2. 投影机　投影机是一种比较常用的输出设备,如图 1-29 所示。近年来,投影机已被广

图 1-28　摄像头

图 1-29　投影机

泛应用于多媒体教学、会议报告等场合。投影机的主要技术指标是光通量、对比度、分辨率和均匀度等。

光通量的计量单位为流明(lm),流明数值越大表示越亮。如光通量在 600lm 以上,在灯光比较充足或有阳光的会议室中进行投影,也可比较清晰地看到投影画面。

对比度是由 16 格黑白相间的方格测量而得。当投影机有较高的对比度时,投影的画面锐利,色彩逼真;相反,当对比度较低的时候,画面就会显得比较浑浊,缺乏立体感。

投影机的分辨率一般为 1920×1080,通过压缩等数字化手段可达到更高的分辨率,画面能够充分展现细微的质感。

均匀度指投影最亮与最暗部分的差异值。投影机最亮的地方是画面中央的部分,最暗的地方则是画面的边缘,均匀度越高,画面从中央到边缘亮度的一致性就越好。

3. 扫描仪　扫描仪是一种能将图像转换为计算机数字信号的输入设备。比较常用的有手持式扫描仪、平板扫描仪等,如图 1-30 所示。

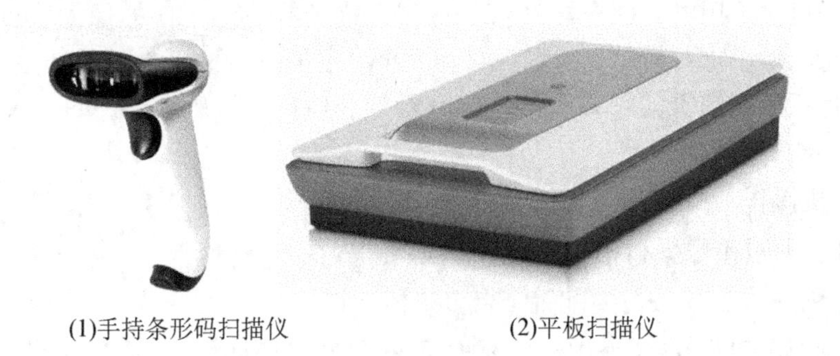

(1)手持条形码扫描仪　　(2)平板扫描仪

图 1-30　扫描仪

扫描仪的主要性能指标是光学分辨率和色彩位数。光学分辨率是指扫描仪的光学系统可以采样的实际信息量,由水平电荷耦合器件阵列中的探测器数量决定,它决定了图像的清晰度和输出时对原图像的有效放大倍数。色彩位数是衡量扫描仪还原色彩能力的主要指标,它代表扫描仪辨析的颜色范围,扫描仪的色彩位数越多,就越能真实地反映原始图像色彩,所扫描图像的彩色也越真实。

4. DVD 光盘驱动器和 DVD 光盘　DVD 即数字视频光盘,它采用了 MPEG2 的压缩技术来存储影像。DVD 技术集电子技术、光学技术、影视技术和计算机技术为一体,成为一种大存储容量、高清晰度、高保真音效的存储媒体,足以实现数字环绕三维高保真音响效果。计算机通过 DVD 光盘驱动器读取 DVD 光盘,在读盘速度上远优于此前广泛使用的 CD-ROM。

5. 数码照相机　数码照相机通过镜头把影像转换为二进制代码,如图 1-31 所示。

数码相机与传统相机最大的区别是它不用胶片,而是采用特殊的感光器件和数字存储器保存信息。影像信息由感光器件进行光电转换,变为电信号,再经过模/数转换,成为二进制代码。数码相机的性能指标主要是分辨率和内存容量,分辨率越高,图像越清晰,每幅图像所占的存储空间也越大,目前,数码相机的分辨率一般在 1000 万像素或以上,内存容量决定数码相机能存储多少张图像,目前数码相机的存储卡容量为 16GB 或更大。

6. 数码摄像机　数码摄像机,如图 1-32 所示。数码摄像机的感光器件能把光信号转变成电信号,再通过模数转换器转换成数字信号,然后进行存储。

图 1-31　数码照相机

图 1-32　数码摄像机

数码摄像机多采用电荷耦合器件(CCD)作为感光器件。CCD 的像素数目是衡量数码摄像机成像质量的一个重要指标。像素数目的大小决定了所摄影像的清晰度、色彩和流畅程度。一台数码摄像机的影像质量取决于它的 CCD 像素、CCD 面积、感光器件的个数和水平清晰度。

1.6.2　学生上机操作

学生上机操作 1　使用摄像头

在上网时,通过摄像头和相关视频软件实现远程视频通讯。

学生上机操作 2　按需要配置一台多媒体计算机

有一位制图工程师,在工作中经常要拍照、扫描和打印图纸,并通过网络上传和交流。你认为,他的计算机上应配置哪些多媒体设备?

★任务完成评价

通过本次任务,主要学习了多媒体概念和媒体的分类,多媒体技术的主要特性,以及多媒体计算机和多媒体常用设备。一个完整的多媒体计算机系统是由多媒体计算机硬件系统和多媒体计算机软件系统两部分组成的。

★知识技能拓展

通过上网查询有关资料,进一步了解多媒体计算机系统。

1.7 本章复习题

一、填空题

1. 以微处理器为核心组成的计算机,属于第______代计算机。
2. 计算机系统由______和______组成。
3. 总线一般分为______、______和______ 3类。
4. 在微型计算机的汉字系统中,一个汉字的机内码占______字节。在一个24×24点阵的汉字库中,存储一个汉字需要用______字节。
5. 进制转换:$(10110111001)_2=(\_\_\_\_\_\_)_8=(\_\_\_\_\_\_)_{16}=(\_\_\_\_\_\_)_{10}$。
6. 一个完整的多媒体计算机系统是由______和______两部分组成的。
7. 按国际电话电报咨询委员会的有关文件规定,将媒体分为感觉媒体、______、______、______和______ 5类。

二、选择题

1. 世界上第一台计算机是( )
   A. ENIAC　B. EDVAC　C. EDSAC　D. MARK
2. 第二代电子计算机所采用的主要电子元件是( )
   A. 电子管　B. 晶体管　C. 集成电路　D. 继电器
3. 下列存储器中,存取速度最快的是( )
   A. 内存　B. U盘　C. 光盘　D. 硬盘
4. CPU不能直接访问的存储器是( )
   A. ROM　B. RAM　C. Cache　D. CD-ROM
5. CAI表示( )
   A. 计算机辅助制造　B. 计算机辅助设计　C. 计算机辅助模拟　D. 计算机辅助教学
6. 在微机的性能指标中,用户可用的内存容量通常是指( )
   A. RAM的容量　B. ROM的容量
   C. RAM和ROM的容量之和　D. CD-ROM的容量
7. 微型计算机必不可少的输入/输出设备是( )
   A. 显示器和打印机　B. 鼠标器和扫描仪
   C. 键盘和数字化仪　D. 键盘和显示器
8. 下列字符中ASCⅡ码值最大的是( )
   A. 5　B. a　C. k　D. M
9. 通常所说的计算机系统应该包括( )
   A. 主机和外用设备　B. 通用计算机和专用计算机
   C. 系统软件和应用软件　D. 硬件系统和软件系统
10. 下列叙述中,正确的是( )
    A. 存储在任何存储器中的信息,断电后都不会丢失

B. 操作系统是只对硬盘进行管理的程序

C. 硬盘装在主机箱内,因此硬盘属于主存

D. 磁盘驱动器属于外部设备

(程正兴　苏　翔　严的兵　张淮泽　张伟建)

第 2 章

Windows 7 中文操作系统

Windows 7 是微软公司(Microsoft)新近推出的个人计算机操作系统。由于它在系统性能及可靠性等方面都较以往版本有了明显的提高,因此得以广泛运用。Windows 7 的功能强大、操作简单、易学,用户在使用中会感到界面很新颖、操作更轻松。

2014 年 4 月微软宣布 Windows XP 退役,因此,本书将采用 Windows 7 作为操作平台,来介绍操作系统的使用。

2.1 任务一　认识 Windows 7 中文操作系统

Windows 7 在用户个性化设计、娱乐视听设计、应用服务设计等方面,都有明显的改进。Windows 7 具有强大的系统管理功能,它一方面要管理计算机系统的软硬件资源,另一方面要为用户使用计算机提供一种友好的操作界面。要使用计算机,就要掌握 Windows 7 操作系统的使用。

★任务目标展示

1. 掌握 Windows 7 的启动与退出。
2. 认识 Windows 7 的桌面、任务栏和“开始”菜单。
3. 逐步掌握 Windows 7 开始菜单的使用。
4. 熟悉 Windows 7 窗口的组成及其操作方法。
5. 熟悉 Windows 7 的对话框及其操作方法。
6. 会使用 Windows 7 的帮助系统。

2.1.1　知识要点解析

知识点 1　Windows 7 的启动与退出

1. *启动 Windows 7*　启动 Windows 7 就是常说的“开机”。连接好计算机电源,按下主机箱电源开关,系统即进入启动状态。系统首先对电脑设备进行自检,在完成自检后,如果用户没有设置密码,则可直接进入“欢迎”界面,并进入到 Windows 7 的桌面;如果用户设置了登录密码,系统则进入到登录界面,并要求输入密码,在键入正确密码后,就能进入到 Windows 7 的桌面了。当看到 Windows 7 的桌面时,则表明电脑启动成功了。

2. *退出 Windows 7*　退出 Windows 7,就是常说的关机。Windows 7 系统为用户提供了多种关机的方案,其中包括关机、切换用户、锁定、注销和重新启动等,用户可按具体情况选择使用,如图 2-1 所示。

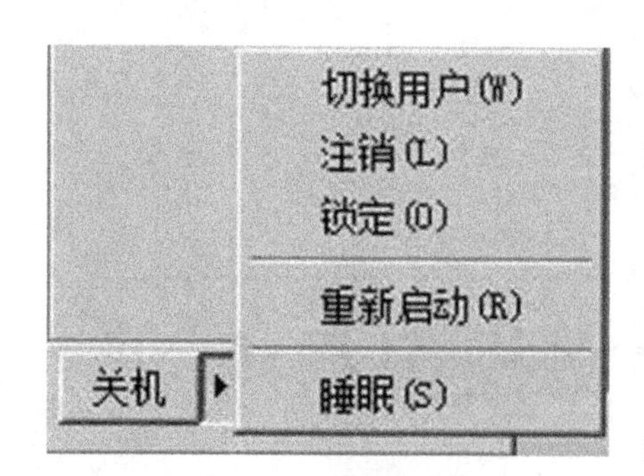

图 2-1 "关机"命令选项

(1)正常关机:就是以正确的方法结束 Windows 7 的运行,并关闭计算机。在关机之前,用户应及时保存有关文件。

单击"开始"按钮,从中单击"关机"按钮,系统进入退出 Windows 7 的检测状态并保存相关信息,然后关闭所有打开的程序和文件,并关闭计算机电源。

(2)强行关机:有时,在电脑运行过程中,由于某种意外原因(如软件出错等),可能导致系统停止运行,即发生了所谓的"死机"现象。在这种情况下,如果无法正常关机,则可采用强行关机。

按住主机箱上的电源开关,并持续几秒钟即可实现强行关机。在能够正常关机的情况下,应当避免采用强行关机。

(3)关机命令的其他选项:关机命令中的其他命令选项,见图 2-1。

切换用户,如单击"切换用户"命令,可选择其他用户的账户登录系统。这时,并不影响"已登录"用户的账户设置和程序运行。

注销,如单击"注销"命令,系统退出已登录的账户,关闭所有应用程序,切换到用户登录界面。

重新启动,如单击"重新启动"命令,系统将关闭正在运行的所有应用程序,并保存当前设置,退出系统,重新启动 Windows 7。

睡眠,如单击"睡眠"命令,计算机进入一种节能的"睡眠"状态。这时,计算机内存仍保持供电,其他部件暂停工作,处于一种低能耗状态。如要恢复运行,可以按一下计算机上的电源按钮,系统将恢复到此前的运行状态(但并不是所有的计算机都一样。有的是按键盘上的任意键,有的是单击鼠标来唤醒)。

知识点 2 Windows 7 的桌面

桌面,是指在正常启动 Windows 7 之后,在显示器屏幕上所看到的操作界面。

桌面上主要有各种程序的快捷方式图标、开始按钮、任务栏等,如图 2-2 所示。桌面一词非常形象,当前所打开的各种程序、文件夹,通常都以窗口的形式,摆放在桌面上。

1. 桌面图标

(1)桌面图标及其分类:桌面图标是代表程序、文件、文件夹及具体硬件设备的快捷方式图形。一个桌面图标由图形和说明文字两个部分组成。图形表明它的标识,说明文字指示它的功能。操作时,用鼠标双击一个图标,就可以打开对应的项目。如双击"计算机"图标,就可以打开"计算机"窗口。

通常,图标可分为两类,一类叫系统图标,如"计算机"图标、"回收站"图标等;一类叫快捷方式图标,如各种应用程序图标。

(2)向桌面添加快捷方式图标:一个快捷方式图标,与一个对应的项目相链接。根据需要,可以将一些常用的项目(如应用程序、文件夹等)以快捷方式图标的形式发送到桌面上,以方便随时调用。

如要对 Microsoft PowerPoint 2010 程序添加一个快捷方式,可在相应的文件夹中查找到该程序的图标,用鼠标单击它,再单击右键,在弹出的快捷菜单中指向"发送到",再从中单击"桌面快捷方式”命令即可，如图 2-3 所示。

图 2-2　Windows 7 的桌面

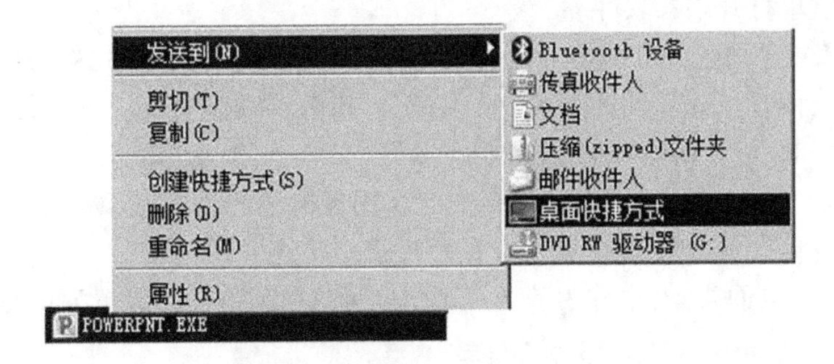

图 2-3　向桌面添加快捷方式

对于经常不用的快捷方式图标，也可以将其删除。这里应指出，当删除一个快捷方式图标时，这时只是删除了这个快捷方式，而与之对应的项目并没有被删除。

(3) 排列图标：有时，桌面上的图标排列不够整齐，要对桌面图标进行排列，可以在桌面上的空白区域单击鼠标右键，在打开的右键快捷菜单中指向“查看”，再从中单击“自动排列图标”即可，如图 2-4 所示。反之，如果需要改变图标的位置，可在图 2-4 中再次单击“自动排列图标”，清除其上的复选标记“✓”，即可鼠标拖动该图标到桌面指定的位置上。

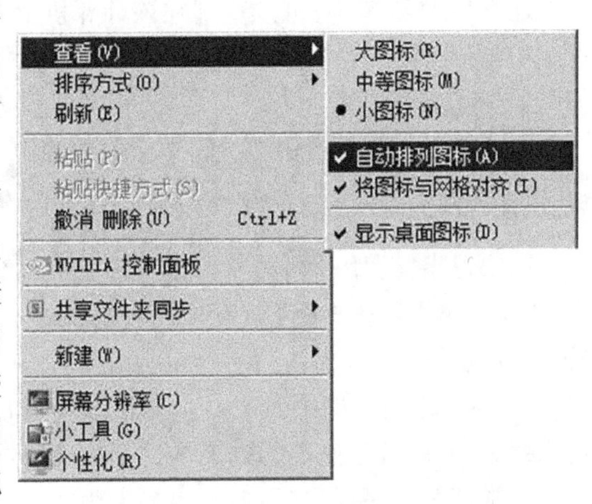

图 2-4　设置“自动排列图标”

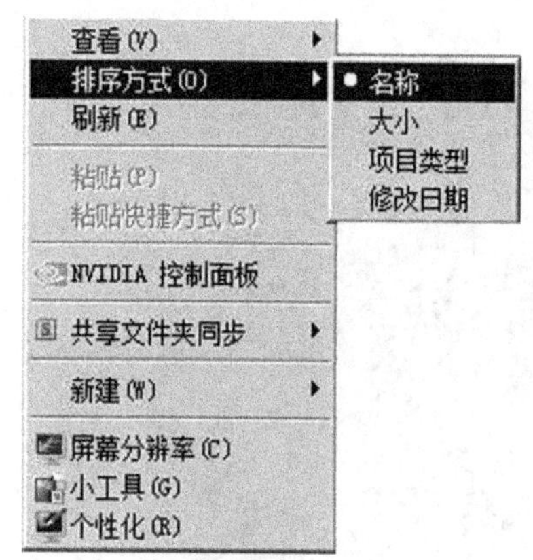

图 2-5 排序方式-按"名称"

还可以按名称或项目类型等,对桌面图标进行排序。要对桌面图标进行排序,可以在桌面上的空白区域单击鼠标右键,在打开的右键快捷菜单中指向"排序方式",再从中单击"名称"命令即可,如图 2-5 所示。

2. 任务栏　在默认情况下,任务栏是位于桌面下方的一个水平矩形长条。从左到右,在任务栏上分别有"开始"按钮、快速启动栏、任务按钮(各种运行程序图标)、语言栏、系统托盘、通知区域等。

3. "开始"按钮　"开始"按钮,位于任务栏左侧,单击"开始"按钮,即可打开"开始"菜单。

4. 任务按钮　又称"程序按钮",是与所打开程序相对应的图标,单击这些图标可在不同的窗口之间切换。还可以将一些常用的程序图标锁定在任务栏上,通过单击图标,即可实现快速启动。如 Internet Explorer、资源管理器、Word 2010 等。

5. 语言栏　显示当前使用的语言和输入法状态,还可用于在不同的输入法间切换。

6. 系统托盘　通过系统托盘,可以查看、调整系统的状态。如通过音量合成器调整音量大小;还可以从这里打开杀毒软件。

7. 通知区域　通知区域位于任务栏右侧。包括时钟、网络共享中心等系统图标。有时,还有一些正在运行的程序图标也位于此处。将鼠标指针移动到图标上,会看到该图标的名称和设置状态。通知区域中的图标会显示较小的弹出窗口,用于通知信息。

8. "显示桌面"按钮　位于任务栏的最右侧。用鼠标单击该按钮,所有打开的程序窗口将最小化到任务栏;再次单击该按钮,最小化的程序窗口将还原。

9. 桌面背景　桌面背景,也称为壁纸。用户也可将所喜好图片设置为桌面背景。

知识点 3　Windows 7 的"开始"菜单

菜单是一系列相关命令的列表。在 Windows 7 中,常见的菜单有"开始"菜单、窗口菜单、控制菜单、快捷菜单等。这里主要讨论"开始"菜单的使用。

在"开始"菜单中,可以找到在该计算机上安装的各种应用程序和设备。它是启动计算机程序,查看文件、文件夹,设置计算机硬件参数的主要通道。对计算机进行的各种操作,均可从"开始"菜单开始。

1. 打开(或退出)"开始"菜单　单击桌面左下角的"开始"按钮(或按"Ctrl + Esc"快捷键,或按"Windows 徽标键")，即可打开"开始"菜单,如图 2-6 所示。

如要退出"开始"菜单,可单击桌面空白处(或按"Esc"键,或按"Windows 徽标键")。

2. "开始"菜单中的命令分布　现对"开始"菜单,按左部窗格、搜索框、右部窗格及关机选项等,分别进行介绍。

(1)左部窗格(程序列表):主要显示计算机中常用程序列表。计算机制造厂家可以自定义此列表,所以其中确切的列表项目会有所不同。

通常情况下,是在其中列出一些常用的程序,如画图、计算器等。在实际使用中,Windows 系统会按使用频率,从高到低,智能地更新该列表。在默认状态下,此列表中会列出使用频繁

图 2-6 "开始"菜单

较高的前 10 个常用程序。

在常用程序列表下方是"所有程序"子菜单。在"开始"菜单中，单击"所有程序"命令，即可展开"所有程序"列表，在其中可以查找到系统中已安装的所有程序，如图 2-7 所示。如要退出"所有程序"，返回到"开始"菜单，可单击"返回"命令。

在"所有程序"列表中，有应用程序和程序组两类选项。其中显示为程序图标的是应用程序选项，如"Internet Explorer"等；显示为文件夹图标的是程序组，如"附件"等。单击某一程序组，将打开该组中的应用程序或程序组列表。如单击"附件"选项，将打开附件组中的菜单命令列表，如图 2-8 所示。

(2)搜索框：搜索框位于左部窗格的底部。

利用搜索功能，可以查找计算上的储存的程序、文件、文件夹和安装的硬件设备。在该框中键入要搜索的关键字并执行搜索后，系统将把符合条件的搜索结果显示出来。

(3)右部窗格(访问链接列表)：在其中列出了对常用文件夹的访问链接和设置硬件设备的访问链接。如"文档""计算机""控制面板""帮助和支持"等。单击某个链接，即可打开相应的窗口。

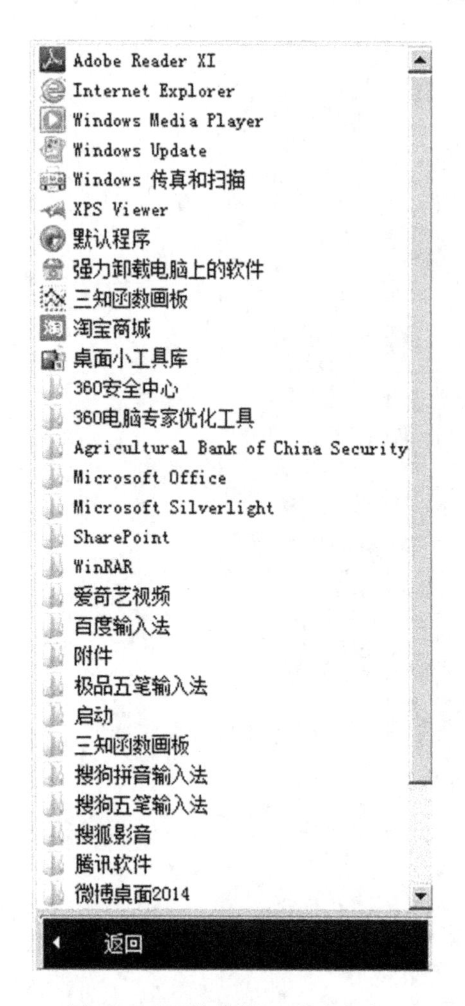

图 2-7 “开始菜单”-“所有程序”

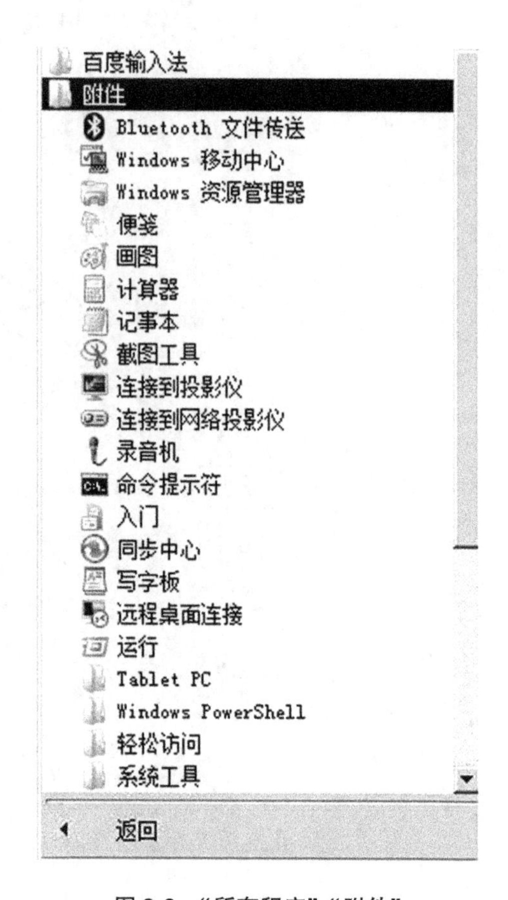

图 2-8 “所有程序”-“附件”

(4)“关机”命令及选项:“关机”命令及选项,位于右部窗格的底部。除了“关机”命令外,其中还设置了“注销”“重新启动”等命令选项(见图 2-1)。

知识点 4　Windows 7 的窗口

各种程序窗口,在内在特征和外在风格上都具有高度的一致性。因此,掌握窗口的操作,对学习使用计算机具有重要意义。

1. 窗口的组成　下面以“计算机”窗口为例,来认识窗口的组成。

如图 2-9 所示,窗口通常由标题栏、菜单栏、地址栏、工具栏、导航窗格、工作区域、预览窗格、状态栏等部分组成。

(1)标题栏:标题栏位于窗口顶部,其上显示有窗口名称(文件夹或程序名称),左端设有控制菜单按钮,右端设有“最小化”“最大化/还原”及“关闭”3 个按钮。

(2)地址栏:地址栏位于标题栏下面,其中从左至右分别设有“前进到”“返回到”按钮,正在访问的位置和刷新按钮。在地址栏中采用了层级路径,单击地址栏中的某个路径按钮就可实现对相应目录的访问。

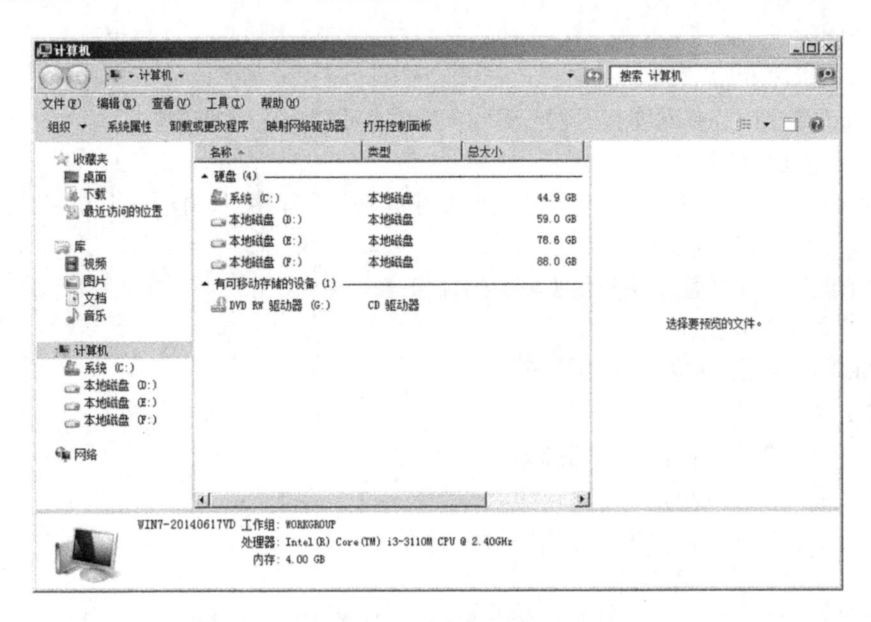

图 2-9　“计算机”窗口

还可在右侧的搜索框中输入要查找的关键词,以实现对程序或文件、文件夹的快速筛选和查找。

(3)菜单栏:菜单栏位于标题栏或地址栏的下面,一般包括多个菜单。单击某个菜单按钮,都会展开一个下拉式菜单列表,其中是一些命令或命令组。

(4)工具栏:工具栏中一般设有若干个或若干组命令按钮。使用这些命令按钮使得相关操作更为方便快捷。

(5)导航窗格:位于窗口左部区域,其中自上而下提供了收藏夹、库、家庭组、计算机、网络等链接按钮。单击某个链接按钮,即可快速跳转到相应的目标文件夹。

(6)工作区(也称库窗格):库窗格位于窗口中部。在工作区顶部显示有列标题,使用列标题可以调整文件列表的排序方式。当文件数较多,不能全部显示时,在工作区域右侧及下方会出现滚动条,拖动它们可方便地查看窗口中的文件信息。

(7)细节窗格:细节窗格位于窗口下部,其中显示选定文件或文件夹的属性。如文件(或文件夹)名、作者、修改日期等描述文件(或文件夹)的信息。

(8)预览窗格:预览窗格,位于窗口的右部。使用预览窗格可以查看某些文件的内容。例如,当选定 Word 文档或图片时,在预览窗格中即可查看到它的内容。可以通过工具栏上的“显示预览窗格”按钮或“隐藏预览窗格”按钮来显示或隐藏预览窗格。

2. 窗口的基本操作　窗口的基本操作,包括打开与关闭窗口、调整窗口大小、移动窗口和切换活动窗口等。

(1)打开窗口:在 Windows 7 系统中,运行任何一个程序,都将打开一个程序窗口。打开窗口,可以有多种方法。常用的方法有如下几种。

方法一:通过快捷方式。

双击桌面上的快捷方式图标;右击图标,从弹出的快捷菜单中单击“打开”命令;单击任务栏上的程序图标。

方法二:通过“开始”菜单。

在“开始”菜单中查找到要打开的程序,单击它即可打开相应的窗口。

方法三:通过所在文件夹。

在“计算机”或“资源管理器”窗口中,查找到要运行的程序,从窗口的“文件”菜单中单击“打开”命令(或是双击该程序图标)。

(2)关闭窗口:可以通过以下方法来关闭窗口。

方法一:单击关闭按钮。

用鼠标单击标题栏右侧的关闭按钮。

方法二:通过退出命令。

在窗口的“文件”菜单中单击“退出”命令。

方法三:通过右键菜单。

在标题栏右击,从快捷菜单中单击“关闭”命令。

方法四:通过控制菜单。

单击标题栏左侧控制菜单,从弹出的菜单中单击“关闭”命令或双击该控制菜单。

方法五:通过任务栏中的图标。

用鼠标指向任务栏上要关闭的程序图标,右击图标在弹出的列表中单击“关闭窗口”命令。

方法六:通过快捷键。

按“Alt + F4”快捷键命令。

(3)调整窗口大小:调整窗口大小,包括最小化、最大化或还原、调整边框等。常用的方法如下。

方法一:通过命令按钮。

在标题栏的右上角,单击“最小化”可将窗口最小化至任务栏上;单击“最大化/还原”可使窗口最大化或还原。

方法二:通过标题栏。

双击该窗口标题栏,可使窗口最大化或还原。

方法三:通过调整窗口边框和角。

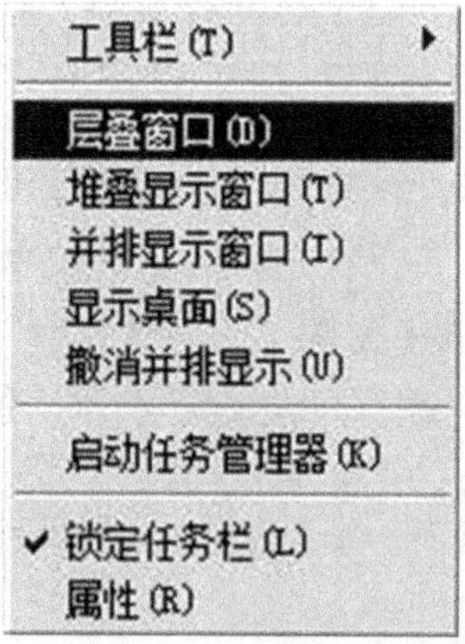

图2-10 排列窗口命令

可以通过鼠标拖曳的方法来改变窗口的高度和宽度。

把鼠标移动到窗口的右边框或左边框(或下边框或上边框),当指针变成双向箭头时拖动鼠标即可改变窗口的大小。

把鼠标移到窗口的一个角上,当指针变为斜向双箭头时,拖曳鼠标即可实现缩小窗口或扩大窗口。

(4)移动窗口:把鼠标指向窗口的标题栏,按住鼠标左键并拖动到合适位置释放鼠标。

(5)排列窗口:对于在桌面上打开的多个窗口,可以按不同的方式来排列窗口。

在任务栏上的空白处右击鼠标,在所弹出的快捷菜单中提供了“层叠窗口”“堆叠显示窗口”“并排显示窗口”3 条命令,如图 2-10所示。可以按实际需要,从中选择一个命令来排列桌面上的窗口。在相关命令的执行后,排列窗口的效果如图 2-11 所示。

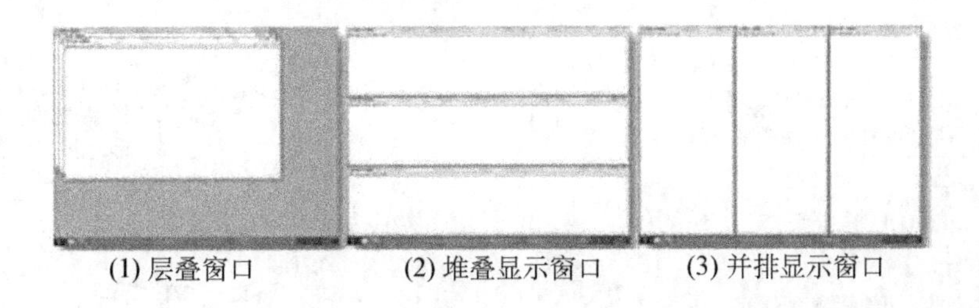
(1) 层叠窗口　(2) 堆叠显示窗口　(3) 并排显示窗口

图 2-11　排列窗口的三种显示效果

(6)切换当前窗口:在多个窗口之间切换当前窗口,可用以下方法来实现。

方法一:通过任务栏按钮。

通过任务栏按钮,可以快速切换当前窗口。任务栏上的一个按钮代表一个打开的程序、文件或文件夹。每打开一个窗口,任务栏上就会出现一个任务栏按钮。在任务栏上,单击要切换任务栏按钮,即可切换当前窗口。

方法二:通过 Alt + Tab 组合键。

通过按一次 Alt + Tab 组合键,可以将先前的一个窗口切换为当前窗口。

如果按住 Alt 不放,并重复按 Tab,可以在已打开的各个窗口之间轮换到下一个窗口,释放 Alt 则可把所选的窗口切换为当前窗口。

知识点 5　Windows 7 的对话框

对话框是用户与 Windows 7 进行对话的一种特殊的窗口。在对话框中,通过人机对话形式,用户可按需要进行设置,与系统进行信息交流,以实现所要求的功能。

与普通窗口相同的是,对话框可以移动位置和关闭;与普通窗口不同的是,对话框上无最小化、最大化和还原按钮,也不允许调整边框的大小。

对话框的组成　对话框主要由标题栏、选项卡、文本框、下拉列表框、单选项、复选项、命令按钮、帮助按钮等组成。例如“文件夹选项”对话框,如图 2-12、图 2-13 所示。

(1)标题栏:位于对话框顶部,左边显示对话框名称,右边设有“关闭”按钮。

(2)选项卡:位于标题栏下方,有的对话框有多个选项卡。单击选项卡名称,即可切换选项卡。当前选项卡将显示在其他选项卡的前面。

(3)文本框:也称编辑框。用来向其中输入文本信息。

(4)下拉列表框:以下拉列表的形式,提供一些选项。单击下拉(箭头)按钮展开列表,可从列表中单击选项,进行选择。

(5)单选项:在单选项前,都有一个小圆圈。通常按分组放置,每组不少于两个,每组单选项只能且必须选择一项(图 2-12)。

(6)复选项:在复选项前,都有一个小方格,单击小方格选中,则显示复选标记“✓”,再次单击小方格将取消复选标记“✓”,表明取消该选项。在一组复选项中可以根据需要从中选择多项(图 2-13)。

(7)命令按钮:单击某个命令按钮,将按此命令完成一种相应的操作。常见的命令按钮有“确定”“取消”“应用”等。

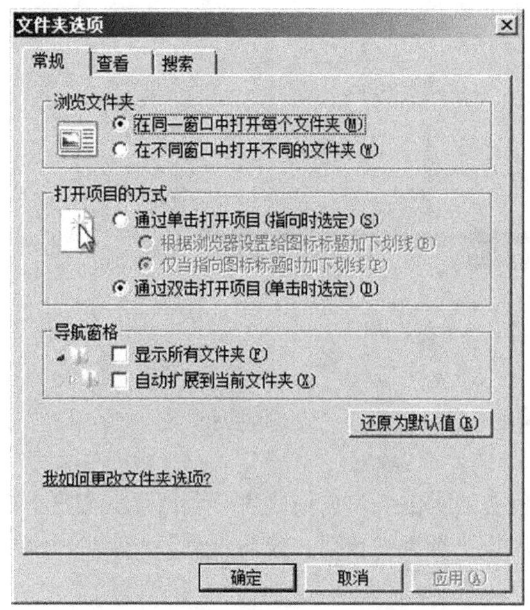

图 2-12 “文件夹选项”对话框-常规

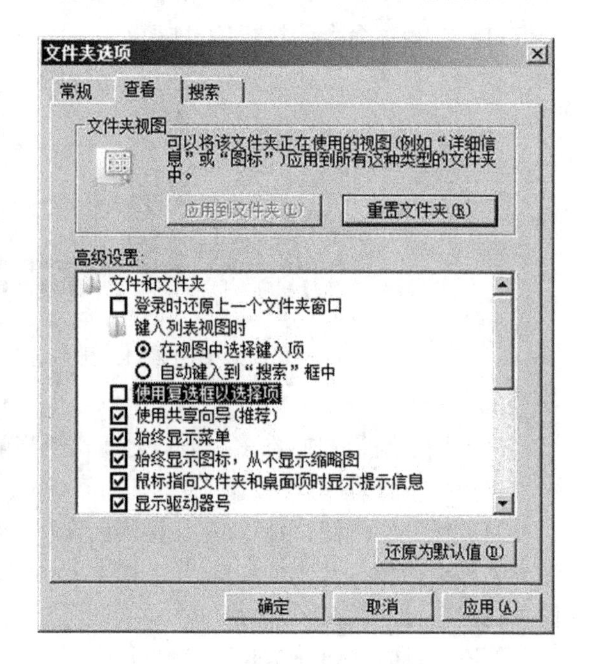

图 2-13 “文件夹选项”对话框-查看

如单击“确定”,表明同意本次在对话框中的选择设置,并关闭对话框;单击“取消”,表明取消本次在对话框中的选择设置,并关闭对话框;单击“应用”,表明本次在对话框中的选择设置被执行,但不关闭对话框,可以进一步选择设置。在有的命令按钮上显示有“……”标记,若单击它则会打开新的对话框(如在有的对话框上有“浏览(B)...”按钮,单击它则会弹出“浏览”对话框)。

知识点 6　Windows 帮助和支持

在使用计算机的过程中,有时会遇到一些疑难问题,怎样才能获得 Windows 的帮助和支持？通过 Windows 帮助系统,从中可以得到许多帮助信息。

启用 Windows 帮助系统,有以下几种常用方法。

方法一:通过“开始”菜单,打开帮助系统。

步骤 1:单击“开始”按钮。

步骤 2:在“开始”中单击“帮助和支持”命令,打开“Windows 帮助和支持”窗口,如图 2-14 所示。

步骤 3:在“搜索帮助”框中键入相关“关键词”,单击“搜索帮助”按钮,即可得到相关的帮助信息。或是单击“更多支持选项”按钮,通过 Internet 或 Windows 网站,可以获取更多的帮助信息。

方法二:通过“获取帮助”命令,打开帮助系统。

步骤 1:打开“计算机”窗口,或其他文件夹窗口。

步骤 2:单击窗口上的“获取帮助”命令(或是在“帮助”菜单中单击“查看帮助”命令),打开“Windows 帮助和支持”窗口。

步骤 3:在“搜索帮助”框中键入相关“关键词”,单击“搜索帮助”按钮,即可得到相关的帮

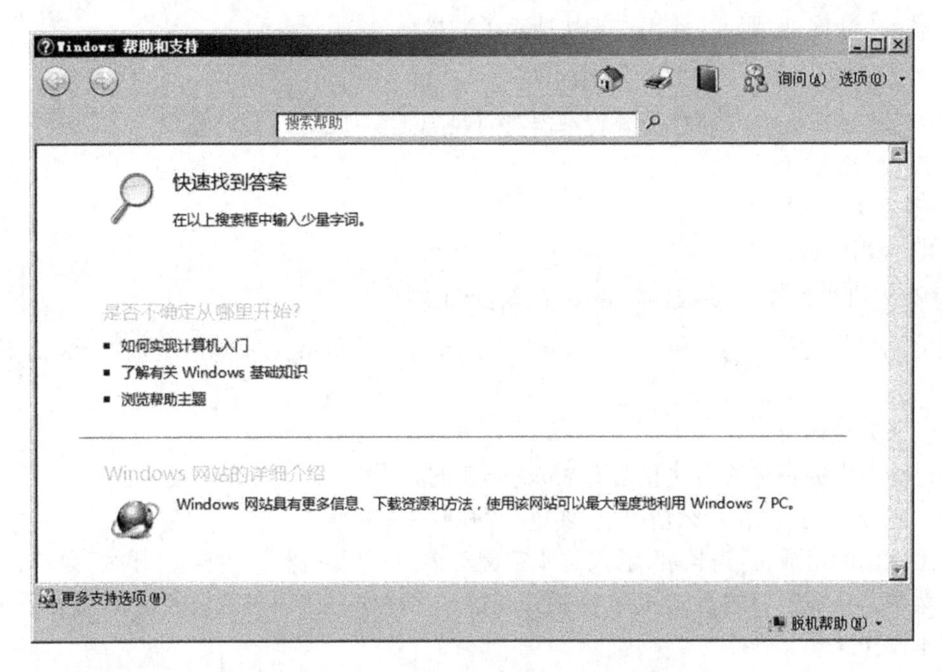

图 2-14　“Windows 帮助和支持”窗口

助信息。或是单击“更多支持选项”按钮，通过 Internet 或 Windows 网站，可以获取更多的帮助信息。

2.1.2　学生上机操作

学生上机操作 1　Windows 7 的启动与退出

1. 启动 Windows 7。
2. 参见图 2-1“关机”命令选项，“重新启动”计算机。
3. 参见图 2-1“关机”命令选项，分别实验“切换用户”“注销”“锁定”“睡眠”等命令选项的功能。
4. 退出 Windows 7。

学生上机操作 2　熟悉 Windows 7 的桌面和任务栏

1. 认识桌面元素(图标、任务栏)。
2. 分别打开“计算机”“回收站”“资源管理器”窗口，在不关闭窗口的情况下，进行“显示桌面”操作。
3. 移动桌面图标、重新排序桌面图标。
4. 对在指法练习中所保存“护理 1303 班 9009 诗词两首”文档，创建一个桌面快捷方式(在不需要时，要把这个快捷方式删除)。

学生上机操作 3　“开始”菜单的操作

1. 熟悉“开始”菜单的组成。
2. 打开“所有程序”列表，从附件中启动“计算器”。
3. 在“开始”菜单中锁定项目练习。

4. 查看“计算机”属性(使用右键快捷菜单)。

学生上机操作 4　窗口的基本操作

1. 打开“计算机”窗口或“资源管理器”窗口,熟悉窗口组成,关闭窗口。
2. 缩放、移动窗口。
3. 多个窗口的排列。
4. 切换当前窗口。

学生上机操作 5　获取“Windows 的帮助和支持”

在上机操作过程中,如遇到某些疑难问题,试从“Windows 的帮助”系统中寻找解决的方法。

★任务完成评价

通过练习掌握正确的启动和退出 Windows 7 的方法。认识什么叫“正常关机”? 何种情况下,需要“重新启动”? 在什么情况下,要进行“强制关机”?

熟悉桌面的组成,认识桌面图标,逐步掌握对桌面图标的操作。熟悉“开始”菜单,掌握使用右击菜单。认识窗口的组成,逐步掌握窗口的基本操作。认识对话框的组成,逐步掌握对话框的基本操作。

★知识技能拓展

使用 Windows 的帮助系统,不断学习 Windows 7 的基本知识和操作技能。

2.2 任务二　了解文件和文件夹的概念

★任务目标展示

1. 了解文件概念及文件类型。
2. 了解文件夹概念及存放原则。
3. 认识 Windows 资源管理器窗口。
4. 了解“库”的概念及应用。

2.2.1　知识要点解析

知识点 1　文件

计算机中的系统软件和应用软件、用户文档和各种资料,均以文件形式存储在外存储器中。在使用时,将由外存储器调入到内存储器。

文件中的信息可以是程序、文本、图片、声音和视频等。文件的存储,以文件名和存储位置来识别。

1. 文件名　每一个文件,都有一个文件名。文件名由“文件主名 . 扩展名”组成,两者之间以“. ”相连。文件主名一般可按文件内容来取名;扩展名用于标识文件类型,可由程序自动产生或按程序要求命名。例如,微软画图程序“mspaint. exe”这个文件,“mspaint”是文件主名,“. exe”是扩展名(表示可执行程序),说明这个文件是可执行程序。

初学者在保存文件或重命名文件时,特别要注意文件名的用法。对于文件主名的命名,应起到“见名知意”的作用,以方便查找和管理;对于扩展名,则要按系统要求来命名,一般不要轻易修改(扩展名如果错误,将导致此文件无法打开)。

在 Windows 系统中,文件的命名规则如下。

(1)文件主名的长度不要太长(不要超过 255 个英文字符或 127 个汉字)。

(2)在文件名中,不能包含/　* ?":<>| 等符号(这些符号系统另有他用)。

(3)文件名不区分大小写英文字母。

2. 文件类型　操作系统以扩展名来识别文件类型,并以此来决定用何种程序来打开这个文件。

文件类型有很多种,运行的程序也各不相同。了解常用的文件类型及其扩展名,对于使用和管理文件非常重要。在表 2-1 中,列出了几种常用的文件类型。

表 2-1　几种常用的文件类型及其扩展名

文件类型	扩展名(运行方式)
命令文件	.com(可以加载到内存中,由操作系统调用执行)
可执行程序	.exe(可以加载到内存中,由操作系统调用执行)
批处理文件	.bat(包含一条或多条命令,由操作系统的命令解释器解释执行)
压缩文件	.rar、.zip(用相应的解压缩软件打开)
文档文件	.txt(文本文档,用记事本等字处理软件均可打开)
	.doc、.docx(word 文档,用 word 程序打开)
	.xls、.xlsx(excel 工作簿,用 excel 程序打开)
	.ppt、.pptx(演示文稿,用 Powerpoint 程序打开)
图形文件	.bmp、.gif、.jpg、.png、.tif(用图像处理软件打开)
声音文件	.wav、.aif、.mid、.mp3(用媒体播放软件打开)
视频文件	.avi、.mpg、.mov、.swf、.flv(用媒体播放软件打开)

知识点 2　文件夹

1. 文件夹的概念　文件夹也称目录,类似一种存放文件的容器。文件夹是 Windows 系统管理和组织文件的重要方式。文件夹的命名规则,与文件的命名规则类似,但在习惯上,文件夹一般较少使用扩展名。

可以将各种程序、文档文件、快捷方式等存放在文件夹中。文件夹中包含的文件夹称为“子文件夹”,在一个文件夹中可以建立多个子文件夹,在子文件夹中还可以建立它的下一级子文件夹,形成树状文件夹结构(也称树状目录结构)。

2. 路径的概念　按树状目录结构,每一个文件或文件夹在磁盘上都有一条路径,用来指定该文件或文件夹在磁盘上的位置。

例如,“System32”这个子文件夹,在“资源管理器”窗口的地址栏中可查看到它的路径信息为 ▸ 计算机 ▸ 系统 (C:) ▸ Windows ▸ ,如图 2-15 所示。

通常,可将这个路径记为 C:Windows。

正确理解文件夹和路径的概念,对查找和使用文件或文件夹具有重要意义。为了有效地管理文件和文件夹,Windows 系统不允许在同一个文件夹中出现文件名完全相同的文件或子文件夹。

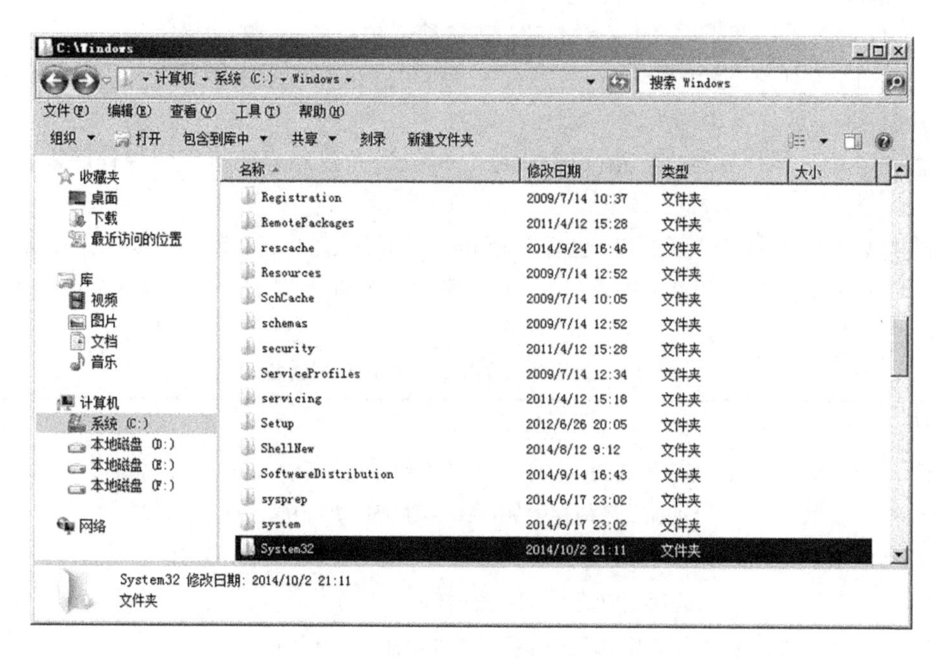

图 2-15 "System32"子文件夹的位置

知识点 3 "Windows 资源管理器"和"计算机"

"Windows 资源管理器"和"计算机"(两者本身也是一个文件夹),都是 Windows 7 提供的管理文件和文件夹的重要方式。

实际上,"资源管理器"与"计算机"这两者的功能是基本相同的。在"计算机"中对一个文件夹进行的操作,通过"Windows 资源管理器"同样也能做到。

1. 打开"资源管理器"和"计算机"

方法一:双击"计算机"图标。

双击桌面上的"计算机"图标,即可打开"计算机"窗口(见图 2-9)。

方法二:通过"附件"打开"资源管理器"。

步骤 1:单击"开始"按钮。

步骤 2:在"开始"菜单中指向"所有程序",从中单击"附件",再单击"Windows 资源管理器"命令,即可打开"Windows 资源管理器"窗口,如图 2-16 所示。

方法三:右键法"打开 Windows 资源管理器"。

步骤 1:在"开始"按钮上击鼠标右键。

步骤 2:在打开的快捷菜单中,单击"打开 Windows 资源管理器"命令。

2. 资源管理器的窗口　在资源管理器的窗口中,从左到右,可分为导航窗格、库窗格、预览窗格 3 个部分。

(1)导航窗格:导航窗格,位于窗口左部。在默认状态下,其中有收藏夹、库、计算机、网络 4 个对象列表。若单击"计算机"(或"库")前面的"展开"按钮⊞,可以展开其列表(该按钮将变成"折叠"按钮⊟)。如果下一级选项前还有"展开"按钮⊞,单击它可以逐级将其展开。若

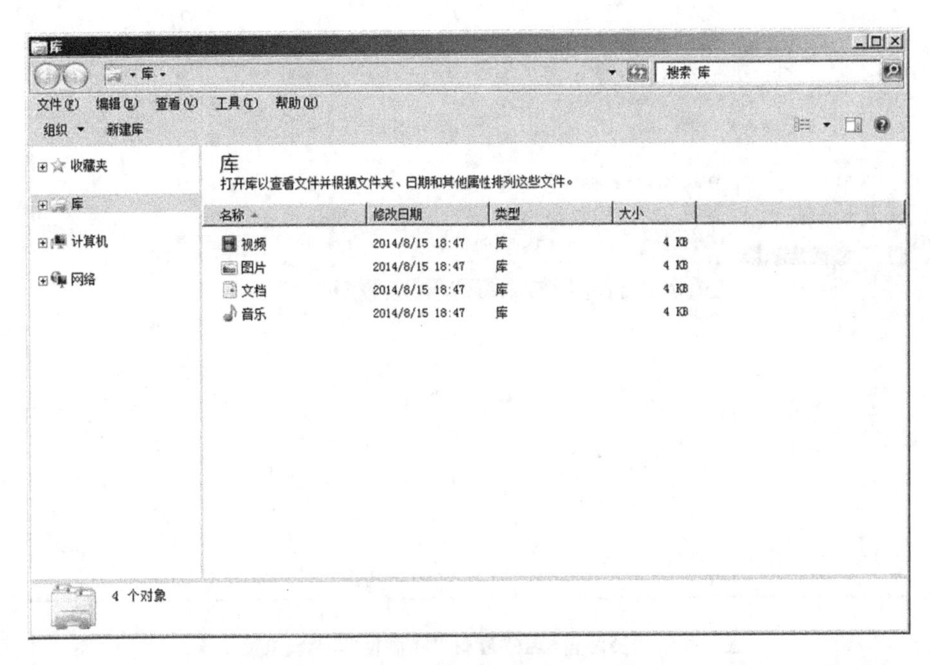

图 2-16　“资源管理器”窗口 -“导航窗格”

单击选项上的“折叠”按钮，将折叠该列表。

在导航窗格中展开“计算机”，可以浏览其中的文件夹。资源管理器以层次的方式显示所有文件夹列表。在磁盘文件夹中包含有多个子文件夹，在子文件夹中还可以包含下一级子文件夹。

在 Windows 资源管理器窗口中，对于各级文件夹是按树状结构进行组织和管理。在一个根目录下可以包含若干子目录；在每个子目录中，还可以包含若干个下一级子目录，以此类推，形成树状目录结构（或称树状文件夹结构）。

（2）库窗格（也称工作区）：位于窗口中部。当单击选定某个库时（例如“文档”），在库窗格就会显示“文档”文件夹中的内容。在工作区顶部显示有列标题，在库窗格中可以按不同的列标题来排列文件或文件夹，如图 2-17 所示。

（3）预览窗格：位于窗口的右部，使用预览窗格可以查看某些文件的内容。例如，当选定库窗格中的可预览文件时（例如图片或 Word 文档），即可在预览窗格中查看到它的内容。可以通过工具栏上的“显示预览窗格”按钮或“隐藏预览窗格”按钮来显示或隐藏预览窗格（图 2-17）。

知识点 4　库

1. “库”的概念　库是 Windows 7 系统中新增的功能。为了更有效地管理和使用文件，Windows 7 操作系统提供了一种管理文件的新方式——“库”。

按以往传统的树状目录结构来管理文件和文件夹，虽有不少优点，但也暴露了一些缺陷。随着计算机中存储的文件数量越来越多，文件夹的层次不断套叠，在复杂的文件夹树状结构中跳转切换，有时感到非常不方便。

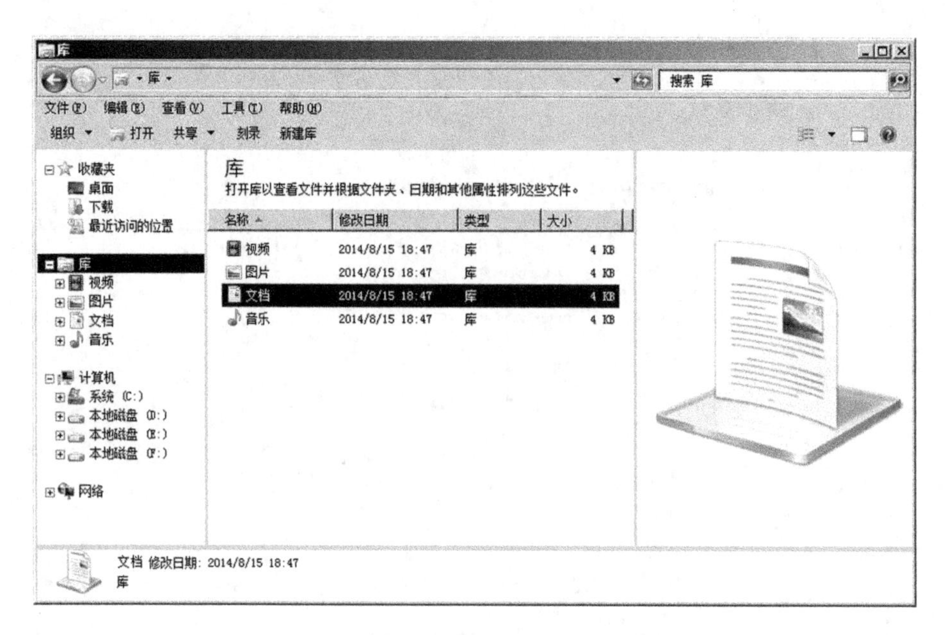

图 2-17 “资源管理器”窗口-“库窗格”与“预览窗格”

“库”方式管理文件和传统方式的文件夹管理是相互独立的。在“库”中只是“登记”了原有文件和文件夹的“快照”(这类似于快捷方式的集合),并不是将它们真正地复制到“库”中。例如,可以将存储在计算机硬盘的不同分区上的文档及存放文档的文件夹的“快照”集合在一起,收集到“文档库”中。在“文档库”中可以使用与在文件夹中相同的方式来浏览文件,也可以按不同属性来排列文件。

“库”只是收集了不同位置上的项目的快照,实际上“库”并没有真正存储这些项目。例如,在硬盘或其他外部存储器上存有音乐文件,则可使用音乐库来访问这些音乐文件。被收集到“库”中的项目,除了它本身占用的磁盘空间之外,几乎不会额外占用磁盘空间。当删除一个“库”及其内容时,也不会影响被“库”收集的原有文件和文件夹。

2. Windows 7 中的“库” 默认状态下,在 Windows 7 中提供了视频、图片、文档、音乐这 4 种库(图 2-17)。

(1)视频库:使用视频库可组织和排列视频文件。例如,取自摄像机的剪辑或从 Internet 下载的视频文件等。在默认情况下,视频库中的文件实际存储在“我的视频”文件夹(即“C:\Users\ Administrator\Videos”)中。

(2)图片库:使用图片库可以组织和排列图片文件。例如,从数码相机、扫描仪或是从网页截取的图片等。在默认情况下,图片库中的文件实际存储在“我的图片”文件夹(即“C:\Users\Administrator\Pictures”)中。

(3)文档库:使用文档库可组织和排列文本文档。例如,文本文件、Word 文档、电子表格、演示文稿等文档文件。在默认情况下,文档库中的文件实际存储在“我的文档”文件夹(即“C:\Users\Administrator\Documents”)中。

(4)音乐库:使用音乐库可组织和排列声音文件。例如,从音频 CD 复制的歌曲,或是从

Internet 下载的歌曲等。在默认情况下，音乐库中的文件实际存储在“我的音乐”文件夹（即“C:\Users\Administrator\Music”）中。

3. *新建库*　在 Windows 7 中除了 4 个默认库外，还可以新建库，其操作方法如下。

步骤 1：打开 Windows 资源管理器，在其导航窗格中单击“库”。

步骤 2：在“库”窗格的空白处单击右键，在弹出的快捷菜单中指向“新建”，从中单击中“库”命令，如图 2-18 所示。

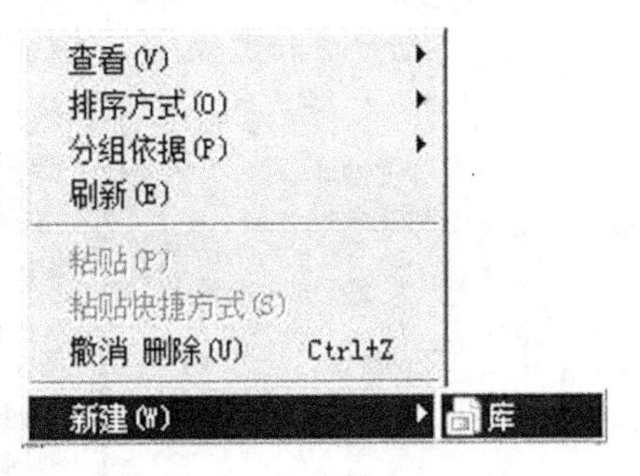

图 2-18　新建-“库”命令

步骤 3：在“新建库”名称框中键入库名（例如“学习”），然后按“Enter”键。

步骤 4：在导航窗格中单击“学习”库，在“库\学习”窗口中单击“包括一个文件夹”按钮，如图 2-19 所示。

步骤 5：在弹出的“将文件夹包括在‘学习’中”对话框中，选择一个文件夹作为库的默认保存位置（如“D:\学习信息技术 9999”），然后单击“包括文件夹”按钮，即可将该文件夹包括在“学习库”中，如图 2-20 所示。

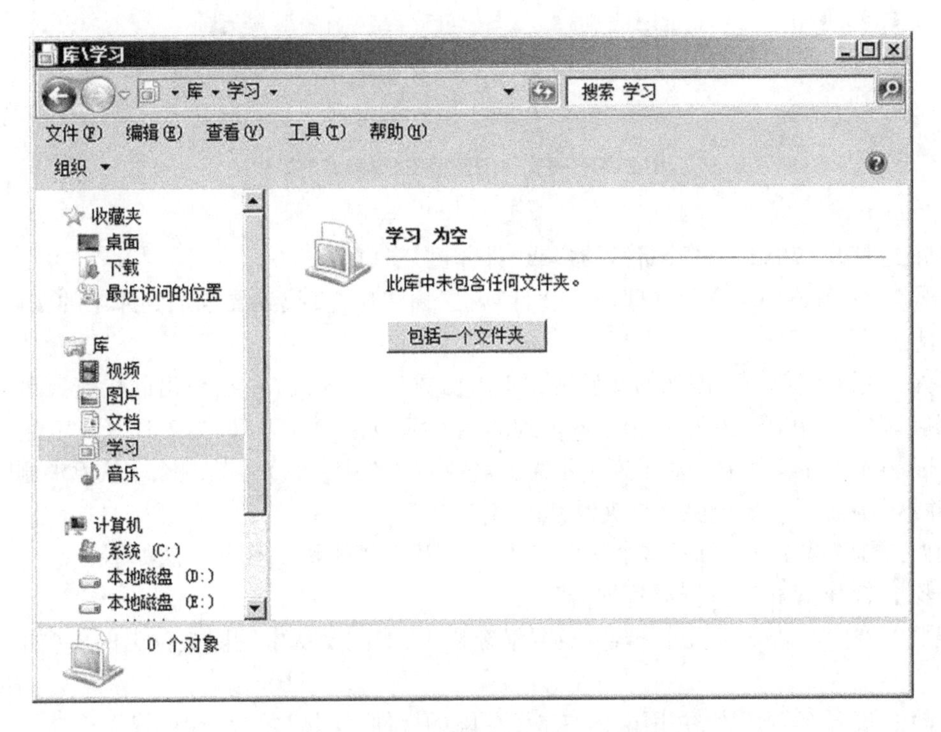

图 2-19　新建“库\学习”-包括一个文件夹

这里应指出，若要将文件复制、移动或保存到库中，必须在库中包含一个文件夹，从而让库知道要监视的文件夹的位置（这个文件夹将成为该库的“默认保存位置”）。

4. *添加文件夹到库*　可以把不同位置上的文件夹收集添加到库中。

例如要把 D:盘上的“数学 不等式”这个文件夹，添加到“学习库”，其操作方法如下。

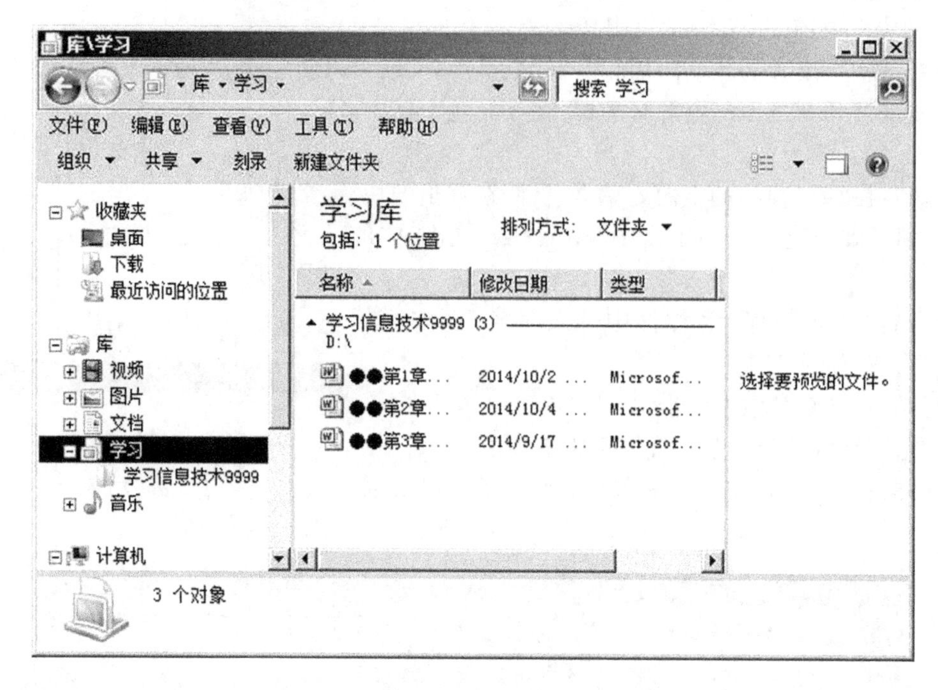

图 2-20 将文件夹包括在“学习库”中

步骤 1：打开“Windows 资源管理器”或“计算机”窗口。

步骤 2：在“Windows 资源管理器”或“计算机”窗口中，查找到要添加到库中的文件夹，例如“D：\数学 不等式”。

步骤 3：用右键单击要添加的文件夹（即“D：\数学 不等式”），在弹出的快捷菜单中指向“包含到库中”，并在子菜单中单击要添加到的一个库（如“学习”），如图 2-21 所示。

5. 从库中删除文件夹 对于库中不需要监视的文件夹，可以将其删除。从库中删除文件夹时，并不会从原始位置删除文件夹及其内容。

例如，要把“数学 不等式”这个文件夹从“学习库”中删除，其操作方法如下。

步骤 1：打开“Windows 资源管理器”。

步骤 2：在“Windows 资源管理器”的导航窗格中，找到要从中删除文件夹的库（如“学习”库）。

步骤 3：展开“学习”库，并用鼠标右击要删除的文件夹（如“数学 不等式”）。

步骤 4：在弹出的快捷菜单中，单击“从库中删除位置”，如图 2-22 所示。

2.2.2 学生上机操作

学生上机操作 1 使用资源管理器

1. 用不同的方法打开和关闭 Windows 资源管理器窗口。
2. 观察 Windows 资源管理器窗口，熟悉该窗口的结构。
3. 打开“文件夹选项”对话框，进一步了解该对话框的结构。

学生上机操作 2 对“库”进行操作

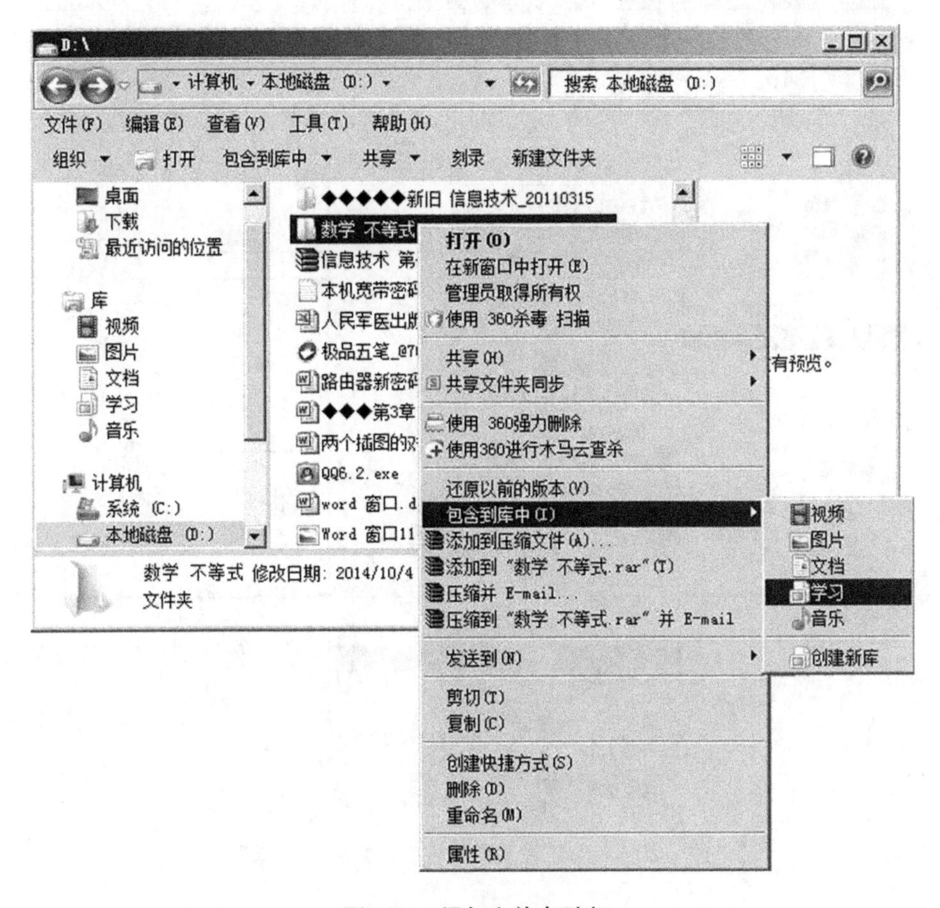

图 2-21 添加文件夹到库

观察 Windows 7 的“库”,并按如下要求对库进行操作。

1. 在 D:盘上新建两个子文件夹,分别命名为“学习信息技术 9999”和“数学 不等式”,并在这两个文件夹中分别创建和保存部分文档。

2. 参考课文中有关“库”的介绍,练习新建库(如“学习”库),并练习添加文件夹到库和删除库中文件夹的操作。

★任务完成评价

进一步认识资源管理器窗口,逐步掌握 Windows 7 的窗口和对话框的操作。理解文件夹的树状结构。了解“库”的概念,逐步熟悉对库的操作。

★知识技能拓展

使用“Windows 帮助和支持”系统,进一步了解有关窗口和对话框的操作,进一步研究有关库的操作。

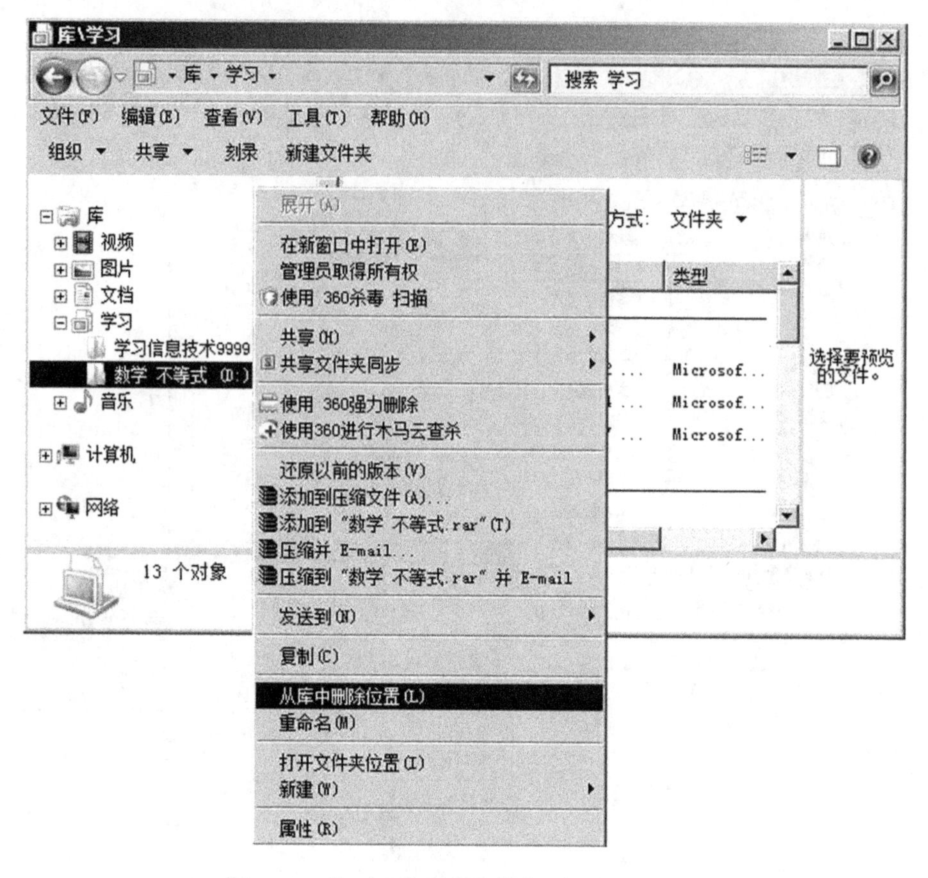

图 2-22 从"库"中删除文件夹-"数学 不等式"

2.3 任务三 文件和文件夹的管理

文件和文件夹是 Windows 系统的基本组成部分。文件是存放在文件夹中的,Windows 7 通过文件夹来组织和管理文件。对于各类计算机用户来说,有效地管理文件和文件夹,是使用 Windows 的基本要求,也是使用计算机办公的基本功。

★任务目标展示

1. 新建文件夹或文件。
2. 重命名文件或文件夹。
3. 选定对象(文件或文件夹)。
4. 复制或移动文件(或文件夹)。
5. 删除文件或文件夹、回收站的处理。
6. 搜索文件或文件夹。

2.3.1 知识要点解析

知识点 1 新建文件夹和文件

1. *新建文件夹* 根据使用需要,新建一个文件夹,以便在其中保存文件。

例如,在 D:盘上新建一个“学习信息技术 9999”文件夹(注:这里的 9999 表示你的学号,下同,不再提示),其操作方法如下。

步骤 1:打开“计算机”或“资源管理器”窗口。

步骤 2:在导航窗格中单击“本地磁盘(D:)”。

步骤 3:单击“文件”菜单,指向“新建”,从中单击“文件夹”命令。

步骤 4:在“新建文件夹”名称框中键入文件夹的名称:“学习信息技术 9999”,然后按回车键即可。

2. 新建文件　例如,在“学习信息技术 9999”文件夹中新建一个文本文档或 Word 文档,命名为“诗词两首 9999”,其操作方法如下。

步骤 1:打开“学习信息技术 9999”文件夹。

步骤 2:在工作区空白处单击右键,在弹出的快捷菜单中,单击“Microsoft Word 文档”或“文本文档”命令,如图 2-23 所示。

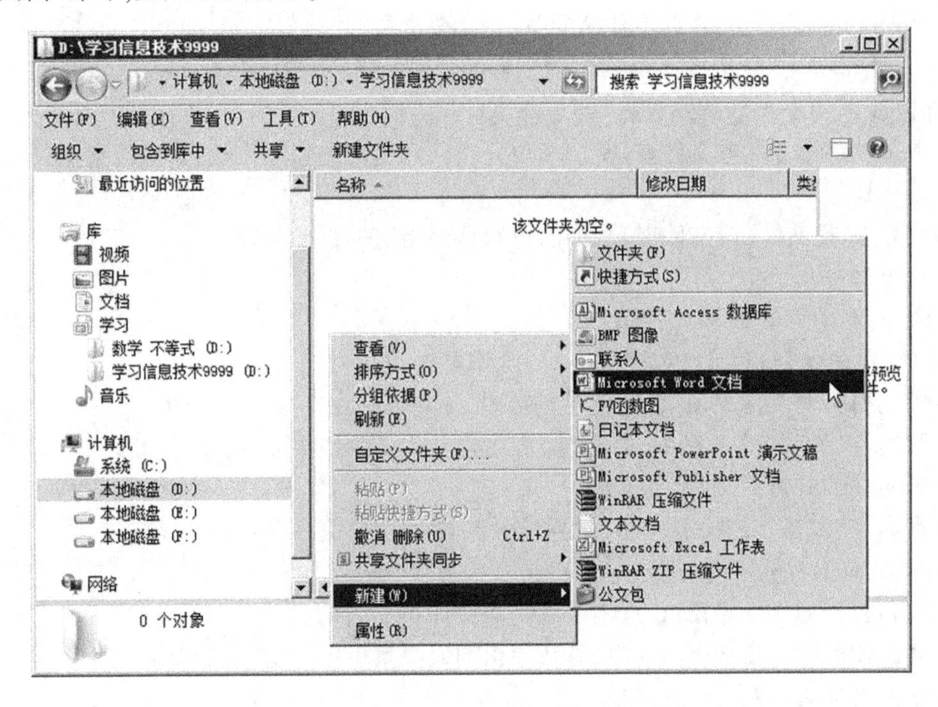

图 2-23　新建一个“Microsoft Word 文档”

步骤 3:在“新建 Microsoft Word 文档”名称框中键入文件的名称:“诗词两首 9999”,然后按回车键即可。

知识点 2　重命名文件或文件夹

如果要更改文件名(或文件夹名),可按如下方法操作。

步骤 1:关闭要重命名的文件(或文件夹,要求在文件夹中没有打开的文件)。

步骤 2:右键单击要重命名的文件(或文件夹),从弹出的快捷菜单中单击“重命名”命令。

步骤 3:输入新的文件名(或文件夹名),然后按回车。

另外,此操作中的步骤 2 也可这样来操作,单击一下要重命名的文件(或文件夹),接着再单击一下,然后执行步骤3。

知识点3　选定对象(文件或文件夹)

为方便讲解,这里把文件夹窗口中的文件或子文件夹称为对象。选定对象,是对它们进行复制或移动的前提。

1. 选定单个对象　在打开的文件夹窗口中,单击要选定的对象。

2. 选定多个对象

(1)选定多个相邻的对象:先单击第一个对象,然后按住"Shift"键并单击最后一个对象。

(2)选定多个不相邻的对象:按住"Ctrl"键不放,逐个单击要选定的对象。

3. 选定当前文件夹中的全部对象(全选)　在"编辑"菜单中,单击"全选"命令,或是按"Ctrl + A"快捷键。

4. 反向选定　先选定不需要选择的对象,然后在"编辑"菜单中,单击"反向选择"命令。

5. 取消选定

(1)取消所有选定:在窗口工作区的空白处,单击鼠标。

(2)取消部分选定:按住"Ctrl"键,逐个单击要取消选定的对象。

知识点4　复制或移动文件(或文件夹)

复制,是指将文件(或文件夹)复制一份并粘贴到指定的目标位置,原来位置上的文件(或文件夹)仍保留。

移动,是指把文件(或文件夹)从当前位置移到指定的目标位置。

1. 复制文件(或文件夹)

方法一:使用菜单命令。

使用菜单命令复制文件(或文件夹)的操作方法如下。

步骤1:打开源文件夹窗口,选定要复制的文件(或文件夹)。

步骤2:在"编辑"菜单栏中,单击"复制"命令(或使用快捷命令:Ctrl + C)。

步骤3:切换到目标文件夹窗口。

步骤4:在"编辑"菜单中,单击"粘贴"命令(或使用快捷命令:Ctrl + V)。

方法二:使用右键快捷菜单。

步骤1:打开源文件夹窗口,选定要复制的文件(或文件夹)。

步骤2:用鼠标右击选定的对象,并从弹出的快捷菜单中单击"复制"命令。

步骤3:切换到目标文件夹窗口。

步骤4:在目标文件夹窗口工作区的空白处,单击右键,接着从弹出的快捷菜单中单击"粘贴"命令。

方法三:使用鼠标拖动。

按住Ctrl键不放,用鼠标左键拖动要复制的文件(或文件夹),到目标文件夹窗口工作区的空白处释放鼠标(这里指出,如果是在不同的驱动器之间进行复制对象,也可以不用按住Ctrl键)。

2. 移动文件(或文件夹)

方法一:使用菜单命令。

使用菜单命令移动文件(或文件夹)的操作方法如下。

步骤1:打开源文件夹窗口,选定要移动的文件(或文件夹)。

步骤 2:在“编辑”菜单栏中,单击“剪切”命令(或使用快捷命令:Ctrl + X)。

步骤 3:切换到目标文件夹窗口。

步骤 4:在“编辑”菜单中,单击“粘贴”命令(或使用快捷命令:Ctrl + V)。

方法二:使用右键快捷菜单

步骤 1:打开源文件夹窗口,选定要复制的文件(或文件夹)。

步骤 2:用鼠标右击选定的对象,并从弹出的快捷菜单中单击“剪切”命令。

步骤 3:切换到目标文件夹窗口。

步骤 4:在目标文件夹窗口工作区的空白处,单击右键,接着从弹出的快捷菜单中单击“粘贴”命令。

方法三:使用鼠标拖动

按住 Shift 键不放,用鼠标左键拖动要移动的文件(或文件夹),到目标文件夹窗口工作区的空白处释放鼠标(这里指出,如果是在同一驱动器上不同的文件夹之间移动对象,也可以不用按住 Shift 键)。

知识点 5　删除文件或文件夹、回收站的处理

对于确定不再使用的用户文件或用户文件夹,可以将它删除掉。

1. *删除文件或文件夹的常用方法*　这里特别指出,对于有的初学者来说,要注意区别删除与卸载的不同。对于不需要保存的用户文档或用户文件夹,可以将它删除;而对于不再继续使用的软件或程序,则不可以用删除的方法,而是要用卸载的方法将它卸载。

删除文件或文件夹的常用方法如下。

方法一:右键法

右键单击要删除的文件或文件夹,从弹出的快捷菜单中单击“删除”,再从弹出的“删除文件(夹)”对话框中单击“是”按钮,即可把它删除到“回收站”中。

方法二:命令法

选定要删除的文件或文件夹,在“文件”菜单中单击“删除”命令,再从弹出的“删除文件(夹)”对话框中单击“是”按钮,即可把它删除到“回收站”中。

方法三:按键法

选定要删除的文件或文件夹,然后按键盘上的“delete”键,再从弹出的“删除文件(夹)”对话框中单击“是”按钮,即可把它删除到“回收站”中。

2. *回收站的处理*　对于删除到“回收站”中的项目,如何处理?可以按具体情况,选择“清空回收站”,或是“还原选定的项目”,或是“永久删除选定的项目”。

(1)清空回收站:打开“回收站”窗口,单击工具栏上的“清空回收站”命令,在弹出的对话框中单击“是”按钮,将永久删除回收站中的项目,如图 2-24 所示。

(2)还原选定的项目:对于误删除的项目,可从回收站中还原。

打开“回收站”窗口,选定要还原的项目,单击工具栏上的“还原此项目”或“还原选定的项目”按钮,即可将其还原到原先的文件夹中。

(3)永久删除选定的项目:打开“回收站”窗口,右键单击要彻底删除的对象,从弹出的快捷菜单中单击“删除”命令,在弹出的对话框中单击“是”按钮。

知识点 6　搜索文件或文件夹

Windows 7 提供的强大的搜索功能,为用户搜索文件带来很多方便。要搜索计算机中的

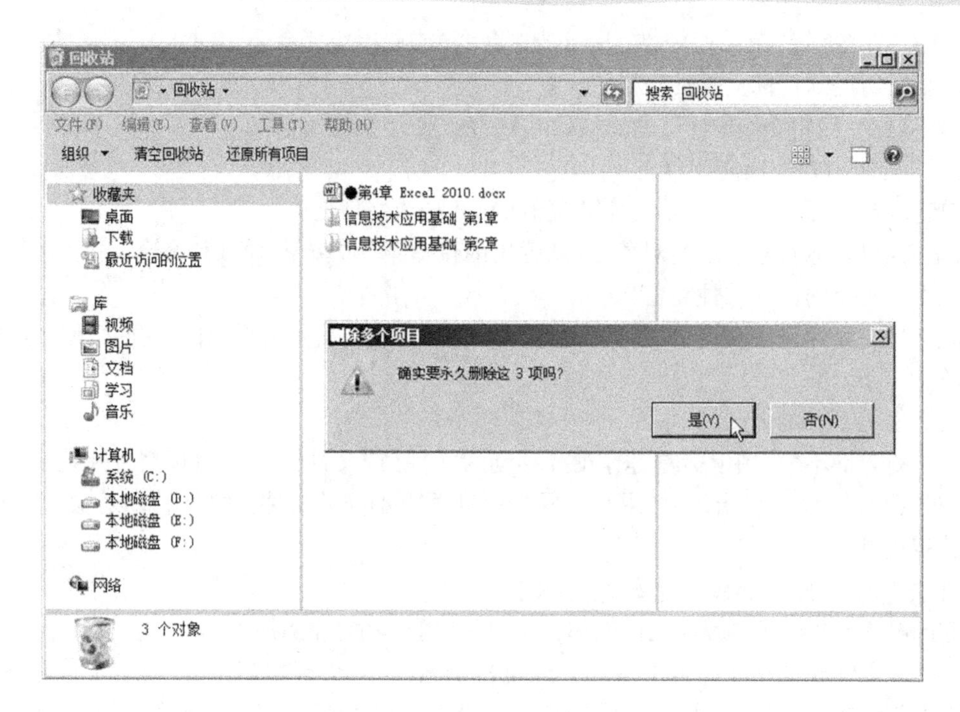

图 2-24 清空回收站的操作

文件或文件夹,既可以通过“开始”菜单中的搜索栏进行,也可以直接在“资源管理器”窗口(或其他文件夹窗口)的搜索栏进行搜索。

1. *搜索文件或文件夹* 打开资源管理器窗口,进入要搜索的磁盘分区或文件夹,在搜索框中输入要搜索的关键词,系统立即进行搜索,并在工作区空格中显示搜索的结果。当前位置中所有能与搜索关键词相匹配的文件或文件夹等对象,都将作为搜索结果显示出来。

2. *设置搜索条件*

(1)添加搜索筛选器:当搜索到的对象数目比较多时,可以通过添加搜索筛选器来设置搜索条件,以提高搜索的可靠性。单击搜索框,在其下方将显示“添加搜索筛选器”选项。如图 2-25 所示。可视具体搜索情况,在原有关键词的基础上添加筛选条件,可以添加“名称”“类型”“修改日期”等条件。所添加的筛选条件“与”此前的搜索关键词构成新的搜索条件,可使搜索到的对象数目减少,可能会搜索到更准确的结果。

(2)构造搜索关系式:除了上面介绍的添加搜索筛选器之外,还可以通过关系运算符,来构造出更加灵活多样的搜索关系式,以提高搜索的效率。关系运算符包括:AND(与)、OR(或)、NOT(非)等。

例如,“信息技术 AND 2014”表示搜索同时包含“信息技术”与“2014”这两个关键词的对象;“信息技术 OR 2014”表示搜索包含“信息技术”或“2014”的对象;“信息技术 NOT 2014”表示搜索包含“信息技术”但不包含“2014”的对象。

(3)使用通配符进行模糊搜索:有些情况下,还可以使用通配符“?”或“*”来组成搜索关键词。这里,“?”可代表任意一个字符,“*”可代表任意几个字符。

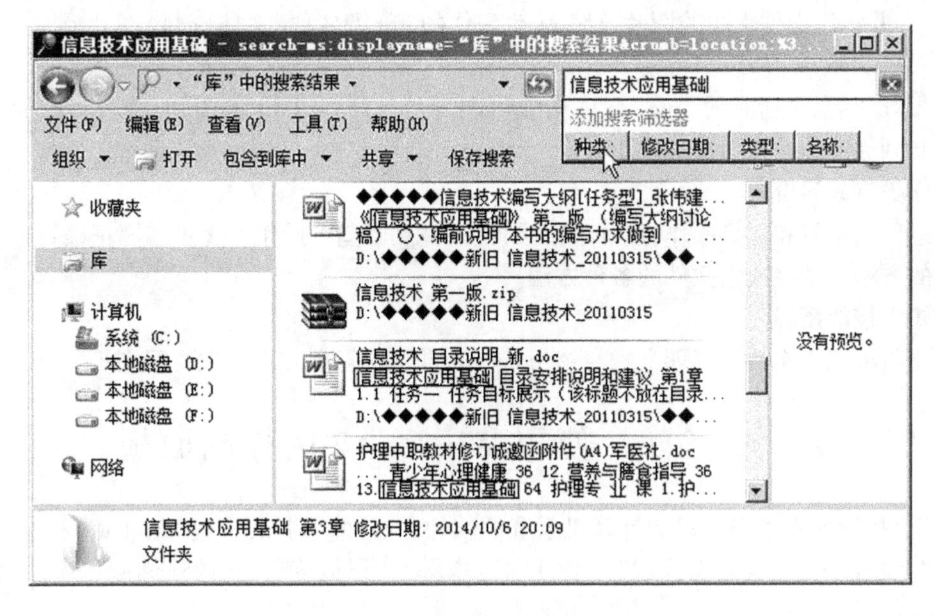

图 2-25　设置搜索"筛选条件"

2.3.2　学生上机操作

学生上机操作 1　创建和重命名文件夹

1. 在 D:盘上,建立如图 2-26 所示的文件夹树,创建文件夹时可使用不同的方法(其中的"9999"代表学号,可按实际学号进行更正)。

2. 按你的班级和学号(或按姓名)重命名其中的文件夹。

3. 添加和删除文件夹,完善文件夹的结构。

学生上机操作 2　回收站的使用

1. 删除不用的文件和文件夹到回收站。

2. 还原已删除的部分文件和文件夹。

3. 清空回收站。

学生上机操作 3　文件和文件夹的管理

1. 按需要创建若干个文件夹和文件,用于复制或移动、删除等操作,逐步掌握对文件和文件夹的管理。按以下要求完成操作。

(1)打开"示例图片"文件夹,切换视图观察图标的变化。将图片复制到你的"班级名称\学习资料\信息技术"文件夹中。

(2)打开 C: Users Administrator Documents 文件夹,将文件视图切换至"详细信息"按名称、修改日期、类型、大小排列文件。

(3)选择 C:盘 Windows 文件夹窗口中的几个文本文件,将它们复制到你的"班级名称\学习资料\信息技术"

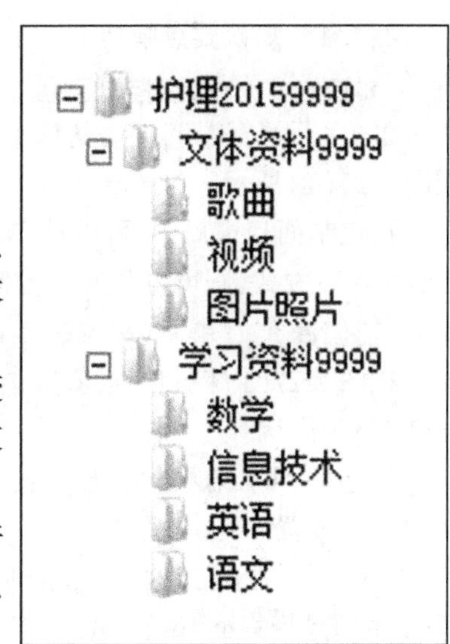

图 2-26　文件夹树-示例

文件夹中,并将该文件夹中的图片文件移动到你的“班级名称\文体资料\图片照片”文件夹中。

2. 找出 C:盘中所有的 .jpg 文件,从中筛选出大小为 1~8MB 的图片,并将其中的一个或几个复制到你的信息技术文件夹中。

★任务完成评价

通过理论学习和上机操作,熟练掌握文件、文件夹的基本操作。逐步掌握正确管理文件和文件夹的方法。掌握搜索文件的各种方法。

★知识技能拓展

试比较传统的文件夹管理方式与 Windows 7 的“库”管理方式的主要区别。

2.4 任务四　使用 Windows 7 的控制面板

使用“控制面板”,可以设置计算机系统的软件和硬件。例如,设置 Windows 7 的“外观和个性化”,设置“时钟、语言和区域”,设置鼠标和键盘的属性,安装、更改或卸载程序,添加或删除硬件设备等。

★任务目标展示

1. 认识控制面板。
2. 设置 Windows 7 的“外观和个性化”。
3. 设置任务栏和“开始”菜单。
4. 设置日期和时间。
5. 设置文本服务和输入语言。
6. 设置键盘和鼠标。
7. 添加删除程序。
8. 添加硬件设备和打印机。

2.4.1　知识要点解析

知识点 1　认识控制面板

单击“开始”按钮,接着从该菜单的访问列表中单击“控制面板”,即可打开控制面板窗口,如图 2-27(1)所示。

在控制面板窗口中,可以从“查看方式”下拉列表中选择查看方式。选择按“小图标”(或“大图标”)方式,则可查看所有控制面板项,如图 2-27(2)所示。

知识点 2　设置“外观和个性化”

在图 2-27(1)控制面板窗口中,单击“外观和个性化”,打开“外观和个性化”设置窗口,如图 2-28 所示。

在这里,可以在“个性化”“显示”“任务栏和开始菜单”等方面,对 Windows 7 的外观和个性化进行设置。

个性化　在图 2-28 中,单击“个性化”即可打开“个性化”窗口。从中可以更改“我的主题”(主题是指桌面背景图片、窗口颜色和声音的组合)。用户可以按个人爱好,来设置具体的桌面背景、窗口颜色、声音和屏幕保护程序等项目,如图 2-29 所示。

(1)桌面背景:在图 2-29 中,单击“桌面背景”,打开“桌面背景”窗口。从中可以选择不同

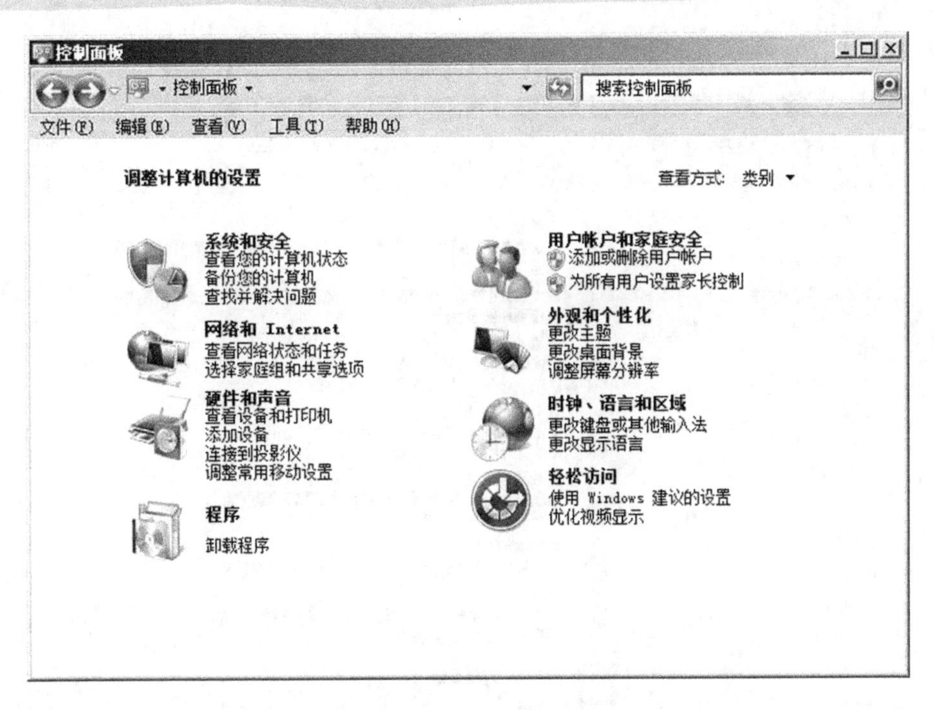

图 2-27　(1)控制面板(按类别)

图 2-27　(2)控制面板(按小图标)-“所有控制面板项”

的图片作为桌面背景,如图 2-30 所示。所选择的图片,可以是 Windows 7 系统提供的,也可以是用户自己制作和收集的。

(2)窗口颜色:在图 2-29 中,单击“窗口颜色”,在打开的对话框中,可以对窗口边框的颜色、任务栏和“开始”菜单的颜色进行设置,如图 2-31 所示。

(3)声音:在图 2-29 中,单击“声音”,在打开的对话框中,可以设置在程序事件发生时所发出的提示“声音”。

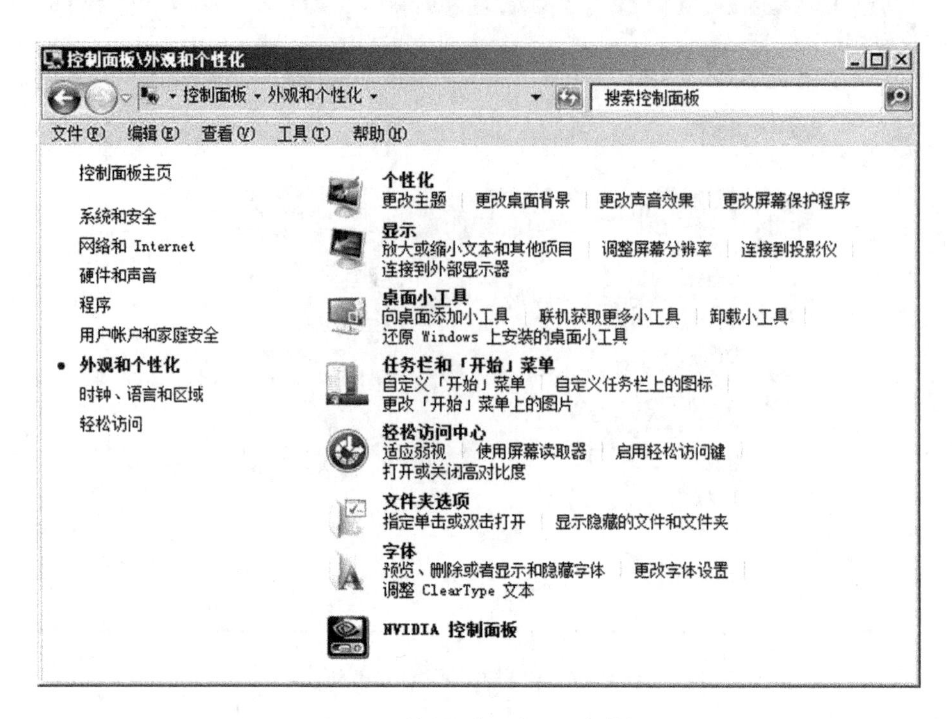

图 2-28 控制面板-外观和个性化

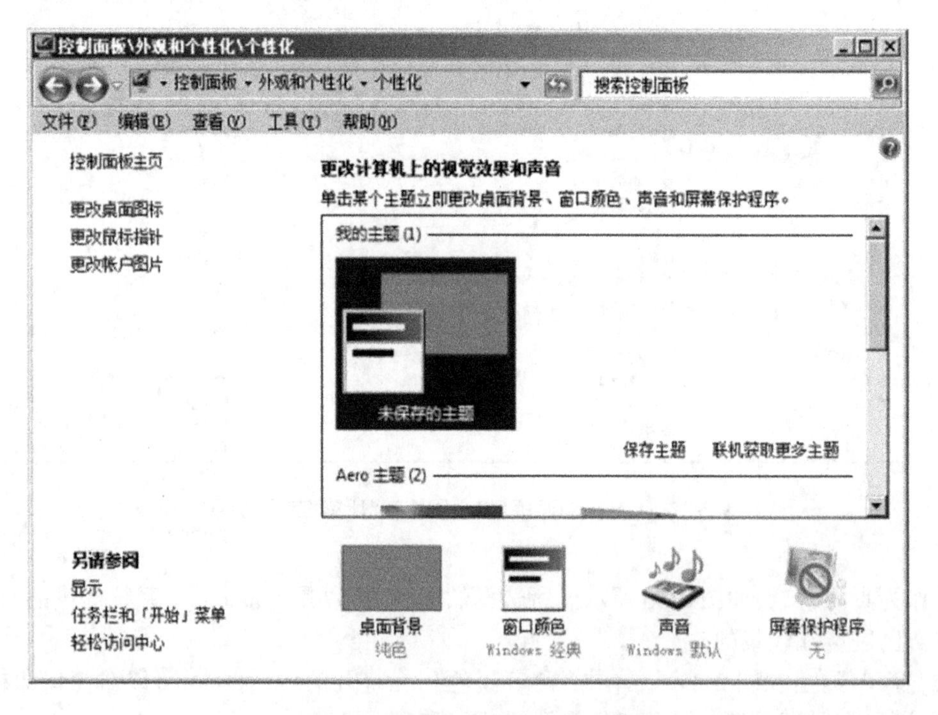

图 2-29 “外观和个性化”-“个性化”

图 2-30　“个性化”-“选择桌面背景”

“声音”是指在计算机上发生事件时,所听到的各种声音的集合。这里,事件是指所执行的操作(如登录计算机;收到新的电子邮件;或打开和关闭程序等),如图 2-32 所示。

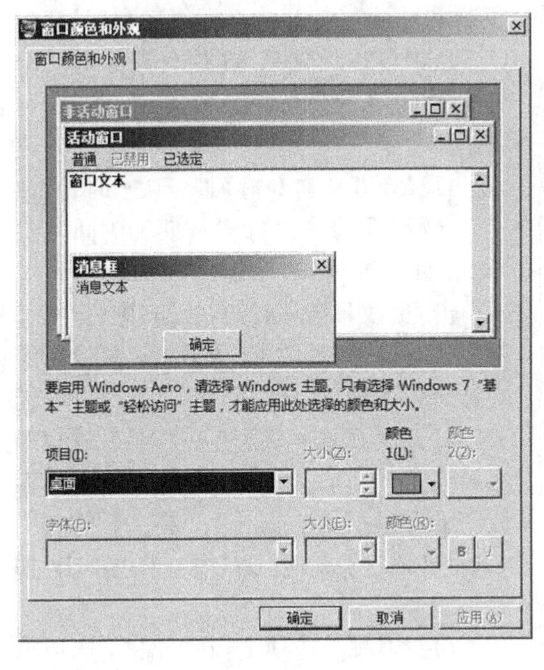

图 2-31　窗口颜色和外观设置

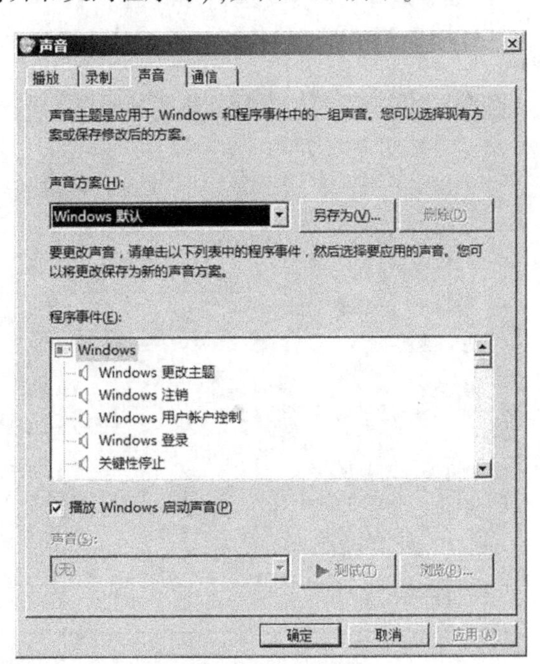

图 2-32　“声音”设置

(4)屏幕保护程序:在图 2-29 中,单击“屏幕保护程序”,可以设置屏幕保护图案。在指定的时间段内,如果没有使用鼠标或键盘,将在计算机的屏幕上显示不断移动的图案,可以对屏幕起到一定的保护作用,如图 2-33 所示。

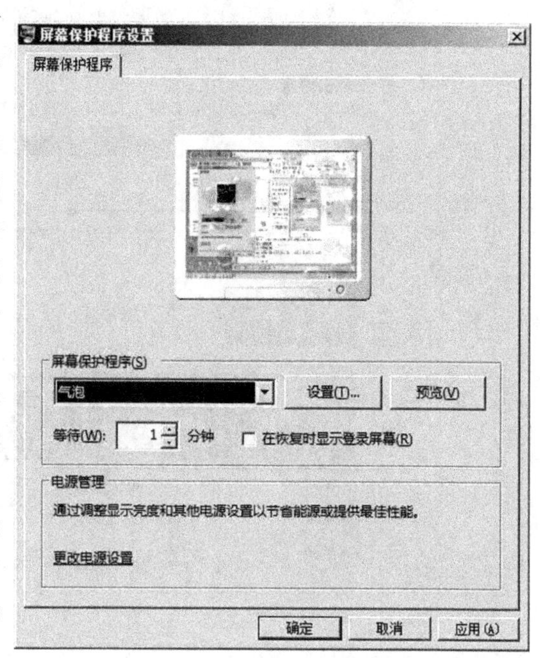

图 2-33 屏幕保护程序设置

知识点 3 任务栏和开始菜单

在控制面板的“外观和个性化”窗口中(图 2-28),单击“任务栏和开始菜单”,打开“任务栏和‘开始’菜单属性”对话框。在该对话框中,有“任务栏”“开始菜单”及“工具栏”共 3 个选项卡,如图 2-34 所示。

1. “任务栏”选项卡 在“任务栏”选项卡下,可以对任务栏的外观和属性等进行设置(图 2-34)。

可设置是否锁定任务栏;是否自动隐藏任务栏;是否使用小图标;屏幕上任务栏的位置;任务栏按钮;通知区域;以及是否使用 Aero Peek 预览桌面等。

2. “开始菜单”选项卡 在“开始菜单”选项卡下,可以对“开始”的外观和属性等进行设置。

3. “工具栏”选项卡 在“工具栏”选项卡下,可以选择设置要添加到任务栏的工具栏。

知识点 4 时钟、语言和区域

在图 2-27(1)“控制面板窗口”中,单击“时钟、语言和区域”,打开“时钟、语言和区域”窗口。从中可以设置系统的“日期和时间”、更改时区,安装或卸载显示语言等,如图 2-35所示。

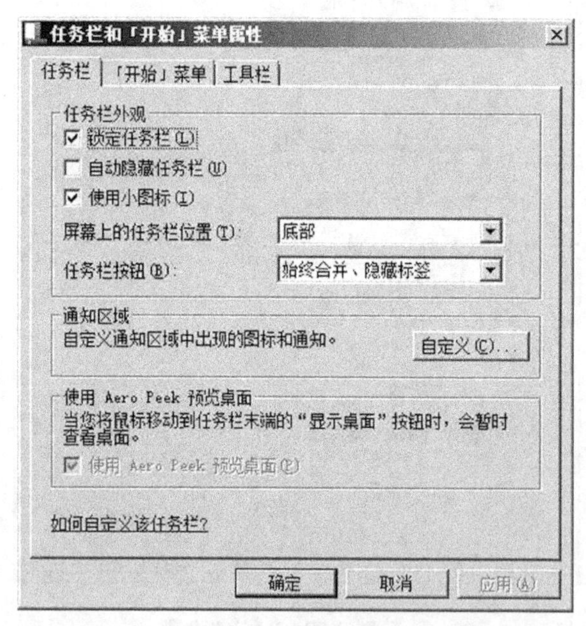

图 2-34 “任务栏和‘开始’菜单属性”对话框

1. 设置“日期和时间” 在“时钟、语言和区域”窗口中,单击“日期和时间”,打开“日期和时间”对话框,如图 2-36 所示。若单击“更改日期和时间”按钮,则打开“日期和时间设置”对话框,从中可以更改系统的日期和时间。

2. 设置区域和语言 在“时钟、语言和区域”窗口中,单击“区域和语言”,打开“区域和语言”对话框,其中有“格式”“位置”“键盘和语言”及“管理”共 4 个选项卡,如图 2-37 所示。

(1)“格式”选项卡:在“格式”选项卡下,可以更改显示语言,更改日期和时间,设置日期和时间的显示格式等。

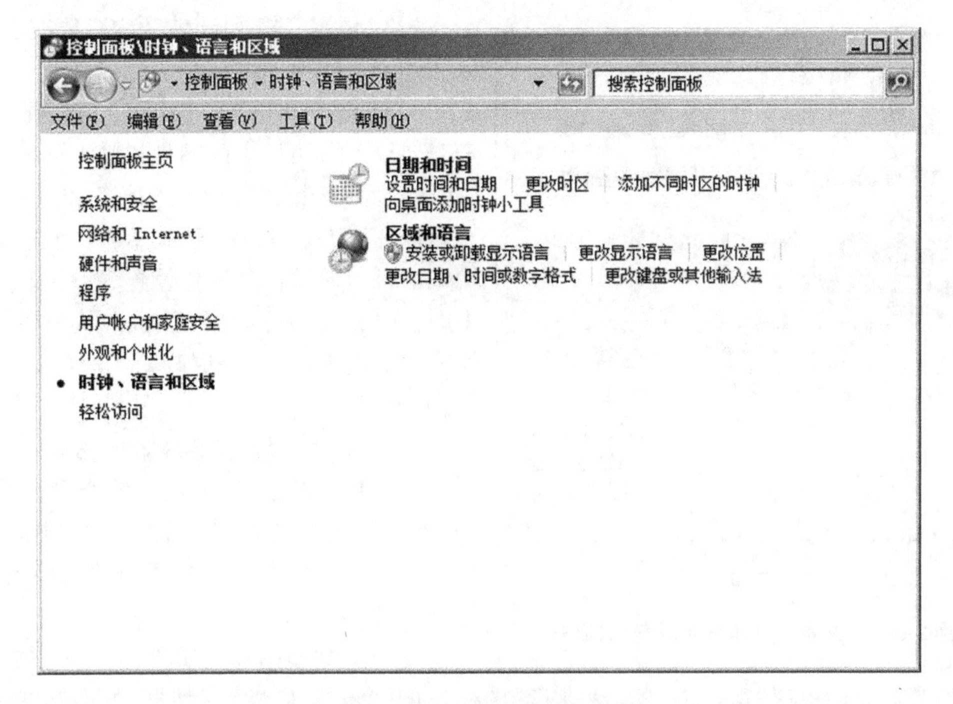

图 2-35 “时钟、语言和区域”窗口

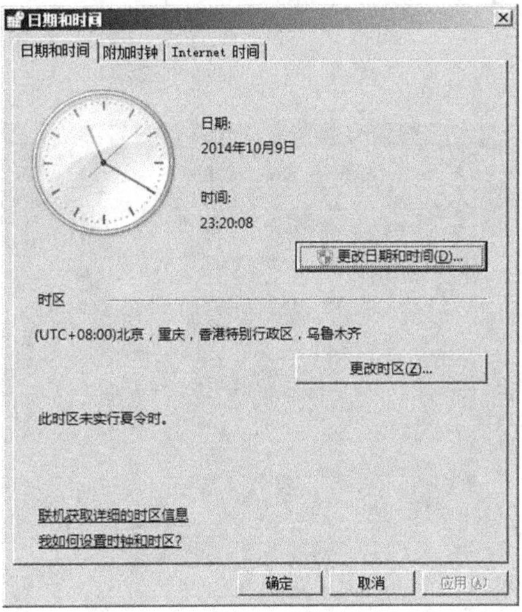

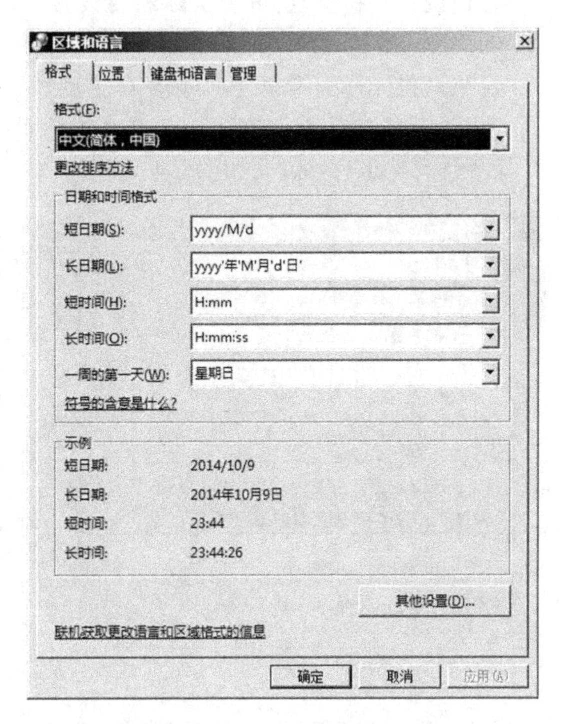

图 2-36 “日期和时间”对话框

图 2-37 “区域和语言”对话框

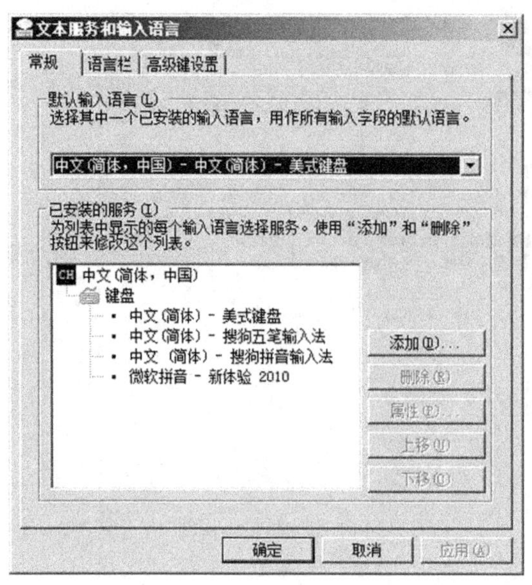

图 2-38 “文本服务和输入语言”对话框

(2)“位置”选项卡:在“位置”选项卡下,可以更改当前的地理位置。

(3)“键盘和语言”选项卡:在“键盘和语言”选项卡下,可以更改键盘和输入语言。单击“更改键盘”按钮,打开“文本服务和输入语言”对话框,其中在“常规”选项卡下,可选择默认输入语言。通常将其选择设置为“中文(简体,中国)-中文(简体)-美式键盘”。从中还可以添加或删除输入法,以及更改输入法的选择顺序等,如图 2-38 所示。

知识点 5　设置键盘和鼠标

在控制面板窗口中,项目的查看方式可以按“类别”,也可以按“大图标”或“小图标”。要设置键盘和鼠标,可以将查看方式切换到“小图标”[图 2-27(2)]。

1. 设置键盘属性　如图 2-27(2),在“控制面板-所有控制面板项”窗口中,单击“键盘”图标,打开“键盘 属性”对话框,如图 2-39 所示。可在“速度”选项卡下,进行如下设置。

(1)设置字符重复:可按实际需要设置“字符重复”中的“重复延迟”的长短,及“重复速度”的快慢。

(2)设置光标闪烁速度:可按实际需要设置“光标闪烁速度”的快慢。

2. 设置鼠标属性　在图 2-27(2)“控制面板-所有控制面板项”窗口中,单击“鼠标”图标,打开“鼠标 属性”对话框,如图 2-40 所示。

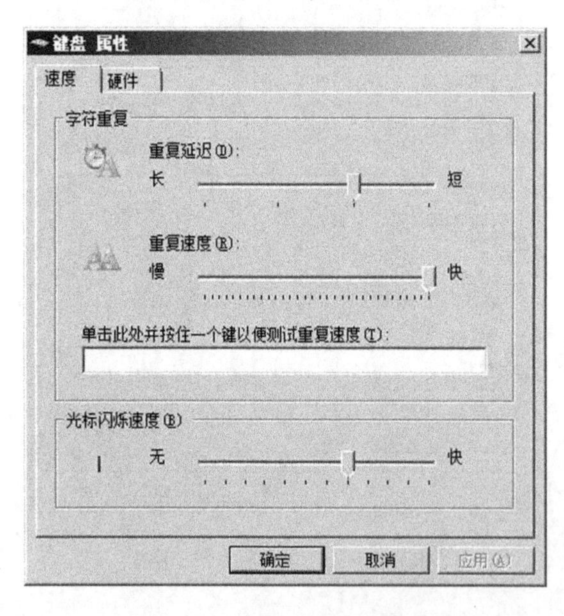

图 2-39 “键盘 属性”对话框

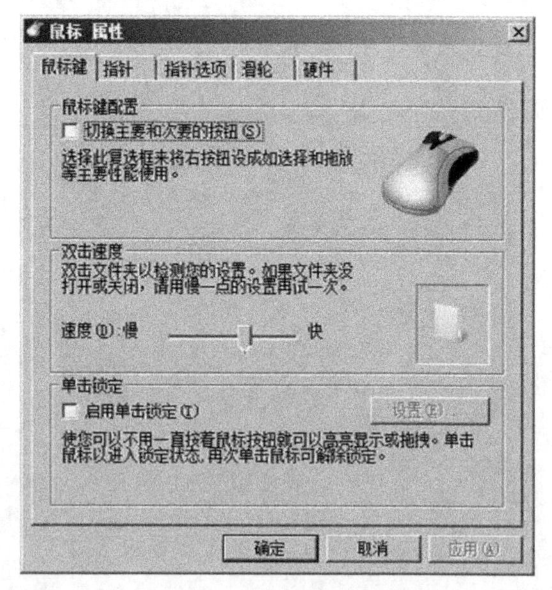

图 2-40 “鼠标 属性”对话框

(1)设置“鼠标键”:在“鼠标键”选项卡下,可按个人左、右键使用习惯,设置“切换主要和次要的按钮”。如选定此复选框,则表示把鼠标右键作为主要键。还可按实际操作需要,设置“双击速度”的快慢。

(2)设置“指针”:单击“指针”选项卡,从中可按实际需要设置鼠标指针的显示“方案”和选择“指针”的形状。

(3)设置“指针选项”:单击“指针选项”选项卡,从中可按实际需要设置在“移动”鼠标时“指针移动速度”的快慢和提高指针精确度,以及在“可见性”中是不是要选择“显示指针轨迹”等项目。

知识点 6　设置程序

在控制面板窗口中,按“类别”查看方式,单击“程序”进入“控制面板-程序”窗口。其中主窗格中显示有“程序和功能”“默认程序”及“桌面小工具”3 个项目,如图 2-41 所示。

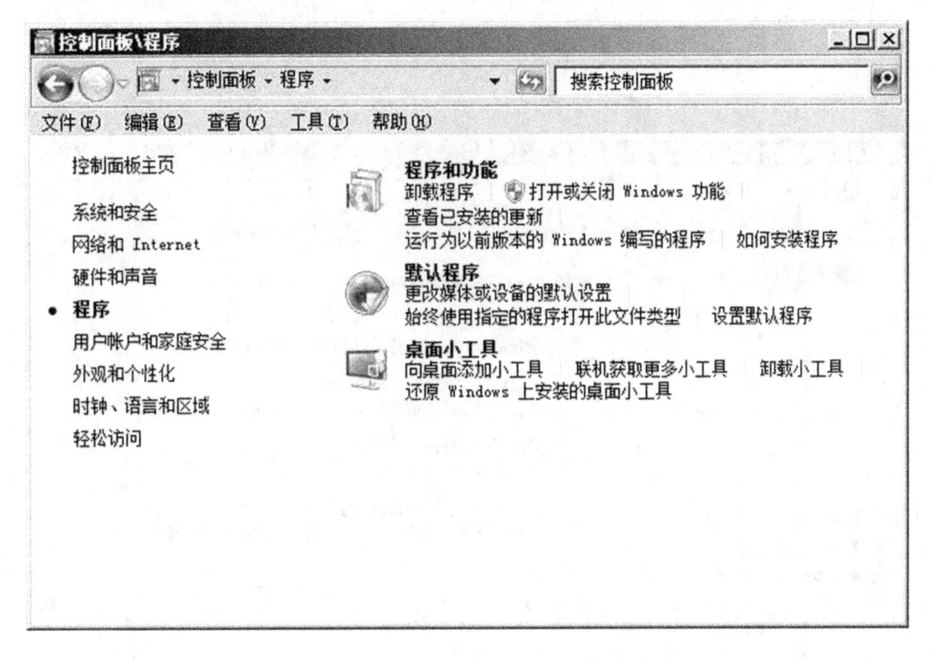

图 2-41　“控制面板-程序”窗口

1. 设置“程序和功能”　单击“程序和功能”,进入“程序和功能”窗口,在这里可以“卸载/更改”程序,如图 2-42 所示。

若单击左侧窗格中的“打开或关闭 Windows 功能”,弹出“Windows 功能”对话框,从中可以选定或取消选某个复选框,以打开或关闭 Windows 7 的某种功能。

2. 设置“默认程序”　单击“默认程序”,进入“默认程序”窗口,如图 2-43 所示。在这里可以设置打开某些文件类型的默认程序。例如,如果要使用 Windows Media Player 打开所有媒体文件,即可使用该选项,并进行相应的设置。

3. 设置“桌面小工具”　单击“桌面小工具”,进入 Windows 7 提供的“小工具库”,如图 2-44所示。双击其中的小工具图标,即可把它添加到桌面上。不用时,可以随时将其关闭。

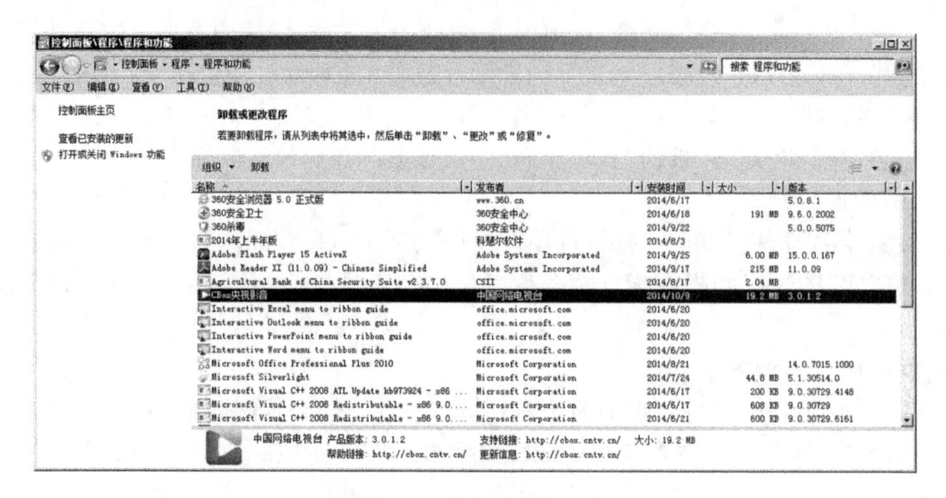

图 2-42　“程序和功能”窗口

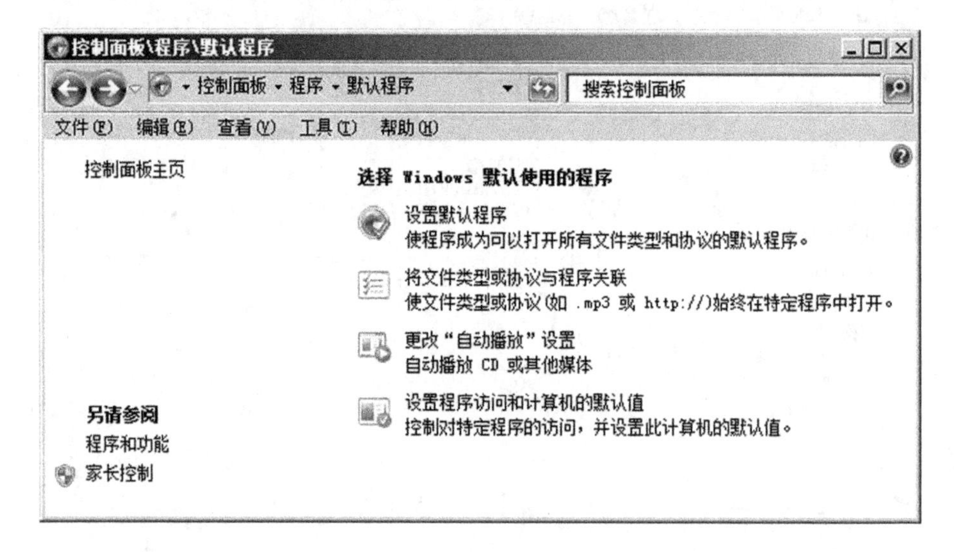

图 2-43　“默认程序”窗口

知识点 7　添加打印机

打印机是计算机系统中常用的输出设备。对于首次使用的打印机,有的需要添加(安装)打印机驱动程序。安装驱动程序之前,应先将打印机与计算机正确连接,并接通打印机的电源,然后添加(安装)打印机驱动程序。

要添加打印机,可通过开始菜单,打开“设备和打印机”窗口进行,也可以通过“控制面板”窗口,打开“设备和打印机”窗口进行。下面通过控制面板来添加打印机,其操作方法如下。

步骤 1:在如图 2-27(2)的“控制面板”窗口中,单击“设备和打印机”,打开“设备和打印机”窗口,如图 2-45 所示。

步骤 2:在“设备和打印机”窗口中,单击工具栏上的“添加打印机”按钮,打开“添加打印机”向导,如图 2-46 所示。

图 2-44　“小工具库”窗口

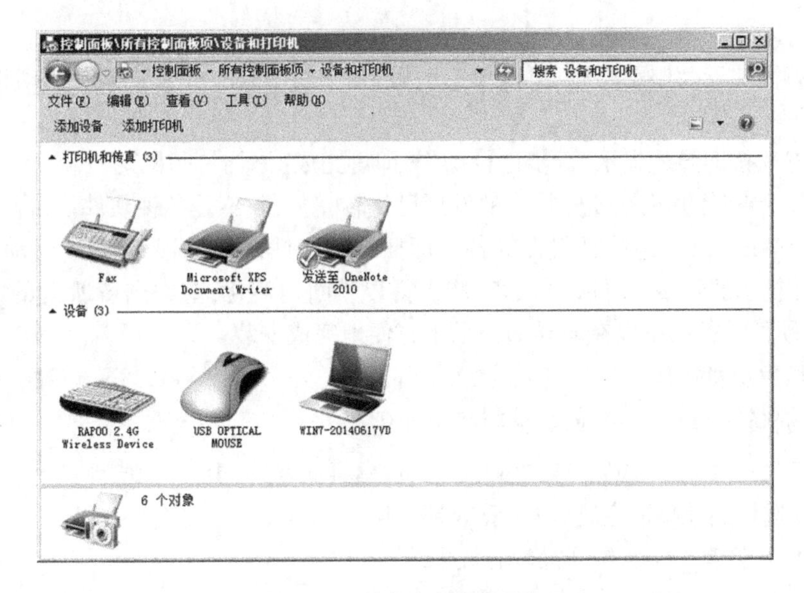

图 2-45　“设备和打印机”窗口

这里，如果是添加与本机直接相连的打印机，则应选择单击“添加本地打印机”；如果是添加网络打印机，则应选择单击“添加网络、无线或 Bluetooth 打印机”。

步骤 3：这时如果单击“添加本地打印机”，则进入“选择打印机端口”页面。

步骤 4：在“选择打印机端口”页面，选定“使用现有端口”或是按说明书选定打印机端口，然后单击“下一步”。

步骤 5：在“安装打印机驱动程序”页面，选择打印机的制造厂商和型号，然后单击“下一步”。

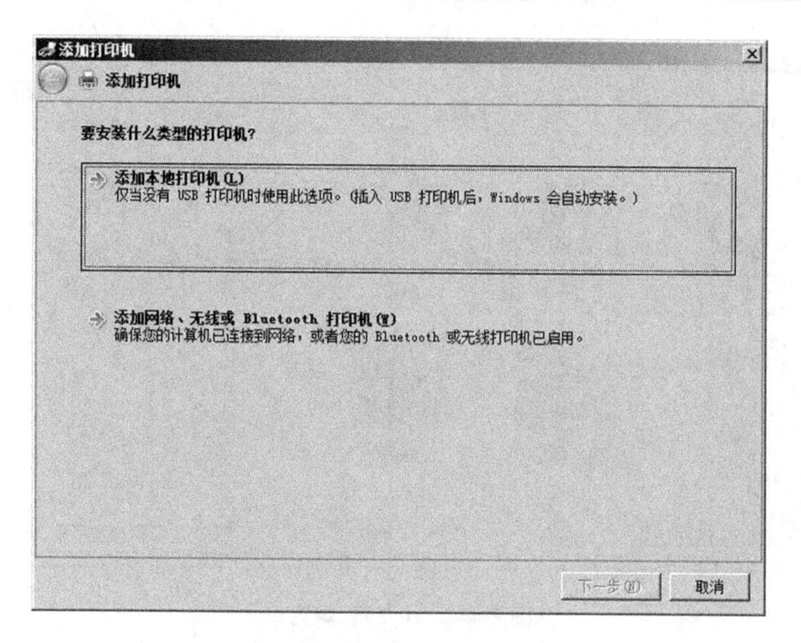

图 2-46 “添加打印机”向导(对话框)

步骤 6:如需要安装驱动程序,可以单击“从磁盘安装”按钮,并指定安装驱动程序的路径,然后单击“下一步”。

步骤 7:然后按向导的提示,逐步进行操作,即可完成“添加打印机”。

还应指出,当前计算机软硬件技术的发展已比较完善,并不是各种硬件设备都需要安装驱动程序。对于 Windows 7 系统已附带的各种即插即用硬件设备,则无须安装驱动程序。随着计算机软硬件技术的发展,硬件设备的安装也得以不断地简化,基本向着所谓的“傻瓜型”发展,使得很多硬件设备都可以在向导的提示下方便地完成安装。

2.4.2 学生上机操作

学生上机操作 1　Windows 7 桌面的个性化

1. 将桌面主题更改为“Windows 7 经典”　观察桌面背景、窗口外观、颜色等可视化元素的变化情况。并选择其他桌面主题,看一看效果如何。

2. 设置桌面背景　并观察设置后的效果。

3. 设置窗口颜色　修改后,及时保存。

4. 设置屏幕保护程序　并观察设置的效果。

5. 设置任务栏属性　并观察“任务栏”的变化。

学生上机操作 2　设置日期时间、语言栏、鼠标、键盘、桌面小工具

1. 更改系统日期与时间。

2. 隐藏语言栏。

3. 设置键盘属性。

4. 设置鼠标属性。

5. 在桌面添加“时钟”小工具。

学生上机操作 3　添加打印机

在你所使用的计算机上,尝试添加指定型号的打印机。

★**任务完成评价**

本次任务主要研究了打开控制面板及更改其查看方式的方法;并练习和掌握 Windows 个性化设置的操作,包括设置桌面、任务栏、“开始”菜单、日期时间、输入法等。打开“控制面板-程序”窗口,进入“程序和功能”窗口,了解添加删除程序及硬件的方法。掌握在桌面添加小工具的方法。了解添加打印机的方法。

★**知识技能拓展**

通过“Windows 的帮助和支持”,进一步了解和掌握“控制面板”的使用。

2.5 任务五　使用 Windows 7 的附件程序

★ **任务目标展示**

1. 了解“画图”工具的使用。
2. 了解“计算器”的基本功能和使用方法。
3. 了解“截图工具”的使用。
4. 了解“记事本”和“写字板”的使用。
5. 了解“运行”和“命令提示符”的使用方法。
6. 了解“系统工具”中“磁盘清理”和“磁盘碎片整理程序”的使用方法。

2.5.1 知识要点解析

知识点 1　画图

画图是 Windows 7 在附件中提供的图片编辑程序,使用它可以制作和编辑图片,还可以对其他设备和程序制作的照片或图片进行编辑,并可保存为多种不同类型的图片。

1. 认识画图窗口　在“开始”菜单中,单击“画图”命令,即可打开“画图”窗口。或在“开始”菜单中,单击“所有程序”,从中单击“附件”,再单击“画图”命令,即可打开“画图”窗口。

画图窗口主要由标题栏、快速访问工具栏、“画图”按钮、功能区、绘图区域(俗称画布)等部分组成,如图 2-47 所示。

(1)标题栏和快速访问工具栏:标题栏位于窗口顶端,其上显示文件名。在标题栏的左边是快速访问工具栏,其上提供了一些常用的命令按钮,如“保存”、“撤销”、“重做”、“自定义快速访问工具栏”等。

(2)“画图”选项卡:“画图”选项卡,位于标题栏下方左侧。单击该选项卡,其菜单中提供了“新建”“打开”“保存”“另存为”“打印”及“退出”等命令选项。

(3)“主页”功能区:若单击“主页”选项卡,可展开“主页”功能区。在“主页”功能区中,提供了“剪贴板”“图像”“工具”“形状”及“颜色”5 个命令组。通过其中的各种工具,可以完成图片的制作和编辑。

(4)“查看”功能区:若单击“查看”选项卡,可展开“查看”功能区。在“查看”功能区中,提供了“缩放”“显示或隐藏”及“显示”3 个命令组。其中的命令可用于放大或缩小图片,可在画图窗口中显示标尺、在画布上显示网格线,还可以按全屏方式查看所编辑的图片。

2. “画图”程序的使用　在“画图”程序的使用过程中,通常要用到以下几个环节。

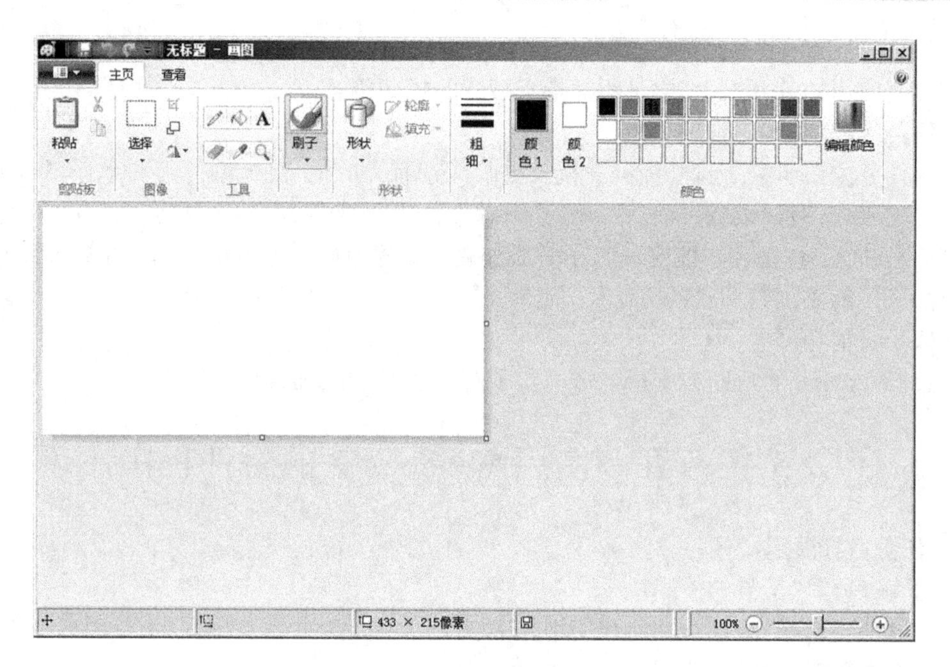

图 2-47 “画图”窗口

(1)调整绘图区域大小:启动画图程序,打开“画图”窗口(图 2-47)。如果认为画布的大小不合适,例如要使绘图区域变得大些或小些,可用鼠标拖动绘图区域右下角(或右边框和下边框)的尺寸控点(即白色小方框)到所需要的尺寸释放鼠标即可。

(2)绘制图形:可从“主页”功能区的“工具”组中选用绘图工具,在“形状”组中选择所用的形状,在“粗细”组中选择线条的粗细,在“颜色”组中选用具体颜色,在绘图区域绘制图形。

还可用“工具”组中的“用颜色填充”工具对所绘制的图形填充颜色。

(3)添加文本:如要在图片上添加文本,可在“主页”选项卡的“工具”组中,单击“文本”工具,在需要添加文本的绘图区域拖动鼠标,插入一个文本框;在“文本工具-文本”功能区的“字体”组中选择字体、字号和样式,在“颜色”组中单击“颜色 1”,选择用于文本的颜色,然后在文本框中键入要添加的文本,如图 2-48 所示。

(4)保存文件:要保存文件,可单击“快速访问工具栏”上的“保存”按钮或是单击“画图”选项卡,从列表中选择“另存为”(或“保存”)命令,在打开的“保存为”对话框中,确定保存位置、文件名和保存类型(如 . jpg 或其他类型),然后单击“保存”按钮。

知识点 2 计算器

Windows 7 附件中自带的计算器,不仅提供了科学型计算器,还提供了程序员计算器和统计信息计算器等功能。

1. 打开计算器 在“开始”菜单中,单击“所有程序”,从中单击“附件”,再单击“计算器”命令,即可打开计算器,如图 2-49 所示。

2. 计算器的使用

(1)标准型:标准型计算器具有最基本的运算功能,只能进行简单的顺序计算,不具有加减乘除优先级功能。

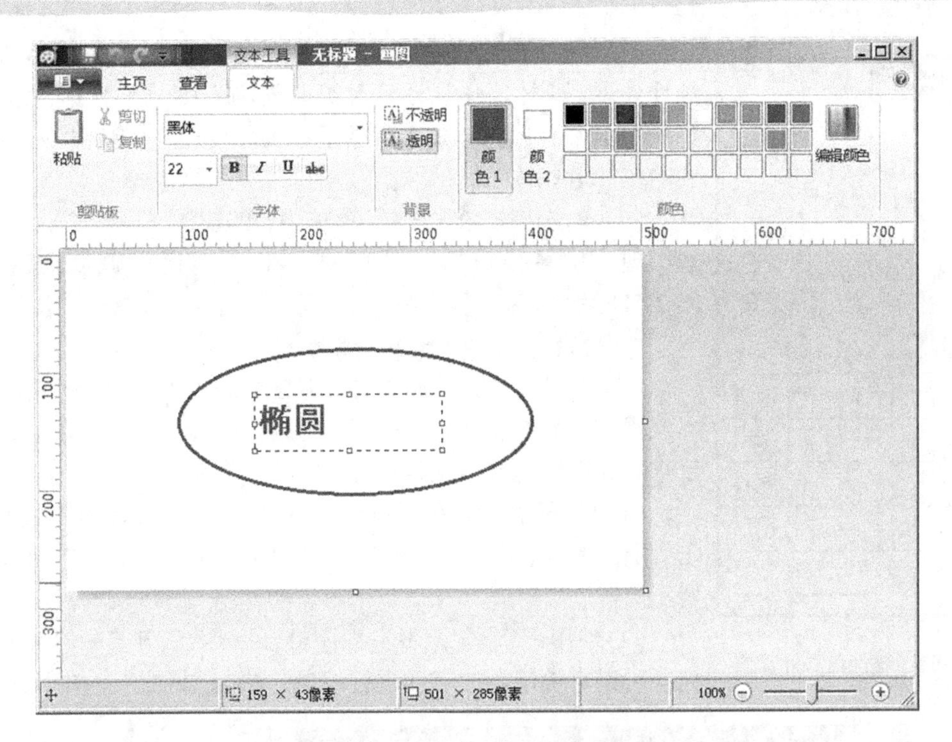

图 2-48　"文本工具-文本"功能区

(2)科学型:科学型计算器可以实现各种复杂的科学计算,如三角函数、乘方、开方、指数运算和对数运算等。科学型计算器可以精确到 32 位有效数字,并具有选择运算符优先级功能。

(3)程序员:这种模式的计算器可实现不同进制之间数值的转换,如十进制数和二进制数、十六进制数之间的相互转换等。程序员模式只进行整数计算,最高可以精确到 64 位数,具有运算符优先级,如图 2-50 所示。

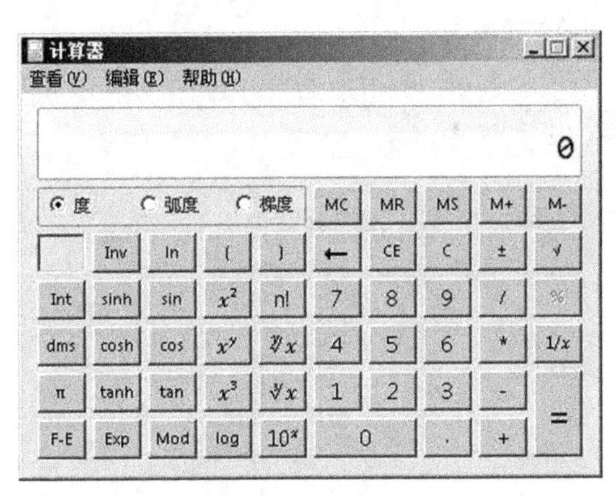

图 2-49　计算器

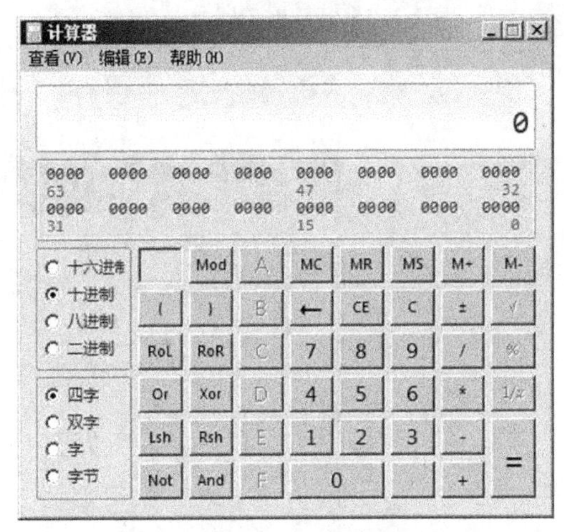

图 2-50　程序员计算器

图 2-51 统计信息计算器

(4)统计信息:这种模式的计算器可以方便地对一组数据进行统计处理,如图 2-51 所示。计算时先输入第一个数据,然后单击“add”按钮,将数据添加到数据组中,逐个添加完成后,再选择所需要的统计运算按钮。

(5)单位转换:在“查看”菜单中,单击“单位转换”,计算器右边出现单位转换窗格。例如,把 180 度转换为弧度,其操作如图 2-52所示。

知识点 3 记事本和写字板

1. 记事本 Windows 7 附件中自带的记事本是一个基本的文本编辑器。其功能比较有限,不能编辑图片,但它使用方便,常用于查看和编辑纯文本文档。

(1)打开记事本:在“开始”菜单中,单击“所有程序”,从中单击“附件”,再单击“记事本”命令,即可打开“记事本”,如图 2-53 所示。

(2)使用记事本:记事本程序打开后,默认开启一个空白的文档。可以直接键入文字和进行编辑。单击“格式”菜单中选择“字

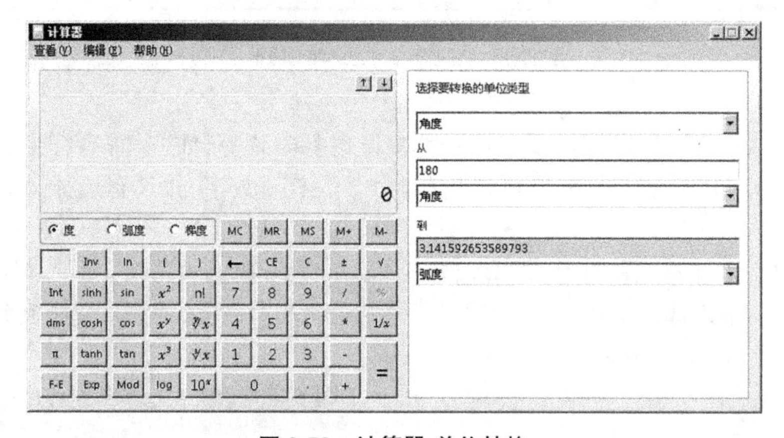

图 2-52 计算器-单位转换

图 2-53 记事本窗口

体”，弹出“字体”对话框可以对“字体”“字号”“字形”进行设置。文本编辑完成后，在“文件”菜单中，单击“保存”或“另存为”命令，并在对话框中指定保存位置、文件名，然后单击“保存”按钮。

2. 写字板　Windows 7 自带的用来创建、编辑、查看、打印文档的文本编辑程序。

写字板是一个可用来创建和编辑文档的文本编辑程序。与记事本不同，写字板文档可以包括比较复杂的格式和图形，还可在写字板内链接或嵌入对象（如图片或其他文档）。

在“开始”菜单中，单击“所有程序”，从中单击“附件”，再单击“写字板”命令，即可打开“写字板”，如图 2-54 所示。

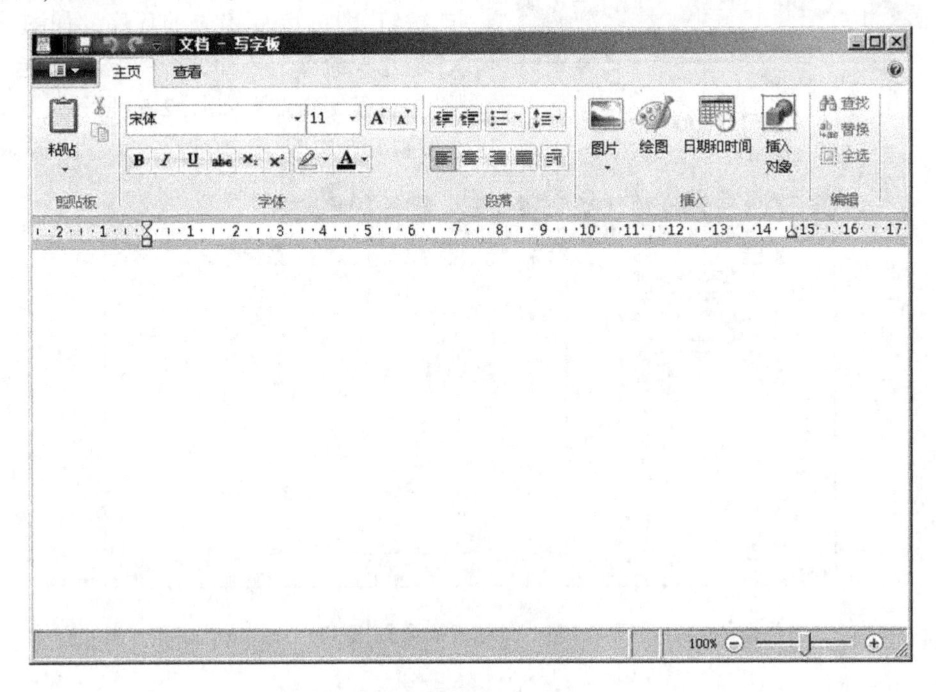

图 2-54　写字板窗口

写字板窗口中包括标题栏、快速访问工具栏、写字板按钮、功能区、标尺、文档编辑区、状态栏等。

根据编辑使用需要，可将一些常用的命令置放在“写字板”窗口的“快速访问工具栏”上。用右键单击某个命令按钮，接着从弹出的快捷菜单中单击“添加到快速访问工具栏”命令即可。

打开写字板，在编辑区内录入和编辑文本，闪动的光标提示键入文本的当前位置。可用鼠标单击来定位光标位置。当输入文本到行的末尾时将自动换行，要结束段落可按回车键另起一段。在文档编辑过程中及编辑完成后，均应注意及时保存文件。可单击“保存”按钮进行保存，或单击“写字板”按钮，再从列表中单击“保存”或“另存为”命令进行保存，并指定保存位置、文件名和文件类型，然后单击“保存”按钮。

由于在第 3 章将要学习 Word 2010 的使用，关于写字板中的文档格式设置等内容，这里不再赘述。

知识点 4 “运行”命令和“命令提示符”

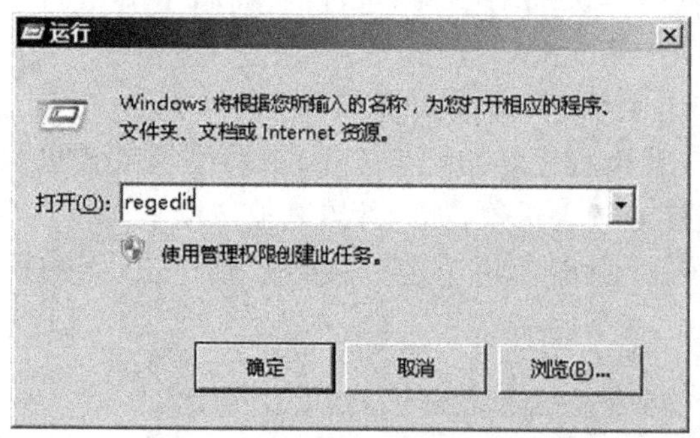

图 2-55 运行“regedit”命令

1.“运行”命令　可以通过 Windows 7 的“运行”命令来运行程序，打开文件夹或文件等。单击“开始”按钮，从中单击“运行”，即可打开“运行”对话框（也可以通过快捷键“Windows 徽标键 + R”来打开“运行”对话框）。

在“打开”框中键入要运行命令，单击“确定”按钮，即可运行相应的程序。如图 2-55 所示，若键入命令 regedit，然后单击“确定”，则打开“注册表编辑器”，如图 2-56 所示。

如图 2-57 所示，若键入命令 shutdown -s -t 3600，然后单击“确定”，该命令设置关机倒计时 3600 秒。如要取消此关机命令设置，可在“运行”对话框的“打开”框中键入命令 shutdown-a，然后单击“确定”按钮，即可取消此前的关机倒计时命令设置。

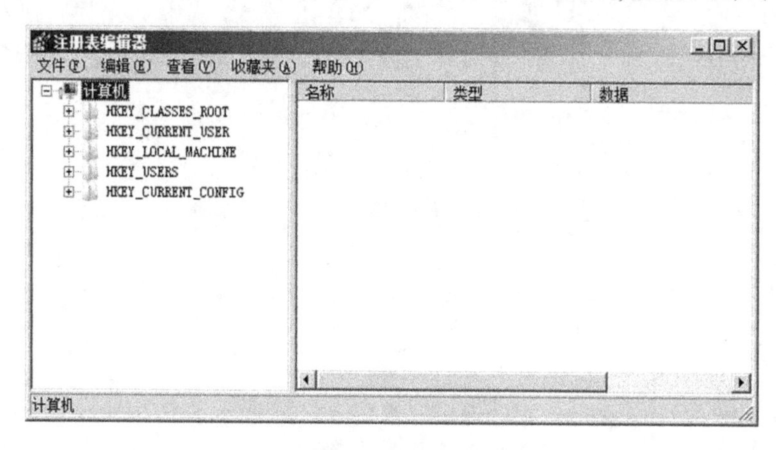

图 2-56 “注册表编辑器”窗口

2. 命令提示符　在 Windows 7 的“命令提示符”窗口中，可以使用 DOS 命令，来执行相应的任务。在“开始”菜单中，单击“所有程序”，从中单击“附件”，再单击“命令提示符”，即可打开“命令提示符”窗口。在窗口中键入一个需要执行的命令，按回车键，即执行该命令。

例如，在“命令提示符”窗口中执行命令，

键入命令 cd，按回车键（此命令的功能是回到当前磁盘的根目录）。

键入命令 dir，按回车键（此命令的功能是显示当前目录中的文件和文件夹）。

以上两条命令的执行结果，如图 2-58 所示。

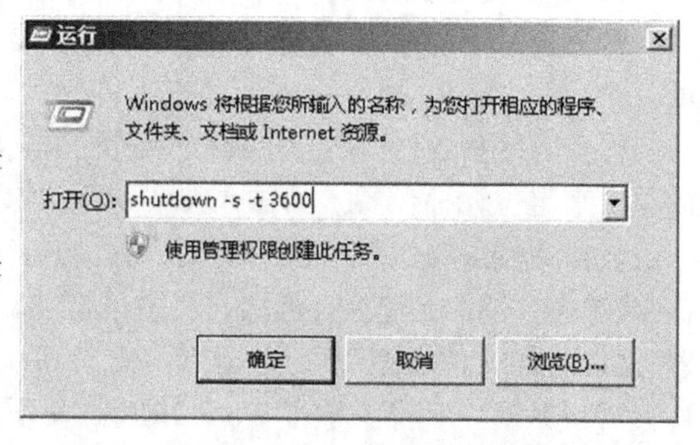

图 2-57 运行“shutdown-s-t 3600”命令

知识点 5 系统工具

在“开始”菜单中，单击“所有程序”，再单

```
管理员: 命令提示符

C:\Users\Administrator>cd\

C:\>dir
 驱动器 C 中的卷是 系统
 卷的序列号是 0005-21E8

 C:\ 的目录

2009/06/11  05:42                24 autoexec.bat
2009/06/11  05:42                10 config.sys
2014/06/17  22:49    <DIR>          Drivers
2014/06/24  21:56                35 end
2014/06/17  22:51    <DIR>          Intel
2014/06/17  23:40               164 log_followvideo.txt
2009/07/14  10:37    <DIR>          PerfLogs
2014/10/09  21:52    <DIR>          Program Files
2013/09/16  23:03               152 Test.txt
2014/07/31  23:58    <DIR>          Users
2014/09/17  06:11    <DIR>          Wexam
2014/11/07  12:00    <DIR>          Windows
               5 个文件            385 字节
               7 个目录 30,650,515,456 可用字节

C:\>
```

图 2-58　"命令提示符"窗口

击"附件",从子菜单中单击"系统工具",即可看到其中用于系统维护的"磁盘清理""磁盘碎片整理"等常用命令。

1. *磁盘清理*　使用磁盘清理程序可以清理硬盘上不需要的文件,以释放磁盘空间,可使计算机运行的更快。该程序可删除临时文件、清空回收站等不再需要的项目。使用磁盘清理程序的操作方法如下。

步骤 1:在"开始"菜单中,单击"所有程序",从中单击"附件",再单击"系统工具",接着从中单击"磁盘清理",即可打开"磁盘清理:驱动器选择"对话框,如图 2-59 所示。

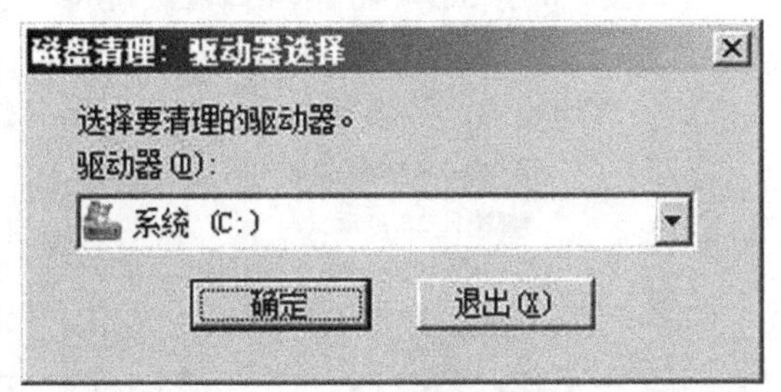

图 2-59　"磁盘清理:驱动器选择"对话框

步骤 2:在"驱动器"列表中,单击要清理的驱动器,例如 C:盘或其他驱动器,然后单击"确定"。稍等片刻,即打开"系统(C:)的磁盘清理"对话框,如图 2-60 所示。

步骤 3:在"磁盘清理"选项卡下的"要删除的文件"列表中,选择要清除的项目,如"已下载的程序文件""回收站"等,选择结束,单击"确定"按钮。

步骤 4:如图 2-61,在弹出的"磁盘清理"对话框中,单击"删除文件"按钮,即开始执行硬盘清理,并在清理完成后删除被清理的文件。

2. *磁盘碎片整理程序*　在使用计算机过程中,经常要卸载程序或删除文件,便会在硬盘上形成一些不连续的碎片。这些碎片会使新存储的文件或新安装的程序被分散在不同的位置,形成新的文件碎片,从而影响硬盘的读取速度。使用"磁盘碎片整理程序"可以把文件碎片重新连续排列。在 Windows 7 中,磁盘碎片整理工作可以按计划自动完成。有时根据需要,也可以采用手动进行磁盘碎片整理,其操作方法如下。

步骤 1:在"开始"菜单中,单击"所有程序",从中单击"附件",再单击"系统工具",接着从中单击"磁盘碎片整理程序",打开"磁盘碎片整理程序",如图 2-62 所示。

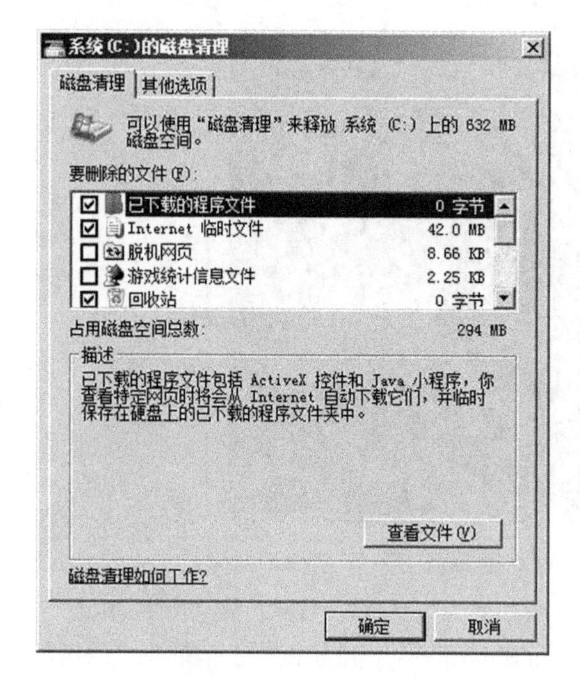

图 2-60 “系统(C:)的磁盘清理”对话框

图 2-61 “磁盘清理”对话框-删除文件

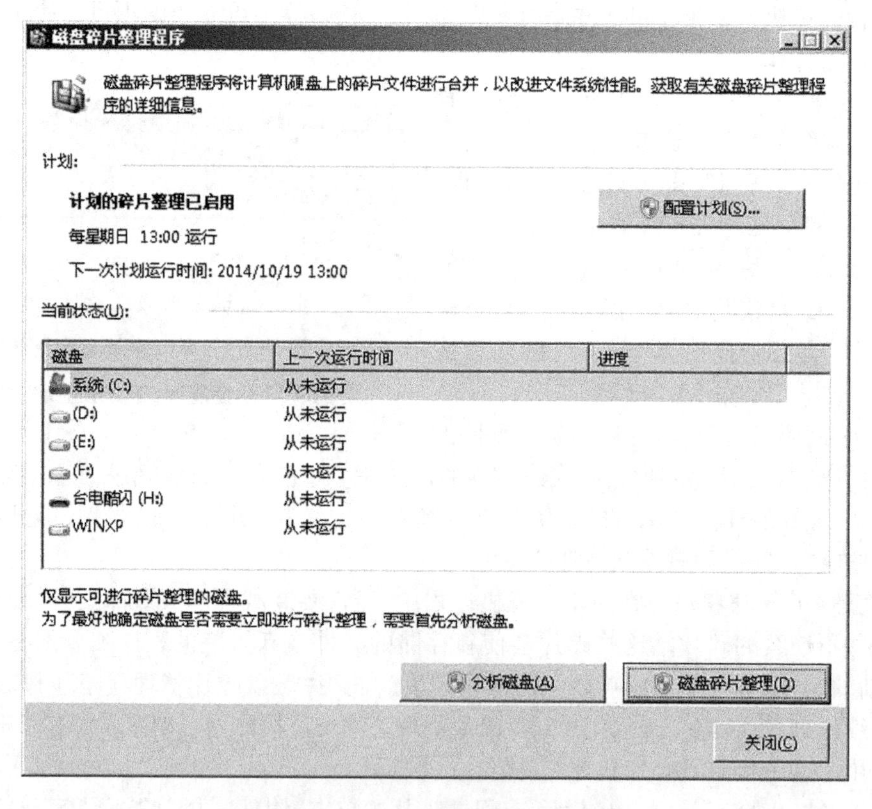

图 2-62 “磁盘碎片整理程序”对话框

也可这样来打开“磁盘碎片整理程序”。在“计算机”窗口中,右键单击需要整理碎片的驱动器,从快捷菜单中单击“属性”,在“本地磁盘 属性”对话框中单击“工具”选项卡,再从中单击“立即进行碎片整理”命令按钮。

步骤2:在“当前状态”栏目下,单击要进行碎片整理的磁盘,如C:盘。

如需要对磁盘碎片整理程序修改计划,可单击“配置计划”按钮,然后在“修改计划”对话框中进行修改,修改结束,单击“确定”按钮。此后,就可按该计划自动进行磁盘碎片整理了。

步骤3:若要了解是否需要对磁盘进行碎片整理,可单击“分析磁盘”按钮。在系统完成分析后,将在“上一次运行时间”列表中显示磁盘上碎片的百分比(如15%)。一般,当碎片占比大于10%时,则可考虑进行磁盘碎片整理。如碎片占比小于10%,可暂不进行碎片整理。

步骤4:单击“磁盘碎片整理”按钮则开始整理。磁盘碎片的整理过程,可能需要几分钟或更长的时间,这主要取决于磁盘碎片数目的多少和碎片的大小,如图2-63所示。

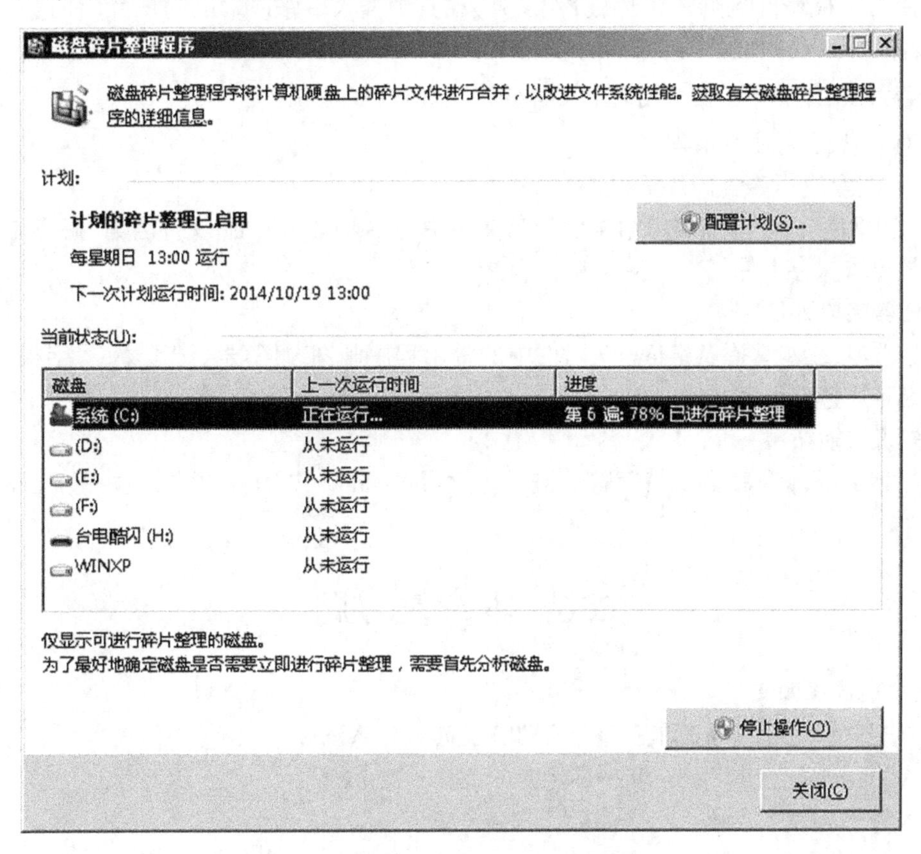

图2-63 “磁盘碎片整理程序”-正在运行

在磁盘碎片整理过程中,仍可继续使用计算机工作。在磁盘碎片整理完成后,会在“上一次运行时间”列表中显示磁盘上碎片的百分比为“0碎片”。

2.5.2 学生上机操作

学生上机操作1　画图、截图工具的使用

1. 使用“截图工具”截取打开和使用“计算器”的过程。

2. 将上述“截图”用画图制作成图片，文件名为“计算器的使用 . jpg”，并按要求保存文件。

学生上机操作 2 计算器的使用

1. 分别计算 log1，log2，log3……log9，log10 的值。
2. 分别计算 sin35°，cos55°的值。
3. 分别计算 e、e^2 及 e^3 的值。
4. 将十进制数 20141018 分别转换为二进制数和十六进制数。
5. 某人身高为 5. 9 英尺，相当于多少米？

学生上机操作 3 记事本和写字板的使用

1. 用记事本编辑一份个人简介，文件名为“我的简介”，并按要求保存文件。
2. 用写字板编辑制作一份班级介绍文档，在其中插入一张(或几张)图片(任选)，并进行排版，文件名为“我的班级”，并按要求保存文件。

学生上机操作 4 磁盘清理和磁盘碎片整理程序的使用。

1. 对 C：盘进行磁盘清理。
2. 对 D：盘进行磁盘碎片整理。
3. 试用写字板记录和编辑第 1 题和第 2 题中的主要操作界面，文件名为“磁盘工具的使用”，并按要求保存文件。

★任务完成评价

通过学习，逐步掌握 Windows 7 附件中的常用程序画图、计算器、记事本、写字板、磁盘清理和磁盘碎片整理程序的使用方法。

★知识技能拓展

通过“Windows 帮助和支持”程序，进一步学习 Windows 7 附件中的其他一些程序的使用方法。

2.6 本章复习题

一、单项选择题

1. 下列哪一个操作系统不是微软公司开发的操作系统(　　)
   A. Windows XP　B. Windows 7　C. Linux　D. Vista
2. 文件的类型可以根据文件的(　　)来识别
   A. 大小　B. 用途　C. 扩展名　D. 存放位置
3. 在 Windows 7 操作系统中，显示 3D 桌面效果的快捷键是(　　)
   A. Win + Tab　B. Win + P　C. Win + D　D. Alt + Tab
4. 在打开“开始”菜单时，可以单击“开始”按钮，也可以使用(　　)组合键
   A. Ctrl + Alt　B. Alt + Shift　C. Tab + Shift　D. Ctrl + Esc
5. 系统默认鼠标的(　　)键为“主要键”
   A. 右　B. 左　C. 左右均是　D. 滚轮
6. 若想直接删除文件或文件夹，而不将其放入“回收站”中，可在拖到“回收站”时按住

(　　)键

A. Shift　　B. Ctrl　　C. Alt　　D. Delete

7. Windows 7默认的“库”有(　　)个

A. 5　　B. 4　　C. 3　　D. 6

8. 下面关于对话框的描述,其中错误的是(　　)

A. 对话框可以移动　　B. 对话框可以调整大小

C. 对话框大小不能改变　　D. 以上都不对

9. “附件”中的“计算器”在进行计算类型切换时,应使用(　　)菜单

A. 科学型　　B. 程序员型　　C. 编辑　　D. 查看

二、问答题

1. 简述移动文件和复制文件的区别。
2. 在“Windows 7资源管理器”中创建一个文件夹有哪些不同的方法?
3. 如何在Windows 7操作系统中搜索文件?
4. 简述“Windows 7资源管理器”和“库”管理文件和文件夹的区别。

(张伟建　刘　浩　吕广波　程正兴)

第3章

Word 2010 文字处理软件

记录和处理文字信息,是人们在日常办公、学习和生活中最常见的事情。计算机在处理信息方面的广泛应用,使人们在信息和知识的记载与传播方式上发生了前所未有的巨大变化。要用计算机处理各种文字材料,就需要有一种高效方便的文字处理软件,Word 2010 就是这样一种在计算机上广泛使用、功能十分强大的文字处理软件。

使用 Word 2010,能够高效地实现文本的录入和编辑,在文稿中插入图片、制作表格,以及设置格式和排版等,从而可创建一个较高水准的文档。要使用 Word 2010 处理文字,就要熟悉 Word 2010 的窗口界面,了解在 Word 2010 中获得帮助的方法。这样才能较好地应用 Word 2010 来完成所需要的文字编辑工作。

3.1 任务一　认识 Word 2010

如图 3-1 所示,怎样创建和保存一个文档,并对文档进行所需要的编辑和排版呢?就让我们从认识 Word 2010 开始吧!

★任务目标展示

1. 掌握启动与退出 Word 2010 的操作方法。
2. 熟悉 Word 2010 的窗口界面。
3. 熟悉获得 Word 2010 帮助的方法。

3.1.1 知识要点解析

知识点 1　启动与退出 Word 2010

1. *启动* Word 2010

方法一:从"开始"菜单启动。

单击"开始"菜单,在"所有程序"中单击"Microsoft Office",在打开的子菜单中单击 Microsoft Word 2010 命令。

方法二:通过桌面快捷方式启动。

双击桌面上的 Word 2010 快捷方式图标。

2. *退出* Word 2010

方法一:单击"文件"选项卡,从中单击 退出 命令。

方法二:单击 Word 2010 窗口右上角的关闭 按钮(需要指出,应区别退出与关闭的不

人脑与电脑

□ 陈祖甲

人们常将计算机俗称为电脑，形象而诱人。进入信息时代，计算机日益渗透到社会的各个角落。于是，电脑与人脑能力之对比的问题，更加突出了。

对电脑胜过人脑的问题，笔者并不陌生。早在八十年代初，科技界就有电脑必将胜过人脑的说法。前一阵，屡夺世界冠军的国际象棋大师卡斯帕罗夫与名为“深蓝”的电脑对弈。新闻媒体的报道，虽略逊于对克隆羊“多莉”的宣传，但也沸沸扬扬。可惜的是，卡斯帕罗夫大师以一分之差而失利。于是，有的媒介惊呼：电脑战胜了人脑。

真是如此吗？不见得。

不可否认，名为“深蓝”的电脑的计算能力很强。它每秒钟能够运算两亿次，而国际象棋大师卡斯帕罗夫却才能算三步，差距竟有天壤之别。但是，“深蓝”是怎么才能算两亿步的？还不是人脑运作的成果吗？且不论电子计算机由采用电子管进化为集成电路，运算速度由几万次升到几亿次，这些都凝聚着多少科学家的智慧和辛勤劳动。就说“深蓝”，它与家用电脑不同，拥有二百五十六块能下国际象棋的芯片，同时并行运算。为了制作“深蓝”，不仅有许封雄等电脑专家的执著追求，还有著名的国际象棋大师作参谋，经过两年多时间，同卡大师几番较量，才有今天的结果。可见，是借助“深蓝”作工具，集体的智慧胜过了个人的头脑。中国科学院院士吴文俊先生说得对：“电脑这种工具也许能做许多人做不了的事，但工具就是工具，它没有自发的主动的创造性思维”。

世界的科学技术确实在瞬息万变，我们将高举双手迎接人工智能技术的到来。这项高技术不仅减轻人类繁重的体力劳动，还可以替代部分脑力劳动，高速高质地增长经济效益。但人工智能绝不会从天而降，也不像孙悟空那样从石头中蹦出来，而是人的头脑，人才集成创造出来的，而且受着人脑的操纵。个人的头脑总有一定的局限性。如果没有国际象棋大师的长久配合，单靠电脑专家是制造不出会下国际象棋的“深蓝”的，也不可能取得今天的战绩。何况，“深蓝”只会下国际象棋，对下围棋、打桥牌并不精通。所以，电脑可以在局部上替代和支持人脑，而从总体上说，电脑不可能超过人脑。现在最重要的是增强产生人脑创造性的环境，排除任何干扰创造性的因素，让人的头脑、尤其是集体的智慧得到充分的发挥。

（《人民日报》1997-06-25 第十版）

图 3-1　例文“人脑与电脑”

同，如果已打开了多个 Word 2010 窗口，这种方法只是关闭了当前窗口。要退出 Word 2010，则要使用此法将各个 Word 2010 窗口均关闭）。

方法三：右击任务栏上的“Word 图标 W ”，从弹出的快捷菜单中单击“关闭所有窗口”（或“关闭窗口”）命令。

不论用户采用了上面的哪一种方法来退出 Word 2010，如果在退出之前未曾保存已更改的文档，Word 2010 将发出提示信息，询问用户是否保存对文档的更改？这时可视具体情况选择，如要保存对文档的更改，应单击“保存”按钮，则保存文档并退出 Word 2010；若不保存，可单击“不保存”按钮，则不保存文档而退出 Word 2010；若想取消本次退出操作，可单击“取消”按钮，则返回到 Word 2010 的编辑状态。

知识点 2　Word 2010 窗口

一般情况下，在启动 Word 2010 后，系统即打开一个名为“文档 1”的 Word 2010 窗口，如图 3-2 所示。

Word 2010 窗口，主要包括标题栏和控制菜单、快速访问工具栏、“文件”选项卡、功能区、文档区、滚动条、状态栏、“视图”按钮、显示比例等。这些部件构成了 Word 2010 窗口的基本操作界面。

图 3-2　Word 2010 窗口

学习使用 Word 2010，首先就要了解它的窗口界面，掌握它的常用编辑命令的用法。

1. 标题栏和控制菜单　标题栏位于 Word 2010 窗口的顶部。在标题栏上显示了当前文档的文件名(如文档 1)和所使用的软件程序名(Microsoft Word)。

在标题栏的左端，有一个应用程序窗口的控制菜单图标，单击该图标则会弹出一个菜单，其中有还原或最大化、最小化、关闭等命令。在标题栏的右端设有最小化、最大化或向下还原、关闭按钮。

2. 快速访问工具栏　快速访问工具栏位于标题栏的左边。一些常用的命令按钮位于此处，它们分别是“保存”“撤消”和“重复”(或“恢复”)等命令按钮。根据编辑需要，适当地设置自定义快速访问工具栏，可以提高编辑工作的效率。

在快速访问工具栏的末尾有一个下拉菜单按钮，单击该按钮即打开“自定义快速访问工具栏”菜单，用户可按编辑需要向快速访问工具栏中添加一些常用命令。若在“自定义快速访问工具栏”菜单中单击“在功能区下方显示”，则可把“快速访问工具栏”置放在功能区的下方。

也可以这样添加常用命令到“快速访问工具栏”。用右键单击要添加的命令，在弹出的快捷菜单中单击“添加到快速访问工具栏”。同理，要删除已添加在“快速访问工具栏”的命令，可在“快速访问工具栏”上右键单击要删除的命令，在弹出的快捷菜单中单击“从快速访问工具栏删除”。

3. “文件”选项卡　单击“文件”选项卡，可以从中调用对文档本身(而不是对文档内容)进行操作的命令，如“保存”“另存为”“打开”“关闭”“新建”“打印”，以及查看有关当前文档的信息等，如图 3-3 所示。

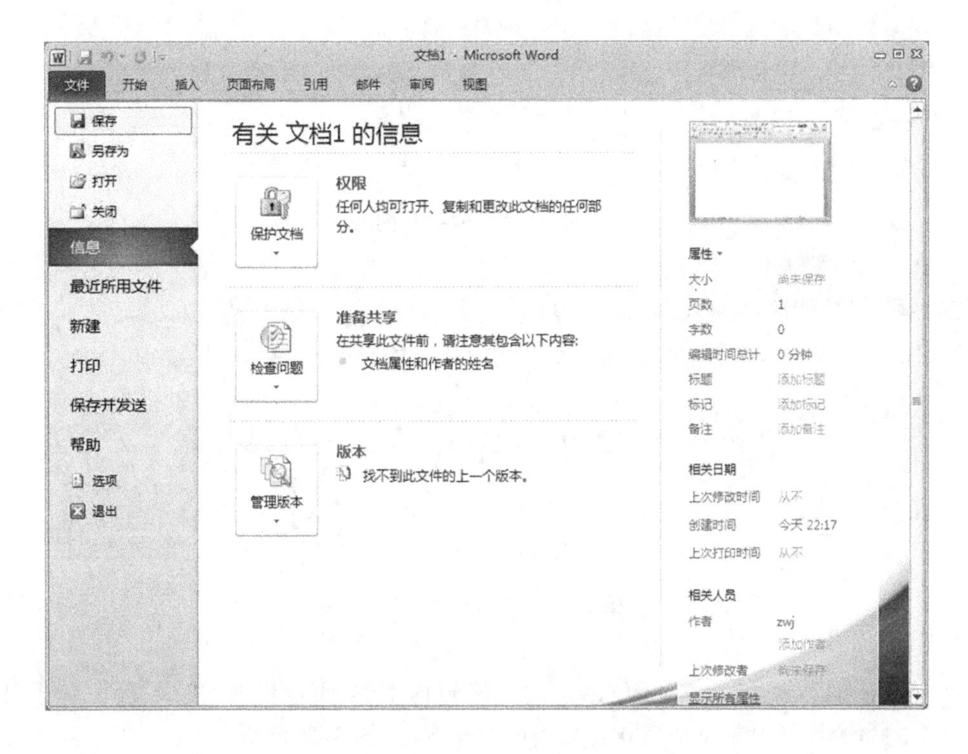

图 3-3　“文件”选项卡

4. 功能区　在 Word 2010 中，取消了以前版本中传统的菜单命令方式，取而代之的是各种功能区。功能区是 Word 2010 窗口上部的一个矩形区域，这是 Word 2010 操作界面的重要组成部分。功能区包括选项卡、组、命令 3 种基本控件。

选项卡：在功能区上显示有若干个选项卡。单击某一个选项卡，则打开功能区中与之相对应的一个活动区域。

组：每个功能区包含了若干个组。每个组按逻辑组织起一组相关命令。

命令：每个组中可包含一个或多个命令。命令可以是工具按钮或下拉列表，也可以是需要输入信息的框。

Word 2010 通过更改控件的排列来压缩功能区，以适应大小不同的窗口。单击 Word 2010 窗口的右上部的“功能区最小化”按钮或“展开功能区”按钮，可以最小化功能区或展开功能区（或用快捷命令 Ctrl + F1，来实现这一功能）。当功能区最小化时，在 Word 2010 窗口上只显示选项卡，功能区则被隐藏。

功能区的外观会随着编辑对象的不同和窗口大小的改变而智能地变化。在不同的功能区中，分别为用户提供了编辑文档中常用的各种命令，如图 3-4(1) ~ 图 3-4(7)所示。

下面来看一看每个功能区中所提供的命令及功能。

(1)“开始”功能区：“开始”功能区中包括剪贴板、字体、段落、样式和编辑 5 个组。该功能区的命令用于对 Word 2010 文档进行文字编辑和格式设置。这是用户最常用的一个功能区，如图 3-4(1)所示。

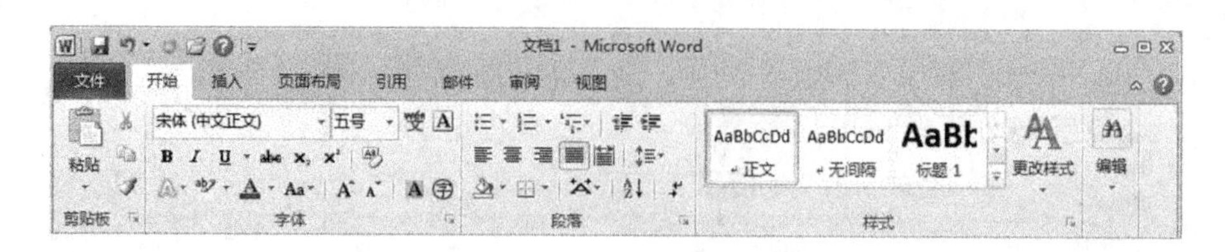

图 3-4 (1)“开始”功能区

(2)“插入”功能区:“插入”功能区包括页、表格、插图、链接、页眉和页脚、文本、符号,其中的命令用于在 Word 2010 文档中插入各种相应的对象,如图 3-4(2)所示。

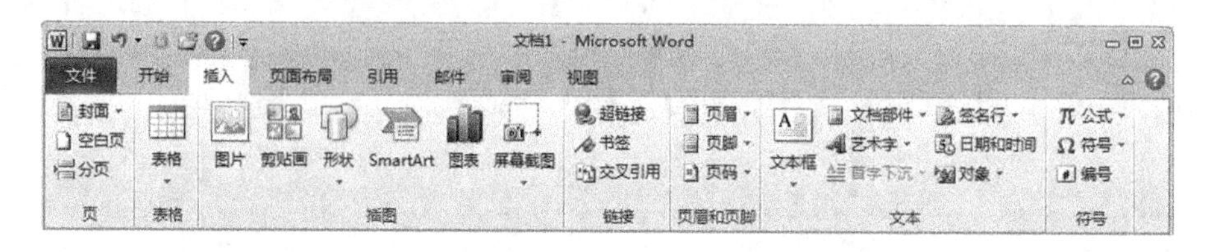

图 3-4 (2)“插入”功能区

(3)“页面布局”功能区:“页面布局”功能区包括主题、页面设置、稿纸、页面背景、段落、排列,其中的命令用于设置 Word 2010 文档页面样式,如图 3-4(3)所示。

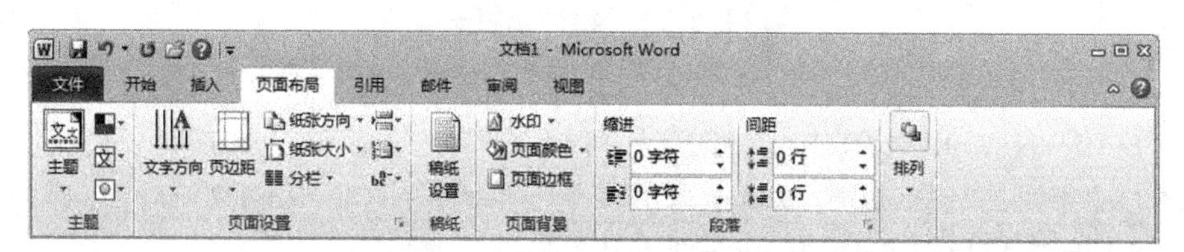

图 3-4 (3)“页面布局”功能区

(4)“引用”功能区:“引用”功能区包括目录、脚注、引文与书目、题注、索引和引文目录,其中的命令可用于在 Word 文档中建立目录和插入索引等操作,如图 3-4(4)所示。

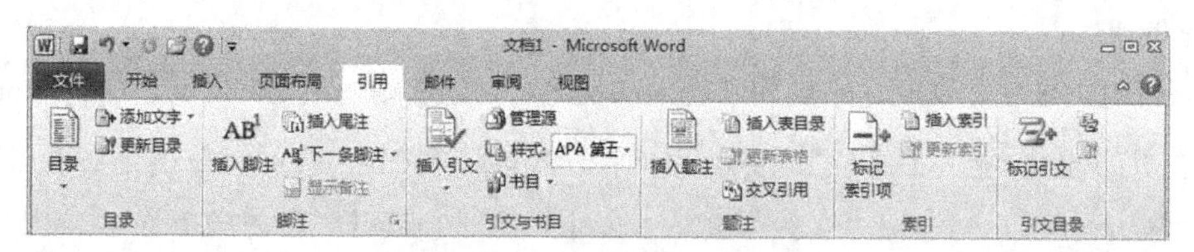

图 3-4 (4)“引用”功能区

(5)“邮件”功能区:“邮件”功能区包括创建、开始邮件合并、编写和插入域、预览结果和完成,该功能区的作用比较专一,专门用于在 Word 2010 文档中进行邮件合并方面的操作,如图 3-4(5)所示。

(6)“审阅”功能区:“审阅”功能区包括校对、语言、中文简繁转换、批注、修订、更改、比较和保护,其中的命令主要用于对 Word 2010 文档进行校对和修订等操作,适用于多人协作处理 Word 2010 长文档,如图 3-4(6)所示。

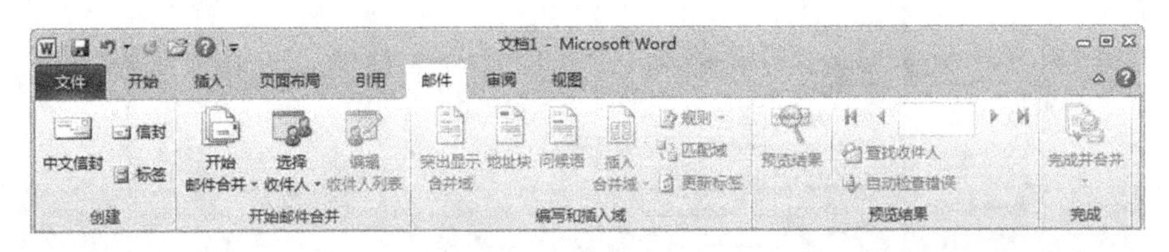

图 3-4　(5)“邮件”功能区

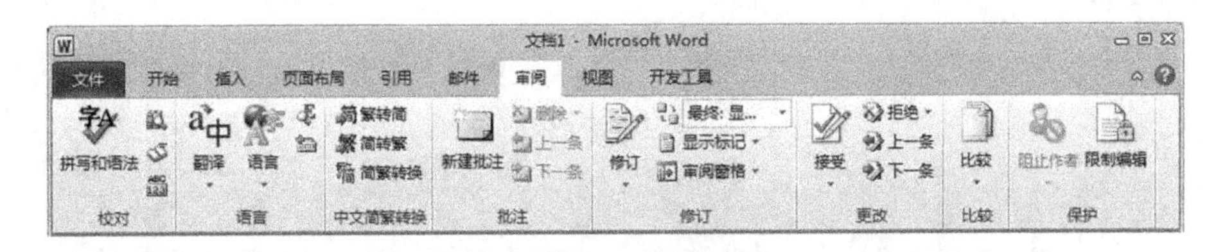

图 3-4　(6)“审阅”功能区

(7)“视图”功能区:“视图”功能区包括文档视图、显示、显示比例、窗口和宏,其中的命令主要用于选择 Word 2010 窗口的不同查看方式,以方便浏览或编辑文档,如图 3-4(7)所示。

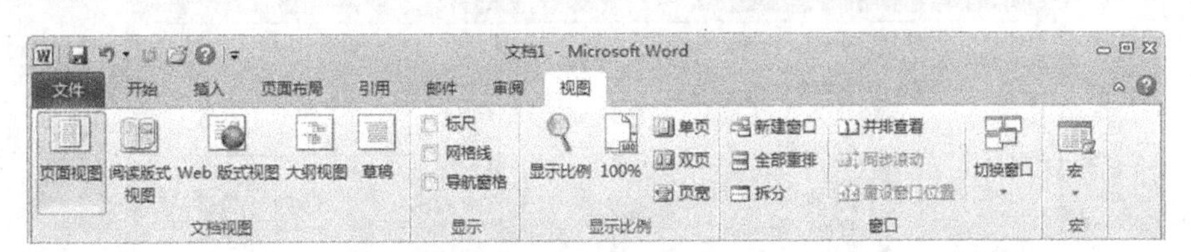

图 3-4　(7)“视图”功能区

(8)通过“选项”对话框“自定义功能区”:在编辑工作中,根据实际需要,可以通过“选项”对话框进行“自定义功能区”。具体设置包括自定义“选项卡”“组”和“命令”等,其操作方法如下。

步骤 1:单击“文件”选项卡。

步骤 2:在“文件”选项卡下,单击“选项”,打开的“选项”对话框,如图 3-5 所示。

步骤 3:在“选项”对话框中,单击“自定义功能区”,打开“自定义功能区和键盘快捷键”对话框。

步骤 4:根据具体编辑需要,添加新的选项卡或组或命令(或删除不需要的选项卡或组或命令)。例如,在如图 3-6 中,取消了“邮件”选项卡,自定义添加了一个“常用选项卡”。

步骤 5:设置完毕,单击“确定”,结束本次设置。

5. 文档区　文档区也称文本区,其中显示正在编辑的文档内容。文档区中有一个闪烁的光标“|”,这个光标的位置称为插入点(它标示当前输入字符或对象的位置)。在文本的每个段落的末尾,都有一个段落标记“↵”,它表示一个自然段的结束。在编辑文档时,每键入一个

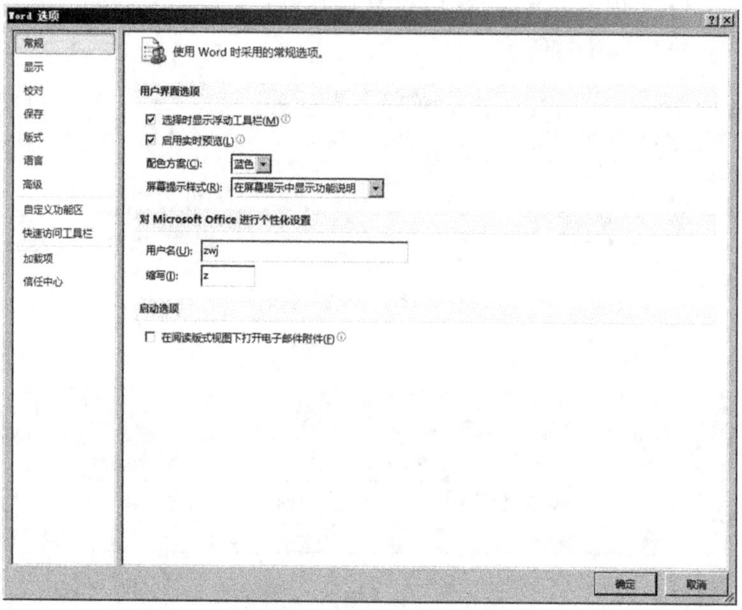

图 3-5 “选项”对话框

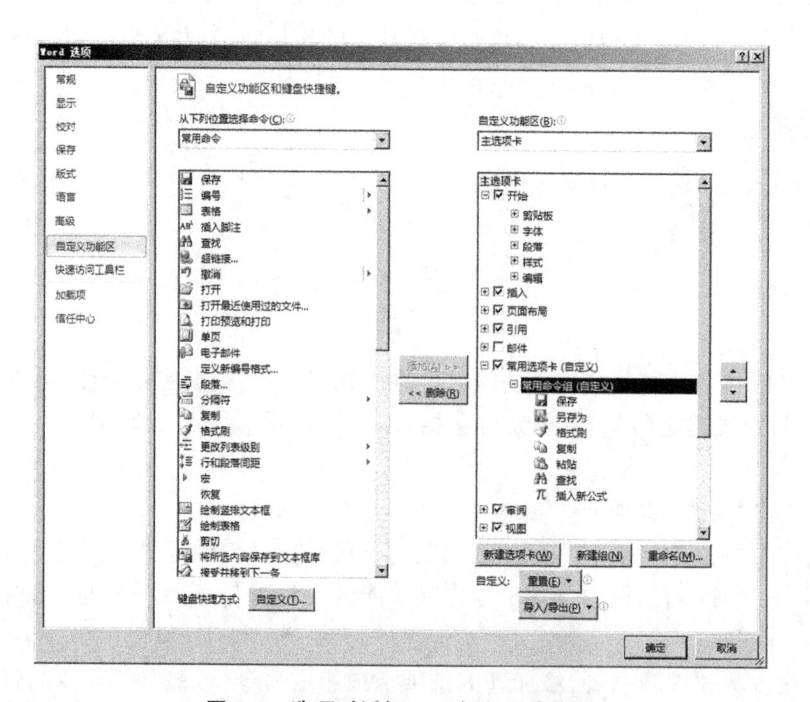

图 3-6 选项对话框——自定义功能区

回车键,即产生一个段落标记。

在文档编辑的过程中,鼠标指针形状会随着鼠标位置的移动而发生变化,分别表示可以完成的不同操作。当鼠标指针为“ I ”形状时,通常表示确定插入点的位置;当鼠标指针为“ ”

形状时,通常表示对文本的行或段落进行选定操作;当鼠标指针为“ ”形状时,通常表示选择命令或工具按钮,或是在选定区域对选定文本进行操作;当鼠标指针为“ ”或“ ”形状时,则表示在页面视图模式下对两个页面之间的空白进行隐藏或显示。

6. 状态栏　状态栏位于 Word 2010 窗口的底部,显示当前文档的状态信息,其中提供了页面、插入点位置、字数、插入或改写状态,以及文档视图模式和显示比例等状态信息。

在编辑文档中,单击状态栏中的“插入”或“改写”,则可在改写和插入状态间切换。用户可按编辑需要来选择“插入”或“改写”状态。

7. 标尺、滚动条和选定区　标尺、滚动条和选定区都是 Word 窗口的组成元素。

(1)标尺:Word 2010 的窗口上设有水平标尺和垂直标尺。可以使用水平标尺和垂直标尺在文档中对齐文本、图形、表和其他对象。在水平标尺上有几个按钮标记,若把鼠标的指针分别指向它们,即可显示出相应按钮的功能。如左对齐式制表符“ ”、左缩进“ ”、首行缩进“ ”、右缩进“ ”等。

用户可根据当前编辑的需要来显示或隐藏标尺。如图 3-7 所示,用鼠标单击垂直滚动条上方的标尺开关按钮,即可实现显示或隐藏标尺的目的。

(2)滚动条:滚动条有垂直滚动条和水平滚动条,用鼠标移动滚动条,以方便浏览文本区和编辑文本。

(3)选定区:在页面视图状态下,选定区是位于文档窗口左边的一个空白区。把鼠标指针置于选定区,可以比较方便地选定文本的行或段落。

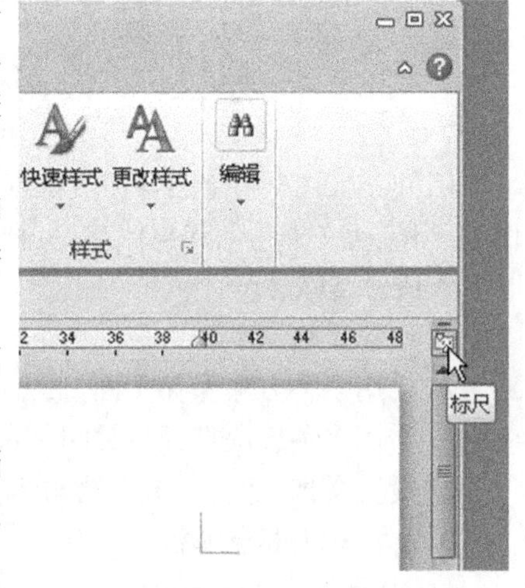

图 3-7　标尺开关按钮

8. 视图按钮组　视图按钮组是位于窗口下方、状态栏右侧的 5 个按钮( )。从左起,依次为:页面视图、阅读版式视图、Web 版式视图、大纲视图和草稿,其中有一个按钮处于“按下”状态,表示当前视图模式。用鼠标指针单击其中之一,可切换不同的视图模式。

知识点 3　获得 Word 2010 的帮助

在使用 Word 2010 编辑文档的过程中,有时需要获取系统的帮助。要获得帮助,可通过如下方法来实现。

方法一:用鼠标单击 Word 2010 窗口右上角的“帮助” 按钮。

方法二:单击“文件”选项卡,从中再单击“帮助” 按钮。

方法三:直接按一下键盘上的 F1 功能键。

以上方法,均可打开 Word 2010 帮助窗口。然后,在帮助窗口上的“键入要搜索的字词”框中键入相应的关键字,再单击“搜索”按钮,则可获得对相关问题的解答。

3.1.2 学生上机操作

学生上机操作 1　启动与退出 Word 2010

1. 上机练习,正确启动与退出 Word 2010。
2. 逐步掌握如何获取 Word 2010 的帮助。

学生上机操作 2　熟悉 Word 2010 的窗口

1. 观察 Word 2010 窗口界面的组成,逐步认识各选项卡和功能区中的常用命令。

2. 使"快速访问工具栏"在功能区上方显示,或在功能区下方显示。并试一试如何"自定义快速访问工具栏"。

3. 打开"文件"选项卡中的"选项"对话框,参考课文中的相关内容,尝试对 Word 2010 的功能区进行设置,并试一试如何设置"自定义功能区"。

★任务完成评价

在学习中逐步熟悉 Word 2010 的窗口界面,进一步掌握 Word 2010 的"文件"选项卡和各功能区中常用命令的功能,熟悉相关操作。这是我们当前阶段的主要学习任务。接下来要想更好地使用 Word 2010,就需要掌握创建和保存 Word 文档的方法。

3.2 任务二　Word 文档的创建与保存、打开与关闭

用 Word 2010 创建的各种文档都是以文件的形式存放在磁盘上的。Word 2010 的基本操作,应当包括文档的创建与保存,文档的打开和关闭,以及内容的输入与编辑排版等。

★任务目标展示

1. 创建文档。

2. 会用多种方法保存文档。

3. 会用多种方法打开与关闭 Word 文档。

4. 设置文档视图,在多文档与多窗口之间操作。

3.2.1 知识要点解析

知识点 1　创建文档

1. 新建一个空白文档

(1)启动 Word 2010,即创建了一个默认文件名为"文档 1"的空白文档。

(2)在启动 Word 后,还可用下面的方法来创建一个空白文档。

方法一:单击"文件"选项卡,再从中单击"新建"命令,在右侧的可用模板"主页"列表中单击"空白文档",再单击右侧"空白文档"下面的"创建"按钮。

方法二:单击"文件"选项卡,再从中单击"新建"按钮,在可用模板"主页"列表中双击"空白文档"。

方法三:用快捷键 Ctrl + N。

使用以上方法所创建的文档,其默认的文件名为"文档 n"。

(3)在指定的文件夹中,用鼠标右键快捷菜单命令新建一个 Word 文档。

打开"计算机"或"资源管理器",进入到指定的文件夹,在文件夹的空白区单击鼠标右键,在快捷菜单中指向"新建",从中选择"Microsoft Word 文档"命令,这样即可创建一个"新建 Microsoft Word 文档"。这也是一种比较常用的创建新文档的方法。

在创建了一个新文档之后,即可在其中录入文档内容。如录入"人脑与电脑"这篇例文,如图 3-8 所示。

2. 使用模板新建文档　所谓模板,是指具有某种特征的应用文档样板。其中预先设置了应用文档的基本结构和文本格式,可创建一个具有某种样式和页面布局的文档。Word 2010

人脑与电脑

● 陈祖甲

人们常将计算机俗称为电脑，形象而诱人。进入信息时代，计算机日益渗透到社会的各个角落。于是，电脑与人脑能力之对比的问题，更加突出了。

对电脑胜过人脑的问题，笔者并不陌生。早在 20 世纪 80 年代初，科技界就有电脑必将胜过人脑的说法。前一阵，屡夺世界冠军的国际象棋大师卡斯帕罗夫与名为“深蓝”的电脑对弈。新闻媒体的报道，虽略逊于对克隆羊“多莉”的宣传，但也沸沸扬扬。可惜的是，卡斯帕罗夫大师以一分之差而失利。于是，有的媒介惊呼：电脑战胜了人脑。

真是如此吗？不见得。

不可否认，名为“深蓝”的电脑的计算能力很强。它每秒钟能够运算两亿次，而国际象棋大师卡斯帕罗夫却才能算三步，差距竟有天壤之别。但是，“深蓝”是怎么才能算两亿步的？还不是人脑运作的成果吗？且不论电子计算机由采用电子管进化为集成电路，运算速度由几万次升到几亿次，这些都凝聚着多少科学家的智慧和辛勤劳动。就说“深蓝”，它与家用电脑不同，拥有 256 块能下国际象棋的芯片，同时并行运算。为了制作“深蓝”，不仅有许封雄等电脑专家的执著追求，还有著名的国际象棋大师作参谋，经过两年多时间，同多位大师几番较量，才有今天的结果。可见，是借助“深蓝”作工具，集体的智慧胜过了个人的头脑。中国科学院院士吴文俊先生说得对：“电脑这种工具也许能做许多人做不了的事，但工具就是工具，它没有自发的主动的创造性思维。”

世界的科学技术确实在瞬息万变，我们将高举双手迎接人工智能技术的到来。这项高技术不仅减轻人类繁重的体力劳动，还可以替代部分脑力劳动，高速高质地增长经济效益。但人工智能绝不会从天而降，也不像孙悟空那样从石头中蹦出来，而是人的头脑，人才集成创造出来的，而且受着人脑的操纵。个人的头脑总有一定的局限性。如果没有国际象棋大师的长久配合，单靠电脑专家是制造不出会下国际象棋的“深蓝”的，也不可能取得今天的战绩。何况，“深蓝”只会下国际象棋，对下围棋、打桥牌并不精通。所以，电脑可以在局部上替代和支持人脑，而从总体上说，电脑不可能超过人脑。现在最重要的是增强产生人脑创造性的环境，排除任何干扰创造性的因素，让人的头脑、尤其是集体的智慧得到充分的发挥。

（《人民日报》1997-06-25 第 10 版）

图 3-8　人脑与电脑[录入例文]

为用户提供了多种可用模板，还可以从 Office. com 网站下载更多的应用模板。

相对于从空白文档开始，使用模板创建文档能够比较方便快捷地创建一个具体的应用文档。例如，个人简历、聘用合同等。

使用样本模板创建新文档（如个人简历）的操作方法如下。

步骤 1：在“文件”选项卡中单击“新建”，打开“可用模板”列表。

步骤 2：在“可用模板”列表中，单击“样本模板”。

步骤 3：拖动滚动条在“样本模板”列表中找到“基本简历”，并单击选中。

步骤 4：在右侧的预览窗格中，选中“文档”单选项，再单击“创建”。

这样即可创建一个符合基本要求的应用文档，如图 3-9 所示。

对所创建的新文档，编辑中应及时保存。如对文档的内容不满意，用户可根据实际需要对它进一步编辑修改。

知识点 2　保存文档

及时保存文件，是编辑文档过程中一件非常重要的事情。保存文档，就是把文档以文件的形式存放在计算机中的磁盘上（即“计算机”的某个文件夹中）。关于保存文档，要特别强调两点：第一，要明确文档的文件名和文件类型。Word 文档默认的扩展名为 . docx（一般不要改变它）。如有特殊需要，用户也可以将文档“另存为”其他的文件类型（如网页等）。第二，要明确该文件的保存位置（即存放在计算机中的哪个文件夹里）。

1. *保存新文档*　保存一个新文档的常用操作方法如下。

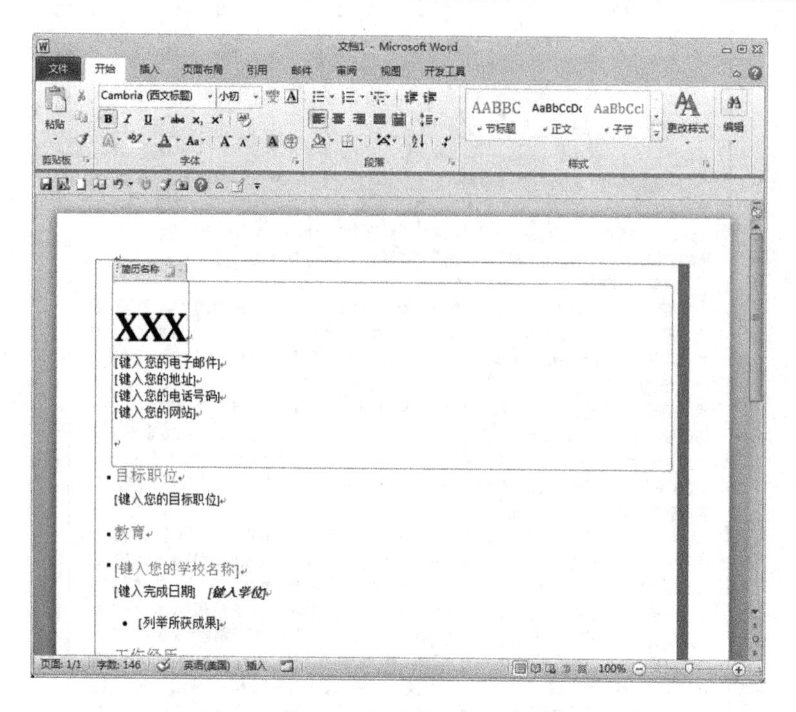

图 3-9　使用“样本模板”创建个人简历

步骤 1:执行下列操作之一:单击快速访问工具栏上的“保存”按钮 ;或单击“文件”选项卡,再单击“保存”命令(或“另存为”命令);或用 Ctrl + s 快捷命令。

当使用上面的任何一种方法保存一个新文档时,都会打开一个“另存为”对话框,如图 3-10 所示。

步骤 2:在“另存为”对话框的左窗格中的选择当前文档的保存位置,即磁盘名称和所在的文件夹名,如:D:\信息技术作业 9999　Word 2010 作业 9999,在“文件名”框中键入文件名“人脑与电脑”,并在“保存类型”列表中选择文档的保存类型为:Word 文档(图 3-10)。

步骤 3:单击“保存”按钮。

2. 继续保存文档　在编辑修改文档的过程中,要养成及时保存文档的良好习惯。

如果文件名和保存位置不变,可单击快速访问工具栏上的“保存”按钮,或在“文件”选项卡下单击“保存”命令,或用 Ctrl + s 快捷命令。可用这 3 种方法之一来保存文档。

如需更改文件名或文件的保存位置,应单击快速访问工具栏上的“另存为”命令,并在“另存为”对话框中指定“保存位置”“文件名”和“文件类型”。

3. 设置自动保存　Word 2010 提供了自动保存的功能。恰当地利用这一功能,可以避免或减少因停电或死机等意外情况所造成的文档信息的丢失。设置自动保存的操作方法如下。

步骤 1:单击“文件”选项卡。

步骤 2:单击 “选项”命令,打开“选项”对话框,如图 3-11 所示。

步骤 3:在“选项”对话框中,单击“保存”。

步骤 4:选中“保存自动恢复信息时间间隔”复选框。

并在其右边的“分钟”框中设定时间间隔(默认时间间隔是 10min,用户可根据需要自行设

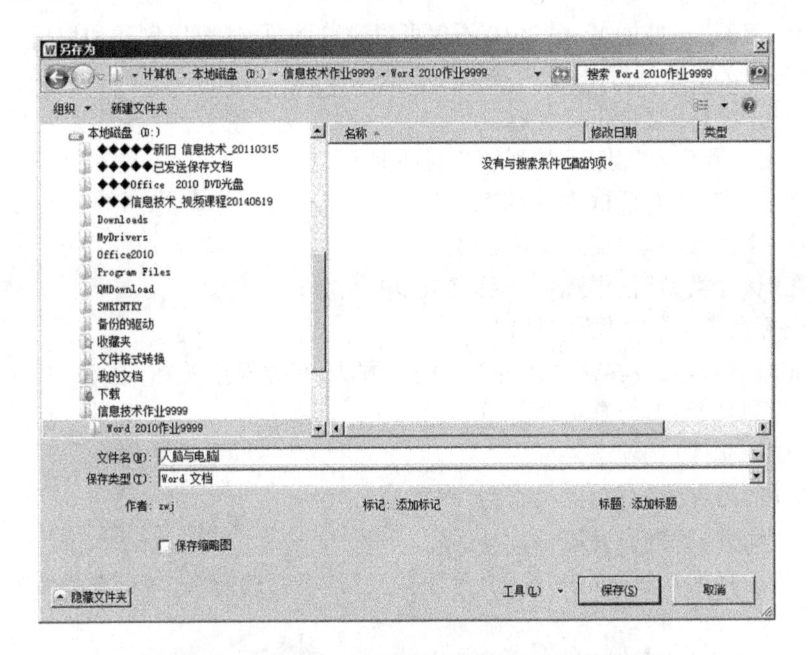

图 3-10　“另存为”对话框-保存文档“人脑与电脑”

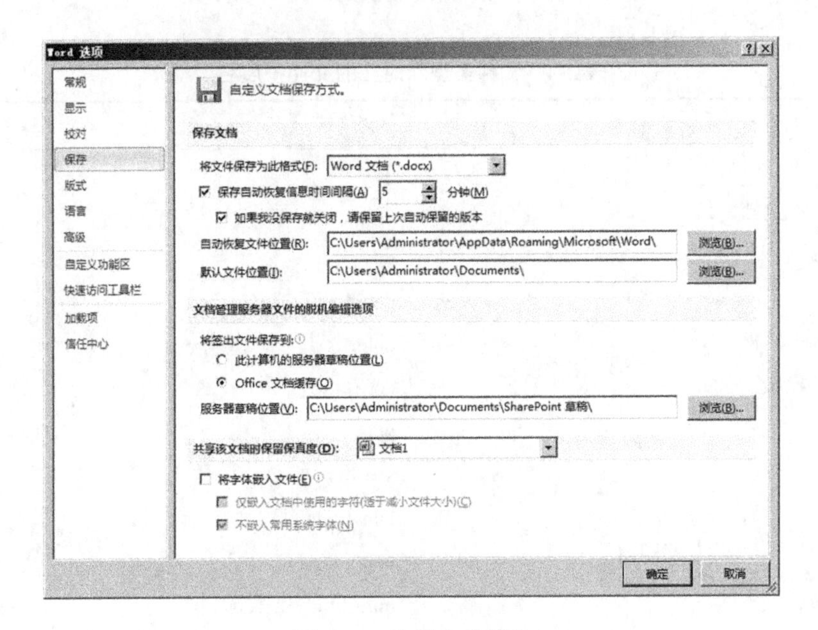

图 3-11　设置自动保存

置)。

步骤 5:设置完毕,单击“确定”按钮。

这样,Word 2010 便按设定的时间间隔,自动保存正在编辑的活动文档。如果在编辑文档过程中出现了意外断电或不当操作关闭了文档,在下次启用 Word 2010 时,系统将提示有关恢复文档的信息,用户可视具体情况进行处置。

4. 另存为“网页” 使用Word 2010不仅可以浏览网页,还可以创建和编辑网页。把一个正在编辑的Word文档保存为网页,可按如下方法操作。

步骤1:单击“文件”选项卡。

步骤2:单击“另存为”,打开“另存为”对话框。

步骤3:在“另存为”对话框中,指定“保存位置”。

步骤4:在“文件名”框中输入文件名。

步骤5:在“保存类型”框中选择“网页”或“单个文件网页”。

步骤6:设置完毕,单击“保存”按钮。

5. 把Word文档保存为其他文件类型 同上方法,有时根据需要,还可以将Word 2010文档保存为其他文件类型,其操作方法如下。

步骤1:单击“文件”选项卡。

步骤2:单击“另存为”,打开“另存为”对话框。

步骤3:在“文件名”框中,键入文档名称。

步骤4:在“另存为”对话框中,单击“保存类型”列表旁的箭头,从中选择所需要的文件类型。

步骤5:设置完毕,单击“保存”按钮。

几种常用文件的扩展名及其文件类型,简要说明如表3-1所示。

表3-1 文件类型和对应的文件扩展名

文件类型	文件扩展名
Word文档	.docx
启用宏的Word文档	.docm
Word 97-2003文档	.doc
Word模板	.dotx
启用宏的Word模板	.dotm
Word 97-2003模板	.dot
PDF	.pdf
XPS文档	.xps
单个文件网页	.mht (mhtml)
网页	.htm (html)
筛选过的网页	.htm(html,已筛选)
RTF格式	.rtf
纯文本	.txt
Word XML文档	.xml (Word 2007)
Word 2003 XML文档	.xml (Word 2003)

知识点3 打开与关闭Word文档

1. 打开Word文档 要对已保存在计算机中的Word文档进行编辑或浏览,首先要打开这个文档。所谓打开 Word 文档,是指把一个已保存在计算机外存储器上的 Word 文档调入内存并显示出来。

(1)从“文件”选项卡“最近所用文件”中打开:此方法适用于最近保存的 Word 文档。

启动 Word 2010,单击“文件”选项卡,从中单击“最近所用文件”,在右侧“最近使用的文档”列表中的找到并单击要打开的文档图标。

(2)使用“打开”对话框打开:在启动 Word 2010 后,单击“快速访问工具栏”上的“打开”按钮(或是单击“文件”选项卡,从中单击“打开”命令),这时将显示一个“打开”对话框,如图 3-12所示。

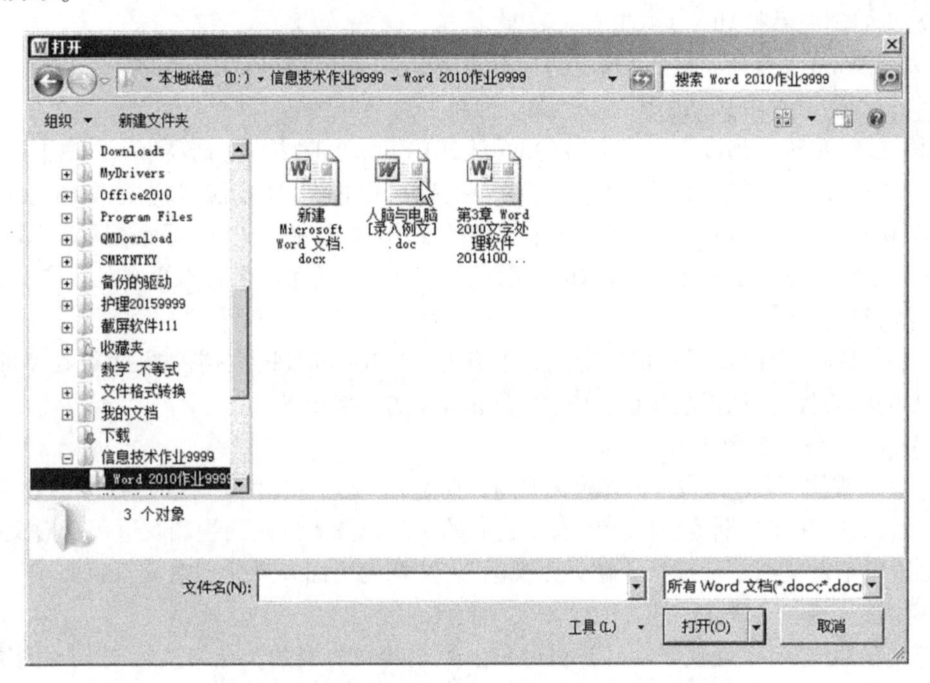

图 3-12　“打开”对话框

在“打开”的对话框中,指定要打开文件所在的文件夹,在文件名称列表中找到要打开的 Word 文档,双击要打开的文件图标(或单击要打开的文件图标,再单击“打开”按钮),即可打开该文档(图 3-12)。

(3)从“计算机”或“资源管理器”中打开:如果用户清楚文档所存放的文件夹位置和文件名,则可直接打开“计算机”或“资源管理器”,再从中打开指定的文件夹,然后双击打开指定的文档。

打开“计算机”的方法是,双击桌面上的“计算机”图标。

打开“资源管理器”的方法是,右击“开始”菜单,从弹出的快捷菜单中单击“打开 Windows 资源管理器”命令。

(4)通过桌面“快捷方式”图标来打开文档:对于近期经常要打开的文档,还可以在保存文档的文件夹中右击该文档图标,然后发送到“桌面快捷方式”。当需要编辑这个文档时,双击桌面上的这个快捷方式即可打开文档。

2. 关闭 Word 文档　关闭 Word 文档有多种方法,常用的方法如下。

方法一:单击 Word 窗口右上角的“关闭”按钮。

方法二:单击“文件”选项卡,从中单击“关闭”命令(若从中单击“退出”命令,则退出 Word 2010)。

方法三:单击 Word 窗口左上方的控制菜单按钮W,从中单击“关闭”命令(或双击 Word 窗口左上方的控制菜单按钮W)。

方法四:右击标题栏,从弹出的菜单中单击“✕ 关闭(C)”命令。

方法五:按快捷键 Alt + F4 或 Ctrl + W。

在关闭 Word 文档时,如果更改后的文档未做保存,系统将提示用户是否保存。

知识点 4　设置文档视图

文档视图,也称文档显示模式。启动 Word 2010 后,单击“视图”选项卡,在“视图”功能区中,可见 Word 2010 为用户提供了 5 种文档视图,即页面视图、阅读版式视图、Web 版式视图、大纲视图和草稿。这 5 种视图分别包含了文档的文本、图形、图表以及页面布局等不同的显示属性,在显示时具有一定的区别。例如,“页面视图”要比“草稿”包含有更多的文档格式和页面布局等信息。

用户可以在“视图”功能区的“文档视图”组中,单击所需要的文档视图,也可在 Word 2010 窗口下方的状态栏上,从视图按钮组中,单击所需要的文档视图。

1. Word 文档的 5 种视图

(1)页面视图:是 Word 2010 的默认视图。所显示的文档或其他对象与打印的效果一样。例如,页眉、页脚和文本框等项目会出现在它们的实际位置上。页面视图既适用于对文档进行编辑,也适用于对文档进行排版。在页面视图下,文档的页面布局分别在页面的上、下、左、右,留出规定的页边距,它所显示的页面就是实际打印的情况。

(2)阅读版式视图:是便于在计算机屏幕上阅读的文档视图。在阅读版式下,大多数工具按钮都被隐藏,只保留了“视图选项”和“工具”栏等部分命令。在查看排版效果时,可以使用这种显示模式。如果要停止阅读版式视图,可单击“阅读版式视图”窗口右上角的“关闭”按钮。

(3)Web 版式视图:此视图是文档在网页浏览器上以网页形式显示的情况。它将文档显示为一个不带分页符的长页,并且文本、表格和图形等自动换行,以适应窗口的大小。Web 版式视图适用于查看网页和发送电子邮件。

(4)大纲视图:用缩进文档标题的形式显示标题在文档结构中的级别。在大纲视图中,Word 窗口的上方将智能地显示“大纲”功能区。这时,使用“大纲工具”组中的相关命令,可以方便地设置文档的标题层次,还可以方便地折叠或展开不同标题层次的文档。若要退出大纲视图,并返回文档的编辑状态,单击“关闭大纲视图”按钮即可。

(5)草稿:只显示正文的文本和简化的页面。可以显示字符和段落格式,滚动速度快,便于快速浏览文档的文本部分,多用于录入和编辑文本。由于在草稿视图下,不能显示图片、艺术字、页眉与页脚等内容,所以它不适合图文混合排版。

草稿,是一种比较节省计算机系统硬件资源的视图模式。由于现在计算机系统的硬件配置都在不断提高,一般不会出现因为硬件配置偏低而影响 Word 2010 运行的问题。

2. 视图模式的切换方法

方法一:单击“视图”选项卡,在“文档视图”组中单击要选择的视图。

方法二:单击文档窗口下部状态栏右侧的视图按钮。

3. 拆分 Word 文档窗口　在编辑较长文档时,有时需要对文档的前后相距比较远的内容进行对比检查,或进行复制、移动等编辑操作,这时可以把文档窗口拆分为上下两个窗格,拆分后的两个窗格中显示的是同一文档的两个不同的或相同的部分。对于拆分后的两个窗格,在其中的任一窗格中都可进行编辑操作。要拆分当前文档窗口,可用下面两种方法来实现。

(1)使用拆分条按钮:将鼠标指向垂直滚动条上端的拆分条按钮,当鼠标指针变为上下双向箭头(≑)时,按住左键拖动拆分条,移到合适位置释放即可,如图 3-13 所示。

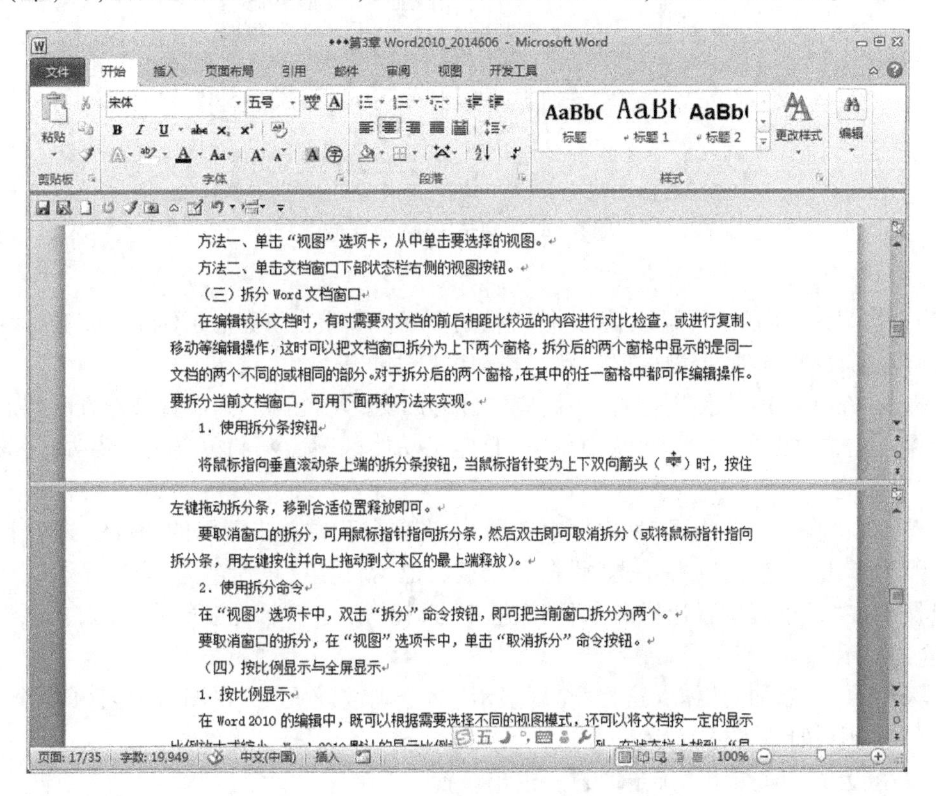

图 3-13　拆分 Word 文档窗口

要取消窗口的拆分,可用鼠标指针指向拆分条,然后双击即可取消拆分(或将鼠标指针指向拆分条,用左键按住并向上拖动到文本区的最上端释放)。

(2)使用拆分命令:在“视图”功能区的“窗口”组中,双击“拆分”命令按钮,即可把当前窗口拆分为两个。要取消窗口的拆分,在“视图”功能区中,单击“取消拆分”命令按钮。

4. 按比例显示与全屏显示

(1)按比例显示:在 Word 2010 的编辑中,既可以根据需要选择不同的视图模式,还可以将文档按一定的显示比例放大或缩小。Word 2010 默认的显示比例为 100%。要改变显示比例,在状态栏上找到“显示比例”按钮 100% ⊖——▽——⊕ ,用鼠标移动上面的滑块,或单击上面的加、减号,即可调整文档到合适的显示比例。还可在“视图”功能区中单击“显示比例”命令按钮,在弹出的对话框中选择或调整到合适的显示比例,如图3-14所示。

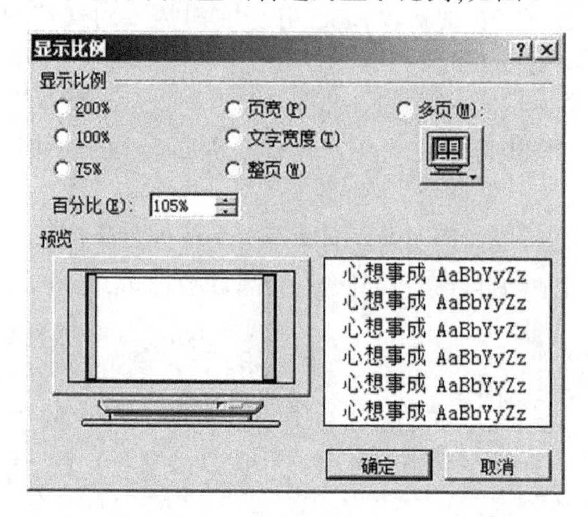

图3-14 “显示比例”对话框

(2)全屏显示:所谓全屏显示,就是使文档的页面占满整个屏幕,而不再显示Word窗口中的快速访问工具栏、选项卡和功能区、状态栏和窗口边框等。

要想在Word 2010中使用全屏显示,应先自定义设置功能区。其设置操作方法如下。

步骤1:右击“视图”选项卡,从中单击“自定义功能区”命令,打开“自定义功能区和键盘快捷键”对话框。

步骤2:在“自定义功能区”列表框中选择“主选项卡”,并单击下面的“视图”选项卡。

步骤3:单击“新建组”,并单击“重命名”,接着把“新建组”重命名为“全屏显示”。

步骤4:在“从下列位置选择命令”列表框中,选择“所有命令”,接着从下面的命令列表中找到“全屏显示”。

步骤5:单击“添加”按钮。这样“全屏显示”命令则被设置在“视图”功能区的“全屏显示(自定义)”组中,如图3-15所示。

步骤6:设置完毕,单击“确定”按钮,退出设置。

经过上述设置以后,单击“视图”选项卡,再从中单击“全屏显示”命令,即可切换到全屏显示,如图3-16所示。要退出全屏显示模式,点按一下键盘上的Esc键即可。

知识点5 多文档与多窗口操作

1. 打开多个文档 在实际工作中,有时需要打开多个Word文档进行编辑操作。此时,可以采用前面已介绍的打开Word文档的方法来逐个打开,也可以在“打开”对话框中同时选定若干个文档,然后单击“打开”按钮,把这几个文档一起打开。

2. 同时显示多个文档窗口 要同时显示多个文档窗口,可以选择“视图”功能区“窗口”组中的“全部重排”命令。也可以用鼠标逐个调整各文档窗口的大小和位置来显示多个文档。

3. 多文档窗口之间的切换 当打开了多个文档时,某一时刻,只有一个文档是处于编辑状态,这个文档称为“当前文档”(或“活动文档”)。要切换当前文档,可单击”视图”功能区中

Word 选项
常规
显示
校对
保存
版式
语言
高级
自定义功能区
快速访问工具栏
加载项
信任中心
自定义功能区和键盘快捷键。
从下列位置选择命令(C):
所有命令
全部保存
全部答复
全部大写
全部关闭
全部还原
全部显示
全部移动
全部重排
全部最大化
全部最小化
全景手柄
全屏显示
全屏显示
全选
确定
任意多边形
日期和时间...
日期选取器内容控件
日式明信片
日语问候语
日语一致性检查...
柔化边缘
添加(A) >>
<< 删除(R)
自定义功能区(B):
主选项卡
样式
编辑
插入
页面布局
引用
邮件
常用选项卡 (自定义)
审阅
视图
文档视图
显示
显示比例
窗口
宏
全屏显示 (自定义)
全屏显示
开发工具
加载项
新建选项卡(W)
新建组(N)
重命名(M)...
自定义:
重置(E)
导入/导出(P)
键盘快捷方式:
自定义(T)...
确定
取消

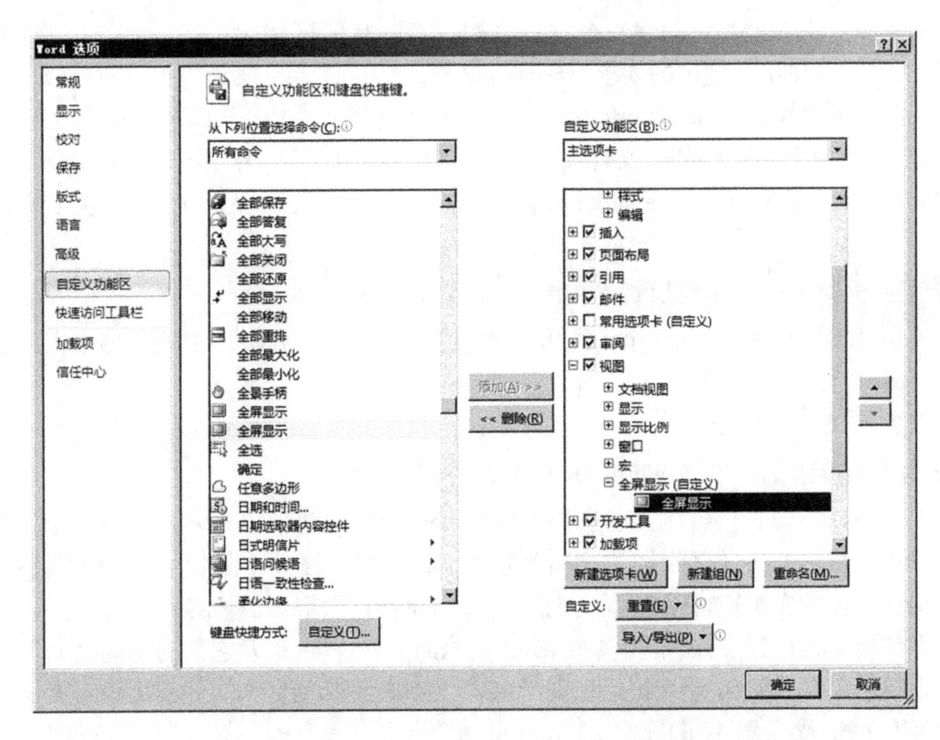

图 3-15　自定义设置全屏显示命令到视图功能区

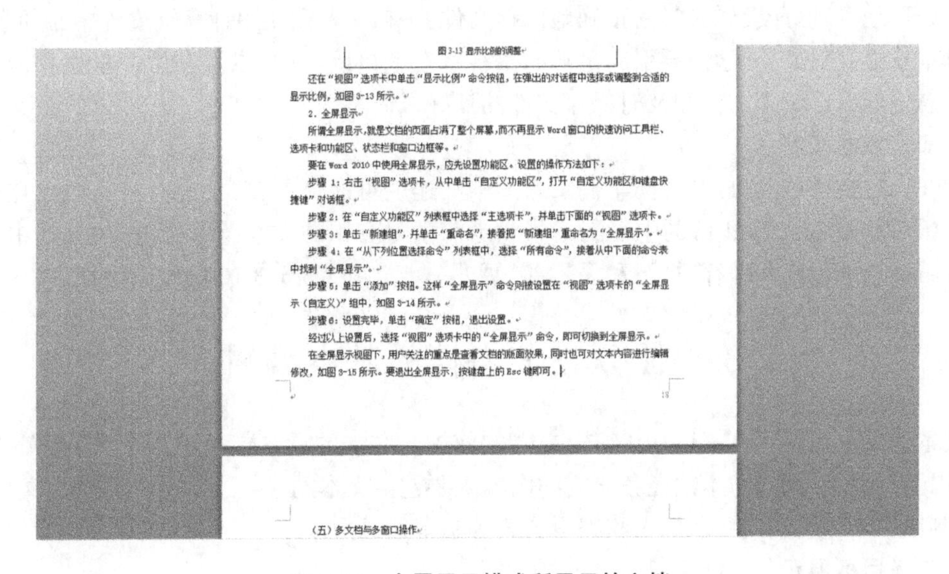

图 3-13 显示比例的调整
还在"视图"选项卡中单击"显示比例"命令按钮，在弹出的对话框中选择或调整到合适的显示比例，如图 3-13 所示。
2. 全屏显示
所谓全屏显示，就是文档的页面占满了整个屏幕，而不再显示 Word 窗口的快速访问工具栏、选项卡和功能区、状态栏和窗口边框等。
要在 Word 2010 中使用全屏显示，应先设置功能区。设置的操作方法如下：
步骤 1：右击"视图"选项卡，从中单击"自定义功能区"，打开"自定义功能区和键盘快捷键"对话框。
步骤 2：在"自定义功能区"列表框中选择"主选项卡"，并单击下面的"视图"选项卡。
步骤 3：单击"新建组"，并单击"重命名"，接着把"新建组"重命名为"全屏显示"。
步骤 4：在"从下列位置选择命令"列表框中，选择"所有命令"，接着从中下面的命令表中找到"全屏显示"。
步骤 5：单击"添加"按钮。这样"全屏显示"命令则被设置在"视图"选项卡的"全屏显示（自定义）"组中，如图 3-14 所示。
步骤 6：设置完毕，单击"确定"按钮，退出设置。
经过以上设置后，选择"视图"选项卡中的"全屏显示"命令，即可切换到全屏显示。
在全屏显示视图下，用户关注的重点是查看文档的版面效果，同时也可对文本内容进行编辑修改，如图 3-15 所示。要退出全屏显示，按键盘上的 Esc 键即可。
（五）多文档与多窗口操作

图 3-16　全屏显示模式所显示的文档

的"切换窗口"按钮，从弹出的文档列表中选择一个。也可以直接单击要编辑文档窗口的标题栏或文本区。

3.2.2 学生上机操作

学生上机操作 1　Word 文档的创建与保存

1. 创建一个空白文档　创建一个空白文档,在其中练习录入例文《人脑与电脑》的内容(参见图 3-8)。并按下一题中的要求及时保存文档。

2. 在指定的文件夹中保存你的文档　在编辑文档过程中,要养成及时保存文档的好习惯。将文档保存在你自己创建的文件夹“信息技术应用基础作业”中,文件名为“人脑与电脑+学号.docx”(参见图 3-8)。若在本次课内不能完成,要注意及时保存文档,下次上机接着完成。

学生上机操作 2　用模板创建文档

1. 使用样本模板创建一个“个人简历”(参见图 3-9),然后在文档中填写你本人的有关信息,完成这个简历。

2. 按要求保存这个文档。

学生上机操作 3　熟悉 Word 2010 的文档视图

1. 在编辑《人脑与电脑》例文的过程中(参见图 3-8),按图 3-10 所示的情况保存文档。

2. 采用类似的方法,保存图 3-9 中所创建的文档。并在编辑过程中,注意及时保存。

3. 结合上面的文档编辑操作,练习打开与关闭 Word 文档的几种常用方法。

4. 在编辑文档过程中,观察和熟悉 Word 文档的五种视图,以及它们的不同之处。

5. 设置自定义功能区,将“全屏显示”命令添加到视图功能区中。并使用这个全屏显示命令查看你的文档(参见图 3-16)。

★任务完成评价

有条理地管理好自己的文件,正确地保存文件,是初学者在使用计算机过程中必须掌握的一项基本技能。对此,同学们要引起足够的重视。在上机练习中,以及今后的学习和应用中,都要注意培养自己管理文件和及时保存文件的良好习惯。

★知识技能拓展

现在大家初学计算机操作,同学们录入文本的速度可能还比较慢,拥有的文档也比较少。你可以试着从 Office Word 帮助中复制一些对当前学习有用的文本,粘贴到你的文档中,并以此来练习文档的创建和保存,打开和关闭,以便进一步学习 Word 2010 的编辑操作。

3.3 任务三　文档的基本编辑

文本的录入是使用 Word 2010 编辑文档的前提。文本的录入包括输入中文、英文、数字、符号,以及日期、时间等。本次任务研究的内容主要包括文本的录入,插入点的定位,文本的选定、复制或移动,查找和替换,插入和编辑公式等基本编辑操作。

★任务目标展示

1. 掌握文档的基本编辑,如插入/改写状态的切换;定位插入点;中英文录入;插入特殊符号的方法。

2. 使用重复、撤销与恢复操作。

3. 掌握选定文本的方法。

4. 掌握复制和移动文本的方法。

5. 掌握查找和替换的方法。

6. 插入和编辑公式。

7. 文本字数统计、拼写和语法检查。

3.3.1 知识要点解析

知识点 1　文本的录入

1. 插入与改写状态的切换　插入状态，是 Word 2010 默认的编辑录入状态。此时录入的文字出现在插入点（光标）所在的位置，该位置之后的字符依次后移，而且后移的文本能自动换行。改写状态，在录入文字时光标右边的文字被新录入的文字改写（也称覆盖）。要切换改写或插入状态，有两种常用的方法。

方法一：用鼠标左键单击状态栏上的“插入”（或“改写”）指示框，使之变为“改写”（或“插入”）状态。

方法二：点击一下键盘上的 Insert 键（即插入/改写转换键）。

2. 插入点的定位　插入点指示将要录入的下一个字符出现的位置，即光标所在位置。在编辑文档中，有时需要不断地把插入点定位到文档的不同位置上。要定位插入点，通常可使用鼠标来定位，或是使用键盘的编辑键来定位，也可使用定位对话框来定位。

（1）使用鼠标定位：在一般情况下，插入点的定位，用鼠标比较快捷方便。用鼠标左键单击文档中需要插入字符的位置，即可将光标定位到该位置。向上或向下拨动鼠标的滚轮，可以方便地翻滚文本。

若编辑的文档较长，不能全部显示在当前的屏幕上。这时，可操作滚动条翻滚文本到要编辑的位置。使用滚动条翻阅文本时，若单击垂直滚动条上的“向上”（▲）或“向下”（▼）箭头，则文本向上或向下滚动一行；若单击垂直滚动滑块的上方或下方，文本则向上或向下滚动一屏；用鼠标左键按住滑块向上或向下拖动，可上移或下移若干行或若干页。当拖动垂直滚动滑块移动时，在滑块旁边会显示一个页码信息，以便用户了解文本移动的当前页码，以准确定位。

如果文档左右较宽，而显示区域较窄，则需要左右移动文本区。这时可使用水平滚动条上的滑块或箭头，向左或向右移动文本区。

（2）使用键盘定位：在编辑文档中，若能熟练地使用键盘上的编辑键或组合键来定位插入点，也是比较快捷高效的。使用键盘定位插入点的常用快捷键如表 3-2 所示。

表 3-2　键盘定位插入点（常用快捷键一览表）

按键	插入点的移动
↑/↓/←/→	上/下/左/右移一个字符
Home/End	移到行首/行尾
Page Up/Page Down	上移/下移一屏
Ctrl +←/Ctrl + →	向左/向右移动一个词
Ctrl + ↑/Ctrl + ↓	前移/后移到一段开头
Ctrl + Home/Ctrl + End	移到文档开头/结尾
Shift + F5	移到前一修订处

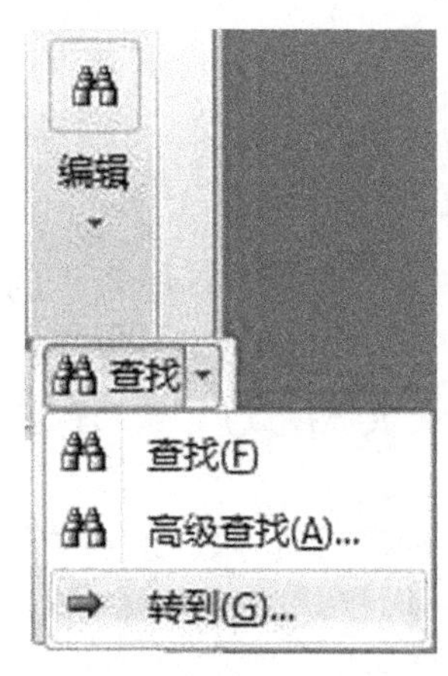

图 3-17 查找之转到命令

(3)使用“查找和替换”对话框来定位:如图 3-17 所示,在“开始”功能区中,单击编辑按钮,再单击“查找”右旁的下拉箭头,接着从弹出的菜单中单击“转到”命令,打开“查找和替换”对话框,如图 3-18所示。

例如,在图 3-18 中,在定位目标列表下选择“页”,在输入页号框中输入具体的页号,如“30”,再单击“定位”按钮,即可将光标定位到指定页的开始处。

如在这个对话框中选择了相应的定位目标(如“页”),在“输入页号”文本框中输入带“+”号的数字,表示向后移动;输入带“-”号的数字,表示向前移动。如输入“+1”,再单击“定位”按钮,则可将插入点向后移动 1 页;如输入“-1”,再单击“定位”按钮,则可将插入点向前移动 1 页。在实际编辑中,可根据具体情况来选择使用。

(4)使用“选择浏览对象”按钮定位:单击垂直滚动条下方的“选择浏览对象”按钮,弹出一个“浏览对象面板”。如图 3-19 所示,从中选择一个浏览对象(如“按图形浏览”),此后若再次单击垂直滚动条下方的“下一张图形”或“前一张图形”按钮来配合使用,即可方便地定位到文档中相应的图形处。

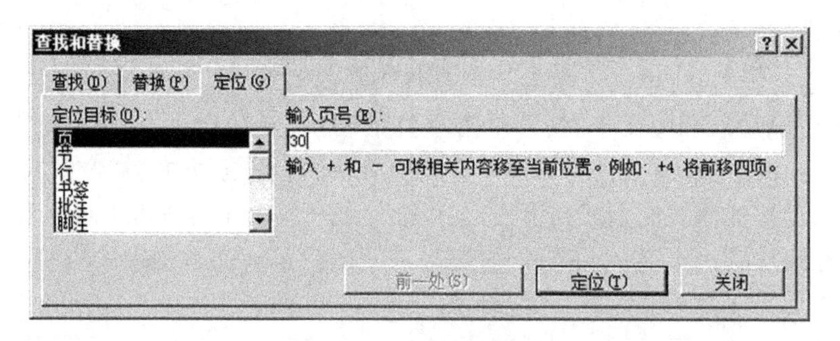

图 3-18 “查找和替换”对话框-“定位”选项卡

3. 中英文录入 在 Word 2010 中录入的文字,最常见的是中文和英文。

(1)中文录入:在录入中文时,需要使用中文输入法,常用的拼音输入法如:智能 ABC、中文(简体)-搜狗拼音输入法、中文(简体)-搜狗五笔输入法等,如图 3-20 所示。用户可按自己的爱好从中选择一种中文输入法(见第 1 章的相关介绍)。

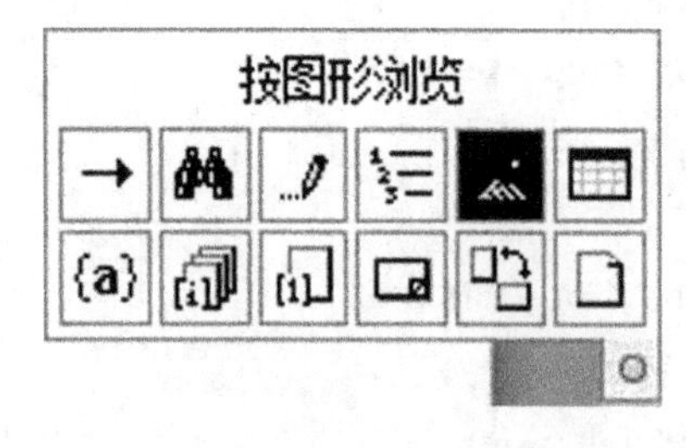

图 3-19 浏览对象面板

图 3-20 输入法指示器-选择中文输入法

(2)英文录入:启动 Word 2010 后,系统默认的输入状态是英文。这时,可用键盘直接输入英文的大小写文本。按键盘上的“Caps Lock”键,可实现英文字母的大小写切换。

(3)中、英文输入法的切换

方法一:鼠标切换法。用鼠标左键单击“输入法指示器”,在弹出的输入法列表中选择需要的输入法。

方法二:键盘切换法。用 Ctrl + 空格,实现中、英文输入法切换;或连续使用 Ctrl + Shift 键,可实现不同输入法的轮换。

在录入文本过程中,只有在需要开始一个新的段落时,才按一次回车键。当按回车键后,会在段落的结尾处显示一个向左拐弯的箭头“↵”,这个符号称为段落标记。在段落标记中包含了所设置的段落格式信息。如需要显示或隐藏段落标记,可在“开始”功能区的“段落”组中单击“显示/隐藏编辑标记”按钮。此按钮开关若不起作用,这时需要打开的“Word 选项”对话框,切换到“显示”选项卡,在“始终在屏幕上显示这些格式标记”的选择区中取消“段落标记”复选框,然后单击“确定”按钮。经过以上设置,“显示/隐藏编辑标记”按钮就可以起到开关作用了,如图 3-21 所示。

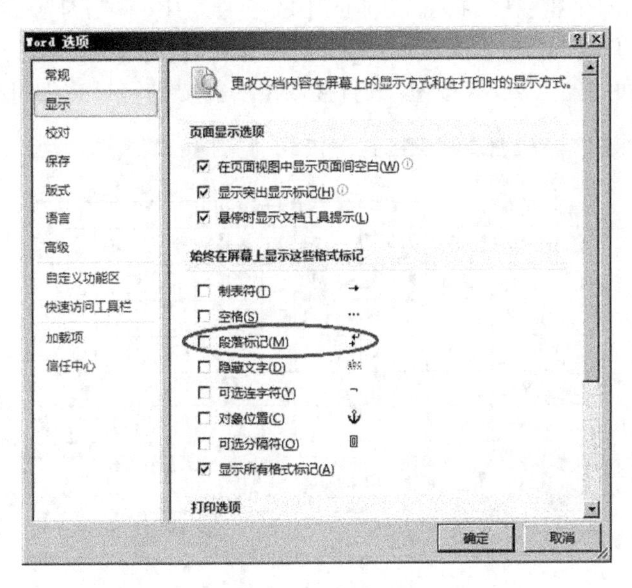

图 3-21　设置“显示/隐藏编辑标记”按钮

4. 断行与接行　一个 Word 文档一般都有若干个自然段,一个自然段称为一个段落。当输入文本到达一行的末尾,再继续输入时,插入点会自动调换到下一行的行首,引导用户继续键入的文字转到下一行上。如此反复,即形成一个包含多行文字的段落。

(1)断行:在编辑 Word 文档时,要把一个段落拆分成两个段落,可以将插入点定位到要拆分的位置,然后按 Enter 键,即把原来的一段分为两段。这个操作称为断行。

(2)接行:在 Word 文档中,若要把相邻的两个段落合并为一个段落,将插入点定位在前一段落的末尾,然后按 Delete 键,即可把原来的两行合并为一行。这个操作称为接行。

5. 删除文本

(1)删除一个字符:可使用键盘上的Delete键或Back Space键。按一次Delete键,删除插入点右边一个字符;按一次Back Space键,删除插入点左边一个字符。

(2)删除一段文本:先选定要删除的文本,然后按Delete键或Back Space键。

知识点2 插入操作

1. 插入符号 对于主键盘上的各种符号,同输入字母、数字一样,可以直接从键盘键入。对于键盘上没有的符号,Word 2010提供了插入特殊符号的功能。常用的方法有使用输入法软键盘、使用“符号栏”和使用“符号”对话框等。

(1)使用中文输入法软键盘:用鼠标右键单击中文输入法软键盘图标(),系统将弹出一个“软键盘”快捷菜单。从“软键盘”快捷菜单上选择所需要的符号类别(如特殊符号),打开软键盘,进入软键盘输入状态。这时用鼠标指针指向软键盘上的符号,当鼠标指针变成“手”形时单击所取符号(如“◆☆★”),该符号即插入到文档中;这时若按键盘上的相应键,也可插入软键盘上的符号。要结束此次插入操作,再次单击中文输入法软键盘图标,即可关闭软键盘。

(2)使用“符号”对话框:在“插入”功能区中的符号组中,单击符号,接着单击“其他符号(M)…”命令,弹出的“符号”对话框,如图3-22所示。在“符号”功能区中选择相应的“子集”,单击所需要的符号,再单击“插入”按钮(或直接双击所需要的符号),即可插入符号。

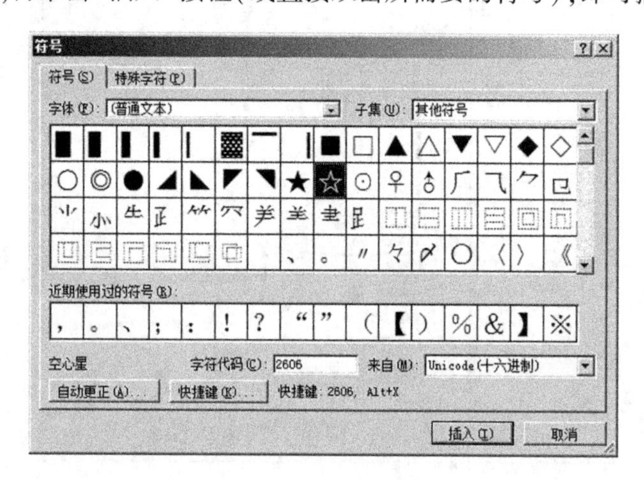

图3-22 “符号”对话框

要关闭“符号”对话框,单击“符号”对话框上的“关闭”按钮即可。

2. 插入数字 若要在文档中插入一些特殊的数字符号(如①、(2)等),可按“插入符号”条目中所介绍的类似方法操作。

3. 插入日期和时间 在编辑文档过程中,有时需要插入当前日期和时间,其操作方法如下。

步骤1:在文档中定位需要插入日期和时间的位置。

步骤2:单击“插入”选项卡,在文本组中单击“日期和时间”命令,打开“日期和时间”对话框。

步骤3:在该对话框的“语言”下拉列表框中选择所用的语言(如中文),在“可用格式”列表框中选择要插入的日期和时间的格式。

步骤4:单击“确定”按钮。日期和时间即插入到指定的位置。

若在“日期和时间”对话框时选中“自动更新”复选框,则在下次打开该文档时,所插入的日期和时间将自动更新。否则,日期和时间将不被更新。

4. 插入页码 页码一般位于页面的页眉或页脚上。

(1)直接插入页码:页码用来标识文档的页序号。如要插入页码,操作方法如下。

步骤1:单击“插入”选项卡。

步骤2:在“页眉和页脚”组中单击“页码”命令。

步骤3:从弹出的下拉列表中选择“页码”的显示位置(如:页面底端)。

步骤4:从右侧列表中单击需要的页码(如:普通数字3)。

这样,页码即插入到文档页面的指定位置。

(2)设置页码格式:要设置或修改页码格式,可通过“页码格式”对话框来实现。操作方法如下:

步骤1:单击“插入”选项卡。

步骤2:在“页眉和页脚”组中单击“页码”命令。

步骤3:从弹出的下拉列表中选择“设置页码格式”命令,打开“页码格式”对话框,如图3-23所示。

步骤4:在“页码格式”对话框中,进行所需要的设置(如设置“编号格式”、“起始页码”等)。

步骤5:设置完毕,单击“确定”按钮。

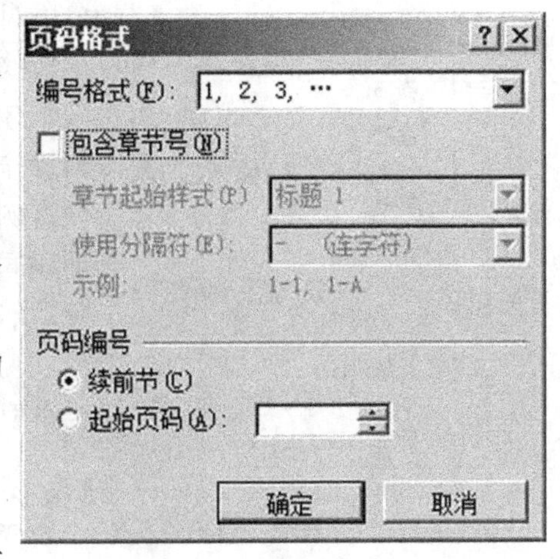

图3-23 “页码格式”对话框

知识点3 插入和删除分隔符

分隔符是一些具有特殊作用的符号标记,如分页符、分栏符等。在编辑Word文档中人为插入的分隔符,称为人工分隔符。

1. 分隔符的种类 在Word文档中,分隔符通常包括分页符、分栏符和各种分节符等。

(1)分页符:在编辑Word文档时,每当文本(或图形)等内容写满了一页,Word就会把文档自动分页,插入一个自动分页符,并开始下一页。但在实际中,有时在一页还未写满时,后面的内容需另起一页时,这时需要插入一个分页符。

(2)分栏和分栏符:Word文档默认为一栏。但有时需要把文档排成两栏或三栏,若对文档的某些内容或段落进行了分栏设置,Word会在文档的相应位置自动分栏。如果要使某一部分内容出现在下一栏的开始处,这时需要插入一个分栏符。

(3)节和分节符:节是文档的一部分,在其中可设置不同的页面格式。分节符是为表示节的结尾而插入的标记。可通过插入分节符,在不同的节中分别设置各自的页面布局。

如未曾插入分节符,Word会将整个文档视为一节。在草稿视图下,分节符显示为包含有“分节符”字样的双虚线。在插入分节符后,可将文档分成不同的节,然后可根据具体需要来设置每个节的页面布局。

2. 插入(人工)分隔符 现以插入分页符为例,插入分栏符、分节符的方法与插入分页符类似,其操作方法如下。

步骤1:把插入点移到要分页的位置。

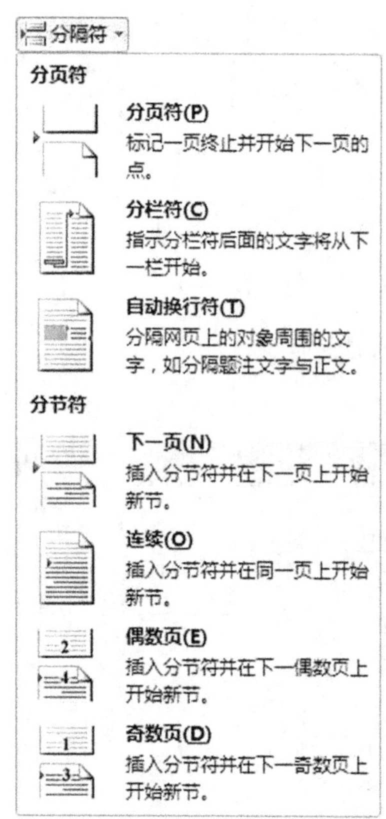

图3-24 “分隔符”下拉列表

步骤2:单击“页面布局”选项卡。

步骤3:单击“页面设置”组中的“分隔符”按钮,将弹出“分隔符”下拉列表,如图3-24所示。

步骤4:在“分隔符”下拉列表中单击“分页符”命令,即插入一个分页符。

3. 删除(人工)分隔符 人工设置的分隔符在不需要时可以删除。在页面视图下,有时可能看不到人工分隔符,这时若在图3-21“Word 选项”对话框中,选中“显示所有格式标记”复选框,即可显示所设置的人工分隔符。要删除人工分隔符,先将插入点定位在人工分隔符的左端(或选中人工分隔符),然后按Delete键。

知识点4 重复、撤消与恢复操作

在编辑文档的过程中,Word 2010系统可以将用户的编辑操作记录下来,这为用户编辑修改文档提供了一定的方便。例如,在编辑文档中,当发现有误操作时,或需要重复此前相同的操作时,就可以利用系统所提供的重复、撤消与恢复功能来实现。

(1)重复操作:在编辑文档中,“重复”操作有时显得尤为重要。要重复最近一次编辑操作,可选择“快速访问工具栏”上的“重复”命令。其中“重复”的含义会随新近操作的变化而不同。例如,先前刚做了一个粘贴的操作,这时该命令变为“重复粘贴(Ctrl + V)”命令,选择它则可以实现重复粘贴的操作。如果该命令按钮显示为“无法重复”,则表示这时不允许重复操作。

(2)撤消操作:例如,当发生了误操作,需要撤消时,可单击“快速访问工具栏”上的“撤消”按钮,即可撤消最近一次的编辑操作。

单击“撤消”按钮旁的下拉列表按钮,列表中显示的是最近执行过的可以撤消的操作,用户可以在该列表中选择撤消之前的某次操作。

(3)恢复操作:恢复操作,是“撤消”操作的逆过程。当执行了一次“撤消”操作后,这时“重复”按钮变成了“恢复”按钮。如果要恢复刚撤消的一次操作,可以单击“快速访问工具栏”上的“恢复”按钮,即可将其恢复。

知识点5 选定文本

选定文本,是复制、移动文本和设置文本格式的前提。选定文本的操作,包括使用鼠标选定文本、使用键盘选定文本和使用扩展模式选定文本等。

1. 使用鼠标选定文本 选定文本中相邻的若干字:从起始位置按下鼠标左键不放,拖动到结束位置释放鼠标。

选定一个单词:双击该单词。

选定一行文本:将鼠标指针移动到该行的左侧,直到指针变为指向右边的箭头,然后单击。

选定一个句子:先按住 Ctrl 键,然后单击该句中的任何位置。

选定一个段落:将鼠标指针移动到该段落的左侧,直到指针变为指向右边的箭头,然后双击。或者在该段落中的任意位置上击 3 下。

选定多行(或多个段落):将鼠标指针移动到起始行(或段落)的左侧,当指针变为向右的箭头时,按下鼠标左键不放,并向下或向上拖动鼠标到结束行释放鼠标。

选定整篇文档:将鼠标指针移动到文档中任意一行的左侧,直到指针变为指向右边的箭头,然后击 3 下。

选定一大块文本:单击要选定内容的起始处,接着按住 Shift 键不放,然后移动鼠标到要选定内容的结尾处,再单击鼠标左键。

选定一块矩形文本(表格及单元格中的内容除外):按住 Alt 键不放,从矩形的左上角按下鼠标左键不放拖到矩形的右下角,然后释放鼠标和 Alt 键。也可以按住 Alt 键不放,从矩形的某一个角按下鼠标左键不放拖到它的对角,然后释放鼠标和 Alt 键。

选定一个图形:单击该图形。

选定页眉和页脚:先双击灰色的页眉或页脚文字,再拖动鼠标选定。在"页眉"和"页脚"编辑状态下,其选定方法与用鼠标选定正文文本的方法相同。

2. 使用键盘选定文本　使用键盘选定文本,一般应先将插入点移到要选定文本的起始位置,然后使用表 3-3 所示的相关快捷命令。其基本操作方法是:按住 Shift 键不放,再按键盘上的能够移动插入点的某些编辑键来配合。

表 3-3　使用键盘选定文本的常用操作

操作键	选定文本范围
Ctrl + A	全篇文档
Shift + ↑/Shift + ↓	向上/向下一行
Shift +→/Shift + ←	向右/左一个字符
Ctrl + Shift +←/Ctrl + Shift + →	到单词首/尾
Shift + Home/Shift + End	到行首/尾
Ctrl + Shift + ↑/Ctrl + Shift + ↓	到段首/尾
Shift + Page Up/Shift + Page Down	向上/下一屏
Ctrl + Shift + Home/Ctrl + Shift+ End	到文档开头/结尾
先按 Ctrl+Shift+F8,释放后,再分别按不同的方向键配合(按 Esc 取消该选定)	垂直文本块

3. 取消文本的选定状态　用鼠标单击文本区的某一位置,或按一下键盘上的某一方向键(如↑,↓等)。

知识点 6　复制和移动文本

在编辑文档时,经常需要进行剪切、复制、移动或粘贴等操作。剪切是指把选定内容从文档中的原来位置上剪下,存放到系统的剪贴板中。复制是指把选定的内容放入剪贴板中,文档的原来位置上的内容仍保留。移动是指把选定的内容从文档中原来的位置上移动到文档中的目标位置(或其他文档中)。粘贴是指把存放在剪贴板中的内容取出,插入到当前文档的指定位置上(或其他文档中)。粘贴是与剪切、复制或移动相配合而进行的操作。

常用的复制或移动的方法有:使用“开始”功能区“剪贴板”组中的命令按钮(也可把有关常用的命令按钮添加到“快速访问工具栏”上,以方便使用);使用鼠标右键;使用键盘快捷命令;以及使用剪贴板等。

1. 使用命令按钮复制或移动文本　首先,选定要复制或要移动的文本(或图形),接着,若要复制,则单击“开始”功能区“剪贴板”组中的“复制”按钮;若要移动,则单击“剪切”按钮。将插入点移到新的位置(如果要将文本或图形复制或移动到其他文档中,应切换到目标文档的相应位置),然后单击“粘贴”按钮。

2. 使用键盘快捷命令复制或移动文本　使用键盘快捷命令复制或移动文本的操作方法如下。

步骤1:选定要复制或要移动的文本。然后按具体情况选用以下键盘命令。

步骤2:Ctrl + C(复制)或 Ctrl + X(剪切,用于移动选定的内容)。

步骤3:将插入点移到目标位置处。

步骤4:按快捷键命令　Ctrl + V(粘贴)。

3. 使用鼠标拖放,复制或移动文本　常用的有左键法和右键法两种。

方法一:左键法

步骤1:用鼠标选定要复制或要移动的文本。然后执行步骤2的操作之一。

步骤2:若移动文本,用鼠标左键拖动选定的内容到目标位置;若复制文本,按住 Ctrl 键不放,用鼠标左键拖动选定的内容到目标位置。

方法二:右键法

步骤1:用鼠标选定要复制或要移动的文本。

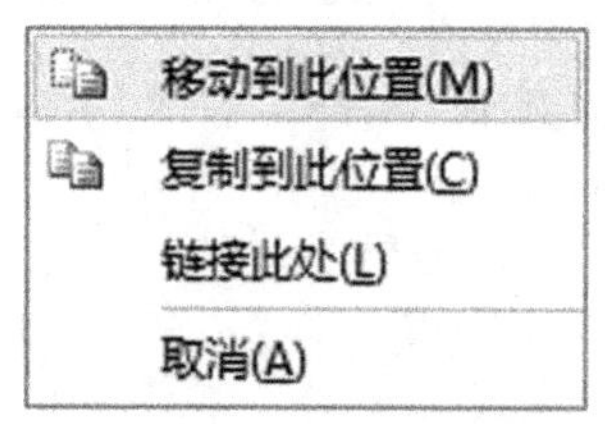

图3-25　右键快捷菜单

步骤2:将鼠标指针指向选定区内,稍后当指针变为向左箭头( )时,按住右键把选定内容拖放到目标位置,然后松开右键,此时屏幕弹出一个如图3-25所示的右键快捷菜单。

步骤3:从快捷菜单中选择一个所需要的命令选项。

4. 使用“Office 剪贴板”粘贴项目　剪贴板是内存中的一块临时存放数据的区域。每当用户进行了“复制”或“剪切”操作时,剪贴板则会把这些数据收集保存。在需要时,则可以把它粘贴到文档的指定位置。

在 Word 2010 中,其“Office 剪贴板”中允许存放最近复制或剪切的24个可用于粘贴的项目。若“开始”功能区“剪切板”组中的“粘贴”按钮( )显示为可用时,则表明在“剪贴板”中收集存放了一个或多个可用于“粘贴”的项目。

查看“Office 剪贴板”的方法是,在“开始”功能区的“剪贴板”组中,单击“剪贴板”对话框启动器剪贴板,则打开“Office 剪贴板”任务窗格,从中可查看“Office 剪贴板”中当前保留的项目。这时可选择“剪贴板”中的某个项目进行“粘贴”或“删除”操作,如不需要显示“Office 剪贴板”,单击任务窗格上的关闭按钮即可。在 Word 2010 中,使用“Office 剪贴板”粘贴项目的操作方法如下。

步骤1:在"开始"功能区的"剪贴板"组中,单击"剪贴板"对话框启动器,打开"Office 剪贴板"任务窗格。

步骤2:单击要粘贴项目的目标位置。

步骤3:执行如下操作之一。

若要粘贴一个项目,在"Office 剪贴板"任务窗格中的单击要粘贴的那一个项目。

若要粘贴所有项目,在"Office 剪贴板"任务窗格中单击"全部粘贴"按钮。

知识点7 查找和替换

在 Word 文档中,可以查找和替换文字、格式、特殊字符等内容,也可以使用通配符和代码来扩展查找和替换的功能。

1. 查找和替换(常规)

(1)查找文本:使用查找功能,可以快速查找指定字词在文档中的位置。查找文本的操作方法如下。

方法一:使用"导航"窗格查找(快捷键命令 Ctrl + F)。

步骤1:在"开始"功能区中,单击"编辑"组中的"查找"按钮,如图3-26(1),将打开"导航"窗格,如图3-26(2)所示。

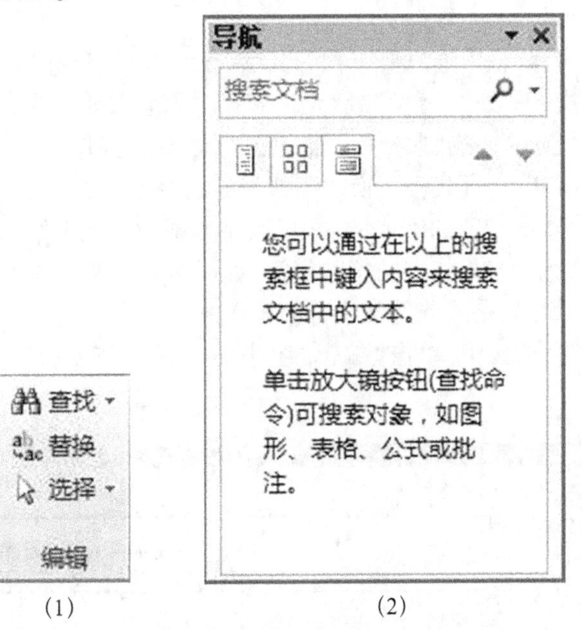

(1) (2)

图3-26 "查找"按钮与"导航"窗格

步骤2:在"搜索文档"框中键入要查找的文本。

步骤3:在搜索结果列表中,单击搜索到的某一结果,即可在文档中查看到其内容。若单击"下一处搜索结果"或"上一处搜索结果"箭头,可逐个浏览所有的搜索结果。

单击该窗格上的"关闭"按钮或按 Esc 键,即可关闭导航窗格。

方法二:使用"查找和替换"对话框查找。

步骤1:在"开始"功能区中,单击"编辑"组中的"替换"按钮,打开"查找和替换"对话框,接着单击该对话框上"查找"选项卡,如图3-27所示。

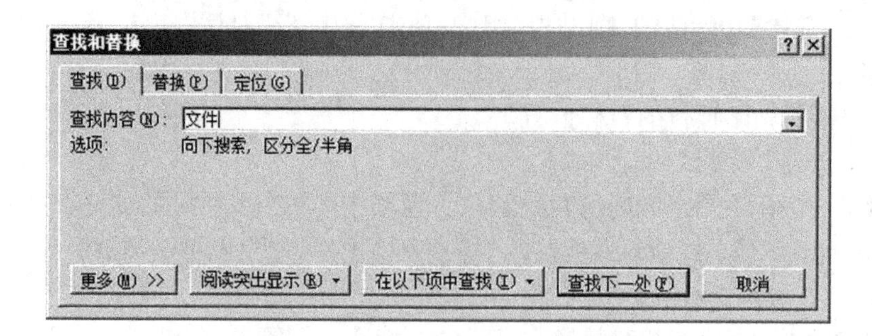

图 3-27 “查找和替换”对话框-查找

步骤 2：在“查找内容”框内键入要查找的文本。

步骤 3：单击“查找下一处”，开始查找。

单击对话框上的“关闭”按钮或按 Esc 键，退出查找操作。

(2)替换文本(快捷键命令 Ctrl + H)：替换文本或其他项目的操作方法如下。

步骤 1：在“开始”功能区中，单击“编辑”组中的“替换”按钮，打开“查找和替换”对话框，如图 3-28 所示。

步骤 2：在“查找内容”框内输入要查找的文字，在“替换为”框内输入要替换的文字。

步骤 3：单击“查找下一处”“替换”或“全部替换”按钮，开始查找和替换。

单击对话框上的“关闭”按钮或按 Esc 键，退出此次替换操作。

2. 查找和替换(高级) 查找和替换的高级形式，包括查找、替换或删除文字的特定格式或特殊字符等。例如，查找指定的字或词，并更改字体颜色；或查找指定的格式(如加粗等)，并可更改或删除它；查找和替换指定的特殊字符(如段落标记等)，并可更改或删除它。

查找和替换文字的特定格式或特殊字符的操作方法如下。

步骤 1：在“开始”功能区中，单击“编辑”组中的“替换”按钮，打开“查找和替换”对话框(参见图 3-28)。

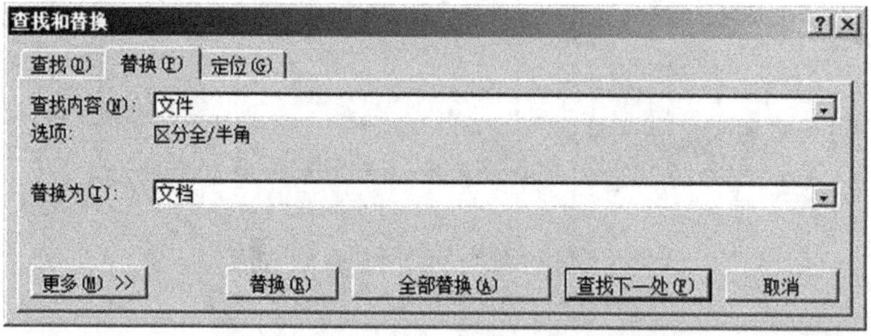

图 3-28 “查找和替换”对话框-替换

步骤 2：单击该对话框上的“更多”按钮，这时对话框变为如图 3-29 所示。

步骤 3：要设置“查找内容”的格式，或查找特殊字符，请执行下列操作之一。

(1)选择格式：若只搜索文字，而不考虑格式，可直接输入文字；如要搜索带有指定格式的文字，先输入文字，再单击“格式”按钮，从列表中选择所用的格式，如图 3-30(1)所示。

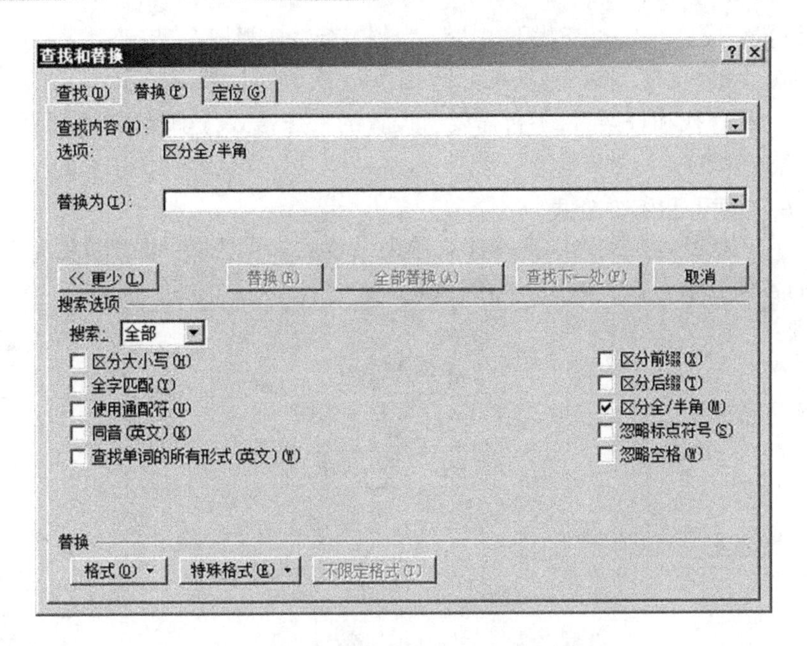

图 3-29　“查找和替换”对话框-高级

如只搜索指定的格式，应删除“查找内容”框中的文字，再单击“格式”按钮，从中选择所需格式。

(2)选择特殊格式：如果要选择特殊格式，应单击“特殊格式”按钮，在如图 3-30(2)所示的列表中选择所用的项目(或在“查找内容”框中直接键入相应项目的代码)。

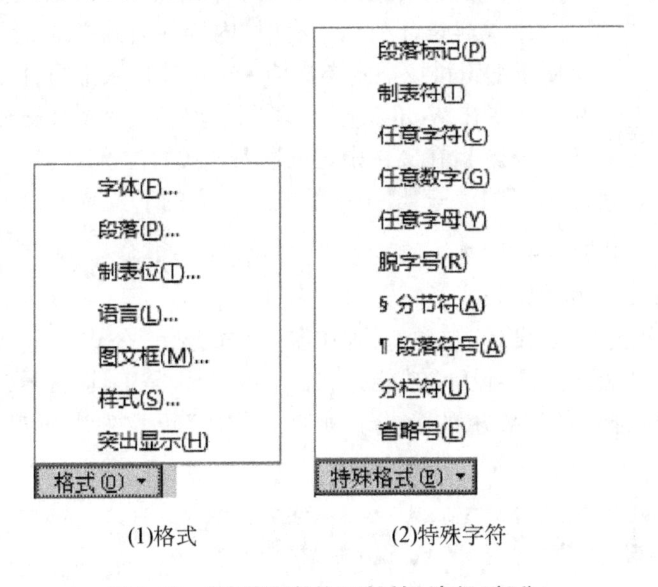

(1)格式　　(2)特殊字符

图 3-30　“查找和替换”对话框-高级(部分)

步骤 4：如要替换所查找的内容，需在“替换为”框输入替换内容。

替换内容的“格式”和“特殊格式”的选择方法，跟“查找内容”的选择方法相似。

步骤5:设置完成后,单击“查找下一处”、“替换”或“全部替换”按钮。

单击对话框上的“关闭”按钮或按Esc键,结束此次查找和替换操作。

如果在下一次查找和替换时,不再需要所设置的特殊格式,这时应单击对话框上的“不限定格式”按钮(图3-29)。

知识点8　插入和编辑公式

使用Word 2010可以在文档中直接插入预先设置的常用公式,也可以在文档中编辑设计用户所需要的各种数学公式。例如下面的公式。

勾股定理:

$$a^2+b^2=c^2$$

一元二次方程求根公式:

$$x=\frac{-b\pm\sqrt{b^2-4ac}}{2a}$$

声强级计算公式:

$$L=\frac{10lgI}{I_0}$$

1. 插入常用公式

要插入Word预先设置的常用公式,操作方法如下。

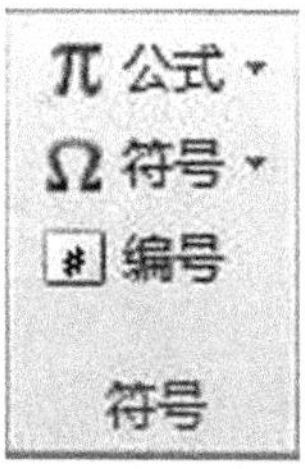

步骤1:在文档中定位插入公式的位置。

步骤2:在“插入”功能区,单击“符号”组中的“公式”上的下拉箭头(如图3-31)。

步骤3:从内置公式列表中单击所需要的公式。

图3-31　插入“公式”按钮

2. 编辑设计公式　有时,内置的公式并不能满足实际需要。为了便于编辑科技学术类文档,Word 2010提供了非常强大的公式编辑功能。要在Word文档中编辑设计公式,其操作方法如下。

步骤1:在文档中定位插入公式的位置。

步骤2:在“插入”功能区,单击“符号”组中的“公式”上的下拉箭头。

步骤3:从弹出的列表中单击“插入新公式”,公式控件“在此处键入公式。”将显示在文档中,即可开始在其中键入和编辑公式了。

步骤4:单击“公式工具-设计”选项卡,则在窗口上方显示“公式工具-设计”功能区。

如图3-32所示,“公式工具-设计”功能区有3个组,分别是工具、符号、结构。利用所提供的功能,可设计编辑符合各种要求的公式。例如,“分数”下拉列表所提供的公式结构,如图3-33所示。

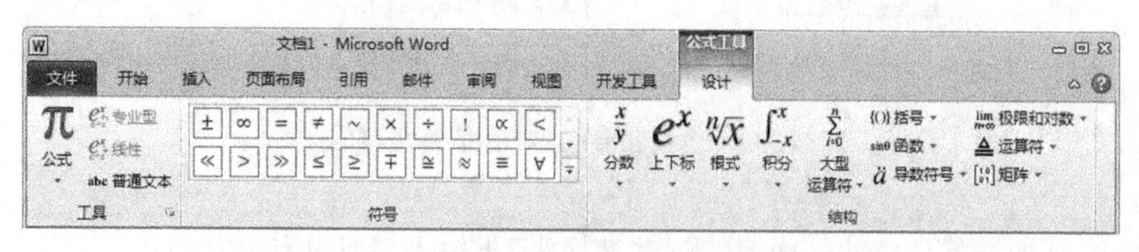

图3-32　公式工具-“设计”功能区

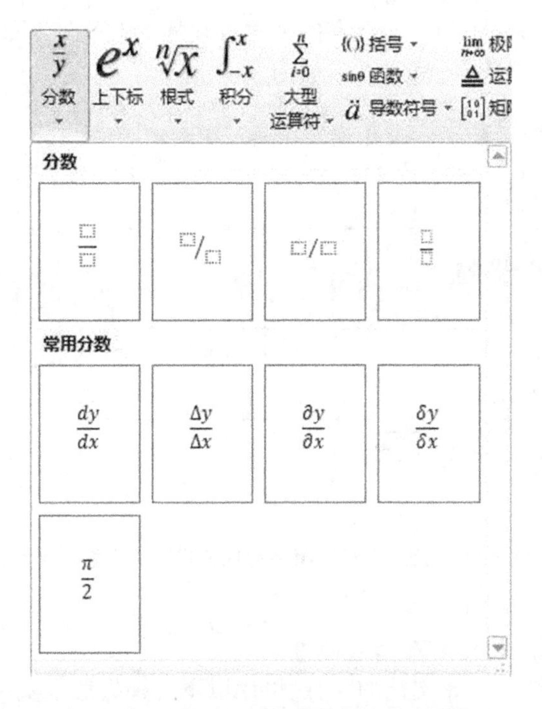

图 3-33　“分数”下拉列表中的公式结构

步骤 5:作为举例,现在编辑一个表示声强级的公式,这里使用了分数和上下标。公式设计完成后,如要将公式保存,则需做下一步。

$$L = 10\lg\frac{I}{I_0}$$

步骤 6:单击公式控件右侧的下拉箭头,从下拉列表中单击“另存为新公式”,接着在打开的“新建构建基块”对话框的名称框中输入公式名称:声强级公式,如图 3-34 所示。

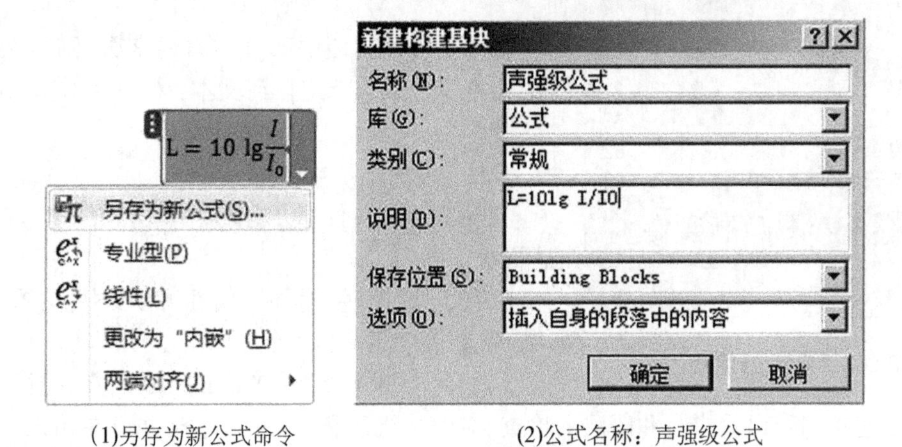

(1)另存为新公式命令　　(2)公式名称：声强级公式

图 3-34　将所设计公式“另存为新公式”-声强级公式

这样,当以后再行插入公式时,所保存的公式将在插入“公式” π 按钮的下拉列表中显示,就可以像内置的常用公式一样使用了,如图 3-35 所示。

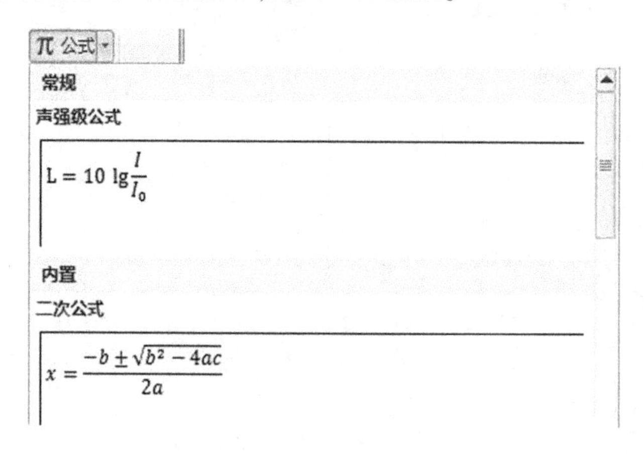

图 3-35 公式保存后将在常规公式下拉列表中显示

知识点 9 字数统计、拼写和语法检查

1. *字数统计* 要统计 Word 文档的字数,可用以下几种方法来实现。

方法一:从状态栏上查看字数。

当在文档中不断键入字符时,Word 2010 将自动统计文档中的页数和字数,并将其显示在窗口底部的状态栏上。

如果要查看字数统计的详细信息,可单击状态栏上文档的“字数:”按钮,则打开“字数统计”对话框,如图 3-36 “字数统计”对话框所示。

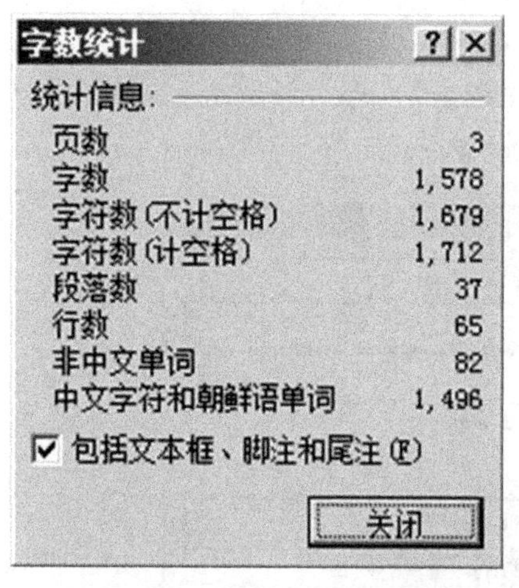

图 3-36 “字数统计”对话框

方法二:用字数统计命令。

步骤 1:单击“审阅”选项卡。

步骤 2:在校对组中单击“字数统计” 字数统计 按钮。

如果要统计文档中部分文本的字数,则需选定要统计的文本。如果未选定任何文本,Word 将统计整篇文档的字数。

方法三:查看文档信息。

步骤 1:在“文件”功能区中单击“信息”,打开“信息”面板。

步骤 2:在“信息”面板“属性”列表中,文档的大小、页数、字数等信息一目了然。

2. *拼写和语法检查* Word 2010 的具有拼写和语法检查功能,包括对英语的拼写和语法的检查,对中文组词和语法的检查,并可在输入文本时对出现的拼写或语法问题进行标注。在 Word 2010 文档中,对拼写和语法错误分别标有红色和绿色波浪线。

(1)集中检查拼写和语法问题:集中检查拼写和语法,是指在完成文档编辑后,用此法检查文档中可能存在的拼写和语法问题，然后逐条确认或更正，其操作方法是。

步骤1：单击“审阅”选项卡。

步骤2：在“校对”组中，单击“拼写和语法”（ ）按钮。

当Word程序发现文档中存在可能的拼写和语法问题时，则会打开“拼写和语法：中文（中国）”对话框，其中包含检查器所发现的第一个可能出错之处。如果文档中不存在拼写和语法错，则不显示这个对话框。

步骤3：用户可根据对话框的提示信息，进行相应的处理。可在“拼写和语法”对话框中进行更改，也可在文档中的相应位置处加以修改。然后单击“拼写和语法”对话框上的，“忽略一次”或“全部忽略”或“下一句”等。对检查出的问题，进行适当的处理，直至检查结束。

（2）个别检查拼写和语法问题：右键单击带有错误标识的文本，根据弹出的“快捷”菜单中给出的更正提示信息，进行相应处理。用此法，逐个检查带有错误标识的文本。

另外，如果需要的话，还可以在“审问”功能区的“校对”组中，右击“拼写和语法”（ ）按钮，接着在弹出的快捷菜单中单击“添加到快速访问工具栏”，将此命令添加到快速访问工具栏上。这样，就可以快速访问这个命令了。

3.3.2 学生上机操作

学生上机操作1　复制、剪切和粘贴练习

1. 新建一个Word文档，先在文档中插入“▲△”这两个符号，然后进行选定、复制、剪切与粘贴等操作，完成如图3-37所示的练习（分别试用不同的方法）。

2. 把这个文档以“复制粘贴练习9999.docx”为文件名，保存在你此前建立的“信息技术应用基础作业9999”文件夹中。

学生上机操作2　查找和替换练习

1. 把《人脑与电脑》一文的第2和第4自然段中的“电脑”替换成“计算机”，“人脑”替换成“人的大脑”，并保存文档。

2. 打开文档“复制和移动练习”.docx，把如图3-37所示的图形复制一份，然后使用查找和替换命令把复制的图形修改成如图3-38所示，并按要求保存文档。

图3-37　复制、剪切和粘贴练习示例

图 3-38 查找和替换练习示例

学生上机操作 3　在 Word 文档中插入和编辑公式

创建一个文件名为:“编辑公式 9999”的 Word 文档,在文档中插入本条目开头显示的几个数学公式,也可以练习设计编辑其他各种公式。并将此文档保存在你的“计算机应用基础作业”文件夹中。

★任务完成评价

在文档的基本编辑的学习中,应对选定文本、复制与移动文本等方法反复练习,以达到熟练掌握和运用自如。熟练运用查找和替换的方法,这对提高编辑文档的效率来说,是一种比较重要的技巧。以上两点,应当引起足够的重视,要多学多练多用。

★知识技能拓展

在 Word 文档编辑中,初学者一般都是满足于使用功能区中的命令或工具按钮,以此来完成一些编辑操作。这里还应指出,除了掌握一些常用的命令按钮的使用方法外,同学们还应重视练习并逐步掌握一些键盘快捷命令的使用(例如 Ctrl + S;Ctrl + O;Ctrl + A;Ctrl + C;Ctrl + X;Ctrl + V;Ctrl + H;F1;F12;Alt + F4 等)。

3.4 任务四　文档的格式设置与排版

要使一个 Word 文档能够图文并茂、赏心悦目,需要对它进行多种格式设置和版面布局设置。Word 2010 提供了强大的格式设置和排版功能,可使文档的版面布局更加美观。

★任务目标展示

1. 掌握设置字符格式的方法。
2. 掌握设置段落格式的方法。
3. 掌握格式刷的应用。
4. 熟悉项目符号和编号等格式的设置方法。

5. 熟悉设置分栏、页眉和页脚的方法。

3.4.1 知识要点解析

知识点 1　设置字符格式

一个 Word 文档，如果未经任何格式设置，它也具有一定的格式，这称为默认格式。Word 2010 的默认格式是：中文字体为宋体、字号为五号；西文字体为 Calibri（一种无衬线的字体），字号为 10.5 号；字体颜色为黑色（自动）。用户可根据具体稿件的需要，对字体、字号和文本颜色等进行设置。一般可通过“开始”功能区中的“字体”组、“字体”对话框或浮动工具栏等 3 种方式进行设置。

1. 设置字体和字号

（1）使用“开始”功能区“字体”组中的命令：这是一种常用的设置字体和字号的方法，其操作方法如下。

步骤 1：选定要设置字体的文本。

步骤 2：在“开始”功能区的“字体”组中，单击“字体”下拉按钮，从弹出的列表中选择所需要的字体。

步骤 3：接着，单击“字号”下拉按钮，从弹出的列表中选择所需要的字号。

（2）使用“字体”对话框

步骤 1：选定要设置字体的文本。

步骤 2：在“开始”功能区中，单击“字体”组右下方的“显示‘字体’对话框”按钮（或按快捷键 Ctrl + D），打开“字体”对话框，如图 3-39 所示。

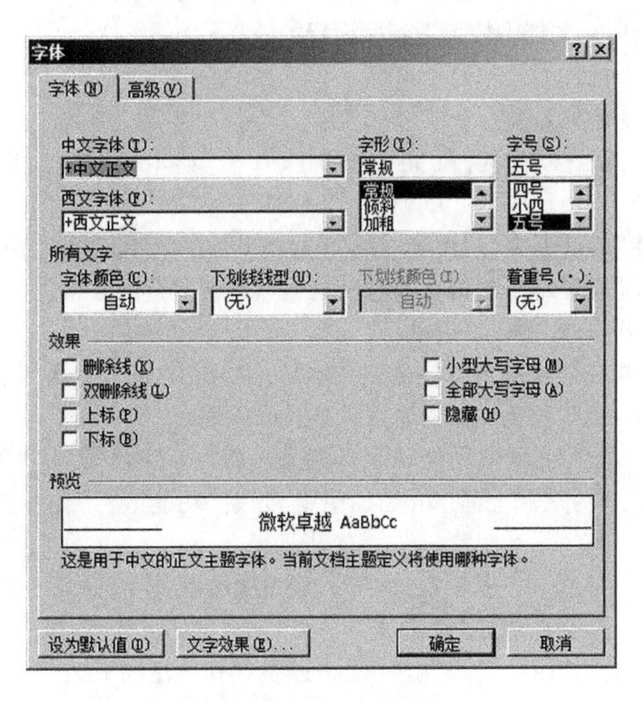

图 3-39　“字体”对话框

步骤3:在“字体”对话框中,切换到“字体”选项卡,选择需要的字体及字号。

步骤4:设置完毕,单击“确定”按钮。

这里简要说明一下,在字号设置中,有中文字号和西文字号两种,在中文字号中,初号最大,八号最小;在西文字号中,数值越大,字越大。

(3)使用浮动工具栏:当选定要设置格式的文本时,在选定的文本处会呈现一个半透明的“浮动工具栏”,若将鼠标指针移到该工具栏上,即可清楚地显示出来,如图3-40所示。

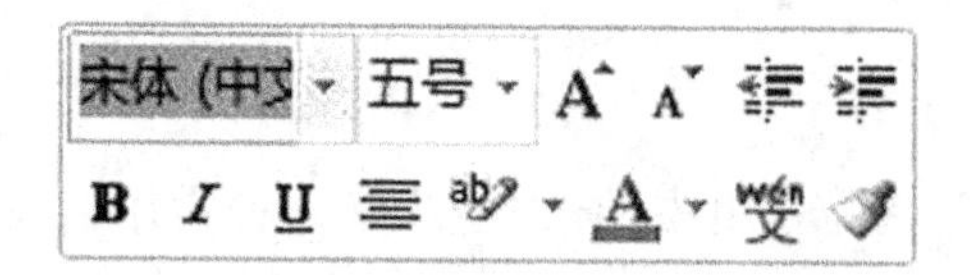

图3-40 浮动工具栏

使用浮动工具栏设置字符格式的操作方法和上面介绍的使用“开始”功能区“字体”组中命令的方法类似。

2. 设置字体的字形、颜色和字符底纹

(1)使用“开始”功能区“字体”组中的命令,其操作方法如下。

步骤1:选定要设置的文本。

步骤2:在“开始”功能区的“字体”组中,单击相应的命令按钮,如“加粗” **B**、“倾斜” *I*、“下划线” U 等,随即在文档中便可看到所设置的效果。

(2)使用“字体”对话框

步骤1:选定要设置的文本。

步骤2:切换到“开始”功能区,在“字体”组中,单击“显示‘字体’对话框”按钮,打开“字体”对话框(图3-39)。

步骤3:在“字体”对话框中,切换到“字体”选项卡,在“所有颜色”“下划线线型”“效果”等选项中选择需要的文字效果,即可在“预览”框中看到所设置的效果。

步骤4:设置完毕,单击“确定”按钮。

另外,也可使用快捷键来设置。在选定文本后,按“Ctrl + B”,加粗字体;按“Ctrl + I”,设置字体倾斜;按“Ctrl + U”,可为文本设置默认格式的下划线。

(3)使用浮动工具栏:也可使用浮动工具栏来设置“加粗”“倾斜”“下划线”和“文字颜色”等效果,设置的操作方法和上面所介绍的使用“开始”功能区“字体”组中的命令的方法类似。

3. 设置上、下标 在编辑一些科技文档时,经常需要设置上、下标。例如编辑数学公式:$x^2/2+y^2/2=1$,可用如下两种方法来完成。

(1)使用“开始”功能区的“字体”组中的命令:其操作方法如下。

步骤1:输入公式 $x2/2+y2/2 = 1$。

步骤2:选定此式中要设置上标的字符。

步骤3:在“开始”功能区的“字体”组中,单击“上标” $\mathbf{x^2}$ 按钮即可。

(2)使用公式编辑器:可将上面的数学公式编辑为。

$$\frac{x^2}{2}+\frac{y^2}{2}=1$$

与上面的结果比较,这种效果或许更好一些。其操作方法,可参考本章任务三的知识点8“插入和编辑公式”。

知识点2　设置段落格式

在编辑文本时,当一个自然段结束时,需键入一个“Enter”键,即产生一个段落标记“↵”。在对文档排版时,可根据需要来设置段落格式,主要包括对齐方式、缩进、间距、行距等。

1. 设置段落缩进　段落缩进,是指一个段落的左边、右边相对于左、右页边距缩进的距离。

(1)段落缩进的类型

首行缩进:按中文书写习惯,通常是首行缩进两个汉字。

左缩进:整个段落左边与页面左边距的缩进量。

右缩进:整个段落右边与页面右边距的缩进量。

悬挂缩进:设置一个段落中除第一行以外的各行左边与页面左边距的缩进量。

其中,首行缩进和悬挂缩进示意图,如图3-41所示。

具有首行缩进效果的文本

具有悬挂缩进效果的文本

图3-41　段落缩进示意图

(2)设置段落缩进:使用“段落”对话框来设置段落缩进,是比较常用的方法,其操作步骤如下。

步骤1:单击或选定要设置段落缩进的段落。

步骤2:在“开始”功能区中,单击“段落”组右下方的“显示‘段落’对话框”按钮,打开“段落”对话框,如图3-42所示。

步骤3:在缩进选项区下的“左侧”或“右侧”中设置具体值(一般以字符为单位);在“特殊格式”下设置“首行缩进”,例如“2字符”。

步骤4:设置完毕,单击“确定”按钮。

2. 设置段落对齐方式

(1)段落对齐方式:Word 2010提供的段落的对齐方式有“两端对齐”“左对齐”“居中”“右对齐”及“分散对齐”5种。其中,“两端对齐”是Word 2010默认的对齐方式。

两端对齐:是使选定段落文本同时与左边距和右边距对齐(末行除外)。

左对齐:是使选定段落文本或嵌入对象左边对齐(右边可以不对齐)。

右对齐:是使所选定文本或嵌入对象右边对齐(左边可以不对齐)。

居中:是使所选定段落文本或嵌入的对象居中。

分散对齐:是使段落文本同时与左边距和右边距对齐(包括末行)。

(2)设置段落对齐方式:设置段落对齐方式,常用的方法是在“开始”功能区中,使用“段落”组中的文本对齐命令,其操作方法如下。

步骤1:将插入点定位到要设置对齐方式的段落中(如果需同时设置多个段落,应将这些段落选定)。

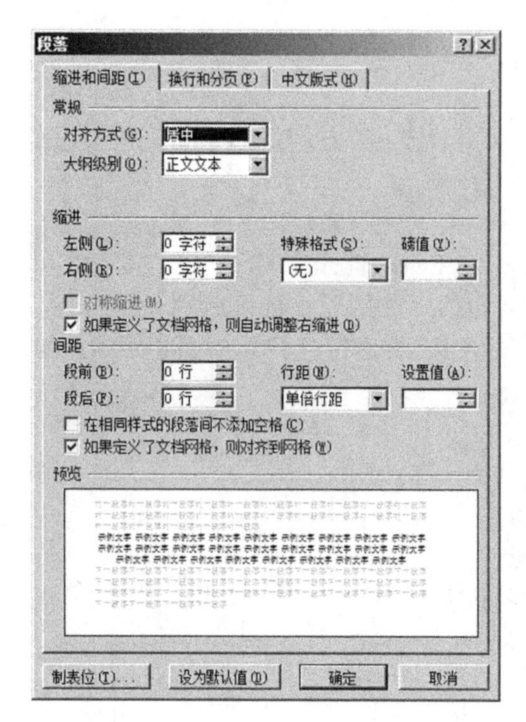

图 3-42 “段落”对话框

步骤 2:在“开始”功能区的“段落”组中,单击“两端对齐”。或根据具体需要单击其他对齐方式命令。

也可使用“段落”对话框,对段落对齐方式进行相应的设置。

3. 设置段落间距和行间距　设置段落间距和行间距,包括设置段落前、后间距和行间距。Word 2010 的默认行距是单倍行距。设置段落间距和行距的操作方法如下。

步骤 1:选定需要设置段落间距和行距的段落。

步骤 2:在“开始”功能区的“段落”组中,单击“显示‘段落’对话框”按钮,弹出“段落”对话框(图 3-42)。

步骤 3:在“间距”栏下,分别设置“段前”和“段后”的间距;在“行距”列表中设置行间距。

步骤 4:设置完毕,单击“确定”按钮。

知识点 3　添加项目符号和编号

添加项目符号和编号,可使文档的层次感更分明、条理更加清晰。项目符号通常用来表示项目之间的并列关系;编号通常用来表示顺序关系,也可表示并列关系。

1. 添加项目符号　选定要添加项目符号的段落,在“开始”功能区的“段落”组中单击“项目符号”命令旁的下拉按钮,从弹出的“项目符号库”列表中单击所要用的项目符号。

2. 添加项目编号　选定要添加项目编号的段落,在“开始”功能区的“段落”组中单击“项目编号”命令旁的下拉按钮,从弹出的“编号库”列表中单击所需要的项目编号。

知识点 4　添加边框和底纹

在 Word 文档中,可以通过添加边框的方法来突出显示文本,使其与文档的其他部分加以区别,也可以通过应用底纹的方法来突出显示文本。

1. 给段落添加边框和底纹　给段落添加边框和底纹,常用“边框和底纹”对话框来实现,其操作方法如下。

步骤 1:选定需要添加边框和底纹的段落或部分文本。

步骤 2:在“开始”功能区的“段落”组中,单击“边框和底纹”命令,打开“边框和底纹”对话框,如图 3-43 所示。

如果在“开始”功能区的“段落”组中没有显示“边框和底纹”命令,这时可单击“下框线”命令旁的下拉按钮,再从弹出的命令列表中单击中“边框和底纹”命令,即可打开“边框和底纹”对话框。

步骤 3:在“边框”选项卡下的“设置”区,选择所需要的边框(如方框或阴影等),在“样式”列表中选择线型,在“颜色”列表中设置边框颜色,在“宽度”列表中设置边框线的宽度,在“应

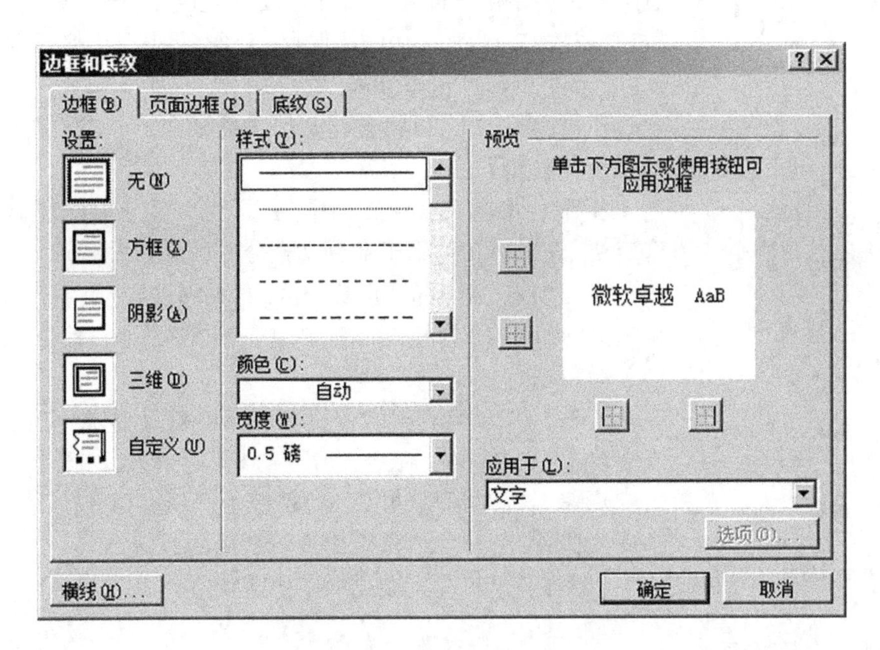

图 3-43　"边框和底纹"对话框

用于"列表中选择"段落"或"文字"。此时,在预览区会显示边框的预览效果。

如果要给段落添加底纹,则应接着做步骤 4。否则,可跳过步骤 4。

步骤 4:在"边框和底纹"对话框中的"底纹"选项卡下的"填充"栏中,选择底纹的填充颜色;如果要添加底纹图案,可接着在图案的"样式"列表中选择图案样式,在"颜色"列表中选择底纹图案颜色。

步骤 5:设置完毕,单击"确定"。

如果需要设置页面边框,可在图 3-43"边框和底纹"对话框中单击"页面边框"选项卡,其具体操作方法与给段落添加边框和底纹的情况相似。

2. 清除所设置的边框和底纹　如果要清除所设置的边框和底纹,可在"边框和底纹"对话框的"边框"或"页而边框"选项卡下的"设置"区中单击"无"按钮;在"底纹"选项卡的"填充"列表中选择"无颜色",在图案"样式"列表中选择"清除",如此设置后,单击"确定"按钮,即可清除所设置的边框和底纹。

知识点 5　使用格式刷复制文本格式

使用格式刷,可将已设置的字符格式或段落格式应用到其他文本上,这样可简化一些编辑过程,同时也可节省一些时间。使用格式刷复制文本格式的操作方法如下。

步骤 1:选定要复制其格式的文本或段落。

步骤 2:在"开始"功能区的"剪贴板"组中,单击"格式刷"按钮。此时,鼠标指针变成一个小刷子。如果要在多处应用格式,应双击"格式刷"按钮。

步骤 3:按住鼠标左键不放,拖动鼠标选定(扫过)需要应用格式的文本或段落。

步骤 4:设置完成后释放鼠标左键。这样即可实现格式的复制。

如果要将源格式应用到文档的多个部分,应在步骤 2 中双击"格式刷",然后分别选定(扫过)需要应用格式的每个部分。设置完成后,再次单击“格式刷”按钮,或按“Esc”键,或单击“保存”命令,即可退出格式刷状态。

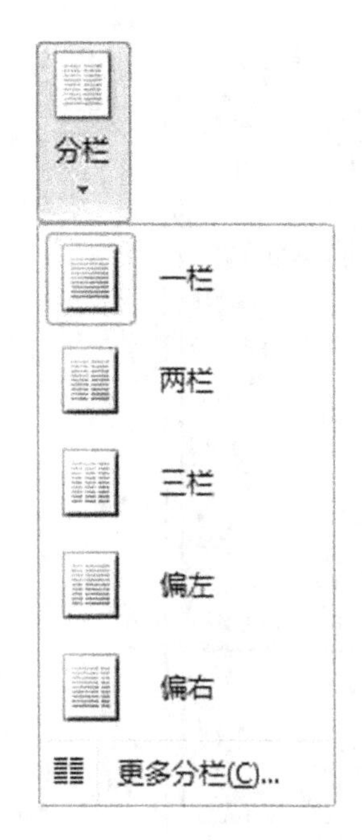

图 3-44 “分栏”列表

知识点 6 设置分栏

在页面视图下,可将整篇文档或部分文档分成两栏或三栏等,其操作方法如下。

步骤 1:将插入点置文档中任意位置(用于整篇文档分栏)或选定要分栏的文档(用于部分文档分栏)。

步骤 2:在“页面布局”功能区的“页面设置”组中,单击“分栏”按钮,从弹出的“分栏”列表中单击所需要的一种分栏样式,如图 3-44所示。

步骤 3:如果列表中的分栏样式不能满足要求,可在该下拉列表中单击“更多分栏”命令,弹出“分栏”对话框,如图 3-45 所示。

步骤 4:在对话框的“预设”选区中选择一种分栏;在“栏数”框中设置栏数;在“宽度”选区中设置所用的数值。

步骤 5:设置完毕,单击“确定”按钮。

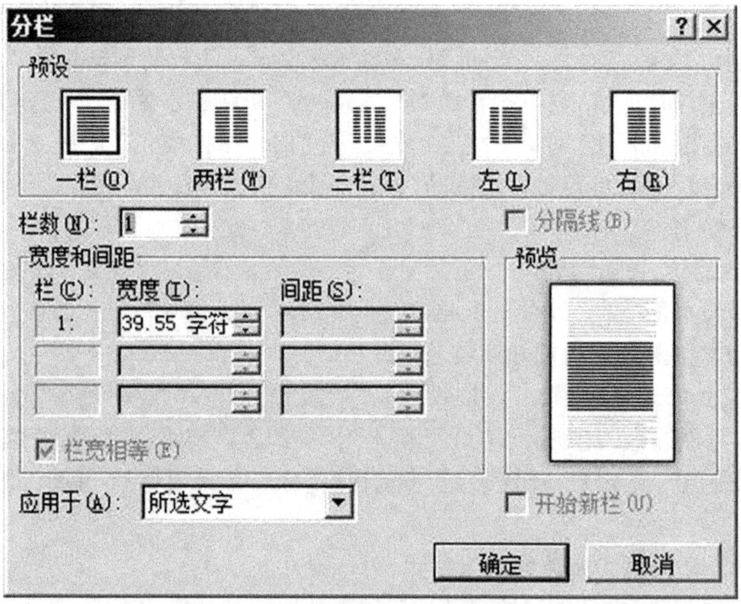

图 3-45 “分栏”对话框

知识点 7 设置页眉和页脚

页眉和页脚,是指文档打印页面的顶端和底端的区域。可以在页眉和页脚中插入页码、日期和时间、文档标题、作者姓名等用于注释的文本或图形。在打印时,这些信息将显示在文档的页眉和页脚上。

设置或编辑页眉和页脚的操作方法如下。

步骤 1：在“插入”功能区的“页眉和页脚”组中，单击“页眉”或“页脚”命令。

步骤 2：在打开的“页眉”或“页脚”版式列表中，选择一种“页眉”或“页脚”，或是从列表中单击“编辑页眉”（或“编辑页脚”）命令，进入“页眉”（或“页脚”）编辑状态。这时，在 Word 2010 窗口上会自动添加“页眉和页脚工具-设计”功能区。

步骤 3：在“页眉”或“页脚”编辑区域内输入文本内容，还可以在打开的“页眉和页脚工具-设计”功能区，从中选择插入页码、日期和时间等对象，如图 3-46 所示。

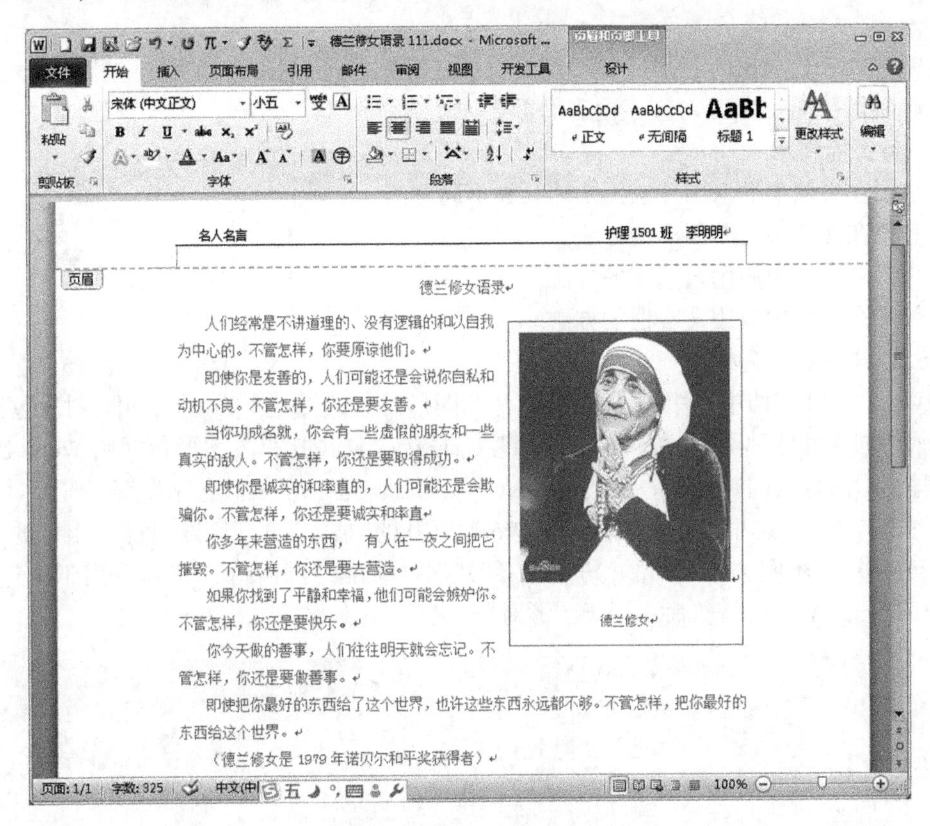

图 3-46　页眉和页脚 -页眉示例

步骤 4：设置完毕，单击“关闭页眉和页脚”按钮。

3.4.2 学生上机操作

学生上机操作 1　设置字符格式和段落格式

编辑文档“德兰修女语录”见图 3-46（图片可在以后再插入），并按如下要求进行设置。

（1）将标题文字设为黑体、三号、加粗、蓝色。

（2）正文设为楷体、小四号。

（3）标题居中，正文两端对齐，首行缩进 2 字符，行间距为 1.5 行。

（4）为第三段第一句话添加单波浪下划线，并添加灰色字符底纹。

学生上机操作 2　设置分栏、页眉和页脚

1. 打开文档“人脑与电脑”，对其中第一段分两栏设置，并按要求及时保存文档。

2. 打开文档“德兰修女语录”，在文档中插入页眉和页脚，并按要求及时保存文档。

★任务完成评价

本次任务中，主要学习了在文档中如何设置字符格式和段落格式、插入页眉和页脚等内容，这些知识是进一步学习 Office 2010 应用的基础，其中有的操作方法也可用于 Excel 2010 和 PowerPoint 2010。

3.5 任务五　在文档中使用图形

在 Word 2010 文档中可以插入多种图形，如各种基本形状图形、剪贴画、图片等。在文档中适当地使用一些图形，是对文字内容的重要补充。

★任务目标展示

1. 掌握在文档中插入图片或图形的几种不同方法。
2. 熟悉在文档中绘制图形的方法。
3. 掌握在文档中使用艺术字的方法。
4. 熟悉在文档中应用文本框的方法。

3.5.1 知识要点解析

在 Word 2010 文档中使用的图形，有图片和图形对象两种基本类型。其中，图片包括用其他绘图软件创建的各种图片、数码相机的照片、扫描仪扫描的图片；图形包括用 Word 2010 绘制的各种图形对象，如各种线条、矩形、圆、SmartArt 图形、各种图表和艺术字等。

如图 3-47 所示，这里有必要说明一下 Word 2010 的"插入"功能区的"插图"组中的几个命令，它们分别用于不同类型的图形，其中的"图片""剪贴画""屏幕截图"命令用于图片；其中的"形状""SmartArt""图表"命令用于图形对象。

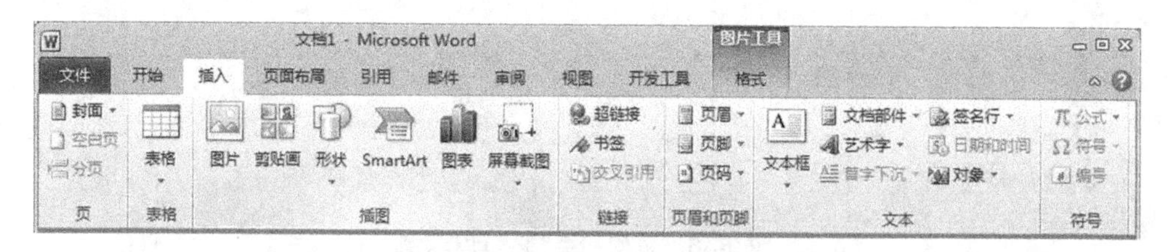

图 3-47 "插入"功能区-"插图"组中的命令

知识点 1　设置图片和图形的插入/粘贴方式

当在 Word 文档中插入图片或图形时，有时会发现它不能正常显示。例如，图片被文字遮挡，或是浮于文字之上，遮挡住了文字的显示。为了正确地显示所插入的图片或图形，用户需要恰当地设置图片或图形的插入/粘贴方式。例如，设置以"嵌入型"方式插入图片和图形，使它能与文本一起移动；有时，则应设置为"四周型"或"上下型"或其他某种型。

1. *设置图片的插入/粘贴方式*　其操作方法如下。

步骤 1：单击"文件"选项卡，从中单击"选项"，打开"Word 选项"对话框。

步骤 2：单击"高级"选项卡。

步骤 3：在"剪切、复制和粘贴"选项列表中，单击"将图片插入/粘贴为"右旁的下拉列表按钮，从中选择所需要的一种方式，例如"嵌入型"(或其他某种型)，如图 3-48 所示。

步骤 4：设置完毕，单击“确定”按钮。

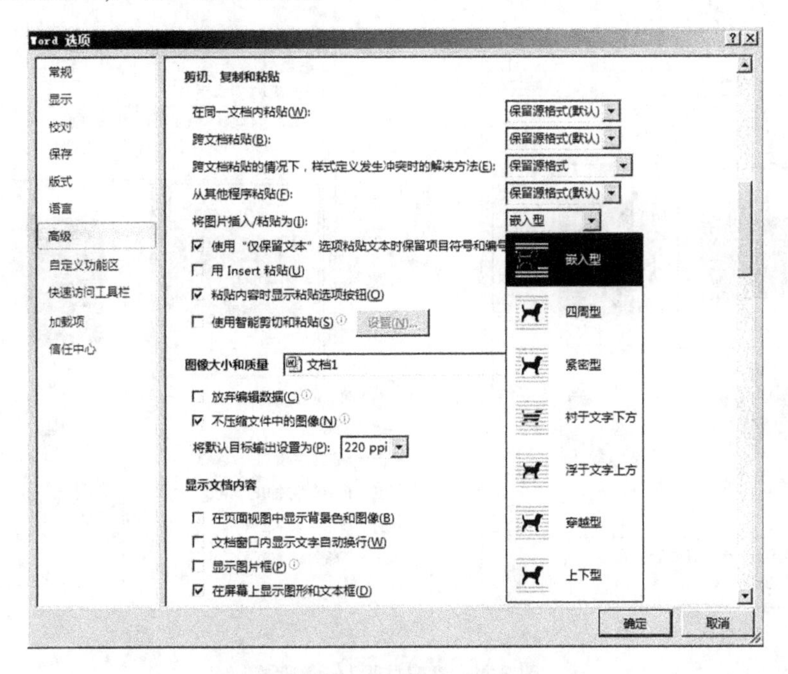

图 3-48　设置图片的插入/粘贴方式

2. 设置图形的插入/粘贴方式　其操作方法如下。

步骤 1：单击“文件”选项卡，从中单击“选项”，打开“Word 选项”对话框。

步骤 2：单击“高级”选项卡。

步骤 3：在“编辑选项”列表中，清除或选中“插入‘自选图形’时自动创建绘图画布”复选框。

步骤 4：设置完毕，单击“确定”按钮。

所谓绘图画布，它是文档中的一个特殊区域，相当于一个“图形容器”，可在其中绘制一个或多个图形。一块绘图画布中的图形对象可作为一个整体来调整大小或一起移动。在编辑中，可视具体情况需要，选用或不选用“绘图画布”。

知识点 2　插入图片

1. 插入剪贴画　在 Word 2010 的剪贴库中储存有非常丰富的剪贴画，可供用户在编辑文档中使用。插入剪贴画的操作方法如下。

步骤 1：在文档中单击要插入剪贴画的位置。

步骤 2：在“插入”功能区的“插图”组中，单击“剪贴画”命令，在窗口右侧打开“剪贴画”任务窗格，如图 3-49(1)所示。

步骤 3：在“剪贴画”任务窗格的“搜索文字”编辑框中键入拟插入剪贴画的关键词(例如护士)。在“结果类型”框中选择要搜索的类型(例如所有媒体类型)。

步骤 4：单击“搜索”按钮，在任务窗格中将显示搜索到的剪贴画。

步骤 5：单击要插入的剪贴画。或者单击剪贴画右旁的下拉箭头，从弹出的列表中单击“插入”按钮，如图 3-49(2)所示。这样，剪贴画即可插入到文档中。

2. 插入来自文件的图片　若插入来自扫描仪或数码相机的图片，应使用扫描仪或相机附

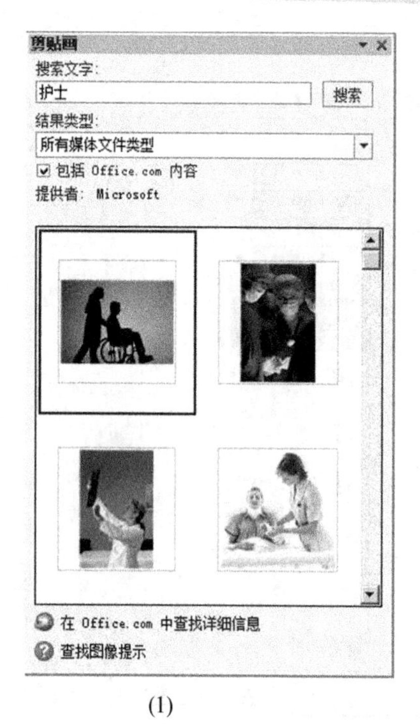

(1)

(2)

图 3-49 "剪贴画"任务窗格

带的有关软件把图片或照片转存到计算机上,然后再把转存到计算机的图片插入到 Word 文档中,其操作方法如下。

步骤 1:在文档中单击要插入图片的位置。

步骤 2:在"插入"功能区的"插图"组中,单击"图片"命令,弹出"插入图片"对话框。在"插入图片"对话框的"组织"列表中,查找并确定要插入图片所在的文件夹、文件类型和文件名,如图 3-50 所示。

步骤 3:单击"插入"按钮,或双击要插入的图片。

3. 设置图片大小和位置、文字的环绕方式　在 Word 2010 文档中,可以根据实际要求设置图片的位置和大小、图片与文字的环绕方式,以实现图片与文本在文档中的合理布局。常用的操作方法如下。

步骤 1:指向要设置的图片,单击鼠标右键,弹出的右键快捷菜单,如图 3-51 所示。

步骤 2:从弹出的右键快捷菜单中单击"大小和位置"命令,打开"布局"对话框,图 3-52 所示。

步骤 3:在"布局"对话框中,可根据实际需要对图片进行相关的设置,如"大小"选项和"文字环绕"方式等。

步骤 4:设置完毕,单击"确定"按钮。

对于图片的大小,一般可设置缩放的"高度"和"宽度"的百分比,如 100%、80%、60% 等;对于图片与文字的环绕方式,可设置为"嵌入型"或"四周型"或"上下型"等。

如对设置的结果不满意,可用如上方法再行设置。一般经过多次设置操作,便可从中总结出一些经验和技巧。

图 3-50 “插入图片”对话框

图 3-51 右键快捷菜单

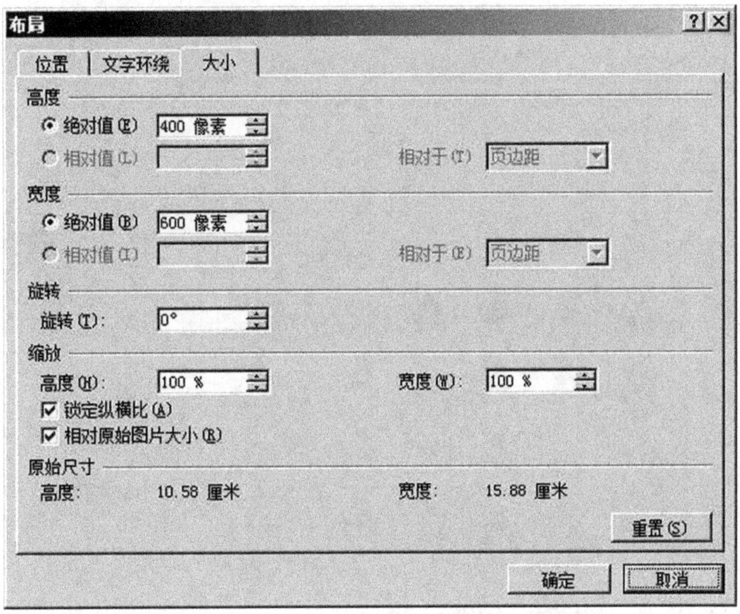

图 3-52 设置图片“布局”对话框

知识点 3　插入艺术字

艺术字是一种装饰性文本。在文档中恰当地运用艺术字，可以获得特殊的表现效果。可使用“插入”功能区“文本”组中的“艺术字”命令来插入艺术字。

1. 插入艺术字　其操作方法如下。

步骤1:在文档中单击要插入艺术字的位置。

步骤2:在“插入”功能区的“文本”组中,单击“艺术字”命令,打开的艺术字样式列表,如图3-53所示。

步骤3:从中单击一种所需要的艺术字。

步骤4:在打开的艺术字编辑框中键入文本。

还可以根据实际需要,对键入的艺术字进行“字体”和“字号”等格式设置。

2. 修改艺术字

(1)修改艺术字的内容和设置字体格式:如果只是修改艺术字的内容和设置字体格式,可用鼠标单击艺术字,在编辑框中直接进行修改和设置即可完成。

(2)修改艺术字的文本显示效果:如果要进一步修改艺术字的文本显示效果,则需要使用“绘图工具-格式”功能区中的“艺术字样式”组中的相关命令来完成。修改艺术字的文本显示效果的操作方法如下。

步骤1:选定要修改的艺术字。

步骤2:单击功能区中的“绘图工具-格式”选项卡,切换到“绘图工具-格式”功能区。

接下来,可以使用“艺术字样式”组中“文本填充”命令、“文本轮廓”命令、“文字效果”命令,对艺术字的样式进行综合性的修改,如图3-54所示。

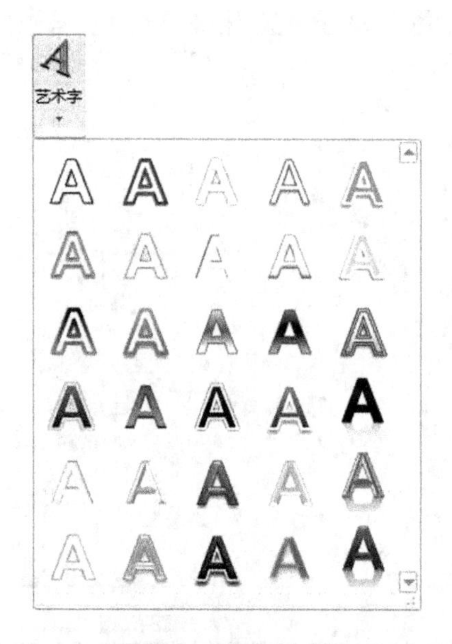

图3-53　艺术字列表

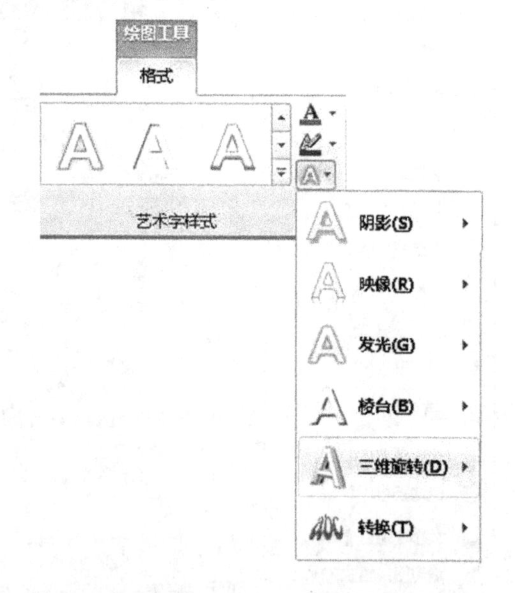

图3-54　修改艺术字的“文字效果”命令

这里,仅以修改艺术字的“文字效果”为例,进入下一步。

步骤3:在“绘图工具-格式”功能区中,单击“艺术字样式”组中的“文字效果”命令(图3-54),从中可对艺术字的“阴影”“映像”“发光”“棱台”“三维旋转”及“转换”等显示效果分别进行修改。例如,对“人脑与电脑”这几个字的修改效果,如图3-55所示。

人脑与电脑

图 3-55　修改艺术字的“文字效果”

知识点 4　使用自选图形

自选图形，是 Word 2010 中提供的一系列基本形状的图形，共有八大种类 160 多种。其中包括如矩形和圆，以及各种线条、箭头总汇、流程图符号等。应用中，还可根据具体需要，使用这些图形来组合成比较复杂的图形。

1. 绘制自选图形　现以绘制一个矩形为例，来介绍基本图形的绘制方法。

步骤 1：在“插入”功能区的“插图”组中，单击“形状”命令，打开“形状”列表，如图 3-56 所示。

步骤 2：在打开的“形状”列表中，单击某个需要的图形形状（例如矩形），鼠标指针变成一个“十”字形。

步骤 3：将“十”字形鼠标指针移至文档页面的适当位置，按下鼠标左键拖动到另一个位置释放左键。这样，即可绘制出一个矩形。

在步骤 3 中，如果按住 Shift 键不放，并拖动鼠标，则可画出一个正方形。

2. 调整图形的大小　对于所绘制的图形（如矩形），如果要调整它的大小，可按如下方法操作。

步骤 1：单击这个矩形，这时在图形的四周将会出现若干个控点。

步骤 2：用鼠标指向某个的控点，鼠标指针将变成一种双向箭头，这时按下左键向适当方向移动鼠标，即可调整图形的大小。其中，水平箭头用于调宽，竖直箭头用于调高，斜向箭头可用于调整矩形的大小。

其他基本图形的绘制方法和调整大小的方法与此大致相同。

3. 在图形中添加文字　对于一些封闭或大半封闭的基本图形，可以在图形上添加文字，其操作方法如下。

步骤 1：绘制一个基本图形。

步骤 2：在需要添加文字的图形上单击鼠标右键，从弹出的快捷菜单中选择“添加文字”命令，这时在图形上出现插入点。

步骤 3：向图形中键入要添加的文字。

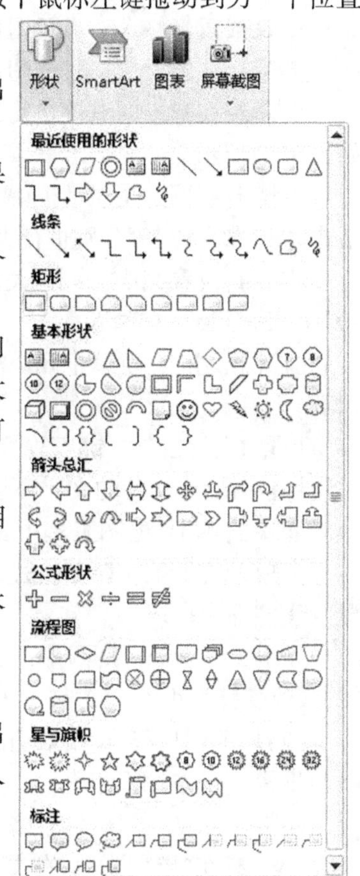

图 3-56　各种“形状”列表

4. 移动或旋转图形

（1）移动图形：移动图形的操作方法如下。

步骤1:单击要移动的图形。

步骤2:如图3-57(1)所示,移动鼠标到图形的一个边,当鼠标指针变为“十”字形箭头时,按住鼠标拖动图形,移到合适的位置释放鼠标。

(2)旋转图形:旋转图形的操作方法如下。

步骤1:单击要旋转的图形。

步骤2:如图3-57(2)所示,移动鼠标到图形的旋转柄,当鼠标指针变为环形箭头时,按住鼠标转动图形到合适的角度释放鼠标。

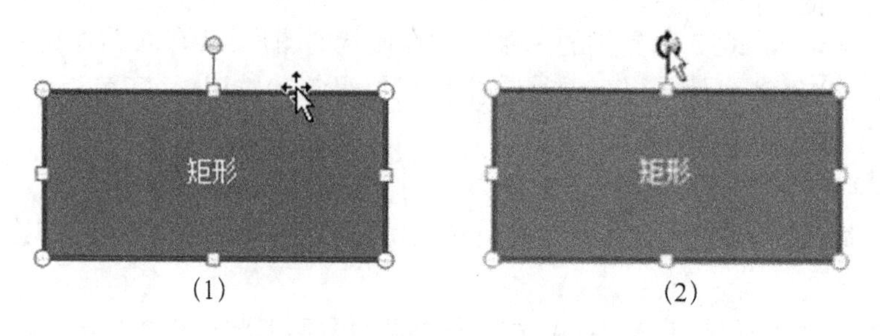

图3-57 移动或旋转图形示意图

5. 设置图形格式 设置图形格式的操作方法如下。

步骤1:在要设置格式的图形上单击鼠标右键。

步骤2:在弹出的右键快捷菜单中,选择“设置形状格式”,打开“设置形状格式”对话框,如图3-58所示。

步骤3:使用这个对话框中,可以对自选图形的“填充”“线条颜色”“线型”“阴影”“三维格式”“三维旋转”等分别进行设置。

步骤4:设置完毕,单击“关闭”按钮。

6. 图形组合与取消

(1)图形组合:可以把几个简单图形组合成一个较为复杂的图形。图形组合的操作方法如下。

步骤1:按住Shift键不放,逐个单击选定要参加组合的图形(如果无法选定多个图形,这时应将各图形或图片的文字环绕方式设置为“四周型”,然后再行选定)。

步骤2:单击“绘图工具-格式”选项卡。

步骤3:在“绘图工具-格式”功能区的“排列”组中,单击“组合”按钮,从弹出的菜单中选择“组合”命令。

如图3-59所示,是图形组合后的效果图。对于图形组合,可以作为一个整体来移动、旋转,或改变其大小。

(2)取消图形组合:要取消图形组合,其操作方法如下。

步骤1:单击图形组合。

步骤2:单击“绘图工具-格式”选项卡。

步骤3:在“绘图工具-格式”功能区的“排列”组中,单击“组合”按钮,从弹出的菜单中单击“取消组合”命令。

7. 使用SmartArt图形 SmartArt图形是一系列用于表达特殊组合关系的图形,包括如“列

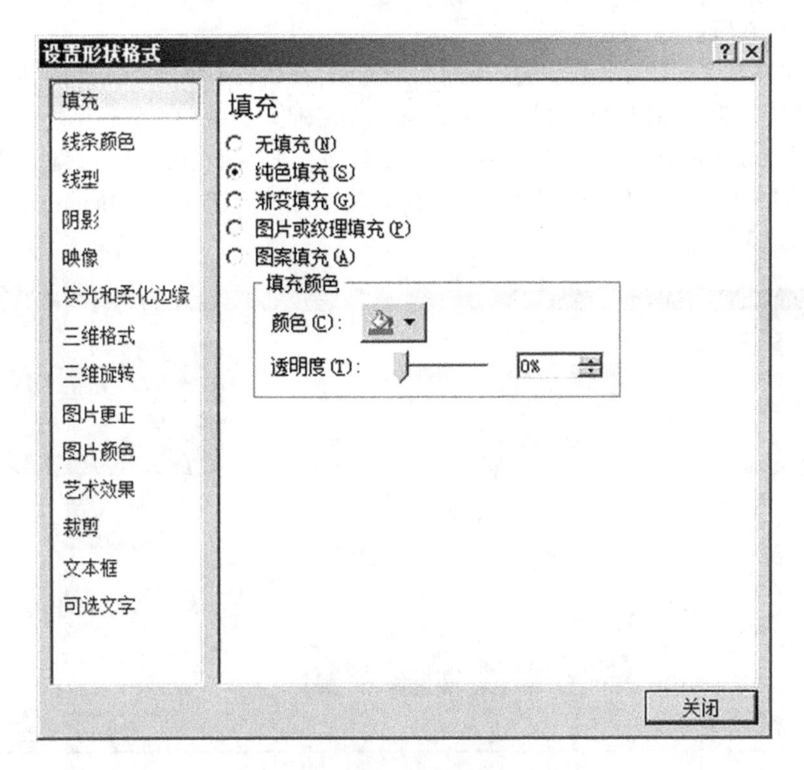

图 3-58　“设置图片格式”对话框

图 3-59　图形和图片的组合效果图

表”“流程”“循环”“层次结构”及“关系”等种类。

(1)创建 SmartArt 图形:创建 SmartArt 图形的操作方法如下。

步骤 1:在“插入”功能区的“插图”组中,单击“SmartArt”命令,弹出“选择 SmartArt 图形”

对话框,如图 3-60 所示。

步骤 2:在该对话框的左部,选择所用的布局类型,在列表中单击所需要的 SmartArt 图形。

步骤 3:单击“确定”按钮,即可创建一幅 SmartArt 图形。

步骤 4:在 SmartArt 图形上添加文字,单击“文本”框,进入插入状态,然后键入具体的文本。

例如,在图 3-60 中,单击“循环”类型,从中选用“块循环”创建一个 SmartArt 图形,并在其中键入文本,如图 3-61(1)所示。

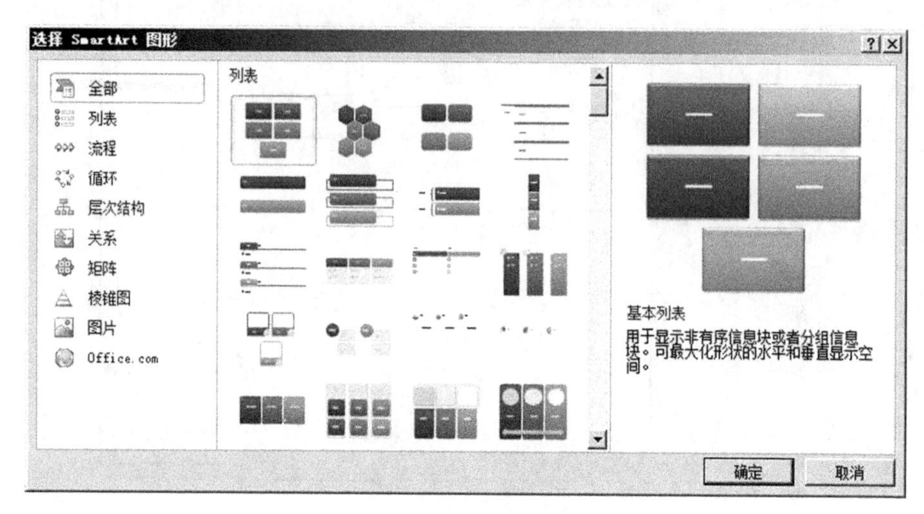

图 3-60 “选择 SmartArt 图形”对话框

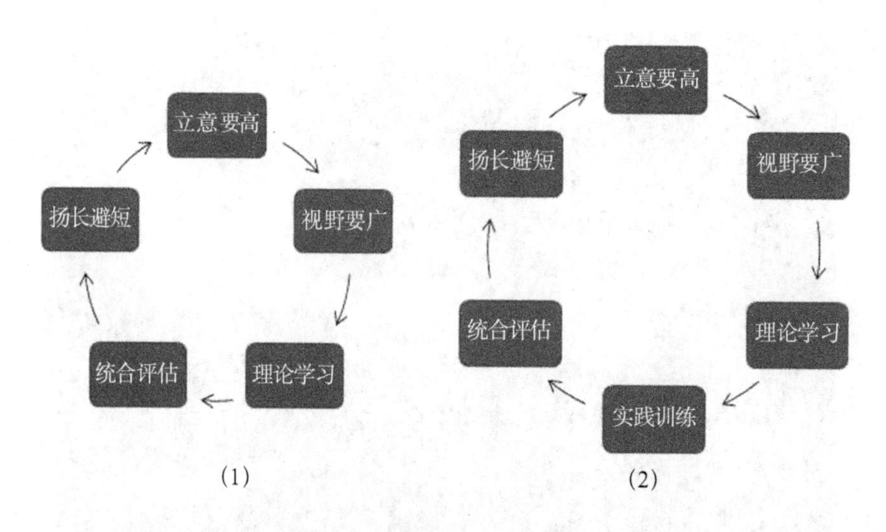

图 3-61 创建 SmartArt 图形

(2)在 SmartArt 图形中添加形状:在 SmartArt 图形中,有时需要向图形中添加形状。例如,在图 3-61(1)所示的循环流程图中的“理论学习”的之后添加一个“实践训练”,其操作方法如下。

步骤 1:在 SmartArt 图形中,右键单击要在其后(或其前)添加图形的形状(如理论学习),

将弹出右键快捷菜单。

步骤 2：在右键快捷菜单中，指向“添加形状”，从中单击“在后面添加形状”（或“在前面添加形状”）。

步骤 3：在新添加的图形中输入文字（如实践训练）。

添加 SmartArt 图形后的情况，如图 3-61（2）所示。

（3）删除 SmartArt 图形或其中的形状。

如果要删除 SmartArt 图形中的一个形状，应单击选定这个形状，然后按 Delete 键。如果要删除整个 SmartArt 图形，应单击选定整个 SmartArt 图形，然后按 Delete 键。

知识点 5　使用文本框

文本框是用于容纳文本、图形、表格等内容的方框。文本框作为一个特殊的图形对象，可以方便地进行移动、旋转、改变大小或以不同方式进行排列。在 Word 2010 中恰当地使用文本框，可使文档的排版布局更加得心应手。

文本框的使用，视其容纳的对象不同、本身尺寸不同、在页面中的位置不同而异。使用“插入”功能区“文本”组中的“文本框”命令，打开文本框“内置”列表，从中单击所需要的文本框，即可将文本框插入到文档中。

1. 对文本使用文本框　对文本使用文本框的操作比较简单，可以是先录入文本，再插入文本框；也可以是先插入文本框，再向文本框中输入文本。

现以先录入文本，后插入文本框的方法为例进行介绍，其方法如下。

步骤 1：选定要装入文本框的文本。

步骤 2：在“插入”功能区的“文本”组中，单击“文本框”命令，打开文本框“内置”列表。

步骤 3：如图 3-62 所示，从该列表中单击“绘制文本框”命令。

步骤 4：可根据具体情况，调整文本框的大小和位置。有时，此步骤也可省略。

2. 对图片使用文本框　在文档编辑中，许多情况下是对图片使用文本框，这时的操作具有一定的技巧。下面以对一幅剪贴画使用文本框为例进行介绍，其操作方法如下。

步骤 1：设置剪贴画的“文字环绕”为“嵌入型”。

步骤 2：将鼠标移到该图片左边的选定区，单击选定该图片。

步骤 3：在“插入”功能区的“文本”组中，单击“文本框”命令，打开文本框“内置”列表（图 3-62）。

步骤 4：从该列表中单击“绘制文本框”命令。

步骤 5：单击文本框的一个边，并适当移动鼠标，当鼠标指针变成“十”字形时，单击鼠标右键。

步骤 6：从弹出的右键快捷菜单中单击“其他布局选项”命令，如图 3-63 所示。

步骤 7：如图 3-64 所示，在打开中“布局”对话框中，根据具体情况，设置文本框的“文字环绕”为“四周型”、自动换行“只在左侧”（或设置“文字环绕”为“上下型”）。

此例的操作结果，如图 3-65 所示。

3. 设置文本框格式　设置文本框的格式，主要包括改变文本框尺寸、文本框边框线、文本框填充颜色等。

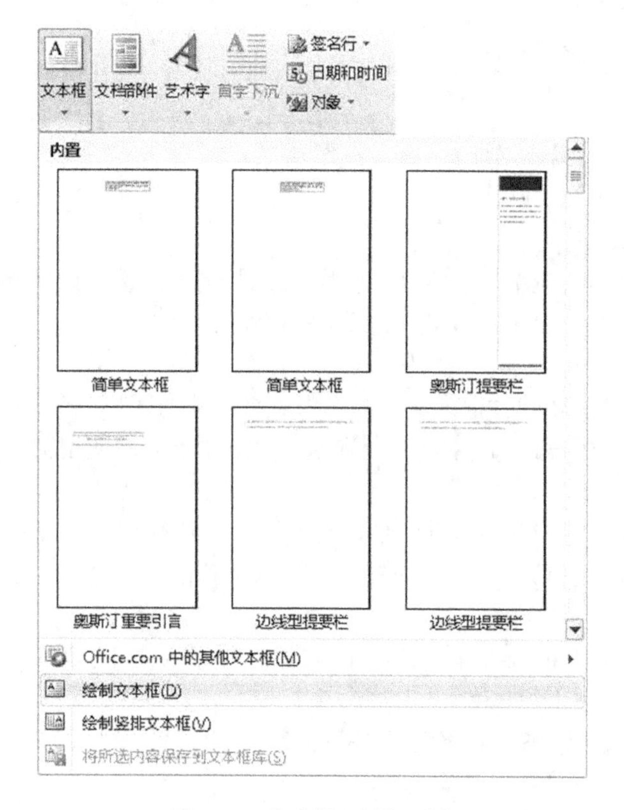

图 3-62　文本框“内置”列表

图 3-63　文本框右键快捷菜单-“其他布局选项”命令

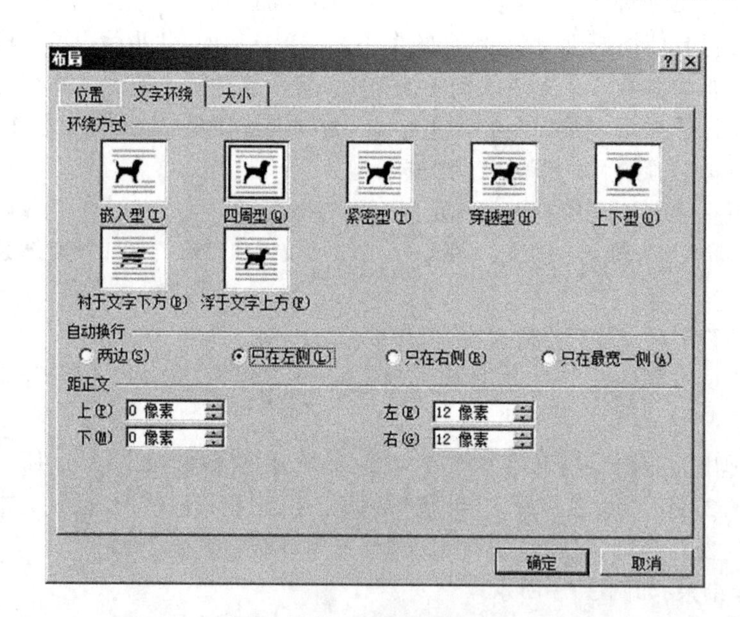

图 3-64　“布局”对话框 -设置文本框的“文字环绕”

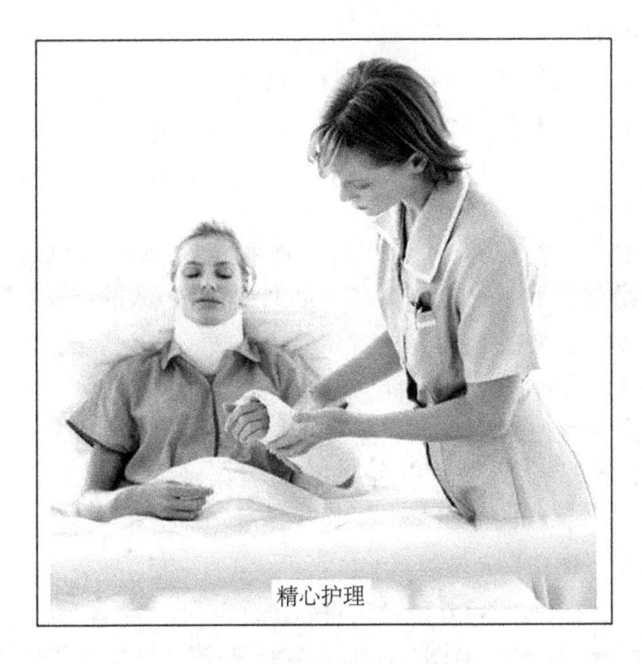

图 3-65　对图片使用“文本框”

(1)设置文本框尺寸:其操作方法如下。

单击文本框边框,移动鼠标指针到边框线的某个尺寸控制点上,当光标变为双向箭头时,按住鼠标左键移至所需要的大小。

(2)设置文本框边框线:其操作方法如下。

步骤 1:单击选定文本框。

步骤 2:单击“绘图工具-格式”选项卡。

步骤 3:在“绘图工具-格式”功能区的“形状样式”组中,单击“形状轮廓”命令。

步骤 4:如图 3-66 所示,在弹出的列表中,可分别设置“主题颜色”,文本框边框线的颜色,文本框边框线的“粗细”等。

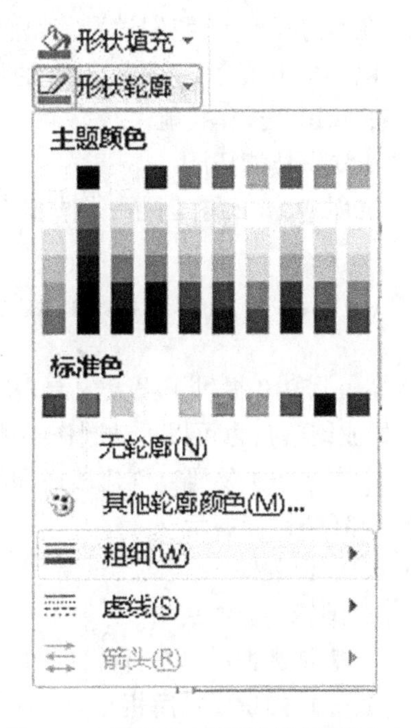

图 3-66　设置文本框“形状轮廓”命令

(3)设置文本框填充颜色:其操作方法如下。

步骤 1:单击选定文本框。

步骤 2:单击“绘图工具-格式”选项卡。

步骤 3:在“绘图工具-格式”功能区的“形状样式”组中,单击“形状填充”命令。

步骤 4:从弹出的列表中,选择设置文本框的“填充颜色”。

3.5.2 学生上机操作

学生上机操作 1 在文档中插入艺术字和剪贴画

1. 打开文档“人脑和电脑”,按如下要求进行设置,将标题“人脑和电脑”改为艺术字,艺术字样式为“填充-茶色,文本 2,轮廓-背景 2”,文字格式为黑体,小初,文本效果为上弯弧,文字环绕设置为“上下型环绕”。

2. 在“剪贴画”中搜索关键词“计算机”,在文档中插入一幅计算机图片,将图片的文字环绕方式设置为“四周型”或“上下型”。并比较不同文字环绕方式的排版效果。

学生上机操作 2 在文档中插入文本框

1. 打开文档“人脑和电脑”,在文本的第一段的左上角插入文本框,类型为“简单文本框”,输入文字“信息技术操作题”,文字环绕为“四周型”。

2. 文本框的边框格式为“实线”“蓝色”,粗细为“3 磅”;文本框的背景色为标准色“浅灰”;文字格式为“黑体”“三号”“加粗”。

学生上机操作 3 图文混合排版

参见图 3-46,打开文档“德兰修女语录”,将标题改为“名人名言”并设艺术字;在文档中插入一幅与文档内容相关的剪贴画;对图片添加文本框,并按具体情况调整文本框的大小,设置文本框的格式,实现图文混合排版。

★任务完成评价

在本次任务中,我们学习了如何设置文档的格式和排版,如何使用艺术字、图形和文本框等知识。初步领会了 Word 2010 的强大功能。但这些还远远不够,还需要不断地学习和掌握更多的知识和操作技能。

★知识技能拓展

试用 Word 2010 创办一期你班级的学习园地,内容自拟,要求图文并茂,排版美观。

3.6 任务六 制作 Word 表格

Word 2010 提供了强大的制表功能。如图 3-67 所示,Word 2010 不仅可以创建规则的表格(如成绩单);也可以手动制作某些不规则的表格(如课程表)。

本次任务主要研究创建表格和编辑表格,表格数据的简单计算和排序等。

★任务目标展示

1. 创建表格。
2. 编辑和修改表格。
3. 表格数据的简单计算和排序。

3.6.1 知识要点解析

知识点 1 创建表格

首先创建一个 4 行 6 列的表格。常用的操作方法有以下几种。

1. *用鼠标拖拽* 使用“插入”功能区“表格”组中的“插入表格”命令,用鼠标拖拽的方法来创建表格,如图 3-68 所示。其操作方法如下。

步骤 1:在文档中单击要创建表格的位置。

星期 节次	一	二	三	四	五
第 1、2 节	语文	计算机	化学	英语	解剖
第 3、4 节	解剖	英语	体育	自习	生物
第 5、6 节	物理	自习	语文	数学	计算机

学号	姓名	语文	数学	微机	总分	平均
1001	李明明	69	68	82	219	73.0
1002	赵珊珊	87	90	76	253	84.3
1003	王娜娜	83	78	75	236	78.7
1004	胡娟娟	77	81	90	248	82.7
1005	刘小文	85	77	79	241	80.3

图 3-67　课程表、成绩单表格示例

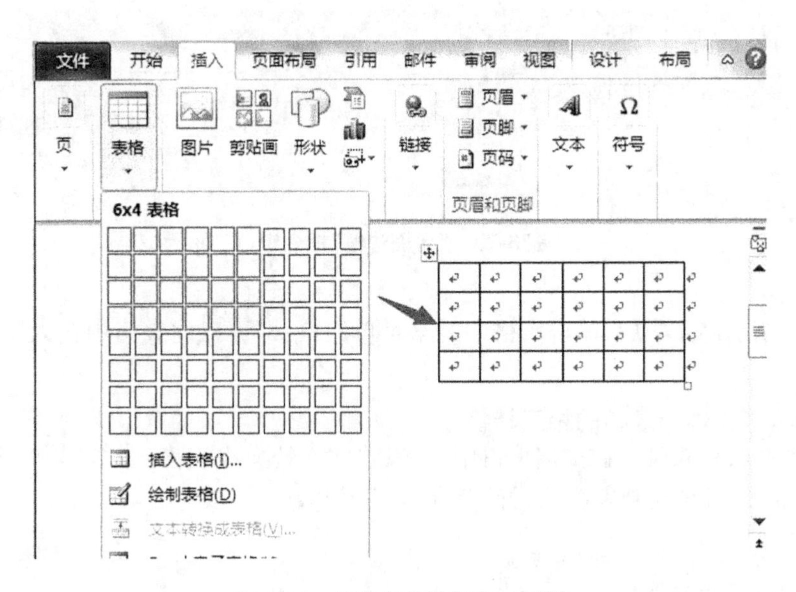

图 3-68　用鼠标拖拽“插入表格”

步骤 2：在“插入”功能区的“表格”组中，单击“表格”命令。

步骤 3：在弹出的列表中拖动鼠标，选定所需要的行、列，释放鼠标。

2. 用“插入表格”对话框　使用“插入表格”对话框来创建表格，也是比较常用的方法，其操作方法如下。

步骤 1：在文档中单击要创建表格的位置。

步骤 2：在“插入”功能区的“表格”组中，单击“表格”命令旁的下拉箭头，从中单击“插入表格”命令，打开“插入表格”对话框，如图 3-69 所示。

步骤 3：在“插入表格”对话框中设置表格的列数和行数。

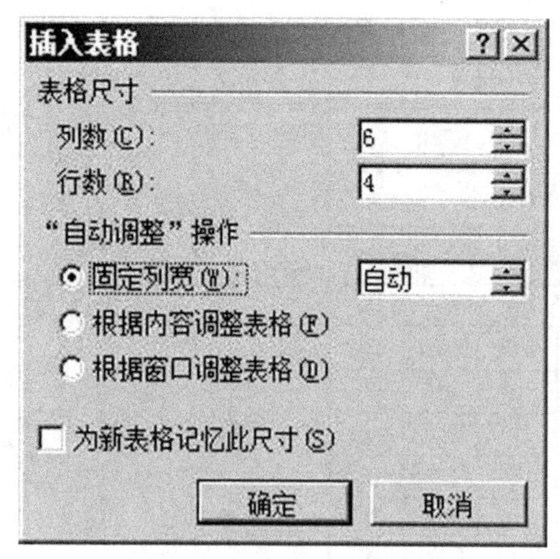

图 3-69 "插入表格"对话框

步骤 4:设置完毕,单击"确定"按钮。

3. 用"绘制表格"工具　对于行、列不规则的表格,可以使用"表格和边框"工具来绘制表格。其操作方法如下。

步骤 1:在"插入"功能区中,单击"绘制表格"命令,这时鼠标指针变形为一个"铅笔"。

步骤 2:用这个"铅笔"在绘制表格位置从左上角拖到右下角绘制一个矩形边框,然后在这个边框内绘制表格的行线和列线,在单元格内用"铅笔"斜向画出斜线。

步骤 3:如要清除多余的线段,可在"表格工具-设计"功能区的"绘图边框"命令组中,单击"擦除"按钮,再单击要擦除的线段,如图 3-70 所示。

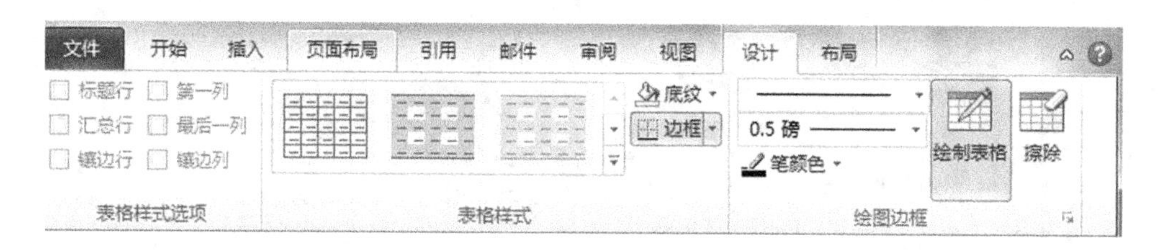

图 3-70 "绘图边框"命令组

步骤 4:表格绘制完毕后,单击表格中的某个单元格,即可以向表格中输入文字或插入图片了。

知识点 2　文本与表格的相互转换

1. 将文本转换成表格　在文档编辑中,可以将文本转换成表格,如图 3-71 所示。在转换时,应使用空格(或逗号或制表符等)标记列的划分位置。

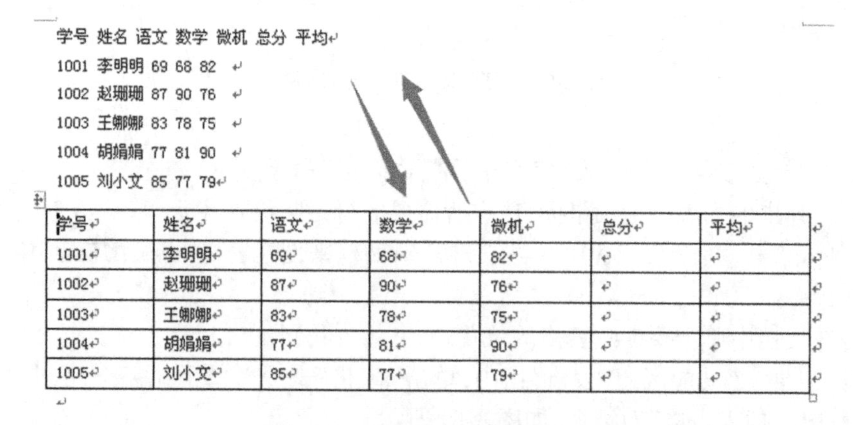

学号 姓名 语文 数学 微机 总分 平均
1001 李明明 69 68 82
1002 赵珊珊 87 90 76
1003 王娜娜 83 78 75
1004 胡娟娟 77 81 90
1005 刘小文 85 77 79

学号	姓名	语文	数学	微机	总分	平均
1001	李明明	69	68	82		
1002	赵珊珊	87	90	76		
1003	王娜娜	83	78	75		
1004	胡娟娟	77	81	90		
1005	刘小文	85	77	79		

图 3-71 表格与文本的相互转换

其操作方法如下。

步骤1:在文本中需要划分列的位置处插入所用的符号(如空格)。

步骤2:选定需要转换为表格的文本块。

步骤3:在“插入”功能区,单击“表格”下拉箭头,从中选择“文本转换成表格”按钮,弹出“将文本转换成表格”对话框,如图3-72所示。

步骤4:在“将文本转换成表格”对话框中,视具体情况设置“表格尺寸”下的列数和行数,在“文字分隔位置”下选定所用的分隔符(如空格或其他可用符号)。

步骤5:设置完毕,单击“确定”按钮,文本即转换成表格。

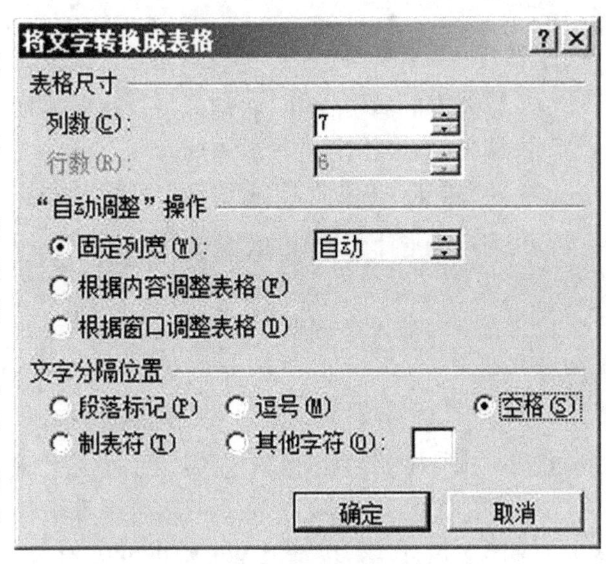

图3-72　“将文字转换成表格”对话框

2. 将表格转换成文本　将表格转换成文本与将文本转换成表格为互逆过程,其操作方法如下。

步骤1:选定要转换为文本的表格,或单击其中的某一单元格。

步骤2:单击“表格工具-布局”选项卡。

步骤3:在该功能区的“数据”组中,单击“转换为文本”命令,弹出“表格转换成文本”对话框,如图3-73所示。

步骤3:在“文字分隔符”下,设置替代列框的分隔符。

步骤4:设置完毕,单击“确定”按钮,即可实现这种转换。

知识点3　编辑修改表格

1. 选定表格及单元格区域

(1)选定整张表格:单击表格左上角的移动控点 。

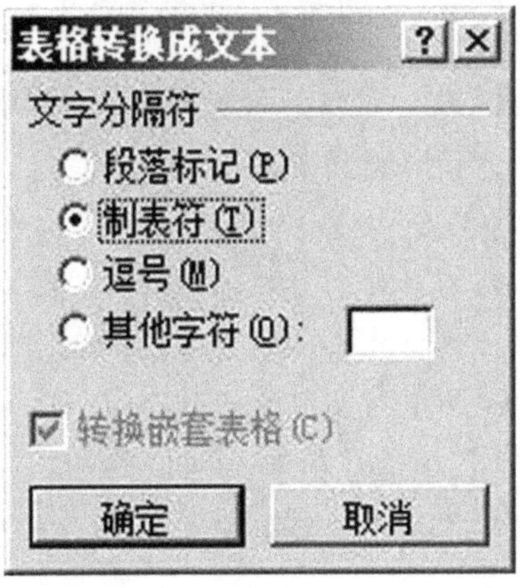

(2)选定一个单元格:鼠标移至单元格的左边框,当指针变成向右小箭头时,单击鼠标(或用鼠标3次连击该单元格)。

(3)选定一行:鼠标移至该行的左侧,当指针变成向右箭头时,单击鼠标。

(4)选定一列:鼠标移至该列的顶端,当指针变成向下小箭头时,单击鼠标。

(5)选定多个单元格、多行或多列:如选定的区域连续,用鼠标拖过要选定的单元格区域、行或列。

如选定的区域不连续,单击所需的第一个单元格、行或列,然后按住Ctrl键不放,再分别单击要选定的下一个单元

图3-73　“表格转换成文本”对话框

格、行或列。

2. 移动和缩放表格

(1) 移动表格:单击表格,将鼠标指针移向表格左上角的“移动控点” ,按住鼠标左键拖动到文档中的适当位置处释放鼠标。

(2) 缩放表格:单击表格,使表格处于编辑状态。将鼠标指针指向表格右下角的“尺寸控制点”上,当鼠标指针变成斜向双箭头 时,按住鼠标左键拖动表格的边框即可将表格缩小或放大。

3. 修改表格的列宽和行高　改变表格的列宽和行高有多种方法,下面介绍其中比较常用的两种方法。

(1)使用鼠标修改列宽和行高:将鼠标移到表格的列(或行)的框线上,当指针变为左右方向的双箭头 (或上下方向的双箭头)时,按住鼠标拖动框线至所需要的列宽(或行高)。

(2)使用命令修改列宽和行高:选定需要改变尺寸的列(或行),单击“表格工具-布局”选项卡。如图 3-74,在该功能区中,可使用“单元格大小”组中的命令来修改表格的列宽和行高。

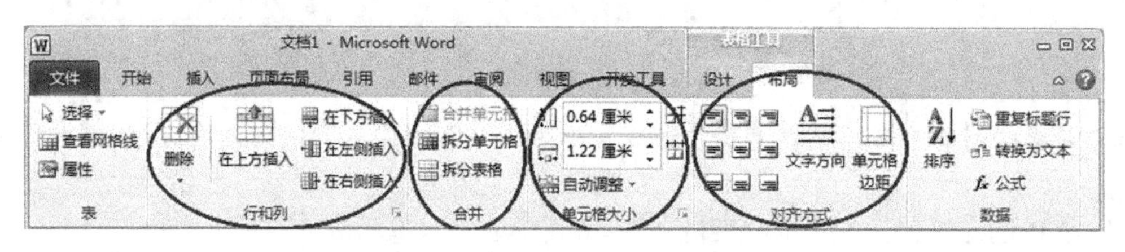

图 3-74 “表格工具-布局”功能区

4. 在表格中插入行或列　在已有的表格中可以插入行或列,也可以插入表格或单元格。将插入点定位到要插入行或列的单元格,单击“表格工具-布局”选项卡,在“行和列”组中(图 3-74),指定如何插入行或列。

5. 拆分单元格与合并单元格

(1) 拆分单元格:拆分单元格,是指将表格中一个或多个单元格拆分成多列或多行单元格。

步骤 1:在单元格中单击,或选定要拆分的单元格。

步骤 2:单击“表格工具-布局”选项卡,在该功能区的“合并”组中(图 3-74),单击“拆分单元格” 命令。

步骤 3:在弹出的“拆分单元格”对话框中,指定要拆分的列数和行数。

步骤 4:单击“确定”按钮。

(2) 合并单元格

合并单元格是指将同一行或同一列中的两个或多个单元格合并为一个单元格。

步骤 1:选定要合并的单元格。

步骤 2:单击“表格工具-布局”选项卡,。在“合并”组中(见图 3-74),单击“合并单元格” 命令。

6. 设置单元格对齐方式　单元格中文本的对齐方式有“靠上两端对齐”等 9 种,设置的操作方法如下。

步骤 1:选定单元格区域(或全表)。

步骤 2:在图 3-74 中,单击“表格工具-布局”选项卡,在“对齐方式”组中,设置相应的对齐方式。

还可以在表格中的所选区域上单击鼠标右键,在弹出的快捷菜单中,将鼠标指向“单元格对齐方式”选项,从中进行相应的设置,如图 3-75 所示。

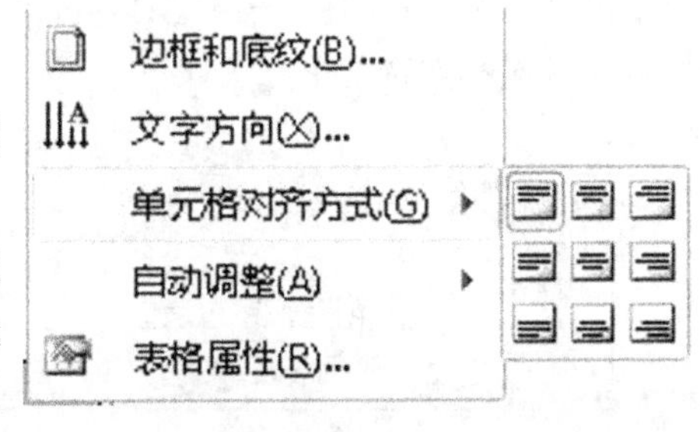

图 3-75　右键快捷菜单设置单元格对齐方式

7. 设置表格边框和底纹　对表格添加边框和底纹,可以增强表格的显示效果。设置表格边框和底纹的方法如下。

步骤 1:选定需要添加边框的表格或单元格。

步骤 2:在选定区域中单击鼠标右键,在弹出的快捷菜单中,单击“边框和底纹”命令,打开“边框和底纹”对话框,如图 3-76 所示。

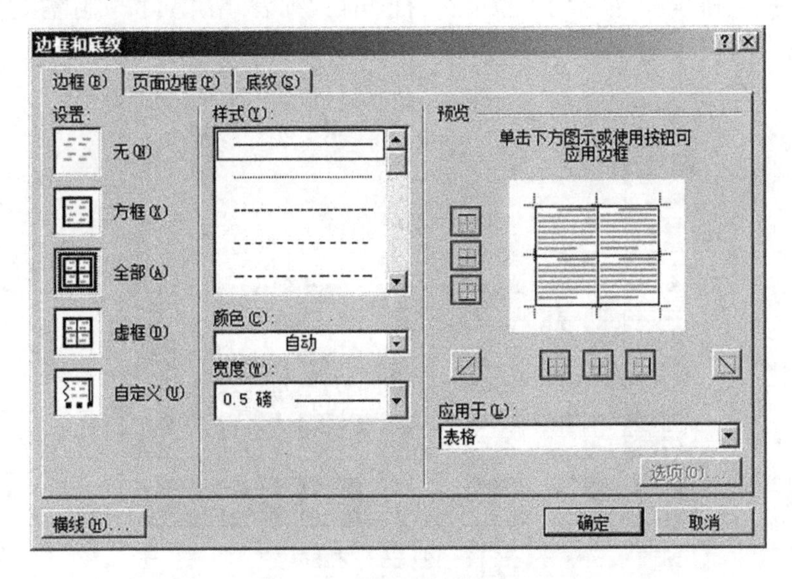

图 3-76　“边框和底纹”对话框

步骤 3:在“边框和底纹”对话框中进行相应的设置。

在“边框和底纹”对话框中有“边框”“页面边框”和“底纹”3 个选项卡。

选择“边框”选项卡,可以为表格或单元格添加边框。在“设置”区中,可以选择边框的类型;在“样式”列表框中,可以对边框选用单线或双线或波浪线等不同的线型;在“颜色”列表框中,可以选择表格边框的颜色;在“宽度”列表框中,可以选择表格边框线的宽度;在“应用于”列表框中,可以选择当前设置的应用范围。

选择“页面边框”选项卡,可以为文档中每一页添加边框,也可以只对某节中的页面、首页或是除首页以外的页添加边框。

选择“底纹”选项卡,可以为表格底纹设置填充颜色。

8. 设置表格样式　在 Word 2010 中,内置了多种表格样式,可供编辑表格时选择使用。

如图 3-77 所示,在“表格工具-设计”功能区的“表格样式”组中,提供了 5 种“表格样式”。设置“表格样式”的操作方法如下。

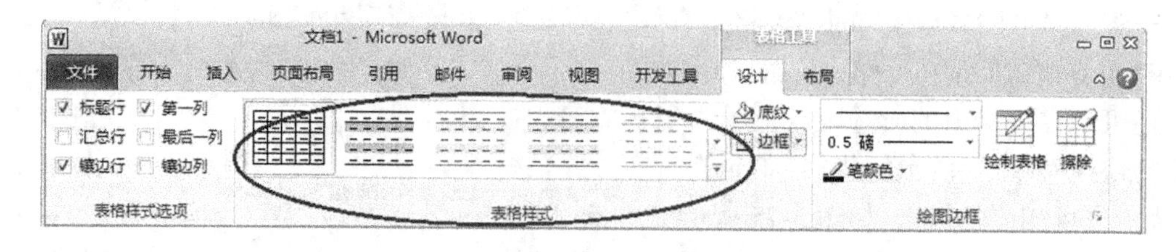

图 3-77 “表格工具-设计”-“表格样式”

步骤 1:单击表格中的任一单元格。

步骤 2:单击“表格工具-设计”选项卡。

步骤 3:在“表格样式”组中,单击选用所需要的表格样式。

或者,单击“表格样式”右旁的下拉箭头,打开样式列表,用户可按实际需要从中选用,如图 3-78 所示。

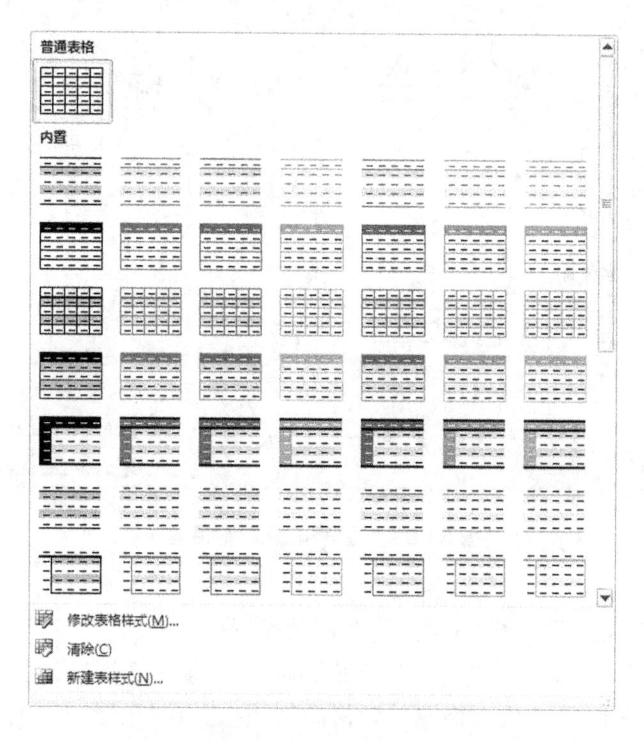

图 3-78 “表格样式”列表

知识点 4　表格数据的计算与排序

Word 2010 对表格数据的处理,主要包括求和、使用函数和排序等操作。对于比较复杂的数据计算,一般考虑使用 Excel 2010 来完成,这将在本书的第 4 章中学习。

1. *表格数据的计算*　Word 2010 提供了多种函数,用于对表格数据的计算和处理。在此,仅列出其中的几个常用函数,如表 3-4 所示。

表 3-4　几个常用函数

函数	功能	函数	功能
SUM( )	求和	ABS( )	求绝对值
AVERAGE( )	求平均值	INT( )	求整
MAX( )	求最大值	PRODUCT( )	求积
MIN( )	求最小值	ROUND( )	四舍五入

下面以一个成绩单为例,分别对“总分”和“平均”进行计算,来研究常用函数的使用方法,如表 3-5 所示。

表 3-5　成绩单

学号	姓名	语文	数学	微机	总分	平均
1001	李明明	69	68	82	219	73.00
1002	赵珊珊	87	90	76	253	84.33
1003	王娜娜	83	78	75	236	
1004	胡娟娟	77	81	90	248	
1005	刘小文	85	77	79	241	

在表 3-5 中,从左到右,表格的列号分别用 A、B、C 等表示,从上到下,表格的行号分别用 1、2、3 等表示。一个单元格的名称由它的列号加行号组成。例如,在表 3-5 中,李明明的学号这个单元格的名称为 A2,李明明的总分这个单元格的名称为 F2 等。

关于求和函数(SUM)的参数,较为常用的情况有 3 种:(LEFT)表示左边、(ABOVE)表示上面、(RIGHT)表示右边。例如,=SUM(LEFT),这是指对当前单元格左边的单元格求和;=SUM(ABOVE),这是指对当前单元格上面的单元格求和;=SUM(RIGHT),这是指对当前单元格右边的单元格求和。

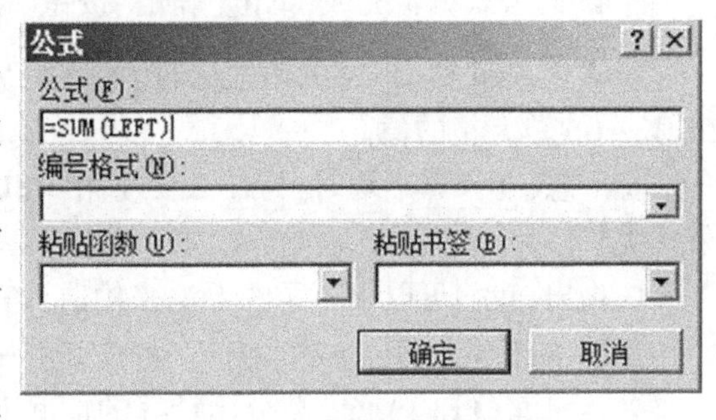

图 3-79　求和函数应用示例

例 1　用求和函数计算总分。为方便操作,可自下而上进行计算。

具体操作方法如下。

步骤 1:将插入点定位在表格的“总分”列中的 F6 单元格(即刘文文的总分)。

步骤 2:单击“表格工具-布局”选项卡,切换到该功能区。

步骤 3:在“数据”组中,单击“公式”命令,弹出“公式”对话框,如图 3-79 所示。

步骤 4:在公式编辑框中编辑公式。此例为 SUM(LEFT),不用改动。

步骤 5:单击“确定”按钮。

然后,同样的方法,依次计算出 F5~F2 单元格的总分。

在本例中,还可以使用重复命令配合,来完成总分的计算。

操作方法如下。

步骤1:先用上面的方法,计算出F2的值。然后,接着就使用“快速访问工具栏”上的“重复”命令来求出F3~F6中的值。

步骤2:单击总分列中的下一个单元格(如F3)。

步骤3:单击“快速访问工具栏”上的“重复”命令。

如此操作,可接着计算出F4、F5、F6单元格中的总分。

例2 用求平均函数计算平均。

在计算平均时,需要编辑公式。应特别强调,在编辑公式时,一定要使用英文输入法,其操作方法如下。

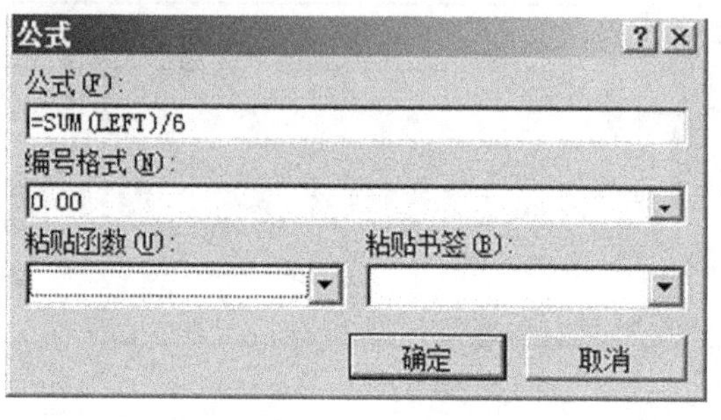

图3-80 求平均函数应用示例

步骤1:将插入点定位在表格的“平均”列中的某个单元格中(如G2,即李明明的平均)。

步骤2:单击“表格工具-布局”选项卡,切换到该功能区。

步骤3:在“数据”组中,单击“公式”按钮,弹出“公式”对话框。

步骤4:在公式编辑框中将公式修改为:=SUM(LEFT)/6,在“编号格式”下拉列表中选择保留小数的位数(如保留两位小数应选择:0.00),如图3-80所示。

步骤5:公式编辑完成,单击“确定”按钮。

步骤6:在计算出G2的值之后,接着使用“快速访问工具栏”上的“重复”命令,来计算出G3~G6单元格的值。

想一想,在计算平均时,为什么要使用 =SUM(LEFT)/6 这样的公式呢?还有没有其他的公式呢?

应指出,我们可以用不同的方法来构造计算平均的公式。

例如,可使用以下公式中的任一种来计算平均。

如 =SUM(LEFT)/6 (总分已计算的情况下);

或 =AVERAGE(c2:e2);

或 =g2/3;

或 =(c2+d2+e2)/3。

2. *表格数据的排序*

利用Word表格的排序功能,可以按某一列或某几列数据的特征对表格数据进行排序,其操作方法是。

步骤1:将光标定位到需要排序的表格中。

步骤2:单击“表格工具-布局”选项卡。

步骤3:在该功能区的“数据”组中,单击“排序”命令,弹出“排序”对话框。

步骤 4：在“排序”对话框中分别对排序依据：“主要关键字”“次要关键字”“升序”或“降序”等进行设置，如图 3-81 所示。

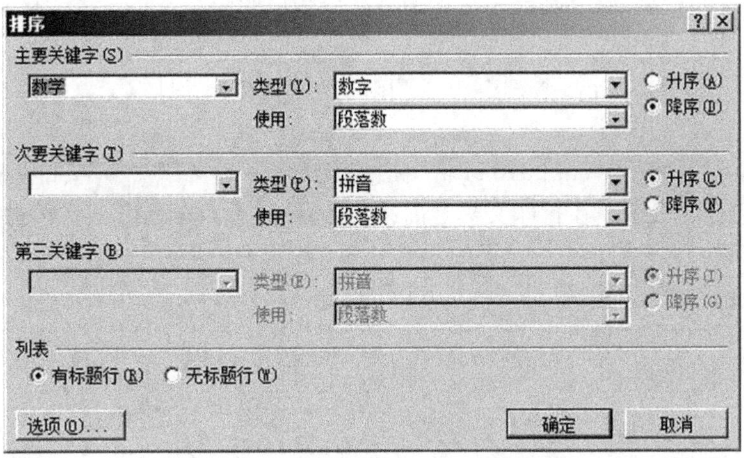

图 3-81　“排序”对话框

步骤 5：设置完毕，单击“确定”按钮。

3.6.2 学生上机操作

学生上机操作 1　创建表格

1. 创建一个 6 列 4 行的表格，制作一张简易课程表，如图 3-67 中的课程表所示。
2. 创建一个 7 列 11 行的表格，制作一份某班级的成绩单，如图 3-67 中的成绩单所示。
3. 用所创建的成绩单练习表格与文本的相互转换。

学生上机操作 2　编辑和修改表格

1. 对课程表或成绩单，分别设置边框和底纹。
2. 对表格进行不同的表格样式的设置操作。

学生上机操作 3　表格数据的计算与排序。

1. 打开存有“表 3-5 成绩单”的 Word 文档，计算其中的“总分”和“平均”。并比较在计算中，采用自上而下或自下而上的不同顺序时，函数中的参数应如何编辑和设置？

2. 在成绩单中，分别按各门单科成绩、总分、平均进行排序，并观察各种不同排序后表格的变化情况。

★任务完成评价

在本次任务中，我们学习了表格的制作，表格数据的计算与排序等知识。特别是学习常用函数的使用，要力求做到举一反三，融会贯通。这些知识，对帮助我们学习数学知识、掌握函数的功能，以及进一步学习信息技术和其他专业课程都具有非常重要的意义。

★知识技能拓展

1. 试将自动求和命令按钮（Σ）添加到“快速访问工具栏”。并用这个命令按钮计算“表 3-5 成绩单”中的总分。并注意，这时如采用倒序计算，是不是更为简便？

2. 运用不同的方法求和、求平均，并注意从中总结关于函数使用和编辑公式的一些经验和技巧。

3. 在上述成绩单表格的右侧,插入一列(或几列),然后试一试如何计算某门课程的最高分和最低分、总分的最高分和最低分、平均的最高分和最低分。

3.7 任务七 页面布局和打印文档

前面我们学习了使用 Word 2010 编辑文档的方法。一个文档在编辑、排版完成后,一般还要用打印机把它打印出来。在打印文档之前,通常还要对页面布局做一些必要的设置。

★任务目标展示

1. 掌握页面设置的方法。
2. 打印预览和打印文档。

3.7.1 知识要点解析

知识点 1 页面设置

页面设置是指对文档页面布局的设置,包括设置页边距、纸张大小、页面版式等。

1. *设置页边距* 页边距是指页面的正文区与纸张边缘之间的空白距离。页眉、页脚和页码等信息都设置在页边距中。设置页边距的方法如下。

步骤 1:单击“页面布局”选项卡。

步骤 2:单击“页面设置”组中的“页边距”按钮。

步骤 3:单击列表中的“自定义边距”命令,打开“页面设置”对话框,如图 3-82 所示。

步骤 4:在“页边距”选项卡中设置页面的上、下、左、右页边距。

步骤 5:在“应用于”下拉列表中选择页边距的应用范围(如“整篇文档”)。

接着可设置纸张大小,或单击“确定”按钮结束此次设置。

2. *设置纸张大小* Word 默认的纸张大小为 A4 纸。可以根据实际打印需要来设置纸张的具体尺寸。

操作方法如下。

步骤 1:单击“页面布局”选项卡。

步骤 2:单击“页面设置”组中的“纸张大小”按钮。

步骤 3:单击列表中的“其他页面大小”命令,打开“页面设置”对话框。

步骤 4:在“纸张”选项卡下的“纸张大小”下拉列表中选择所需要的“纸张大小”,或选择“自定义大小”自行设定纸张大小。

步骤 5:接着还可设置“版式”,或单击“确定”按钮结束此次设置。

知识点 2 打印文档

一篇文档经过录入、编辑修改、格式设置、页面设置,就可以打印了。在打印之前,可以先进行“打印预览”,浏览一下文档的打印效果。

1. *打印预览* 在 Word 2010 中,打印预览很容易实现,其操作方法如下。

步骤 1:打开文档,单击“文件”选项卡。

步骤 2:从中单击“打印”。

步骤 3:窗口右部即显示“打印预览”的效果,如图 3-83 所示。

在预览中,如发现文档的编辑或排版有不足之处,可以单击“开始”返回编辑窗口进行修

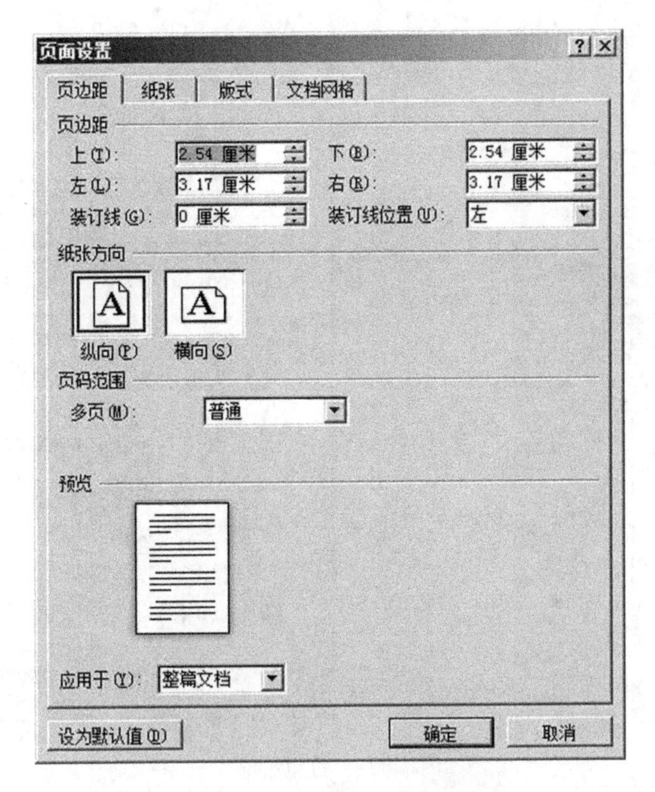

图 3-82　“页面设置”对话框

改;或是在打印窗口下部单击“页面设置”进行页面和版式设置。

2. 打印文档　打印文档的操作方法如下。

步骤 1:单击“文件”选项卡,进入“打印”窗口。

步骤 2:设置打印“份数”。

步骤 3:在“打印机”下拉列表中,选择所用的打印机(如是常用的打印机,可跳过此步)。

步骤 4:接着,可设置打印整篇文档、打印当前页或某部分页数范围等。

步骤 5:设置完毕,单击“打印”按钮,即开始打印。

3. 取消打印　有时,可能因为出现错误或其他某种特殊原因,需要取消打印。

其操作方法是。

步骤 1:单击“开始”按钮 。

步骤 2:在“开始”菜单中单击“设备和打印机”,打开“设备和打印机”窗口。

步骤 3:在“设备和打印机”窗口中,右键单击当前打印机图标,从弹出的快捷菜单中单击“查看现在正在打印什么”,如图 3-84 所示。

步骤 4:在打开的打印任务窗口中,单击“打印机”菜单,从中单击“取消所有文档”命令,如图 3-85 所示。

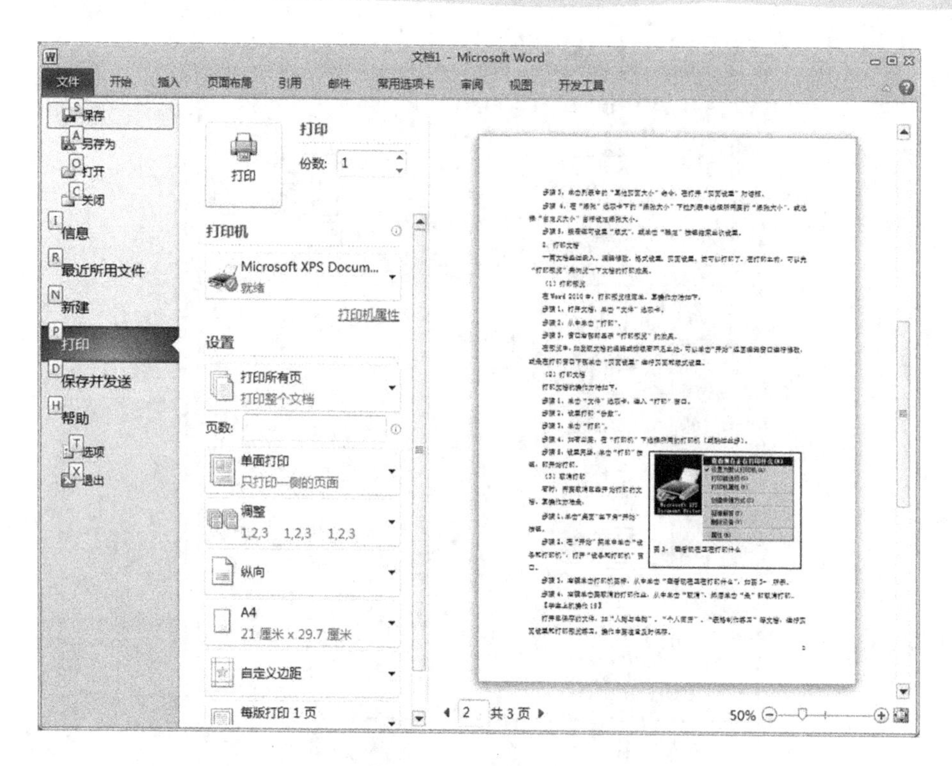

图 3-83 “打印预览”

图 3-84 查看现在正在打印什么

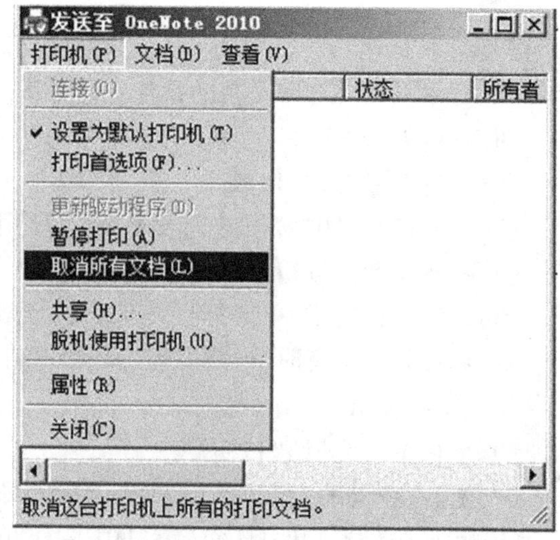

图 3-85 打印机-“取消所有文档”

3.7.2 学生上机操作

学生上机操作 1 页面设置

打开以前保存的文件,如“人脑与电脑”“个人简历”“编辑公式”或“表格制作”等文档,在“页面布局”功能区,对文档进行页面设置,并注意及时保存文档。

学生上机操作 2　打印预览

打开以前保存的文件,如“人脑与电脑”,或“个人简历”,或“编辑公式”,或“表格制作”等文档,在页面设置之后,进行打印预览,并注意及时保存文档。

★任务完成评价

通过 Word 2010 软件的学习,我们掌握了文档的基本编辑方法,格式设置和页面设置,图形的使用,表格的制作,以及在表格中使用函数和公式等。这些知识和技能,是信息技术应用中必须具备的基础,也是进一步学习信息技术和其他专业课程的基础。掌握 Word 2010 的使用,是我们今后学习、生活和工作所必不可少的基本功。

★知识技能拓

1. 用 Word 2010 起草一份某校红十字会关于开展“XX 活动”的文件。
2. 用 Word 2010 编辑制作一篇多页具有文、图、表混排的文档,题材自选。

3.8　本章复习题

1. 说出下列工具按钮的功能。

(1)　(2)　(3)　(4)　(5)　(6)　(7)

2. 说出下列键盘快捷命令的功能。

(1) Ctrl + N

(2) Ctrl + S

(3) F12 或 Alt + F + A

(4) Ctrl + O

(5) Ctrl + X

(6) Ctrl + C

(7) Ctrl + V

(8) Alt + F4

(9) Ctrl + F1

3. 说出保存 Word 文档的几种常用方法。

4. 说出打开 Word 文档的几种常用方法。

5. 在 Word 2010 中,要对一份表格数据(如成绩单)求和、求平均,分别有哪几种常用方法?

6. 在 Word 2010 中,图片的文字环绕方式有哪几种?怎样设置图片的文字环绕方式?

7. 在 Word 2010 中,文本框的文字环绕方式有哪几种?怎样设置文本框的文字环绕方式?

(张伟建　张晓悦　张　伟　彭　强　孙薇薇)

第 4 章

Excel 2010 电子表格软件

Excel 2010 是一款功能强大的电子表格处理软件。与 Word 2010 一样,它们都是 Office 2010 系列办公软件中的重要成员。Excel 2010 具有强大的函数和公式计算功能,不仅能对表格数据进行计算分析和组织处理,还能把表格数据以图表的形式表现出来,它在日常办公、金融、财会、审计和统计等方面都有非常广泛的应用。

4.1 任务一　认识 Excel 2010

使用 Excel 2010 所创建的工作簿是电子表格的集合。Excel 2010 不仅具有强大的函数和公式计算功能,而且它的操作界面非常友好,操作简便易学。Excel 2010 的操作界面跟 Word 2010 类似,也是使用功能区提供各种命令,方便用户查找和使用。可以使用函数和编写公式,对数据进行计算分析,可以用多种方式透视数据,还可以使用 Excel 2010 跟踪数据,生成数据分析模型,并可以用各种图表形式来显示数据。

如图 4-1 所示,是一张简单的学生成绩登记表。可以使用 Excel 2010 来计算每个学生的总分,可以进行成绩的名次排序,还可以用图表形式来显示数据。要进行这些操作,首先来认识一下 Excel 2010。

	A	B	C	D	E	F	G
1				学生成绩登记表			
2	学号	姓名	语文	数学	信息技术	总分	平均
3	001	张永	98	78	89		
4	002	李丽	95	96	87		
5	003	文强	96	98	76		
6	004	周国志	89	92	69		
7	005	王雷雷	78	92	99		
8	006	徐国强	65	87	71		
9	007	高飞	99	60	93		
10	008	赵志刚	72	87	64		
11	009	李海军	56	75	92		
12	010	张凯	69	64	92		
13							

图 4-1　学生成绩登记表 9999

★ 任务目标展示

1. 启动与退出 Excel 2010。

2. 认识 Excel 2010 窗口。

3. 区分工作簿和工作表。

4.1.1 知识要点解析

知识点 1　启动与退出 Excel 2010

Excel 2010 和 Word 2010 同属 Office 2010 系统。有的操作和 Word 2010 中的类似，可以参考 Word 2010 中的操作来帮助学习和掌握。

1. Excel 2010 的启动

方法一：在“开始”菜单中，单击“Microsoft Excel 2010”命令。

或是在“开始”菜单中，单击“所有程序”，接着单击“Microsoft Office”选项，再从中单击“Microsoft Excel 2010”命令。

方法二：双击桌面上的 Excel 2010 快捷方式图标。

方法三：在文件保存的文件夹中，打开已保存的工作簿文件来启动 Excel 2010。

2. Excel 2010 的退出

方法一：单击“文件”选项卡中的“退出”命令。

方法二：右击任务栏上的 Excel 图标，从弹出的快捷菜单中单击“关闭所有窗口”（或“关闭窗口”）命令。

方法三：单击标题栏右端的“关闭”按钮（应指出，如果打开了多个工作簿，这种方法只能关闭当前窗口。要退出 Excel 2010，则需要使用此方法将各 Excel 2010 窗口均关闭，才可退出 Excel 2010）。

需要注意的是，在退出 Excel 时，如果没有保存当前工作簿，则会给出提示信息，询问是否保存所做的更改？这时，用户可根据实际情况进行选择。

知识点 2　Excel 2010 的窗口

启动 Excel 2010 后，即自动打开一个名为“工作簿 1”的 Excel 2010 窗口。该窗口由标题栏、快速访问工具栏、功能区、工作区、状态栏和若干个工作表标签等部分组成，如图 4-2 所示。

1. 标题栏和控制菜单　标题栏位于 Excel 2010 窗口的顶部。在标题栏上显示了当前文档的文件名（如工作簿 1）和所使用的软件程序名（Microsoft Excel）。

在标题栏的左端，有一个应用程序窗口的控制菜单图标，单击该图标则会弹出一个菜单，其中有还原或最大化、最小化、关闭等命令。在标题栏的右端设有最小化、最大化或向下还原、关闭按钮。

2. 快速访问工具栏　快速访问工具栏位于标题栏的左边。一些常用的命令按钮位于此处，它们分别是“保存”“撤消”和“恢复”等命令按钮。根据编辑需要，适当地设置自定义快速访问工具栏，可以提高编辑工作的效率。

在快速访问工具栏的末尾有一个下拉菜单按钮，单击该按钮可打开“自定义快速访问工具栏”菜单，用户可按编辑需要向快速访问工具栏中添加一些常用命令。若在“自定义快速访问工具栏”菜单中单击“在功能区下方显示”，则可把“快速访问工具栏”置放在功能区的下方。

3. “文件”选项卡　单击“文件”选项卡，可以从中调用对文件操作的命令，如“保存”“另

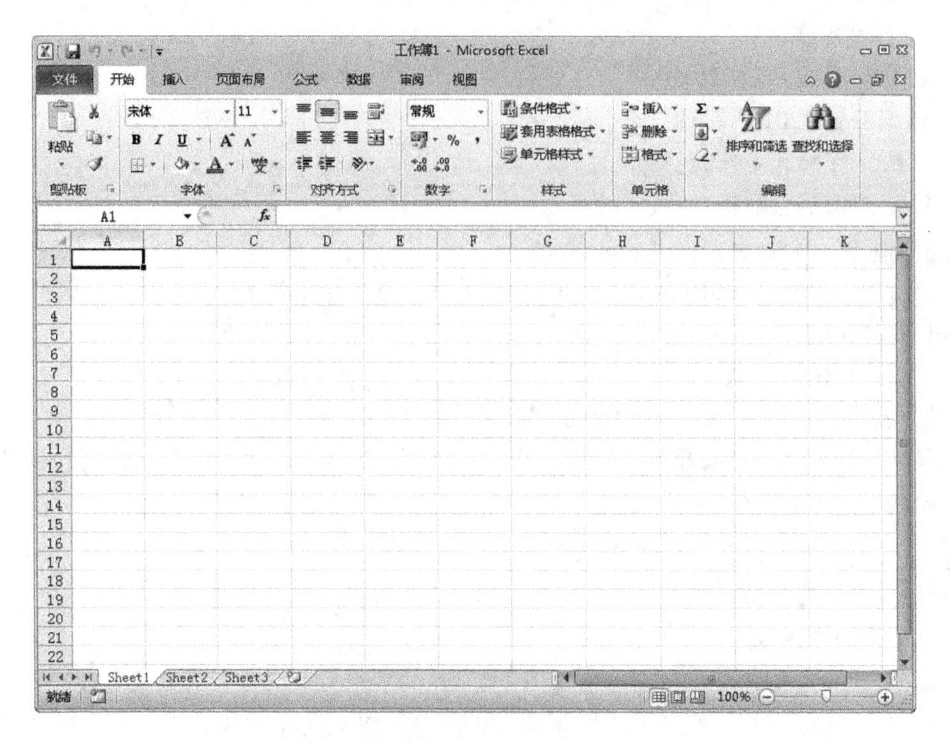

图 4-2　Excel 2010 窗口

存为”“打开”“关闭”等。

4. 功能区　在 Excel 2010 中,取消了以前版本中传统的菜单命令方式,取而代之是各种功能区。功能区是 Excel 2010 窗口上部的一个矩形区域,这是集合了各种命令。

5. 编辑栏　在编辑栏中,从左到右依次为名称框、“插入函数”按钮和数据编辑区。名称框中显示当前单元格的地址,“插入函数”按钮用于选择函数,数据编辑区用于显示当前单元格的内容,也可以在其中直接输入数据或进行函数和公式的编辑。

6. 工作表编辑区　工作表编辑区是 Excel 2010 窗口中用于存放用户数据的地方,编辑和处理表格数据都在这里进行,它是由一系列单元格区域组成。

知识点 3　工作簿和工作表

(1)工作簿:工作簿是 Excel 2010 中的电子表格文件。每个工作簿的名称就是它的文件名,其文件扩展名为 . xlsx。使用 Excel 2010 编辑的电子表格,都是以工作簿为文件进行打开、关闭和存储的。一个工作簿可以包含一个或多个工作表,工作簿是工作表的集合。

(2)工作表:工作表是显示在工作簿窗口中的一张电子表格。

每个工作表都有一个名称,叫工作表标签。在新建一个工作簿文件时,系统默认它有 3 张工作表,其工作表名称分别为:Sheet1、Sheet2、Sheet3,其中显示为白色的工作表标签是当前工作表。在实际应用中,可以根据需要插入新的工作表,也可以删除原有的工作表,但一个工作簿中至少要含有一张工作表。

知识点 4　行、列、单元格

行、列、单元格

一张工作表,是由若干个行和若干个列的单元格所组成的表格。

每一行都有一个行号,分别是1,2,3,4,5,6,……。

每一列都有一个列标,分别是A,B,C,D,E,F,……。

由行和列交汇而形成的用于存储数据的一个个小格,叫单元格。每个数据的输入和编辑都在单元格中进行,单元格是工作表中存储数据的最小单元。

每一个单元格都有一个名称(也叫单元格地址),分别是A1,A2,A3,……;B1,B2,B3,……即一个单元格的名称,由它所在的列和行,唯一的确定下来。

当插入点定位在某个单元格时,这个单元格的名称便显示在名称框中。当选定一个连续的矩形单元格区域时,名称框中则显示这个矩形区域左上角的那个单元格的名称。

4.1.2 学生上机操作

学生上机操作1　启动与退出Excel 2010

使用不同方法练习启动和退出Excel 2010。

学生上机操作2　认识Excel 2010的窗口

1. 观察Excel 2010的窗口,说出窗口各部分组成部分的名称。

2. 初步了解Excel 2010窗口中“文件”选项卡和“开始”“插入”“页面布局”“公式”等功能区中常用命令的排布情况,在以后的学习中逐步掌握这些常用命令的用法。

学生上机操作3　练习保存文件

参考图4-1,在Excel 2010工作表中输入几位同学的3门课的成绩,并按要求命名和保存文件。本次课不能完成者,以后上机接着做。

★任务完成评价

熟悉Excel 2010窗口的组成;初步熟悉Excel 2010的“文件”选项卡和各功能区中常用命令的功能;知道什么叫工作簿,什么叫工作表,工作表和工作簿的关系;能够正确标识单元格名称。

4.2 任务二　掌握Excel 2010的基本操作

通过之前的学习,大家对Excel 2010有了一个初步的认识,下面来研究Excel 2010的基本操作。

★任务目标展示

1. 掌握工作簿文件的管理操作。
2. 掌握工作表的数据输入方法。
3. 掌握工作表的管理。
4. 掌握单元格及行列的操作。
5. 掌握格式化工作表的方法。

4.2.1 知识要点解析

知识点1　**工作簿(文件)的管理**

1. 创建工作簿　在Excel 2010中,创建工作簿有多种方法,常用的有以下几种。

方法一:启动Excel 2010,即自动创建一个名为“工作簿1”的空白工作簿。在保存文件时,可按具体内容重新命名其文件名。

方法二:在启动 Excel 2010 后,单击“文件”选项卡,选择“新建”,在“可用模板”中双击“空白工作簿”,创建一个名为“工作簿 n”的空白工作簿。

方法三:按快捷键命令“Ctrl + N”,创建一个名为“工作簿 n”的空白工作簿。

例如,要创建一个血压监测表,其操作方法如下。

步骤 1:在“文件”选项卡中单击“新建”。

步骤 2:在“可用模板”列表中,单击“样本模板”,如图 4-3 所示。

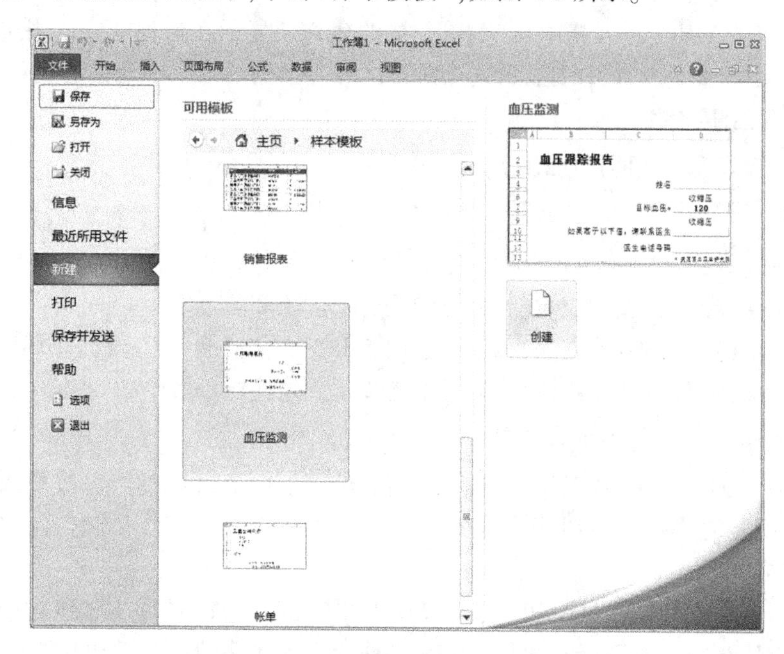

图 4-3 使用“样本模板”创建工作簿

步骤 3:在“样本模板”中,单击“血压监测”选项,再单击“创建”命令。

这样,一份“血压监测表”电子表格(工作簿)就创建好了,如图 4-4 所示。

2. 保存工作簿　在对电子表格编辑过程中或编辑完成后,均要注意及时保存文件。保存文件的常用方法有如下几种。

(1)保存新建的工作簿

方法一:单击快速访问工具栏中的“保存”按钮。

方法二:单击“文件”选项卡中的“保存”或“另存为”命令。

方法三:使用快捷键命令“Ctrl + S”。

对于首次保存(或另存为)的文件,应在弹出的“另存为”对话框中,确定文件的保存位置和文件名,然后单击“保存”按钮。

(2)保存已有的工作簿:单击快速访问工具栏上的“保存”按钮。

如果要将更改后的工作簿改名保存或改变保存位置,需要单击“文件”选项卡下的“另存为”命令,并在弹出的“另存为”对话框中设置保存位置和文件名,然后单击“保存”按钮。

(3)设置自动保存:为了避免因突发断电、死机等意外情况造成编辑的数据丢失,Excel

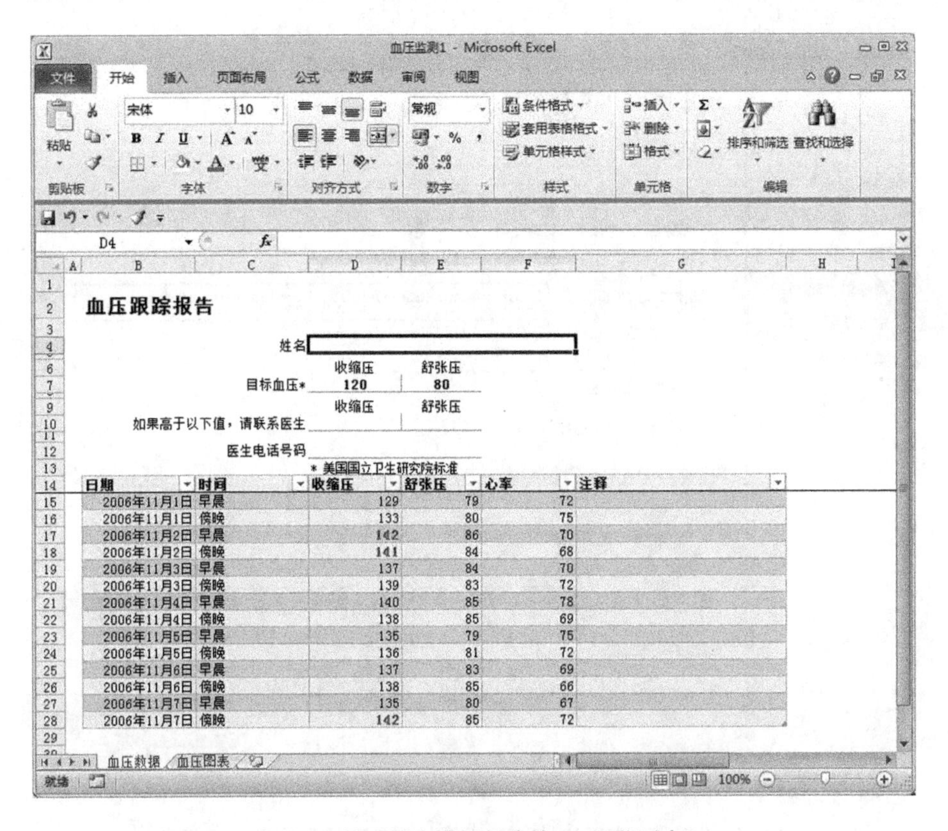

图 4-4　使用样本模板创建的“血压监测表”

2010 提供了保存自动恢复信息的功能。其设置方法是，单击“文件”选项卡，从中单击“选项”命令，打开“Excel 选项”对话框，如图 4-5 所示。

在该对话框中，单击“保存”选项，从中设置“保存自动恢复信息时间间隔”（默认时间间隔是 10min），用户可按具体要求设定，设置完毕，单击“确定”按钮。

3. 打开与关闭工作簿

（1）打开工作簿

方法一：在“计算机”中或者“资源管理器”中找到并双击需要打开的工作簿。

在启动 Excel 2010 后，还可用以下方法来打开工作簿。

方法二：单击“文件”选项卡中的“打开”命令。

方法三：使用快捷键命令“Ctrl + O”。

（2）关闭工作簿

方法一：单击“文件”选项卡中的“关闭”命令。

方法二：单击 Excel 2010 窗口右上角的“关闭窗口”按钮，但不退出程序。

方法三：单击 Excel 2010 窗口右上角的“关闭”按钮，并退出程序。

方法四：使用快捷键命令“Alt + F4”。

要同时关闭已打开的多个工作簿，按住“Shift”不放，再单击“关闭”按钮。在关闭工作簿时，如果编辑更改未作保存，系统将提示用户是否保存。

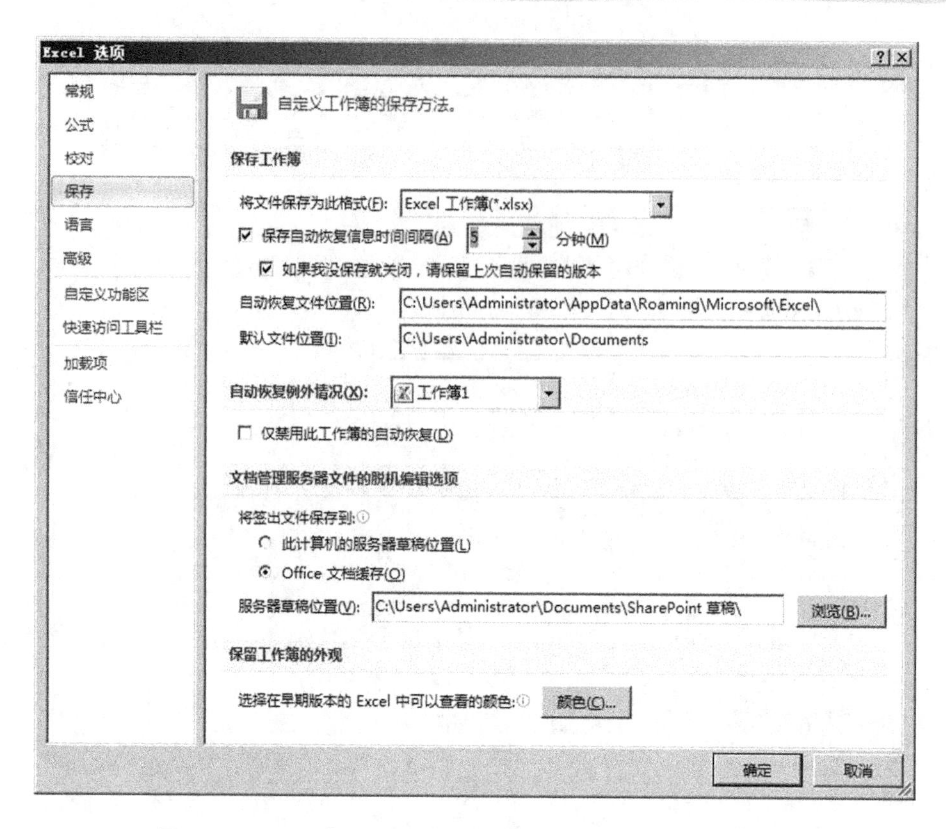

图 4-5 “Excel 选项”对话框 -设置保存自动恢复信息时间间隔

知识点 2 工作表的数据输入

在单元格输入数据，即可对工作表进行编辑，常用的数据类型有文本、数字、日期和时间等。

1. 文本型数据的输入 文本包括汉字、字母、数字、空格及键盘上可以输入的任何符号。默认状态下，文本型数据内容为左对齐。输入时需要注意，数据若是字母、汉字等直接输入即可；如果把数字作为文本输入，需要在数字前先输入一个半角的单引号(例如：学号为“001，002……”，要先输入一个单引号“'”，再接着输入“001”，回车后字符串前的“0”即被保留)，还可事先设置单元格格式为文本型，然后再输入数据。

2. 数值型数据的输入 输入数字型数据与输入文字的方法相同，但在输入数字时，应注意以下几点。

(1)在输入分数时，应先输入一个 0 和一个空格，之后再输入分数。否则系统会将其作为日期处理。例如：要输入分数“3/4”，应输入“0 3/4”，如果不是先输入 0 和空格，则表示日期 3 月 4 日。

(2)在输入一个负数时，可以通过两种方法来完成：在数字前面加一个负号；也可把数字放在圆括号中。例如输入“负 9”，可以输入“-9”也可以输入“(9)”。

(3)在输入百分数时，先输入数字，再输入百分号。

在 Excel 2010 中，可以输入以下数值和符号：“0~9”“+”“-”“( )”“,”“/”“ $ ”“%”“.”“E 或 e”等。在 Excel 中，E 或 e 是 10 的乘幂符号，E 加数字表示 10 的 n 次方。例如“1. 6E-3”

表示“1.6×10^{-3}”,即 0.0016。

3. 日期型数据的输入　日期按照“年月日”的格式输入,用“/”或“-”符号隔开,如 2014 年 7 月 28 日,可输入“14/7/28”或“14-7-28”。

时间按照“时分秒”的格式输入,用“:”符号隔开,如 10 点 48 分,输入“10:48”。

输入当前日期,英文输入法下按“Ctrl+;”,输入当前时间按“Ctrl + Shift + ;”。

时间和日期可以相加、相减,并可包含到相应的运算中。若要在公式中使用日期或时间,特别要注意应使用英文输入法的各种标点符号。例如,="2014/8/5"-"2014/7/28",其计算结果为数值 8,表示两者间隔的天数为 8 天。

4. 自动填充　自动填充数据是指在一个或两个单元格内输入数值后,在与其相邻的单元格区域填充具有一定规则的数据。它们可以是相同的数据,也可以是一组序列(等差或等比)。自动填充数据可以用鼠标拖动填充柄填充,也可以使用命令来填充。

例如,要在 A 列“学号”下输入 1001~1020,其操作方法如下。

方法一:用鼠标拖动填充柄填充。

步骤 1:在单元格 A2、A3 中分别输入 1001、1002。

步骤 2:选定 A2、A3 这两个单元格。

步骤 3:将鼠标放到单元格右下角的填充柄上,鼠标指针变成黑色“+”字形状。

步骤 4:拖动鼠标至目标位置释放,即可在单元格区域内完成数据填充。

方法二:用命令填充数据序列。

步骤 1:在 A2 中输入一个初始值 1001。

步骤 2:选定要填充的目标区域 A2:A21。

步骤 3:在“开始”功能区的“编辑”组中,单击“填充”下拉列表,从中选择“系列”命令,打开“序列”对话框,如图 4-6 所示。

步骤 4:在对话框中设置“步长值”“终止值”数据,单击“确定”按钮。

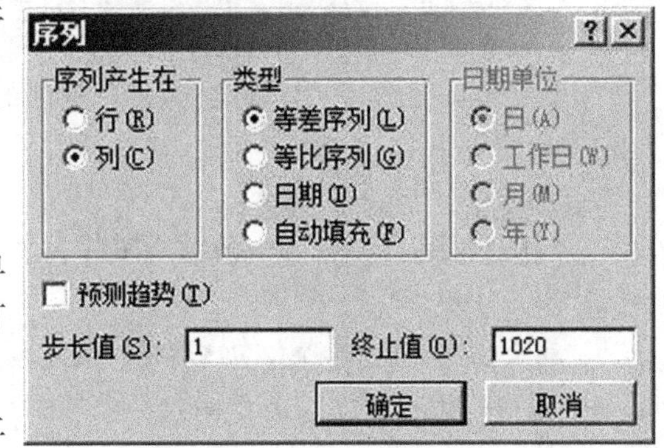

图 4-6　“序列”对话框

5. 创建自定义序列　在 Excel 2010 中,对于经常使用的一些数据序列,可将它设置为自定义序列。

例如,要创建一个从“第一任务”到“第六任务”的自定义序列,其操作方法如下。

步骤 1:单击“文件”选项卡,从中单击“选项”命令。

步骤 2:在“Excel 选项”对话框中,单击“高级”选项。

步骤 3:在右侧的“常规”列表中,单击“编辑自定义列表”按钮,弹出“自定义序列”对话框,如图 4-7 所示。

步骤 4:在“输入序列”框中,输入序列内容,输入完毕,单击“添加”按钮。

步骤 5:再单击“确定”按钮。

这样,一个自定义的序列就设置成功了。今后,在需要使用这个序列时,只要输入“第一任务”,然后拖动填充柄按列(或按行)填充即可(你不妨试一试)。

6. 插入批注　在 Excel 2010 中,可根据具体情况对单元格添加批注。

步骤 1:单击要插入批注的单元格。

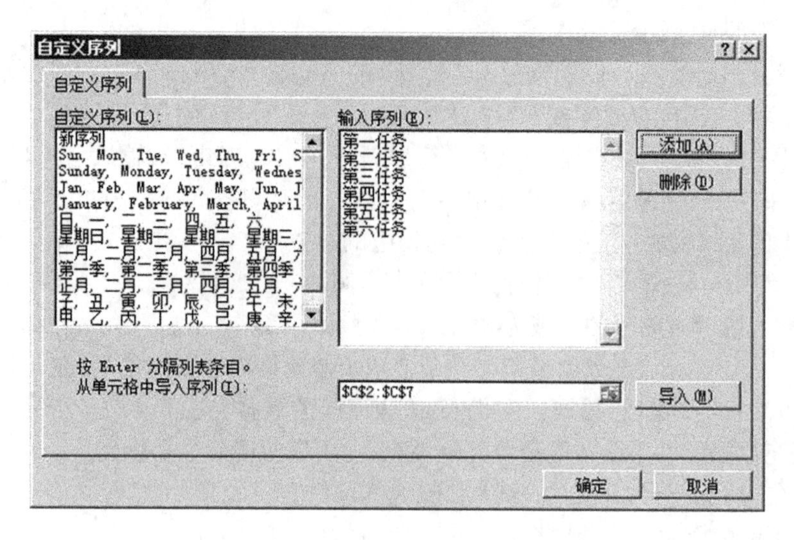

图 4-7 “自定义序列”对话框

步骤 2:单击“审阅”选项卡。

步骤 3:在“批注”组中,单击“新建批注”命令。

步骤 4:在弹出的批注框中输入批注内容。

如果要删除批注,可用鼠标选定带有批注的单元格,单击鼠标右键,在弹出的快捷菜单中单击“删除批注”。

知识点 3 工作表的管理

一个工作簿可以包含一个或多个工作表。用户可根据实际需要来添加、删除、复制和重命名工作表。

1. 插入工作表 一个新创建的工作簿文件有 3 张工作表,名称分别为 sheet1、sheet2、sheet3。用户可以根据实际需要插入一个或多个工作表。插入工作表有多种方法,下面介绍常用的 3 种。

方法一:用“插入工作表”命令按钮。

如图 4-8 所示,单击 Excel 2010 窗口底部工作表标签右侧的“插入工作表”按钮,即可插入一张工作表。

方法二:用快捷键。

快捷键命令“Shift + F11”。

方法三:用插入对话框(右键法)。

在工作表标签上,单击鼠标右键,从弹出的快捷菜单中单击“插入”命令,在打开的“插入”对话框中单击“工作表”,然后单击“确定”按钮。

2. 删除工作表

方法一:选定工作表,在“开始”功能区中“单元格”组中的“删除”下拉列表中,从中选择“删除工作表”命令。

方法二:用右键单击要删除的工作表标签,从快捷菜单中单击“删除”命令。

3. 重命名工作表 为了使工作表标签能够一目了然,可以对工作表重命名。

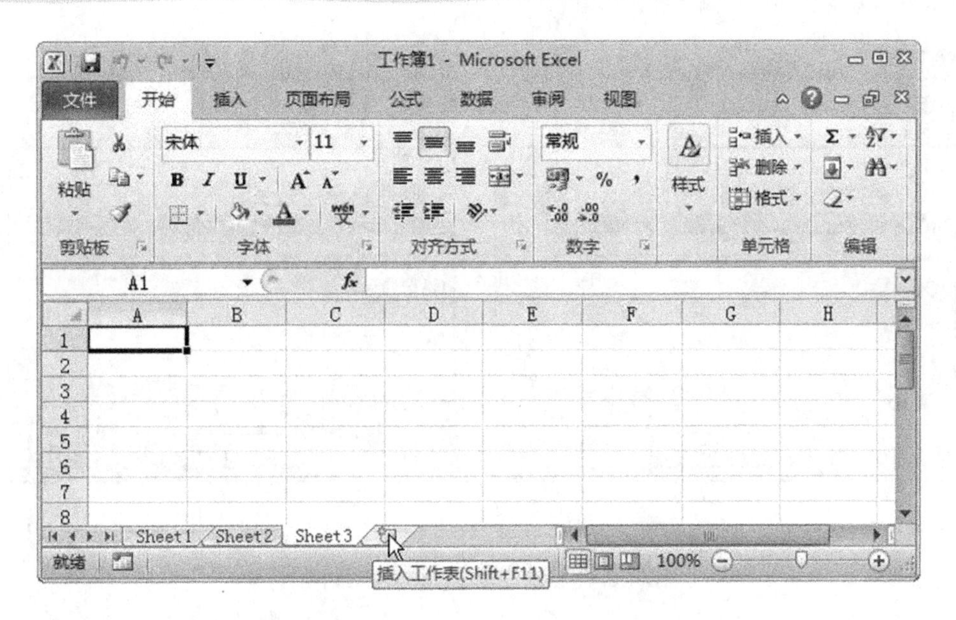

图 4-8　用“插入工作表”按钮插入工作表

方法一：在“开始”功能区的“单元格”组中，单击“格式”下拉列表，从中选择“重命名工作表”命令，然后输入新的工作表名。

方法二：双击工作表标签，然后输入新的工作表名。

方法三：在工作表标签上单击鼠标右键，在快捷菜单中选择“重命名”命令，然后输入新的工作表名。

4. *移动或复制工作表*　可以在同一个工作簿中移动或复制工作表，也可以将工作表移动或复制到另一个工作簿中。

在同一个工作簿中移动工作表时，用鼠标左键按住工作表标签拖到目标位置释放。

如果要复制工作表，应按住“Ctrl”键的同时，用鼠标左键按住工作表标签拖到目标位置释放。

还可以在不同的工作簿之间移动或复制工作表。例如，要把工作簿 1 中的工作表 a1 移动或复制到工作簿 2 中，其操作方法如下。

步骤 1：同时打开工作簿 1 和工作簿 2。

步骤 2：在工作簿 1 中的工作表 a1 标签上，单击鼠标右键，从弹出的快捷菜单中单击“移动或复制工作表”命令，打开“移动或复制工作表”对话框，如图 4-9(1)所示。

步骤 3：在“移动或复制工作表”对话框中，单击“工作簿 1”右端的下拉按钮，从中单击工作簿 2(若单击“新工作簿”，选定的工作表 a1 将移动或复制到新的工作簿中)，如图 4-9(2)所示。如果是复制工作表，应选中“建立副本”框；如果是移动工作表，则不选“建立副本”框。

步骤 4：在“下列选定工作表之前”列表框中确定目标工作表的位置。

步骤 5：单击“确定”按钮。

但应注意，在移动或复制工作表之后，目标工作表中的某些计算结果或图表可能会发生变化而不准确。

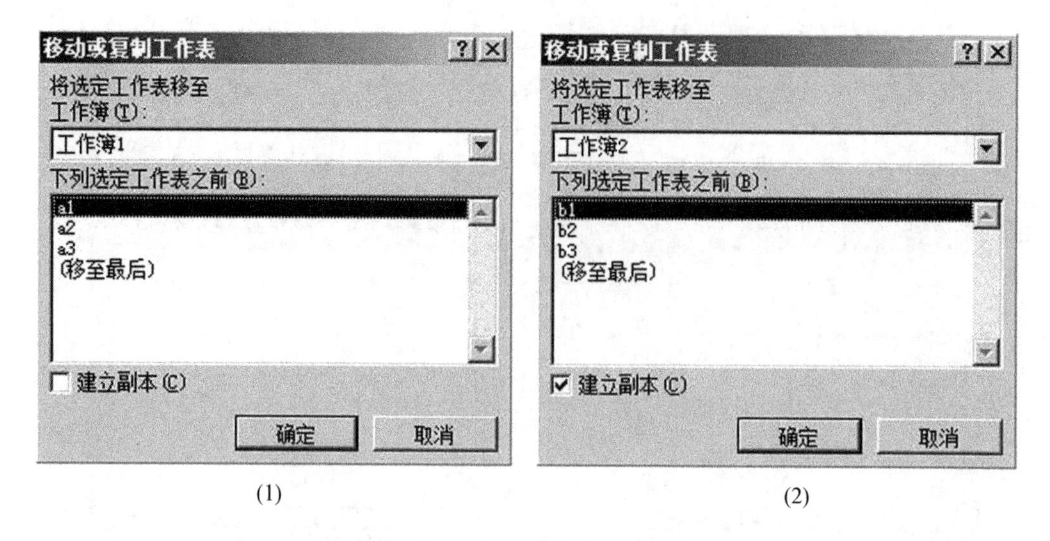

图 4-9 “移动或复制工作表”对话框

5. 隐藏工作表　要隐藏工作表,首先选定要隐藏的工作表,在“开始”功能区“单元格”组中,单击“格式”下三角按钮,在“可见性”中选择“隐藏和取消隐藏”列,点击“隐藏工作表”命令。也可右击隐藏的工作表标签,在弹开的快捷菜单中选择“隐藏”。

取消隐藏工作表时,在上述操作的最后一项中点击“取消隐藏工作表”命令。

知识点 4　单元格及行、列的操作

一个单元格区域,最小是 2 个单元格,最大是整张工作表中的全部单元格。

选定单元格或单元格区域、行或列,是进行移动、复制等编辑操作的前提。

1. 选定单元格及行、列

(1)选定一个单元格:要选定一个单元格,直接单击该的单元格。被选定的单元格,叫活动单元格(或称当前单元格)。当一个单元格被选定时,该单元格的地址会显示在名称框中。

(2)选定整张工作表的全部单元格:要选定整张工作表的全部单元格,单击“全选”按钮(即行号和列标相交处的按钮);或是按快捷键命令“Ctrl + A”。

(3)选定一行或一列:要选定一行,单击该行的行号;选定一列,单击该列的列标号。

(4)选定矩形单元格区域

方法一:先单击要选定区域的第一个单元格,再按住鼠标左键不放拖动到最后一个单元格,然后释放鼠标。

方法二:先单击要选定区域的第一个单元格,按住 Shift 键不放,用鼠标单击该区域的最后一个单元格,然后释放 Shift 键。

(5)选定不相邻的单元格区域:先选定一个单元格区域(或单元格),然后按住 Ctrl 键不放,再依次选定其他单元格区域(或单元格)。

要取消所做的选定,可单击工作表中的任意一个单元格。

2. 插入单元格、行或列　要插入单元格、行或列,一种常用的方法是:使用“开始”功能区“单元格”组中的“插入”选项中的插入“单元格”等命令来完成,如图 4-10(1)所示。

(1)插入“单元格”

步骤 1:选定一个单元格或单元格区域。

所选定的单元格的数目即是要插入的单元格的数目。例如,若选定 5 个单元格,则会插入 5 个单元格。

步骤 2:单击“开始”选项卡。

步骤 3:在“单元格”组中,单击“插入”下拉箭头,从下拉列表中单击“插入单元格”命令,见图 4-10(1);弹出的“插入”对话框,如图 4-10(2)所示。

步骤 3:在该对话框中,选择一个单选项,然后单击“确定”按钮。

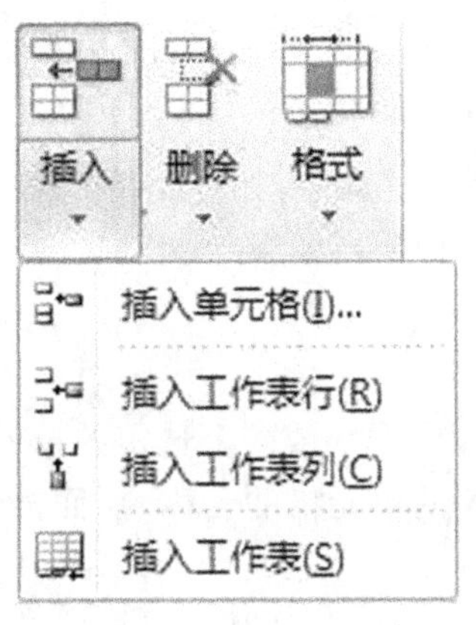

(1)“插入”下拉列表

插入
插入
活动单元格右移(I)
活动单元格下移(D)
整行(R)
整列(C)
确定
取消

(2)“插入”单元格对话框

图 4-10 “插入”单元格

(2)插入行或列

步骤 1:选定一行或几行(一列或几列)。

步骤 2:单击“开始”选项卡,在“单元格”组中,单击“插入”下拉箭头,在下拉列表中单击“插入工作表行”命令(或“插入工作表列”命令),见图 4-10(1)。

这样,即可在选定行的上方插入一行或几行(或在选定列的左方插入一列或几列)。

3. 删除单元格、行或列 删除单元格、行或列的方法与插入的操作方法类似。

步骤 1:选定要删除的单元格、行或列。

步骤 2:在“开始”功能区的“单元格”组中,单击“删除”下拉按钮,从中单击“删除单元格”,打开“删除”对话框。

步骤 3:按需要,从中选择一个单选项,然后单击“确定”。

要删除整行(或整列),可选定要删除的行(或列),然后单击“开始”选项卡,在“单元格”组单击“删除”下拉列表,从中单击“删除工作表行”(或列)命令。

4. 隐藏行或列 为了突出显示重点,可把不需要显示的行或列暂时隐藏,当需要显示时可以取消隐藏。

(1)隐藏行或列:选定要隐藏的行或列,从“开始”功能区的“单元格”组中,单击“格式”下拉列表,单击“隐藏和取消隐藏”命令,单击“隐藏行”或“隐藏列”命令。

(2)取消隐藏:选定包含被隐藏的行或列在内的几行或几列,在“开始”功能区的“单元格”组中，单击“格式”命令，指向“隐藏和取消隐藏”选项，从中单击“取消隐藏行”或“取消隐藏列”命令。

5. 移动或复制单元格　移动单元格就是将一个单元格或多个单元格中的数据或图表从一个位置移至另一个位置，移动单元格的操作方法有用鼠标和用命令两种。

(1)用鼠标操作

步骤1：选定要移动的单元格。

步骤2：将鼠标指针置于该单元格的边框上，当鼠标变成双向“十”字形箭头时，按住左键并拖动到目标位置。如按住“Ctrl”键的同时拖动鼠标，则为复制。

(2)用命令操作

步骤1：选定要移动的单元格。

步骤2：单击“开始”选项卡。

步骤3：如移动单元格，在“剪切板”组中单击“剪切”命令；如复制单元格，单击“复制”命令。

步骤4：单击粘贴区域左上角的单元格。

步骤5：单击“剪切板”组中的“粘贴”命令。

6. 合并或拆分单元格　合并单元格，是指把连续的两个或多个选定的单元格合并为一个单元格(合并后的单元格的名称是原选定区域左上角的单元格的名称)。而拆分单元格，则是将一个单元格拆分成几个单元格。

例如，要合并A1:E1这5个单元格，其操作方法如下。

步骤1：选定要合并的单元格区域。

步骤2：单击“开始”选项卡，在“对齐方式”组中，单击“合并后居中”下拉箭头，从列表中单击“合并后居中”命令。

若要拆分已合并的单元格，只需要选定所合并的单元格，再次单击“合并后居中”按钮即可。

知识点5　设置工作表的格式

使用Excel 2010所提供的格式设置功能，可以对工作表中的数据及外观进行设置，制作出符合使用要求，比较醒目美观的工作表。

1. 格式化数据　在“开始”功能区的“字体”组中，单击显示“字体”对话框按钮，打开“单元格格式”对话框，它包括数字、对齐、字体、边框、填充和保护6个选项卡，如图4-11所示。

在“数字”选项卡中，可设置数字的类型，如常规、数值、货币、文本、时间、分数、会计专用等。

在“对齐”选项卡中，可以设置文本的顶端对齐、垂直居中、底端对齐、文本左对齐，文本右对齐、居中、合并单元格等。

在“字体”选项卡中，可设置字体、字号、颜色等。

在“边框”选项卡中，可设置单元格区域边框样式、线条、颜色等。

在“填充”选项卡中，可设置单元格背景色和图案等。

在“保护”选项卡中，在工作表被保护的情况下，可设置锁定单元格或隐藏等。

2. 调整行高和列宽　编辑中，可以根据实际需要调整行高和列宽。

(1)调整列宽

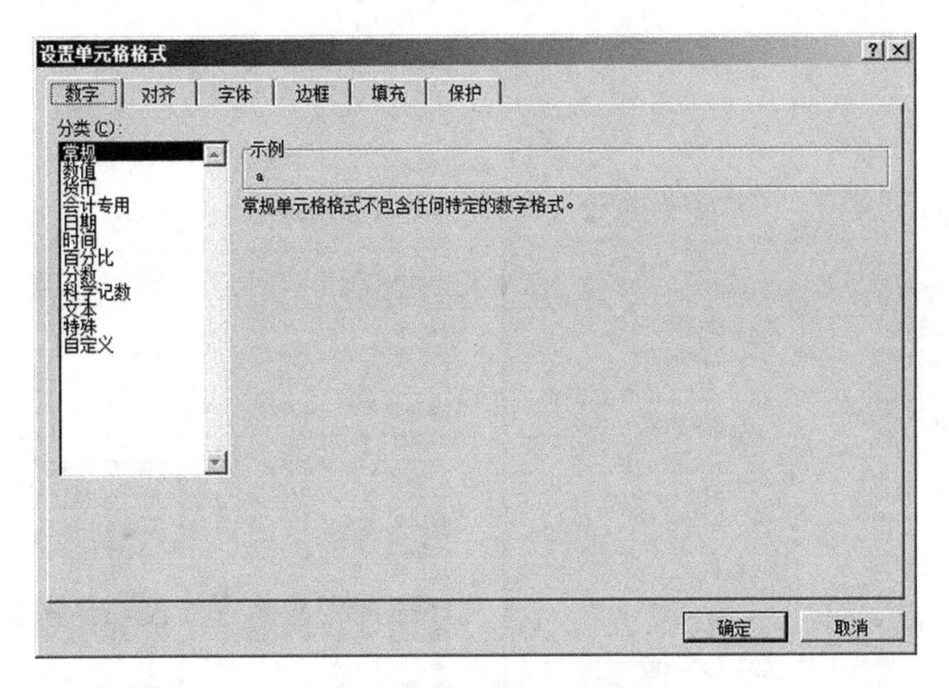

图 4-11　“设置单元格格式”对话框

方法一:拖动列的右边界线调整列宽。

方法二:选定要调整列宽的列或单元格区域,在“开始”功能区的“单元格”组中,单击“格式”命令,在弹出的“单元格大小”列表中,单击“列宽”命令,在弹出的“列宽”对话框中设置列宽,设置完毕单击“确定”。

方法三:用“选择性粘贴”复制列宽。如果需要将某列宽复制到其他列中,选定源列中的单元格,单击“开始”选项卡,单击“剪切板”组中的“复制”按钮,然后选定目标列,接着在“剪切板”组中单击“粘贴”下拉列表中,再单击“选择性粘贴”命令,在打开的“选择性粘贴”对话框中,选中“列宽”选项,如图 4-12 所示。

(2) 调整行高

方法一:拖动行的下边界线调整行高。

方法二:选定要调整的行或单元格区域,单击“开始”选项卡,在“单元格”组中,从“格式”下拉列表中单击“行高”命令,在弹出的“行高”对话框中设置行高。

3. 套用表格格式　Excel 2010 内置了多种已设置好的表格格式,可以选择这些格式,把它套用到选定的表格上。这种方法称为套用表格格式。操作方法如下。

步骤 1:选定需要自动套用格式的单元格区域。

步骤 2:单击“开始”选项卡,在“样式”组中单击的“套用表格格式”下三角按钮。

步骤 3:从中选择一种格式,单击“确定”按钮,如图 4-13 所示。

4. 设置条件格式　条件格式是对选定的区域中的数据设定一些条件,只有符合条件的单元格才被应用所设置的格式,不符合条件的单元格则不被应用所设置的格式。设置条件格式的方法如下。

例如,以分数>90 设置单元格内容为黄填充色深黄色文本。

图 4-12 “选择性粘贴”对话框

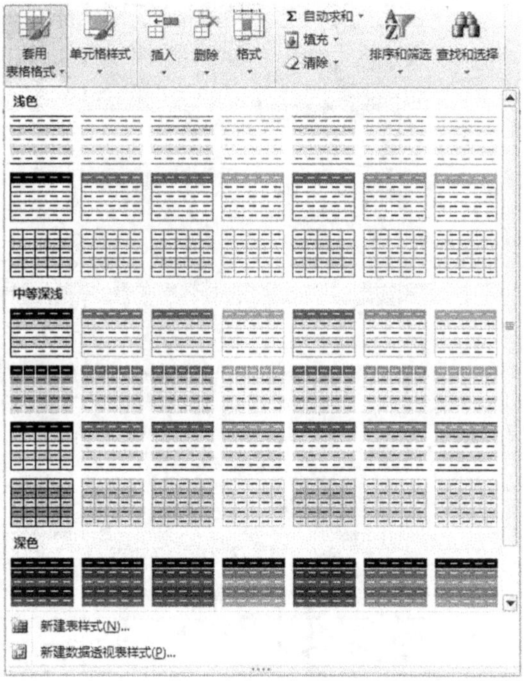

图 4-13 “套用表格格式”对话框

步骤 1:见图 4-1,在工作表中,选定要设置条件格式的单元格区域。单击“开始”选项卡,指向“样式”,单击“条件格式”下拉列表中 “突出显示单元格规则”中的“大于”选项,如图4-14所示。

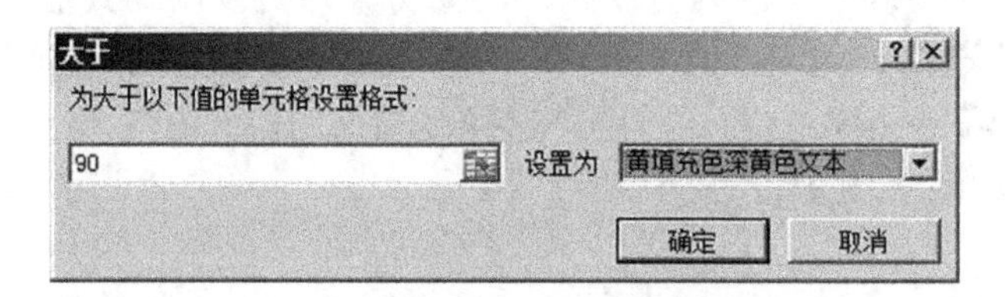

图 4-14 设置条件格式-“大于”对话框

步骤 2:在对话框中输入大于值及设置单元格格式。

步骤 3:单击“确定”按钮。设置的结果如图 4-15 所示。

如要取消所设置的“条件格式”,可以使用该对话框上的“清除规则”中“清除所选单元格的规则(S)”按钮。

4.2.2 学生上机操作

学生上机操作 1 工作簿管理操作

新建一个工作簿,在一个工作表中录入如图 4-1 所示的内容,然后按下列要求进行编辑操作。

(1)将 A 列设置成黑体、12 磅,加粗并居中。

	A	B	C	D	E	F
1	学生成绩登记表					
2	学号	姓名	语文	数学	计算机	总分
3	001	张永	98	78	89	
4	002	李丽	95	96	87	
5	003	文强	96	98	76	
6	004	周国志	89	92	69	
7	005	王雷雷	78	92	99	
8	006	徐国强	65	87	71	
9	007	高飞	99	60	93	
10	008	赵志刚	72	87	64	
11	009	李海军	56	75	92	
12	010	张凯	69	64	92	

图 4-15 分数>90 设置单元格内容为黄填充色深黄色文本

(2)将各列列宽调整为 15。

(3)将上述工作表复制到 Sheet2 中,并将 Sheet2 重命名为“学生总分”。

(4)按要求以适当的文件名命名工作簿,并将文件保存在 D:盘的指定目录中。

学生上机操作 2 工作表、单元格管理操作

如图 4-1“学生成绩登记表”,请完成下面的操作。

(1)将标题“学生成绩表”设置为黑体,小三号,颜色为蓝色,底纹的颜色为浅黄,图案为 50% 灰色。

(2)将表格中的所有数据设置为“水平居中”或“垂直居中”格式。

(3)为 A2:F12 区域加上边框,外边框为粗实线,内部为细实线。

(4)把该表中单科成绩>90 的成绩以蓝色显示。

学生上机操作 3 插入批注操作

建立一个工作簿“考试成绩统计表”,表中内容为学生成绩登记表,如图 4-1 所示。按要求保存在指定的文件夹中。编辑中,使用填充柄输入学号;并为表格中分数>90 的单科成绩添加批注,批注的内容为:“不骄不躁,继续努力!年/月/日。”

学生上机操作 4 插入工作表、删除工作表、为工作表重命名操作

打开前面保存的“学生成绩统计记表”工作簿,完成以下操作。

(1)将工作表 Sheet1 改名为“成绩统计表”。

(2)在工作表 Sheet2 前面插入工作表 Sheet4。

(3)删除工作表 Sheet2。

(4)将“成绩统计表”复制到 Sheet4 的后面,并改名为“成绩统计表备份”。

学生上机操作 5 工作表操作

新建一个工作簿,将工作表增加到 4 个,将这 4 个工作表分别命名为第一季度、第二季度、第三季度、第四季度,然后将各工作表标签的颜色分别设置为红、黄、蓝、绿。

学生上机操作 6 打开“学生成绩登记表”,完成下面操作

(1)在“张凯”后面插入一行,依次输入数据“011,叶强,85,79,89”。

(2)隐藏新插入的“叶强”所在的行,然后再取消隐藏。

(3)在第 1 行前插入一行,合并及居中 A1:F1 单元格,然后在 A1 单元格中输入标题“护理

××班学生成绩表”。

★任务完成评价

学习和研究 Excel 2010 的基本操作,掌握工作簿、工作表的管理操作;掌握单元格、行、列的基本操作;熟悉文本型数据、数值型数据、日期型数据的使用方法,熟悉“选择性粘贴”“设置条件格式”的编辑操作方法。在移动、复制工作表、合并单元格、拆分单元格的编辑中要特别注意操作顺序。

★知识技能拓展

创建一个工作簿文件,在其中输入一些文本型数据(如学号或准考证号)、数值型数据(如成绩)、和日期型数据(如入学日期或毕业日期),针对所输入的数据,进一步学习和研究数据类型的使用方法。

4.3 任务三　使用公式和函数

Excel 2010 具有强大的数据处理功能,我们可以使用公式和函数对数据进行计算和分析,极大地方便了用户。

★任务目标展示

1. 理解公式运算符的概念,能够创建公式计算数据。
2. 正确掌握单元格及区域的引用。
3. 熟悉几种常用函数的用法。

4.3.1 知识要点解析

知识点 1　公式与运算符

1. 公式　公式是对工作表中数据进行计算的等式,用于完成计算、比较或逻辑运算。

Excel 2010 中的公式必须遵循特定的语法。公式总是以等号“=”开始,接着是要执行的运算、操作其他单元格的内容、测试条件和返回信息等。执行的计算包括数值计算、字符运算、调用函数、单元格引用等。例如,下面是 7 个不同的公式。

=2+5*3(把 2 和 5 与 3 的乘积相加)。

=C1+C2+C3(将单元格 C1,C2,C3 中的值相加)。

=SQRT(A1)(调用 SQRT( )函数计算 A1 中值的平方根)。

=A1^2(计算 A1 中值的平方)。

=PI()(返回圆周率 π 的值)。

=PI()*(A1^2)(计算以 A1 为半径的圆的面积)。

=TODAY()(返回当前日期)。

特别指出,公式中的常量和变量、函数、标点符号和运算符等均要使用英文半角符号,括号嵌套一律用小括号,英文字母可以不区分大小写。

2. 运算符

(1)运算符分类:包括算术运算符、比较运算符、文本运算符、引用运算符。

算术运算符用来完成基本的数学运算,如加法、减法和乘法等。算术运算符有“+”(加)、“-”(减)、“*”(乘)、“/”(除)、“%”(百分号)、“^”(乘方)。

比较运算符用来对两个数值进行比较运算,如果比较的结果成立,则返回逻辑值 True

（真）；如果比较的结果不成立，则返回逻辑值 False（假）。比较运算符包括 =、>、>=、<=、<>（不等于）。例如，3<2 返回结果为 False，3>2 返回结果为 True。

文本运算符用来将一个或多个文本链接成为一个组合文本。文本运算符有"&"。例如"Excel "&"2010"的运算结果为"Excel 2010"。

引用运算符用来将单元格区域合并运算。引用运算符包括区域运算符"："（冒号）、联合运算符"，"（逗号）两种。其中区域运算符表示对两个引用单元格之间的区域进行引用，包括两个引用单元格在内的所有区域。例如，SUM（A1：B3）单元格区域是引用 A1、A2、A3、B1、B2、B3 共 6 个单元格中的值；联合运算符表示将多个引用合并为一个引用，主要用于对一些不连续单元格的引用。例如，SUM（B5，B15，C3，D4），是指对 B5、B15、C3、D4 这 4 个单元格中的值求和。

（2）运算顺序：如果公式中同时用到了多个运算符，Excel 将按下面的顺序进行运算：

公式中运算符的顺序从高到低依次为"："（冒号）、"　"（空格）、"-"（负号）、"%"（百分号）、"^"（乘幂）、"*"（乘号）、"/"（除号）、"+"（加号）、"&"（连接符）、比较运算符。它们的优先级由高到低依次为：引用运算符、算数运算符、文本运算符、比较运算符。

如果公式中包含了相同优先级的运算符，Excel 将从左到右进行计算。如果要修改运算顺序，应把公式需要优先计算的部分用小括号括起来。

知识点 2　单元格的引用

单元格的引用，不是直接给出单元格的内容，而是指定单元格地址。单元格引用可以保证当引用的单元格内容发生变化的时候，使用公式计算的结果也相应发生变化。单元格的引用一般包括 3 种类型，即相对引用、绝对引用、混合引用。

1. 相对引用　相对引用是指当把含有单元格地址的公式复制到其他位置时，公式中引用的单元格地址会随着公式位置的改变而改变，其格式为"<列标><行号>"。例如，在 C1 单元格输入公式："=A1+B1"，当将公式复制到 C2 单元格时，C2 单元格的公式会自动变成了"=A2+B2"。

2. 绝对引用　绝对引用是指当把含有单元格地址的公式复制到其他位置时，公式中所引用单元格地址不变。在 Excel 中绝对引用是通过在列标和行号前加"$"来实现的，其格式为"$<列标>$<行号>"。例如在 C1 单元格输入公式："=$A$1+$B$1"，当将公式复制到 C2 单元格时，C2 单元格的公式仍为："=$A$1+$B$1"。

3. 混合引用　混合引用是指当把含有单元格地址的公式复制到其他位置上，即在引用的过程中既有绝对引用又有相对引用。所引用单元格的行号或列标中只有一个进行调整，而另一个则保持不变。

前面加上"$"符号，表示公式在复制过程中单元格的行号或列标不变，则实现的是绝对引用；前面不加"$"符号，则实现的是相对引用。

其格式为：

$<列标><行号>或 <列标>$<行号>

前一种格式表示在列方面实现绝对引用，在行方面实现相对引用，即在复制公式时，其列标始终保持不变，行号则随着当前单元格地址变化而变化。后一种格式表示在行方面实现绝对引用，列方面实现相对引用。

例如，在 C1 单元格中输入公式："=$A1+B$1"，当将公式复制到 C2 时，C2 单元格的公

式变为 = $ A2+B $ 1;如将该公式复制到 D1 单元格中,则 D1 单元格的公式变为 = $ A1+C $ 1。

知识点 3　求和与求平均值

建立“护理一班期末考试成绩单”工作簿,如图 4-16 所示。

	A	B	C	D	E	F	G	H
1	护理一班期末考试成绩单							
2	姓名	语文	英语	计算机	生理	基础护理	总分	平均分
3	孙哲学	80	75	90	85	78		
4	赵丽丽	83	65	86	80	80		
5	朱如学	92	90	95	89	95		
6	杨思雨	70	85	88	80	84		
7	李娟娟	95	89	90	94	90		
8	刘丽娇	65	70	80	60	72		
9	李淑奇	50	60	65	50	61		

图 4-16　护理一班期末考试成绩单

1. 求和

(1)使用自动求和按钮计算总分

步骤 1:单击 G3 单元格。

步骤 2:在“开始”功能区的“编辑”组中,单击“自动求和”按钮 Σ ▾。

步骤 3:拖动 G3 单元格的填充柄计算出其他同学的总分,如图 4-17 所示。

	A	B	C	D	E	F	G	H
1	护理一班期末考试成绩单							
2	姓名	语文	英语	计算机	生理	基础护理	总分	平均分
3	孙哲学	80	75	90	85	78	408	
4	赵丽丽	83	65	86	80	80	394	
5	朱如学	92	90	95	89	95	461	
6	杨思雨	70	85	88	80	84	407	
7	李娟娟	95	89	90	94	90	458	
8	刘丽娇	65	70	80	60	72	347	
9	李淑奇	50	60	65	50	61	286	

图 4-17　使用填充柄计算总分

(2)用公式计算总分

步骤 1:单击 G3 单元格

步骤 2:在编辑栏中输入公式“=B3+C3+D3+E3+F3”,如图 4-18 所示。

这一步,也可以在单元格 G3 中直接输入公式“=B3+C3+D3+E3+F3”。

步骤 3:回车(或单击编辑栏中的“输入”按钮 ✓)确认。

步骤 4:拖动 G3 单元格的填充柄计算出其他同学的总分(图 4-17)。

2. 计算平均分

(1)用公式法计算平均分

步骤 1:单击 H3 单元格。

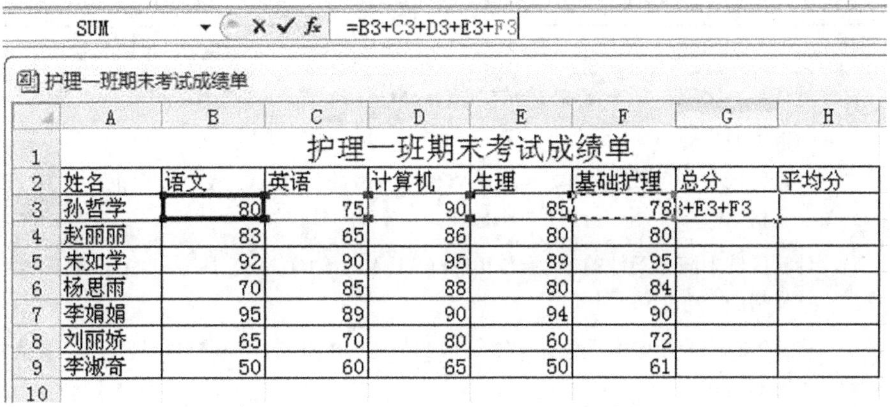

SUM　　=B3+C3+D3+E3+F3

护理一班期末考试成绩单

	A	B	C	D	E	F	G	H
1	护理一班期末考试成绩单							
2	姓名	语文	英语	计算机	生理	基础护理	总分	平均分
3	孙哲学	80	75	90	85	78	3+E3+F3	
4	赵丽丽	83	65	86	80	80		
5	朱如学	92	90	95	89	95		
6	杨思雨	70	85	88	80	84		
7	李娟娟	95	89	90	94	90		
8	刘丽娇	65	70	80	60	72		
9	李淑奇	50	60	65	50	61		
10								

图 4-18　在编辑栏中输入求和公式

步骤 2：在编辑栏中输入公式"=(B3+C3+D3+E3+F3)/5"。

步骤 3：回车确认。

步骤 4：拖动 H3 单元格的填充柄计算出其他同学的平均分。

(2)用求平均值按钮

步骤 1：单击 H3 单元格。

步骤 2：单击"公式"选项卡。

步骤 3：在"函数库"组中，单击"自动求和"下拉箭头，从弹出的列表中单击"平均值"命令，如图 4-19 所示。

步骤 4：拖动 H3 单元格的填充柄，计算出其他同学的平均分。

Σ 自动求和

Σ 求和(S)

平均值(A)

计数(C)

最大值(M)

最小值(I)

其他函数(F)...

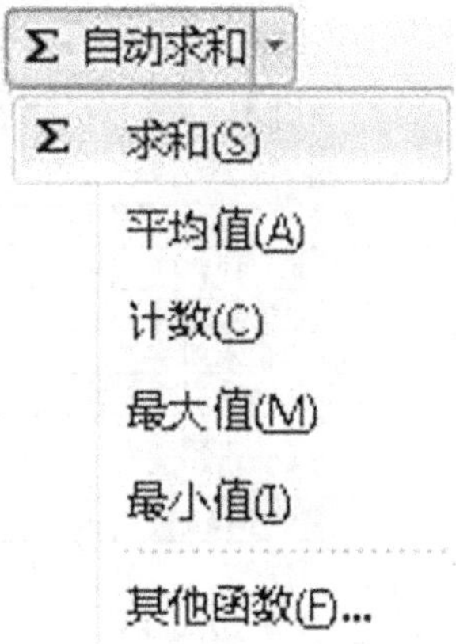

图 4-19　自动求和下拉列表

知识点 4　函数的使用

1. 函数概述　函数的基本格式为：函数名([参数][参数 2]……)

函数是 Excel 系统为解决日常工作中的计算问题而事先建立好的公式，用户可实际需要来使用。Excel 2010 中内置了数学、财务、统计等十多类数百的函数。使用这些函数，为解决常见的计算问题和数据处理带来许多方便。

2. 常用函数　如表 4-1 所示，列出了部分常用函数的名称及功能。

表 4-1　部分常用函数的名称及功能

名称	功能	实例
SUM	计算各参数的和	=SUM(A2:F2)计算 A2:F2 区域内各单元格的和
SUMIF	按指定条件对若干个单元格求和	=SUMIF(D2:D8,">=80")计算 D3:D9 区域内大于 80 的和
AVERAGE	计算各参数的算术平均值	=AVERAGE(A2:F2)计算 A2:F2 区域内各单元格的平均值
MAX	返回参数中的最大数值	=MAX(D1:D10)返回 D1:D10 返回区域中的最大值
MIN	返回参数中的最小数值	=MIN(D1:D10)返回 D1:D10 返回区域中的最小值

（续　表）

名称	功能	实例
RANK	计算某一数值在某一组数值中的排名	=RANK(B3,B3:B9)显示 B3 在 B3:B9 中的名次
COUNT	计算区域中包含数字的单元格个数	=COUNT(A1:A10)统计在 A1:A10 返回范围内数字单元格的个数
COUNTIF	计算区域中满足条件的单元格的个数	=COUNIF(A1:A10,>"60")统计在 A1:A10 范围内大于 60 的个数
TEXT	将数字转变为指定的数值文本格式	=TEXT(123.4,"[DBNUM1]")将数字转变为中文大写数字
LEN	统计字符串的字符个数	=LEN("Welcome")返回的结果为 7
INT	返回参数中的整数部分	=INT(6.7)返回结果 6
SQRT	返回参数的平方根	=SQRT(4)返回结果 2

3. 函数使用举例

(1)计算总分:打开已建立的"护理一班期末考试成绩单"工作簿,如图 4-20 所示。

	A	B	C	D	E	F	G	H
1	护理一班期末考试成绩单							
2	姓名	语文	英语	计算机	生理	基础护理	总分	平均分
3	孙哲学	80	75	90	85	78		
4	赵丽丽	83	65	86	80	80		
5	朱如学	92	90	95	89	95		
6	杨思雨	70	85	88	80	84		
7	李娟娟	95	89	90	94	90		
8	刘丽娇	65	70	80	60	72		
9	李淑奇	50	60	65	50	61		

图 4-20　护理一班期末考试成绩单

使用函数计算总分,其操作方法如下。

步骤 1:单击 G3 单元格。

步骤 2:在"公式"功能区的"函数库"组中,单击插入函数 f_x 命令,打开"插入函数"对话框,如图 4-21 所示。

步骤 3:从"选择函数"列表框中单击"SUM"函数,再单击"确定"按钮,弹出"函数参数"对话框,如图 4-22 所示。

步骤 4:检查参数中的引用范围是否正确,如果正确,单击确定按钮。如果有错,应编辑输入正确区域,也可单击"压缩对话框"按钮,然后在工作表中选定正确区域。

步骤 5:拖动 G3 单元格填充柄将该函数复制到其他单元格区域。

如不使用"插入函数"对话框,也可在编辑栏中直接输入函数"=SUM(B3:F3)",然后回车。

(2)计算平均分

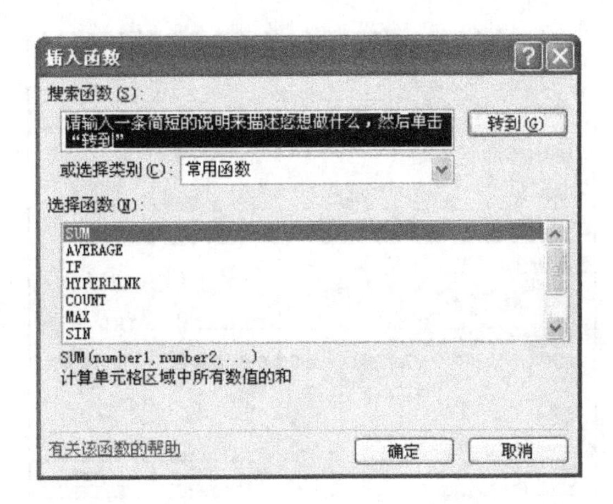

图 4-21　“插入函数”-SUM 函数

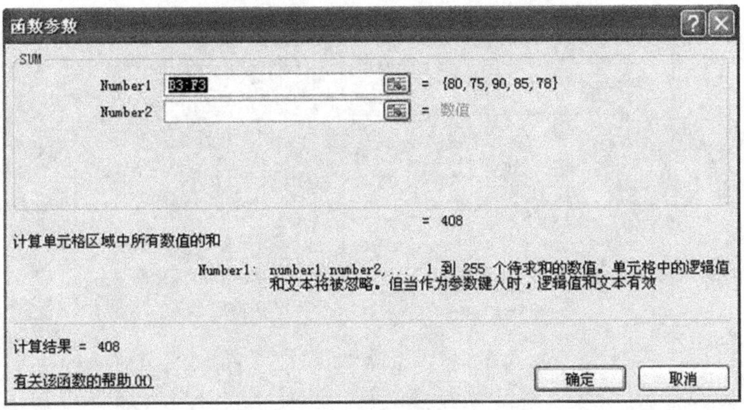

图 4-22　编辑 SUM 函数的参数

步骤 1:单击 H3 单元格。

步骤 2:打开“插入函数”对话框,在“常用函数”中选择求平均值的函数“AVERAGE”,如图 4-23 所示。

步骤 3:在“函数参数”对话框中,检查单元格引用等是否有错,如图 4-24 所示。如果有错误提示,应修改函数参数。本题应将 G3 改为 F3,然后单击“确定”按钮。或不使用“插入函数”对话框,而是直接在编辑栏中输入求平均值的公式“=AVERAGE(B3:F3)”,然后按回车。

步骤 4:拖动 H3 单元格的填充柄,将公式复制到 H 列其他单元格,计算出其他同学的平均分。

(3)统计不同分数段的人数:统计全班平均分在 90 分及以上的人数。

步骤 1:单击 H10 单元格。

步骤 2:在“公式”选项卡中打开“插入函数”对话框,选择“统计”中的“COUNTIF”函数选项。

步骤 3:设置函数参数,其中参数 range 表示要引用的单元格区域,参数 criteria 表示统计

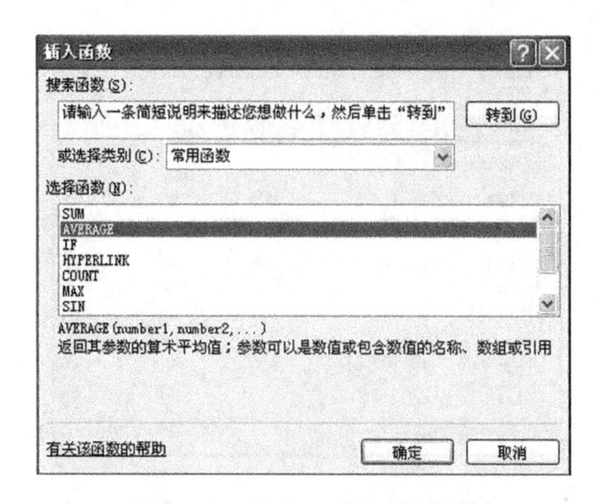

图 4-23 “插入函数”-AVERAGE 函数

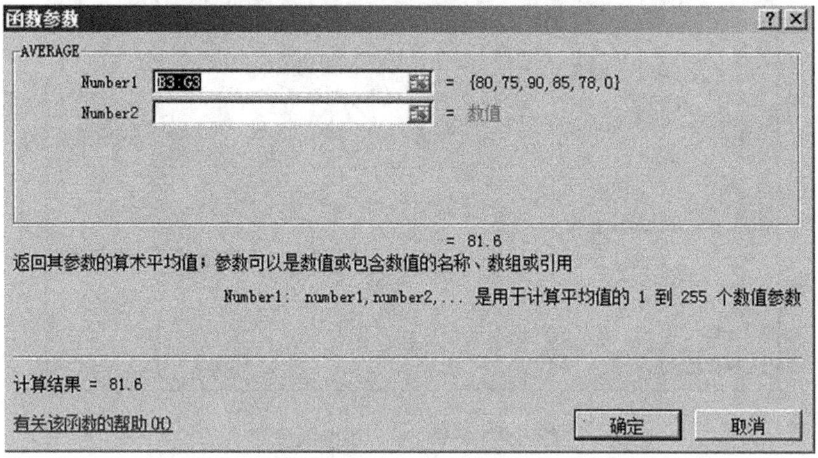

图 4-24 设置 AVERAGE 函数的参数

条件,根据本题的要求在 criteria 文本框中输入统计条件“>=90”如图 4-25 所示。

步骤 4:设置完毕后,单击确定。

统计 70~89 分的人数。

解决此问题的思路是用 70 分以上的人数减去 90 分以上的人数,即可得出 70~89 分的人数。

步骤 1:单击单元格 H11。

步骤 2:直接在编辑栏中输入函数“=COUNTIF(H3:H9,“>=70”)-COUNTIF(H3:H9,“>=90”)”,然后回车,统计结果如图 4-26 所示。

(4)判断成绩等级:按平均分划分成绩等级,平均分在 60 分及以上的为“及格”,60 分以下为“不及格”。

此例用 IF 函数,IF 函数是一个条件判断函数。其中,参数 Logical_test 文本框用来输入测试条件,如果满足测试条件,则返回值 Value_if_true 文本框中的值;否则,则返回 Value_if_false

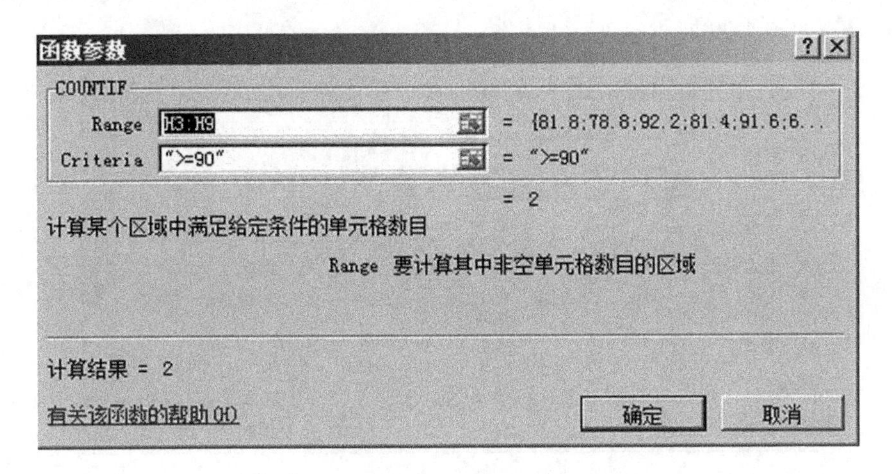

图 4-25　设置 COUNTIF 函数的参数

H11　=COUNTIF(H3:H9,">=70")-COUNTIF(H3:H9,">=90")

	A	B	C	D	E	F	G	H
1	护理一班期末考试成绩单							
2	姓名	语文	英语	计算机	生理	基础护理	总分	平均分
3	孙哲学	80	75	90	85	78	408	81.6
4	赵丽丽	83	65	86	80	80	394	78.8
5	朱如学	92	90	95	89	95	461	92.2
6	杨思雨	70	85	88	80	84	407	81.4
7	李娟娟	95	89	90	94	90	458	91.6
8	刘丽娇	65	70	80	60	72	347	69.4
9	李淑奇	50	60	65	50	61	286	57.2
10	平均分在90分及以上的同学共有							2
11	平均分在70～89分的同学共有							3

图 4-26　编辑 COUNTIF 函数

文本框中的值(图 4-27)。

步骤 1:选定 I3 单元格。

步骤 2:打开“插入函数”对话框,选择“常用函数”中的“IF”函数,

步骤 3:单击“确定”按钮,打开“函数常数”对话框,如图 4-27 所示。

步骤 4:根据要求,在 Logical_test 文本框中输入测试条件“H3>=60”,在 Value_if_true 的文本框中输入“及格”,在 Value_if_false 文本框中输入“不及格”。

步骤 5:设置完毕,单击“确定”按钮。

然后再用填充柄填充求出其他同学的成绩等级,如图 4-28 所示。

IF 函数在实际应用中经常会遇到多次套用。如按平均分,90 分以上的为“优秀”;75 分以上的为“良好”;60 分及以上的为“及格”;60 分以下的为“不及格”。

根据要求在编辑栏中输入函数“=IF(H3>90,“优秀”,IF(H3>75,“良好”,IF(H3>=60,“及格”,“不及格”)))”。注意函数内部的引号为英文半角引号,IF 函数中的括号不能遗漏,

一律用小括号,如图 4-29 所示。

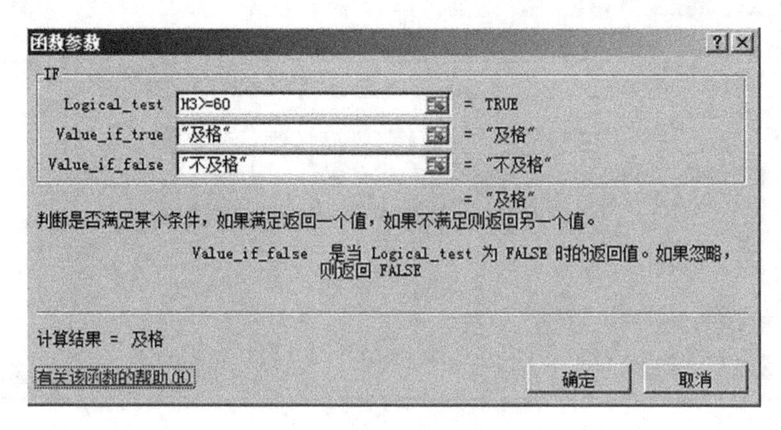

图 4-27 设置 IF 函数的参数

	A	B	C	D	E	F	G	H	I
1	护理一班期末考试成绩单								
2	姓名	语文	英语	计算机	生理	基础护理	总分	平均分	等级
3	孙哲学	80	75	90	85	78	408	81.6	及格
4	赵丽丽	83	65	86	80	80	394	78.8	及格
5	朱如学	92	90	95	89	95	461	92.2	及格
6	杨思雨	70	85	88	80	84	407	81.4	及格
7	李娟娟	95	89	90	94	90	458	91.6	及格
8	刘丽娇	65	70	80	60	72	347	69.4	及格
9	李淑奇	50	60	65	50	61	286	57.2	不及格
10	平均分在90分及以上的同学共有							2	
11	平均分在70～89分的同学共有							3	

图 4-28 判断成绩等级的结果

I3 =IF(H3>=90,"优秀",IF(H3>75,"良好",IF(H3>=60,"及格","不及格")))

	A	B	C	D	E	F	G	H	I	J
1	护理一班期末考试成绩单									
2	姓名	语文	英语	计算机	生理	基础护理	总分	平均分	等级	
3	孙哲学	80	75	90	85	78	408	81.6	良好	
4	赵丽丽	83	65	86	80	80	394	78.8		
5	朱如学	92	90	95	89	95	461	92.2		
6	杨思雨	70	85	88	80	84	407	81.4		
7	李娟娟	95	89	90	94	90	458	91.6		
8	刘丽娇	65	70	80	60	72	347	69.4		
9	李淑奇	50	60	65	50	61	286	57.2		
10	平均分在90分及以上的同学共有							2		
11	平均分在70～89分的同学共有							3		
12										

图 4-29 编辑 IF 函数

(5)求全班中平均分的最大值

步骤 1:选定 H12 单元格。

步骤 2:打开“插入函数”对话框,选择“常用函数”中的“MAX”函数。

步骤 3:打开参数对话框,设置参数引用无误后,单击“确定”按钮。

(6)求全班中平均分的最小值

步骤 1:选定 H13 单元格。

步骤 2:打开“插入函数”对话框,选择“或选择类别”中的“全部”,然后选择“MIN”函数选项,如图 4-30 所示。

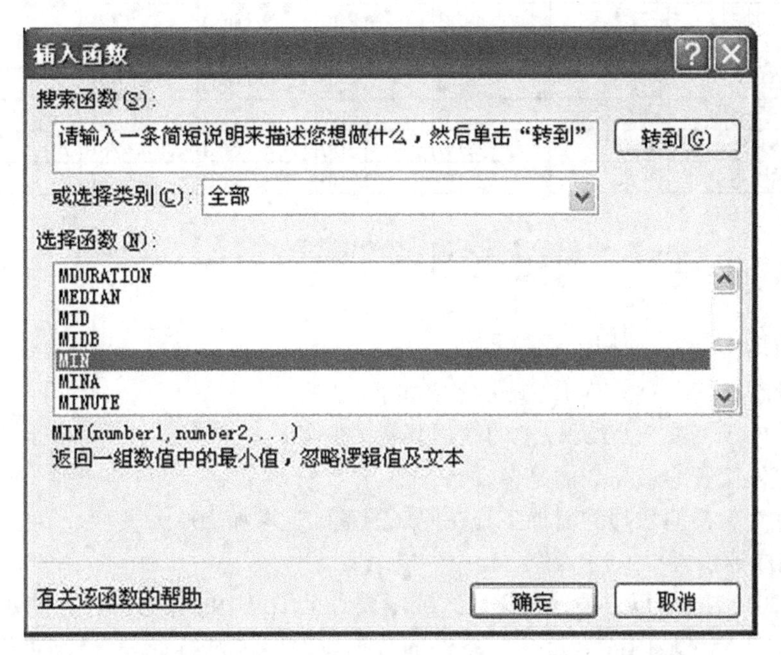

图 4-30　“插入函数”-MIN 函数

在 Excel 2010 的“常用函数”中仅仅内置了部分使用频率较高的函数,一些使用频率相对较低的函数可在“全部”选项中进行选择。

步骤 3:打开参数对话框,设置参数引用无误后,单击“确定”按钮。

4.3.2 学生上机操作

学生上机操作 1　求和、平均值函数的应用

建立工作簿“工资发放表 . xlsx”,如图 4-31 所示,并完成如下操作。

1. 计算教师们的实发工资。
2. 使用 SUM 函数计算所有教师每个月实发工资总计是多少?
3. 使用 AVERAGE 函数计算老师的基本工资平均是多少?

学生上机操作 2　统计函数的使用

打开“工资发放表 . xlsx”工作簿,完成如下操作。

1. 统计基本工资在 3000 元以上的教师共有多少人?
2. 统计实发工资的最高数额是多少?
3. 将职称为教授的教师的附加工资在原来的基础上增加 200 元。
4. 统计实发工资在 5000 元以上的教师共有多少人?

	A	B	C	D	E	F	G
1	工资发放表						
2	姓名	职称	基本工资	附加工资	奖励	扣款	实发工资
3	赵家坤	讲师	2600	1200	800	260	
4	刘树林	教授	3800	1800	1000	340	
5	张佳丽	副教授	3000	1400	900	300	
6	马巧雨	讲师	2650	1300	950	270	
7	李志远	副教授	3100	1500	700	320	
8	刘思远	讲师	2700	1300	650	280	
9	张海涛	讲师	2600	1200	700	230	

图 4-31　工资发放表

学生上机操作 3　使用公式和函数

打开“工资发放表 . xlsx”工作簿,并完成如下操作。

1. 统计基本工资在 3000 元以上的教师共有多少名?

2. 查找实发工资的最高数额是多少?

3. 将职称为教授的教师的附加工资在原来的基础上增加 200 元。

★任务完成评价

在 Excel 2010 中,可以方便地使用公式或函数对工作表中的数据进行各种处理,如进行四则混合运算、对一定区域内或满足一定条件的数据按照要求进行处理等,满足用户的不同需求。

★知识技能拓展

Excel2010 提供了大量的函数,可以使用其中的函数来构造一些常用公式,这部分知识有必要进一步学习和深入研究。请参考 Excel 帮助或其他有关资料进一步学习、研究公式和常用函数的使用,创建一个数学用表(保留四位小数)。

4.4 任务四　数 据 管 理

通过前面的学习,同学们掌握了 Excel 2010 中函数和公式的使用,下面来进一步研究它在数据管理方面的功能。

★任务目标展示

1. 掌握数据清单的概念和编辑方法。

2. 按照单列或多列数据进行排序。

3. 设置、使用自动筛选和高级筛选。

4. 会进行分类汇总的操作。

5. 掌握生成数据透视表的方法。

4.4.1 知识要点解析

知识点 1　数据清单

Excel 具有数据的排序、筛选、分类汇总等数据管理功能。这些操作要求工作表中的数据是一个“数据清单”。数据清单是一个有规则的二维表格,第一行是标题行,即每一列的列标题,其余行是数据行。每一行的数据组成一条记录,每一列的数据类型必须相同。数据清单中不能有空行和空列,一个工作表上只能有一个数据清单,工作表中如果有其他数据,数据清单与其他数据之间至少要留出一个空列或一个空行。如图 4-32,这张“成绩单”工作表内的“学生成绩登记表”就是一个数据清单。

	A	B	C	D	E	F
1	学生成绩登记表					
2	学号	姓名	语文	数学	计算机	总分
3	001	张永	98	78	89	265
4	002	李丽	95	96	87	278
5	003	文强	96	98	76	270
6	004	周国志	89	92	69	250
7	005	王雷雷	78	92	99	269
8	006	徐国强	65	87	71	223
9	007	高飞	99	60	93	252
10	008	赵志刚	72	87	64	223
11	009	李海军	56	75	92	223
12	010	张凯	69	64	92	225

图 4-32　学生成绩登记表-数据清单

知识点 2　数据排序

对于工作表中的大量数据,经常需要按照一定的规则进行排序,以查找需要的信息。按照数据列表中某列或多列数据的升序或降序进行排序,是最常用的排序方法。在 Excel 2010 的“数据”功能区的“排序和筛选”组中,单击升序或降序命令,如图 4-33 所示。

图 4-33　排序按钮

1. *按一列排序数据*　如果要按照某一列数据进行排序,可以使用工具栏上的升序或降序按钮。例如在图 4-32 的“学生成绩登记表”工作表中按照数学成绩的降序排列,具体操作方法如下。

步骤 1:单击要排序列中的任一单元格。例如单击“数学”列中的 D5 单元格。

步骤 2:单击“数据”选项卡“排序和筛选”组中的升序或降序按钮。“升序”是从小到大(按照从 0 到 9,从 A 到 Z 的顺序)进行排序。“降序”是从大到小(按照从 9 到 0,从 Z 到 A 的顺序)进行排序。

在“学习成绩登记表”工作表中,按数学成绩降序排列的结果,如图 4-34 所示。

2. *按多列排序数据*　按照一列数据进行排序,有时会遇到该列中有数据相同的情况,这时可根据多列数据进行排序。

例如,在“成绩单”工作表中,要求先按总分从高到低的顺序进行排序,总分相同时再按数学成绩降序排序,如果数学成绩也相同,再按计算机成绩降序排序。其操作方法如下。

步骤 1:在需要排序的数据清单中,单击任一单元格。

步骤 2:单击“数据”选项卡“排序和筛选”组中的排序按钮,打开“排序”对话框,如图 4-35

	A	B	C	D	E	F
1	学生成绩登记表					
2	学号	姓名	语文	数学	计算机	总分
3	003	文强	96	98	76	270
4	002	李丽	95	96	87	278
5	004	周国志	89	92	69	250
6	005	王雷雷	78	92	99	269
7	006	徐国强	65	87	71	223
8	008	赵志刚	72	87	64	223
9	001	张永	98	78	89	265
10	009	李海军	56	75	92	223
11	010	张凯	69	64	92	225
12	007	高飞	99	60	93	252

图 4-34 按数学成绩降序排列

排序

添加条件(A) 删除条件(D) 复制条件(C) 选项(O)... 数据包含标题(H)

列		排序依据	次序
主要关键字	总分	数值	降序
次要关键字	数学	数值	降序
次要关键字	计算机	数值	降序

确定 取消

图 4-35 “排序”设置-多列排序

所示。也可以在“开始”功能区的“编辑”组中,单击“排序和筛选”下拉列表中,从中选择“自定义排序”打开排序对话框。

步骤 3:在“主要关键字”下拉列表框中选择排序的主要列,如“总分”,然后在“次序”下拉列表框中选择“升序”或“降序”进行排列。

步骤 4:单击“添加条件”按钮,再按与步骤 3 相同的方法,设置指定“次要关键字”和第三“关键字”。

步骤 5:如果数据清单的第一行包含列标题,则要取消对“数据包含标题”的选择(即该行不参加排序,默认为已勾选)。

步骤 6:设置完毕,单击“确定”。

按如上 3 个关键字设置排序的结果,如图 4-36 所示。

知识点 3 数据筛选

使用 Excel 2010 的筛选功能,可以只显示符合筛选条件的行,隐藏不符合筛选条件的行。对数据清单进行筛选,可以快速查找和处理数据清单中的数据子集。数据筛选包括自动筛选

	A	B	C	D	E	F
1	学生成绩登记表					
2	学号	姓名	语文	数学	计算机	总分
3	002	李丽	95	96	87	278
4	003	文强	96	98	76	270
5	005	王雷雷	78	92	99	269
6	001	张永	98	78	89	265
7	007	高飞	99	60	93	252
8	004	周国志	89	92	69	250
9	010	张凯	69	64	92	225
10	006	徐国强	65	87	71	223
11	008	赵志刚	72	87	64	223
12	009	李海军	56	75	92	223

图 4-36　按多列排序的结果

和高级筛选。

1. 自动筛选

(1)设置自动筛选:设置自动筛选的操作方法如下。

步骤 1:单击数据清单中任一单元格。

步骤 2:在“数据”功能区的“排序和筛选”组中,单击“筛选”按钮。此时,在每个列标签的右下角都显示一个自动筛选箭头▼,如图 4-37 所示。

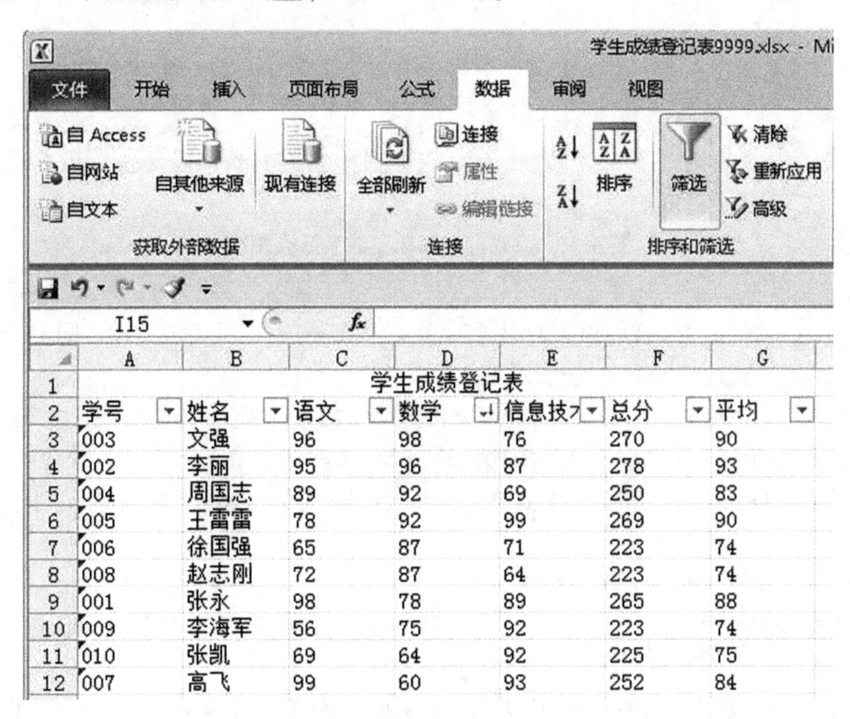

	A	B	C	D	E	F	G
1	学生成绩登记表						
2	学号	姓名	语文	数学	信息技术	总分	平均
3	003	文强	96	98	76	270	90
4	002	李丽	95	96	87	278	93
5	004	周国志	89	92	69	250	83
6	005	王雷雷	78	92	99	269	90
7	006	徐国强	65	87	71	223	74
8	008	赵志刚	72	87	64	223	74
9	001	张永	98	78	89	265	88
10	009	李海军	56	75	92	223	74
11	010	张凯	69	64	92	225	75
12	007	高飞	99	60	93	252	84

图 4-37　激活“自动筛选”

这表示“自动筛选”已被激活,可以使用了。

步骤 3:单击某列的自动筛选箭头,从下拉列表框中选择适当的筛选条件,数据清单中将只显示符合条件的行,这些记录的行号变为蓝色。已指定条件的自动筛选箭头则变成一个带有筛选漏斗图标的按钮。

在每个列上都可以指定筛选条件,各条件之间可以是“逻辑与”关系,即筛选结果为同时符合多个条件的记录;也可以是“逻辑或”关系,即筛选结果为只要符合多个条件中的一个条件的记录。

在数字筛选项中,还可以选择其他条件,如“等于”“不等于”“大于”“大于或等于”“小于”“小于或等于”“介于”等关系,如图 4-38 所示。

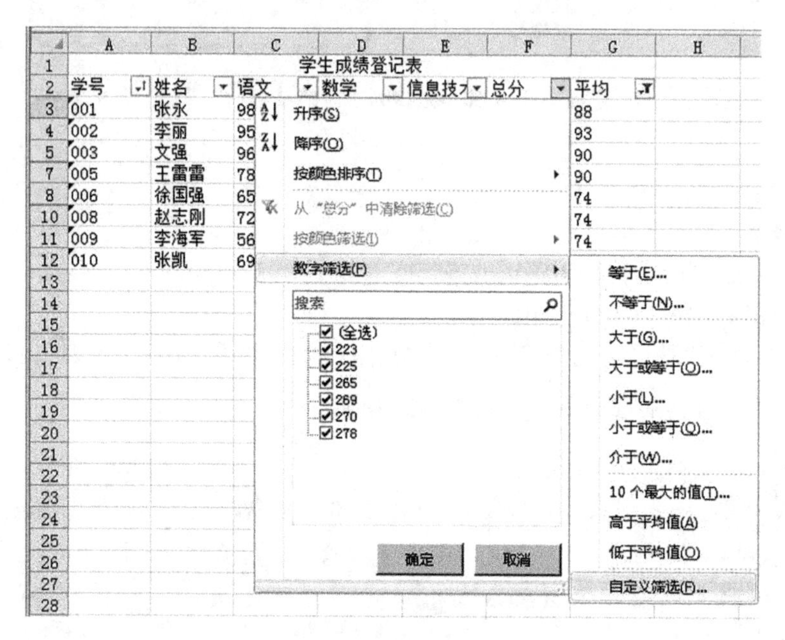

图 4-38　自动筛选菜单和数字筛选关系

打开“自定义筛选”对话框,可以使用多个比较运算符来定义筛选条件,同一个列可以设置两个条件,它们是“逻辑与”或“逻辑或”的关系。

例如,要筛选出“总分”在 230 到 260 之间的学生,第一个条件设为“大于或等于 230”,第二个条件设为“小于或等于 260”,此时应选择“与”单选按钮。

步骤 4:在“自定义自动筛选方式”对话框中,按具体要求设置筛选条件,如图 4-39 所示。

步骤 5:设置完毕,单击“确定”按钮。

这时,在数据清单中将只显示符合条件的行,这些记录的行号变为蓝色。已指定条件的自动筛选箭头将变成一个带有筛选漏斗图标的按钮。

如果要筛选出“数学”小于 60 分或大于 90 分的记录,第一个条件设为“<60”,第二个条件设为“>90”,这时则要选择“或”单选按钮。

(2)取消“自动筛选”:若要取消对某一列所进行的筛选,应单击该列标签右侧的下拉箭头

图 4-39　“自定义自动筛选方式”对话框

▼,再单击“全选”。若要取消所有列的自动筛选,可以单击“数据”选项卡,在“排序和筛选”组中单击“筛选”命令。

2. *设置高级筛选*　自动筛选,符合条件的结果只能显示在原有数据表格中,不符合条件的将自动隐藏。若要筛选含有指定关键字的记录,并且将结果显示在两个表中进行数据比对,“自动筛选”就有些捉襟见肘了。而高级筛选的结果可以显示在原有区域,也可以脱离原数据区域,在工作表的其他位置显示,或者形成一个新的工作表。

例如,打开“选修课成绩单.xlsx”工作簿,数据清单内容如图 4-40 所示。进行高级筛选设置,条件是系别为“计算机”,课程名称为“计算机图形学”(在数据表前插入 3 行,前两行为条件区域),筛选后的结果显示在原有区域。

	A	B	C	D	E
1	系别	学号	姓名	课程名称	成绩
2	信息	991021	李新	多媒体技术	74
3	计算机	992032	王文辉	人工智能	87
4	自动控制	993023	张磊	计算机图形学	65
5	经济	995034	郝心怡	多媒体技术	86
6	信息	991076	王力	计算机图形学	91
7	数学	994056	孙英	多媒体技术	77
8	自动控制	993021	张在旭	计算机图形学	60
9	计算机	992089	金翔	多媒体技术	73
10	计算机	992005	扬海东	人工智能	90
11	自动控制	993082	黄立	计算机图形学	85
12	信息	991062	王春晓	多媒体技术	78
13	经济	995022	陈松	人工智能	69
14	数学	994034	姚林	多媒体技术	89
15	信息	991025	张雨涵	计算机图形学	62

图 4-40　选修课成绩单

操作方法如下。

步骤 1:打开“选修课成绩单.xlsx”,在数据表前插入 3 个空白行。

步骤 2:将列标题复制到第一行。

步骤 3:在条件区域的对应列上输入条件,分别是“计算机”和“计算机图形学”,如图 4-41 所示。

	A	B	C	D	E
1	系别	学号	姓名	课程名称	成绩
2	计算机			计算机图形学	
3					
4	系别	学号	姓名	课程名称	成绩
5	信息	991021	李新	多媒体技术	74
6	计算机	992032	王文辉	人工智能	87
7	自动控制	993023	张磊	计算机图形学	65

图 4-41　设置高级筛选条件

步骤 4:单击数据清单中任一单元格。

步骤 5:在“数据”功能区的“排序和筛选”组中,单击“高级”命令,在打开的“高级筛选”对话框里设置方式、列表区域和条件区域,如图 4-42 所示。

步骤 6:设置完毕,单击“确定”按钮。

高级筛选结果,如图 4-43 所示。

图 4-42　高级筛选方式-对话框

	A	B	C	D	E
1	系别	学号	姓名	课程名称	成绩
2	计算机			计算机图形学	
3					
4	系别	学号	姓名	课程名称	成绩
28	计算机	992005	扬海东	计算机图形学	67
33	计算机	992032	王文辉	计算机图形学	79
34					

图 4-43　高级筛选的结果

知识点 4　分类汇总

分类汇总是指按某一列进行分类,再对该列中的同一类记录进行汇总统计,包括求和、求平均值、计数等分类汇总运算。例如把成绩单中的学生按性别分类,统计各班男、女生各门课程的平均成绩等。在进行分类汇总前,首先要将列表按照分类字段进行排序。分类汇总的结果是在数据清单中每一分类下面插入汇总行,显示出汇总结果,并自动在数据清单底部插入一个总计行。

1. 建立分类汇总　要在“成绩单”工作表中，按性别分别统计出男、女生的数学、英语、内科学 3 门课程的平均成绩，结果保留两位小数，其操作方法如下。

步骤 1：首先按分类的列排序。例如按要求在数据清单中按“性别”升序排序，把相同性别的记录组织在一起。

排序的目的是为了保证汇总函数能够正确执行，如果在一个未进行排序的数据清单中建立了分类汇总，就会看到重复的合并行，并且这种结果也会变得毫无意义。

步骤 2：在“数据”功能区的“分级显示”组中，单击“分类汇总”按钮，打开“分类汇总”对话框，如图 4-44 所示的。

步骤 3：在“分类字段”下拉列表框中选择进行分类的列标题，选定字段应与步骤 1 中的排序字段相同，这里选择的是“性别”。

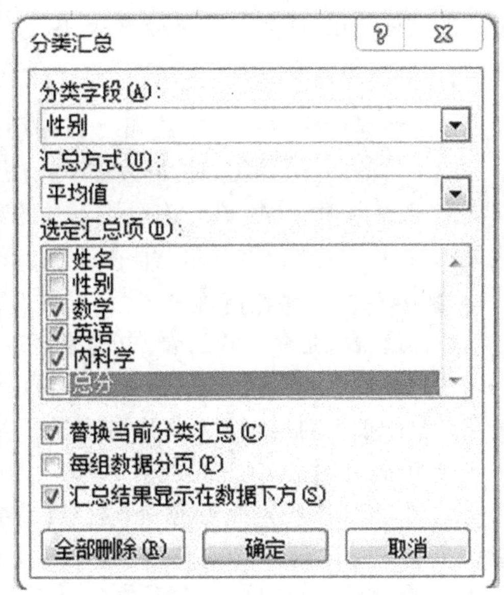

图 4-44　“分类汇总”对话框

步骤 4：在“汇总方式”下拉列表框中选择所需的数据汇总方式，这里有求和、计数、平均值、方差等共 11 种汇总函数，本例选用“平均值”，用以统计各门课程的平均成绩。

步骤 5：在“选定汇总项”列表框中选择要进行分类汇总的列标题，可以选择多个列标题，本例中选择“数学”“英语”和“内科学”。

步骤 6：单击“确定”按钮。得到如图 4-45 所示的按性别分类统计各门课程平均成绩的汇总结果。

	A	B	C	D	E	F	G
1							
2		姓名	性别	数学	英语	内科学	总分
3		胡雪	女	64	76	71	211
4		张瑶瑶	女	79	67	65	211
5		徐鸿飞	女	55	96	77	228
6			女 平均值	66	79.67	71	
7		刘海涛	男	70	77	89	236
8		潘龙	男	88	86	86	260
9		王晓阳	男	87	90	88	265
10		张斌	男	95	78	95	268
11			男 平均值	85	82.75	89.5	
12			总计平均值	76.86	81.43	81.57	
13							

成绩单

图 4-45　分类汇总结果

2. 数据分级显示　设置分类汇总后,数据清单中的数据将分级显示。工作表窗口左侧出现分级显示区,上部有分级显示按钮 1 2 3 ,可以对数据的显示进行控制。在使用一级分类汇总的数据清单中,数据分三级显示,单击分级显示区上方的 1 按钮,只显示清单中的列标题和总计结果;单击 2 按钮,显示各个分类汇总结果和总计结果;单击 3 按钮,显示所有的详细数据。分级显示区中的 + 按钮和 - 按钮用于展开和折叠每一分类的数据。

当不再需要分类汇总时,可按如下方法删除分类汇总。

3. 删除分类汇总　在含有分类汇总的数据清单中,单击某一单元格,在“数据”选项卡“分级显示”组中单击“分类汇总”命令,在打开的“分类汇总”对话框中单击“全部删除”按钮。

知识点 5　数据透视表

数据透视表是交互式报表,可快速合并、分析和比较大量的数据。在设计时,可选择行和列以看到源数据的不同汇总,而且可以显示区域的明细数据。如果要分析相关的汇总值,尤其是在要合计较大的列表并对每个数字进行多种比较时,应当使用数据透视表。

例如,打开“图书销售情况表 . xlsx”,内容如图 4-46 所示。建立数据透视表,按行为“经销部门”,列为“图书类别”,数据为“数量(册)”求和布局,并置于现工作表的 H2:L7 单元格区域。

	A	B	C	D	E	F
1	某图书销售公司销售情况表					
2	经销部门	图书类别	季度	数量(册)	销售额(元)	销售量排名
3	第3分部	计算机类	3	124	8680	42
4	第3分部	少儿类	2	321	9630	20
5	第1分部	社科类	2	435	21750	5
6	第2分部	计算机类	2	256	17920	26
7	第2分部	社科类	1	167	8350	40
8	第3分部	计算机类	4	157	10990	41
9	第1分部	计算机类	4	187	13090	38
10	第3分部	社科类	4	213	10650	32
11	第2分部	计算机类	4	196	13720	36
12	第2分部	社科类	4	219	10950	30
13	第2分部	计算机类	3	234	16380	28
14	第2分部	计算机类	1	206	14420	35
15	第2分部	社科类	2	211	10550	34
16	第3分部	社科类	3	189	9450	37
17	第2分部	少儿类	1	221	6630	29
18	第3分部	少儿类	4	432	12960	7
19	第1分部	计算机类	3	323	22610	19
20	第1分部	社科类	3	324	16200	17
21	第1分部	少儿类	4	342	10260	15

图 4-46　图书销售情况表

步骤 1:单击数据清单内的任意一个单元格。

步骤 2:单击“插入”选项卡。

步骤 3:在“表格”组中,单击“数据透视表”命令。

步骤 4:在“创建数据透视表”对话框中,设置表/区域,选择放置数据透视表的位置为“现有工作表”的 H2:L7,如图 4-47 所示。

步骤 5:单击“确定”按钮,弹出的“数据透视表字段列表”窗格,如图 4-48 所示。

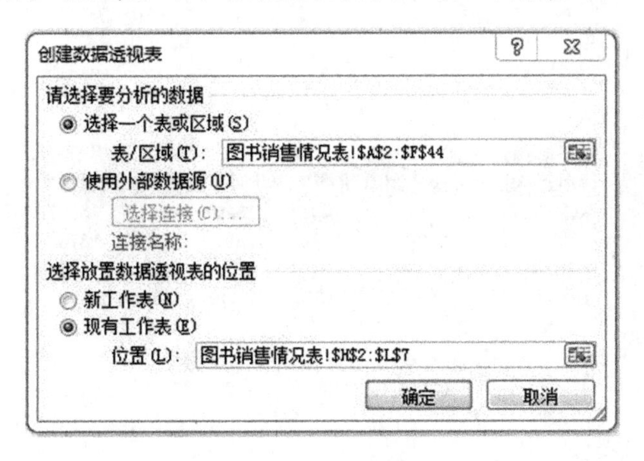

图 4-47　“创建数据透视表”对话框

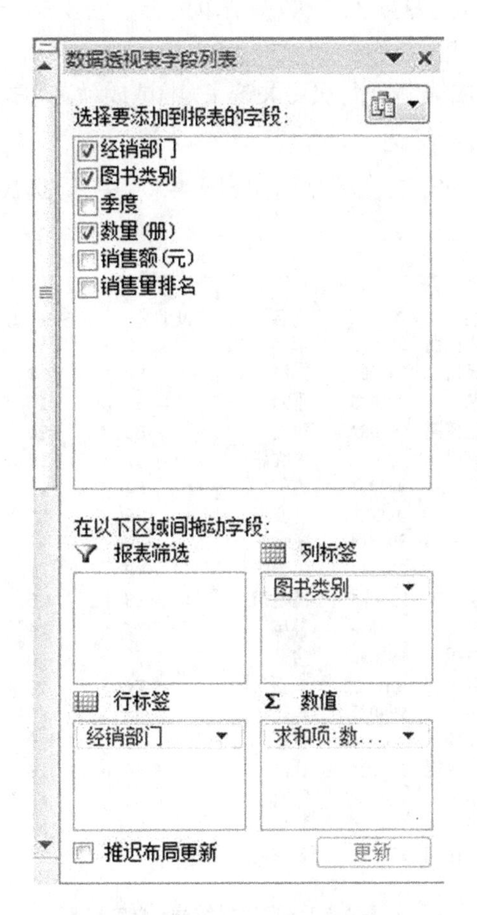

图 4-48　数据透视表字段列表

步骤 6：将“经销部门”“图书类别”“数量(册)”字段分别拖拽到窗格下方的“行标签”“列标签”“数值”框中。这时可以看到工作区的 H2:L7 区域显示出数据透视表的结果，如图 4-49 所示。

H	I	J	K	L
求和项:数量(册)	列标签			
行标签	计算机类	少儿类	社科类	总计
第1分部	1596	2126	1615	5337
第2分部	1290	1497	993	3780
第3分部	1540	1492	1232	4264
总计	4426	5115	3840	13381

图 4-49　数据透视表的结果

4. 4. 2 学生上机操作

学生上机操作 1　排序

(1) 打开工作簿“学生成绩表 . xlsx”，数据清单内容如图 4-50 所示。

(2) 按“总成绩”升序排序。

(3) 按主要关键字“总成绩”降序、次要关键字“考试成绩”降序排列。原名保存工作簿。

学生上机操作 2　自动筛选

(1) 打开“学生成绩表 . xlsx”，在数据清单(图 4-50)中，筛选出计算机系、考试成绩在 80 分以上的数据记录。

	A	B	C	D	E	F
1	系别	学号	姓名	考试成绩	实验成绩	总成绩
2	自动控制	993053	李英	93	19	112
3	计算机	992005	扬海东	90	19	109
4	信息	991076	王力	91	15	106
5	自动控制	993082	黄立	85	20	105
6	计算机	992032	王文辉	87	17	104
7	数学	994034	姚林	89	15	104
8	经济	995034	郝心怡	86	17	103
9	经济	995014	张平	80	18	98
10	信息	991062	王春晓	78	17	95
11	数学	994086	高晓东	78	15	93
12	数学	994056	孙英	77	14	91
13	计算机	992089	金翔	73	18	91
14	信息	991021	李新	74	16	90
15	数学	994027	黄红	68	20	88
16	自动控制	993023	张磊	65	19	84
17	自动控制	993026	钱民	66	16	82
18	经济	995022	陈松	69	12	81
19	信息	991025	张雨涵	62	17	79
20	自动控制	993021	张在旭	60	14	74

图 4-50　学生成绩表(清单)

(2)打开“综合成绩 . xlsx”工作簿,在图 4-51 的数据清单中筛选出“总分”介于 240 到 270 之间的数据记录。

(3)在图 4-51 的数据清单中,筛选出“总分”小于 240 或大于 270 的数据记录。原名保存工作簿。

	A	B	C	D	E	F	G
1	学生成绩登记表						
2	学号	姓名	语文	数学	信息技术	总分	平均
3	001	张永	98	78	89	265	88
4	002	李丽	95	96	87	278	93
5	003	文强	96	98	76	270	90
6	004	周国志	89	92	69	250	83
7	005	王雷雷	78	92	99	269	90
8	006	徐国强	65	87	71	223	74
9	007	高飞	99	60	93	252	84
10	008	赵志刚	72	87	64	223	74
11	009	李海军	56	75	92	223	74
12	010	张凯	69	64	92	225	75

图 4-51　学生成绩登记表(清单)

学生上机操作 3　高级筛选

打开“家电销售表 . xlsx”工作簿,其中的数据清单如图 4-52 所示。

进行高级筛选,条件为“销售排名在前 15、产品名称为手机”的记录。筛选后的结果复制到原工作表 A45 开始的区域内。

	A	B	C	D	E	F	G	H
1	产品销售情况表							
2	分店名称	季度	产品型号	产品名称	单价(元)	数量	销售额(万元)	销售排名
3	第1分店	1	D01	电冰箱	2750	35	9.63	29
4	第1分店	1	D02	电冰箱	3540	12	4.25	35
5	第1分店	1	K01	空调	2340	43	10.06	28
6	第1分店	1	K02	空调	4460	8	3.57	36
7	第1分店	1	S01	手机	1380	87	12.01	22
8	第1分店	1	S02	手机	3210	56	17.98	11
9	第1分店	2	D01	电冰箱	2750	45	12.38	21
10	第1分店	2	D02	电冰箱	3540	23	8.14	32
11	第1分店	2	K01	空调	2340	79	18.49	8
12	第1分店	2	K02	空调	4460	68	30.33	3
13	第1分店	2	S01	手机	1380	91	12.56	20
14	第1分店	2	S02	手机	3210	34	10.91	25
15	第2分店	1	D01	电冰箱	2750	65	17.88	12
16	第2分店	1	D02	电冰箱	3540	75	26.55	4
17	第2分店	1	K01	空调	2340	33	7.72	33
18	第2分店	1	K02	空调	4460	24	10.70	26
19	第2分店	1	S01	手机	1380	65	8.97	31
20	第2分店	1	S02	手机	3210	96	30.82	2
21	第2分店	2	D01	电冰箱	2750	72	19.80	6
22	第2分店	2	D02	电冰箱	3540	36	12.74	17
23	第2分店	2	K01	空调	2340	54	12.64	19

图 4-52　家电销售表(清单)

4.5 任务五　使用图表

为了使表格中的数据更加直观,可以将数据以图表的形式表示出来,在工作表中根据表格创建图表来显示数据之间的关系和变化情况,即数据的可视化,以方便进行对比和分析。图表与数据是相互联系的,当数据发生变化时,图表也会发生相应的变化。

★任务目标展示

1. 掌握创建图表的方法。
2. 掌握图表的编辑和格式化的方法。

4.5.1 知识要点解析

知识点 1　认识图表

1. 图表类型　Excel 2010 内置了大量的图表类型,可以根据数据的特点选用不同的图表类型图表。常用图表类型有柱形图、折线图、饼图、条形图、面积图、散点图,如图 4-53 所示。另外,还有股价图、曲面图、圆环图、气泡图、雷达图等类型。

图 4-53　常用图表类型

2. 图表的组成　一个图表,一般由图表区、绘图区、图表标题、坐标轴、图例、数据系列等部分组成,如图 4-54 所示。

知识点 2　创建图表

创建图表之前,可先选定在图表中使用的数据区域。数据区域可以连续,也可以不连续。如果选定的区域有文本,那么文本应该在数据区域的最左列或最上行,用以说明数据的含义。

插入图表　将“学生成绩登记表”工作表中所有学生 3 门课程的成绩及平均建立图表,图表类型为簇状柱形图。其操作方法如下。

步骤 1:选定要在图表中使用的数据区域,选定的数据列为学号、姓名、语文、数学、信息技术、平均,如图 4-55 所示。

步骤 2:在“插入”功能区的“图表”组中,单击“柱形图”下三角按钮,在展开的下拉列表中单击“簇状柱形图”,即可插入一张图表(图 4-54)。

另外,还可以在选定数据区域后,通过按 Alt + F1 快捷键命令来插入一个图表。

知识点 3　编辑图表

图表创建后,为了达到更好的视觉效果,可对图表进行修改。如移动图表,调整图表大小,改变图表类型,更改图表所用的数据,对图表进行编辑和格式化等;还可以设置图表对象的边框、颜色、坐标轴格式以及填充效果等。

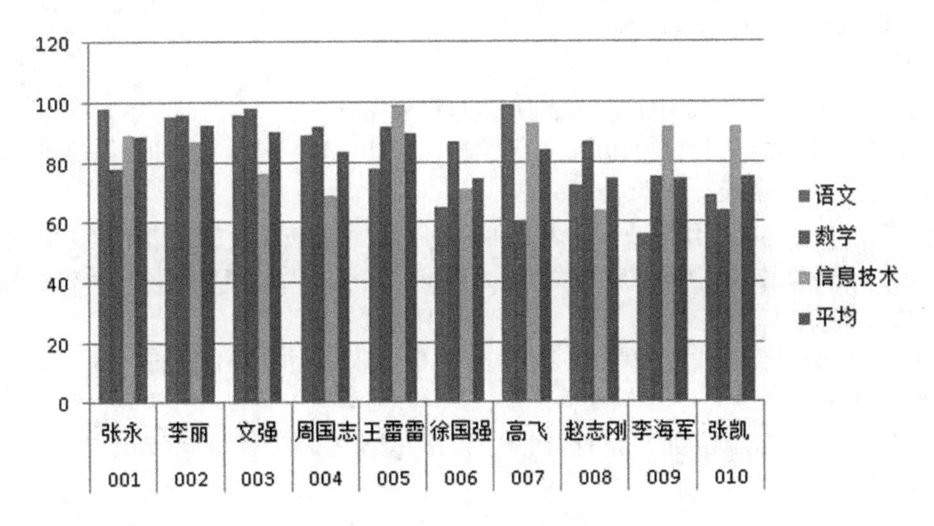

图 4-54　簇状柱形图图表

	A	B	C	D	E	F	G
1				学生成绩登记表			
2	学号	姓名	语文	数学	信息技术	总分	平均
3	001	张永	98	78	89	265	88
4	002	李丽	95	96	87	278	93
5	003	文强	96	98	76	270	90
6	004	周国志	89	92	69	250	83
7	005	王雷雷	78	92	99	269	90
8	006	徐国强	65	87	71	223	74
9	007	高飞	99	60	93	252	84
10	008	赵志刚	72	87	64	223	74
11	009	李海军	56	75	92	223	74
12	010	张凯	69	64	92	225	75

图 4-55　选择数据区域

1. 图表工具　要对图表进行编辑和格式化的操作,可以使用“图表工具”中的命令来实现。选中图表,即可出现“图表工具”,如图 4-56 所示。它有 3 个选项卡,分别是“图表工具-设计”选项卡、“图表工具-布局”选项卡和“图表工具-格式”选项卡。

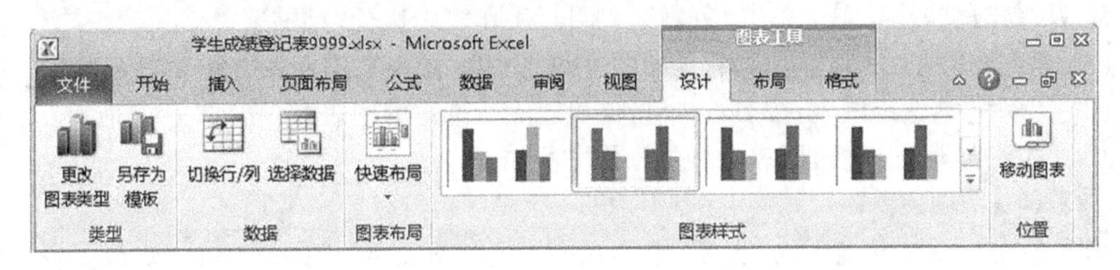

图 4-56　“图表工具”

2. 移动、复制、缩放、删除图表

(1)移动图表

方法一:若在同一工作表中移动图表,可以这样来完成。

选定图表,移动鼠标到图表的边框线上,当鼠标指针变为“十”字指针时,拖动图表边框线移动到目标位置释放鼠标。

方法二:若在不同的工作簿或工作表之间移动图表,可以按下面的方法完成。

选定图表,移动鼠标到图表的边框线上,当鼠标指针变为“十”字指针时,单击鼠标右键,从弹出的快捷菜单中单击“剪切”,到目标工作表中执行“粘贴”。

方法三:如果要将图表放在单独的一张工作表中,可以按如下操作进行。

步骤1:选定图表。

步骤2:在“设计”功能区的“位置”组中,单击“移动图表”,弹出“移动图表”对话框,如图4-57所示。

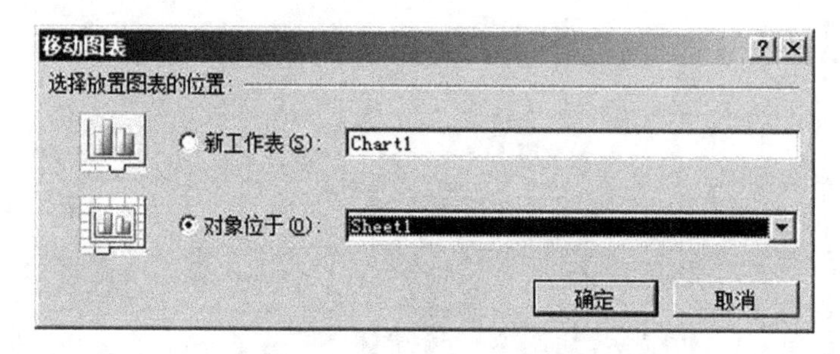

图4-57 “移动图表”对话框

步骤3:在“选择放置图表的位置”下,设置“新工作表”,则将图表显示在图表工作表中;设置“对象位于”某一目标工作表,可将图表以嵌入方式移动到指定的工作表中。

步骤4:设置完毕,单击“确定”按钮。

(2)复制图表

方法一:在同一工作表中复制图表,可以这样来操作完成。

按住Ctrl键的同时,拖动图表到目标位置释放鼠标。

方法二:选定图表,移动鼠标到图表的边框线上,当鼠标指针变为“十”字指针时,单击鼠标右键,从弹出的快捷菜单中单击“复制”,到目标工作表中执行“粘贴”。

(3)调整图表的大小:选定图表,拖动图表四周的尺寸控点,即可调整图表的大小。

(4)删除图表:选定图表,按Delete键,即可删除所选定的图表。

3. 更改图表类型　更改图表类型的操作方法如下。

步骤1:选定图表。

步骤2:在“设计”功能区的“类型”组中,单击“更改图表类型”命令,弹出“更改图表类型”对话框,如图4-58所示。

步骤3:在该对话框中,选择所需要的图表类型(如折线图)。

步骤4:单击“确定”。

更改后的折线图图表,如图4-59所示。

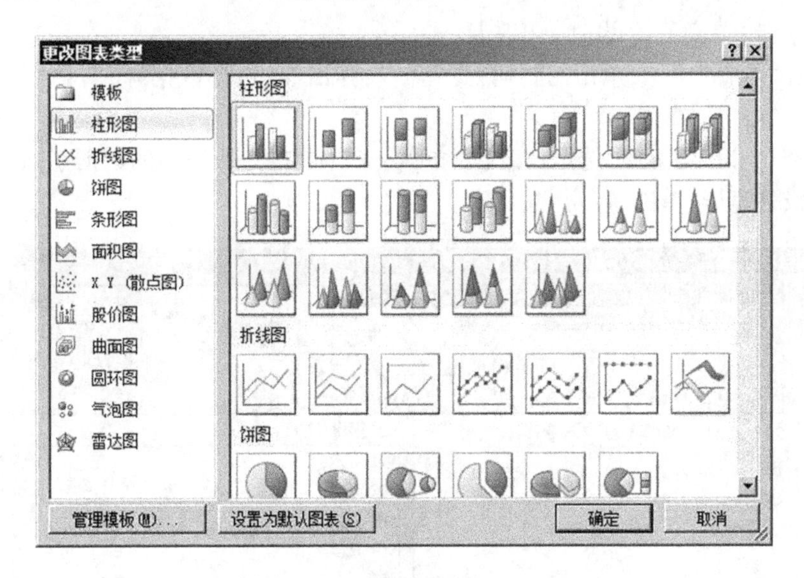

图 4-58　“更改图表类型”对话框

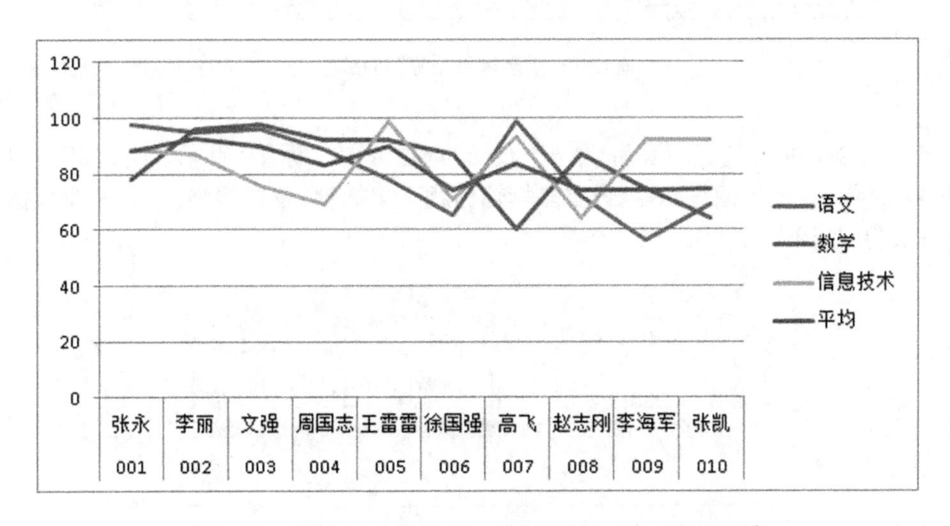

图 4-59　把图 4-54 的簇状柱形图图表更改为折线型图表

4. *删除或添加数据系列*　对图表中的数据进行删除或增加，将不会影响工作表中的数据。

(1)删除数据系列：要删除图表中的某个数据系列，先要选定需要删除的数据系列，例如单击图表中的“信息技术”系列，按一下 Delete 键，就可以把这个数据系列从图表中删除。

(2)添加数据系列：给图表添加新的数据系列，若要添加的数据区域是连续的，如“信息技术”系列所在的区域(E2:E12)，只需在工作表中选字该区域，按“Ctrl + C”复制，然后点击图表，按“Ctrl + V”粘贴即可。

还可以使用“选择数据源”对话框来添加数据系列。

步骤 1：单击图表。

步骤 2:单击“图表工具-设计”选项卡。

步骤 3:在“数据”组中,单击“选择数据”命令,弹出的“选择数据源”对话框,如图 4-60 所示。

步骤 4:按住 Ctrl 键不放,选定信息技术区域(E2:E12)为所添加的数据系列。

步骤 5:设置完毕,单击“确定”按钮。

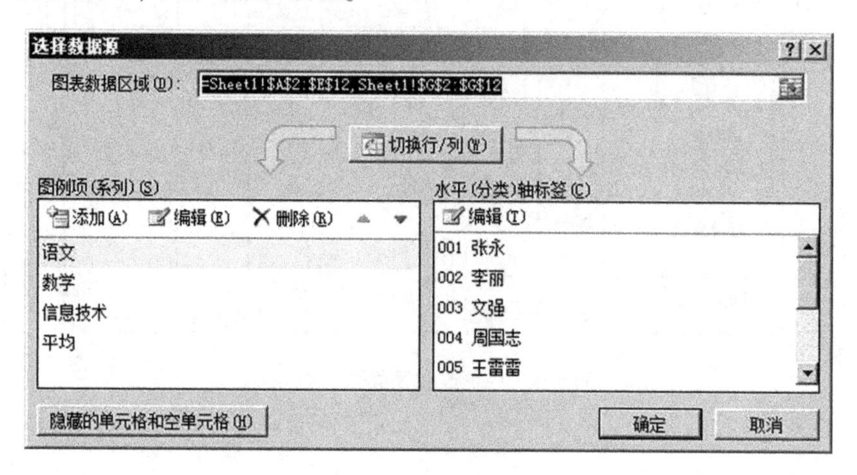

图 4-60 “选择数据源”对话框

5. 设置图表选项 选定图表后,单击“布局”选项卡,在“标签”组和“坐标轴”组中,修改图表的各项参数,如编辑图表标题,设置坐标轴标题及坐标轴,设置网格线、图例及数据标签、模拟运算表等,如图 4-61 所示。

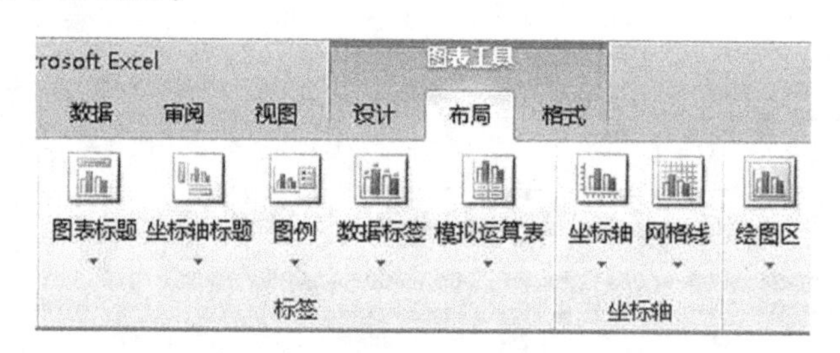

图 4-61 “图表工具-布局”选项卡

6. 设置图表大小 单击图表,然后拖动尺寸控点将其调整到所需大小即可。

或是单击图表,在“图表工具-格式”选项卡下的“大小”组中调整“高度”和“宽度”的值。

7. 设置图表格式 设置图表格式包括图表区、绘图区、主要网格线、数据系列、图表标题、图例等格式。

(1)设置图表区格式:在图表中,双击要设置格式的某个图表对象,弹出设置该对象格式的对话框,从中进行相应的设置,操作方法如下。

步骤 1:双击图表区,弹出“设置图表区格式”对话框中,如图 4-62 所示。

步骤 2:在该对话中,可对“填充”“边框颜色”“边框样式”、阴影等各选项进行比较综合的设置。

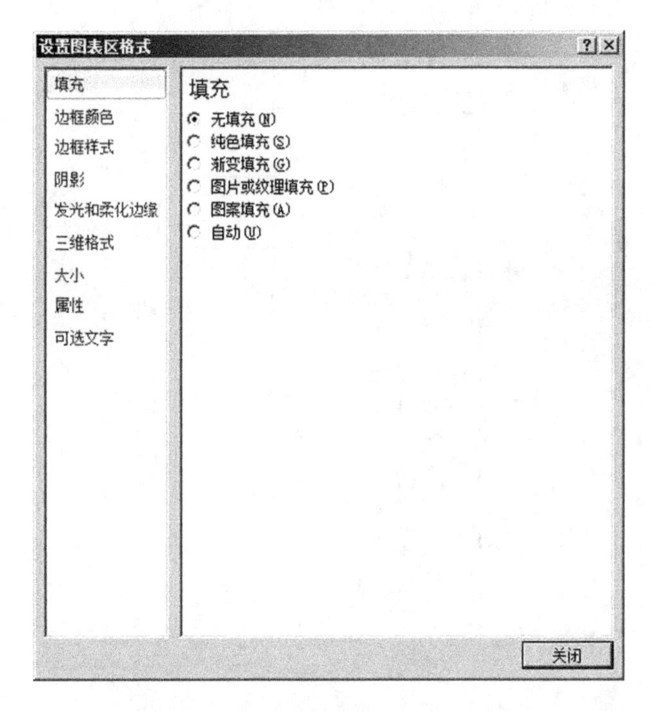

图 4-62　“设置图表区格式”对话框

步骤 3:设置完毕,关闭对话框。

(2)设置字体格式:在“开始”功能区的“字体”组中,可对字体、字型、字号、下划线、颜色等进行设置。

(3)设置坐标轴格式:“坐标轴”选项卡可以设置最大值、最小值、主要和次要刻度单位等。

步骤 1:双击数值轴,打开“设置坐标轴格式”对话框,如图 4-63 所示。

步骤 2:从中可对“坐标轴选项”“数字”“填充”“线条颜色”“线型”等进行设置。

步骤 3:设置完毕,关闭对话框。

8. *图表布局和图表样式*　创建图表后,可以对图表设置布局和图表样式。其操作方法是:

步骤 1:选定图表。

步骤 2:单击“图表工具-设计”选项卡,如图 4-64 所示。

步骤 3:在“图表布局”组中,单击要使用的图表布局即可。

应用图表样式的操作方法如下。

步骤 1:选定图表。

步骤 2:单击“图表工具-设计”选项卡(图 4-64)。

步骤 3:在“图表样式”组中,单击要使用的图表样式即可。

4.5.2 学生上机操作

学生上机操作　创建和编辑图表

1. 打开“书店上半年销售情况表”,如图 6-65 所示。

选定 A2:G6 区域建立簇状柱形图,添加图表标题为“书店上半年销售情况表”,添加分类

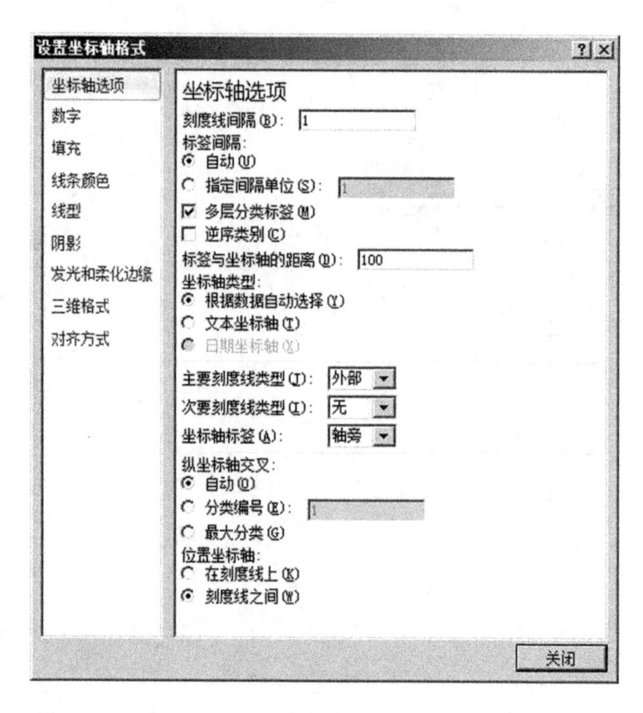

图 4-63 “设置坐标轴格式”对话框

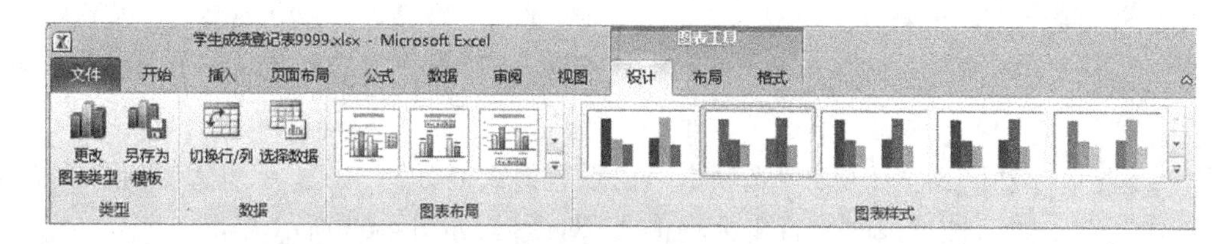

图 4-64 “图表工具-设计”-“图表布局”组和“图表样式”组

	A	B	C	D	E	F	G
1	书店上半年销售情况表（单位：万元）						
2	书类	一月	二月	三月	四月	五月	六月
3	小说	39	45	62	49	54	60
4	工具	69	58	62	57	66	70
5	期刊	22	31	26	24	28	33
6	儿童	26	24	20	18	29	50

图 4-65 书店上半年销售情况表

轴,并设置主要网格线格式。

2. 设置坐标轴字体为楷体、字号为 12、蓝色;图表标题为楷体、加粗、字号为 18;图例字体为隶书,放置在图表的底部。

3. 设置图表区边框为绿色实线;绘图区填充色为蓝色。设置后的图表,如图 4-66 所示。

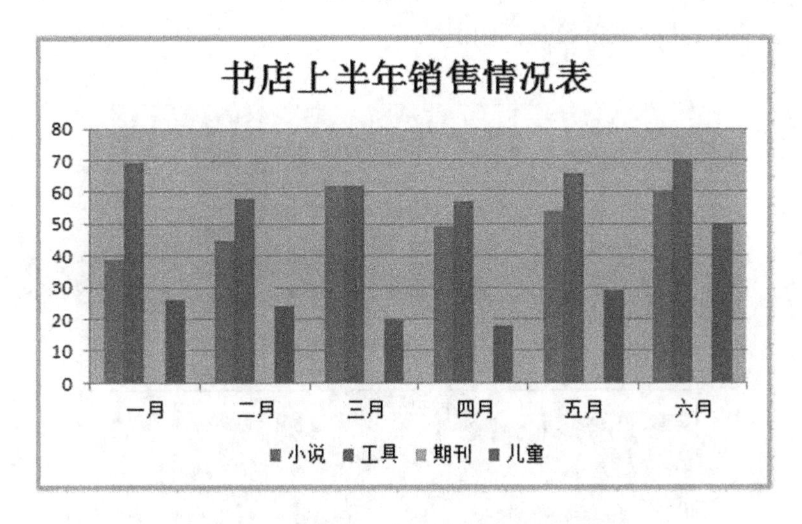

图 4-66　“书店上半年销售情况表”图表

★任务完成评价

Excel 工作表中的数值型数据可以用各种不同的图表来表示,工作表数据变化时,图表也会随之更新。通过完成上面的任务,同学们掌握了图表的创建方法、编辑修改方法、格式化设置方法等知识和操作技能。

★知识技能拓展

Excel 2010 默认的图表类型是“簇状柱形图”。用户如果要将其他标准的图表类型设置为默认图表类型,可以在工作表中选定一个图表,然后从“设计”选项中,点击“更改图表类型”,单击“设置为默认图表”,点击“确定”。

4.6 任务六　页面设置与打印

打印工作表前需要设置纸张和页边距等,这些操作与 Word 文档的页面设置相似,除此以外还需要进行一些与工作表有关的设置。

★任务目标展示

1. 掌握在工作表中设置打印区域的操作方法。
2. 熟悉插入手动分页符的操作方法。
3. 掌握页面设置的方法。

4.6.1 知识要点解析

知识点 1　打印前的准备工作

在打印之前,用户根据需要可做一些准备工作,如设置打印区域和手动分页等。

1. 设置打印区域　在工作表中选定要打印的区域。例如,选定“学生成绩登记表”中的(A1:F12)区域,在“页面布局”选项卡下的“页面设置”组中单击“打印区域”下三角按钮,在展开的下拉列表中选择“设置打印区域”。这时,会在选定区域四周出现虚线框,表示这是设置好的打印区域,在保存工作表时,可以同时保存所设置的打印区域。

如果要改变打印区域,需要取消原来设定的打印区域再重新设置。在图 4-67 中,选择

“取消打印区域”命令,然后重新设置打印区域。

	A	B	C	D	E	F	G
1	学生成绩登记表						
2	学号	姓名	语文	数学	信息技术	总分	平均
3	001	张永	98	78	89	265	88
4	002	李丽	95	96	87	278	93
5	003	文强	96	98	76	270	90
6	004	周国志	89	92	69	250	83
7	005	王雷雷	78	92	99	269	90
8	006	徐国强	65	87	71	223	74
9	007	高飞	99	60	93	252	84
10	008	赵志刚	72	87	64	223	74
11	009	李海军	56	75	92	223	74
12	010	张凯	69	64	92	225	75

图 4-67 “设置打印区域”

2. 分页预览　在“视图”功能区的“工作簿视图”组中,单击“分页预览”命令,即可分页预览。可以查看当前工作表中要打印的区域和分页符位置。

要打印的区域显示为白色,自动分页符显示为蓝色粗虚线,手动分页符显示为蓝色粗实线。每页区域中间都有浅色的页码显示。

3. 插入分页符　分页符是为了打印而将一张工作表分为若干单独页的分隔符。用户可根据自行需要来插入分页符。

步骤 1:选择工作表,在“视图”选项卡上的“工作簿视图”组中单击“分页预览”。

步骤 2:若要插入水平分页符,请选择要在其下方插入分页符的那一行,若要插入垂直分页符,请选择要在其右侧插入分页符的那一列。

步骤 3:在“页面布局”选项卡上的“页面设置”组中单击“分隔符”,单击“插入分页符”,如图 4-68 所示。

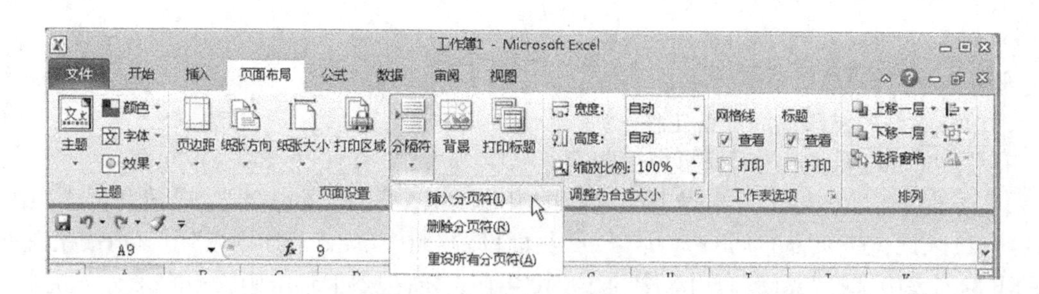

图 4-68 插入“分隔符”

知识点 2　页面设置

页面设置包括设置工作表打印纸张方向、纸张大小、页边距、页眉和页脚等。Excel 有默认的页面设置,用户可以在“页面布局”选项卡下单击“页面设置”组的对话框启动器按钮,在弹开的“页面设置”对话框中修改设置,如图 4-69 所示。

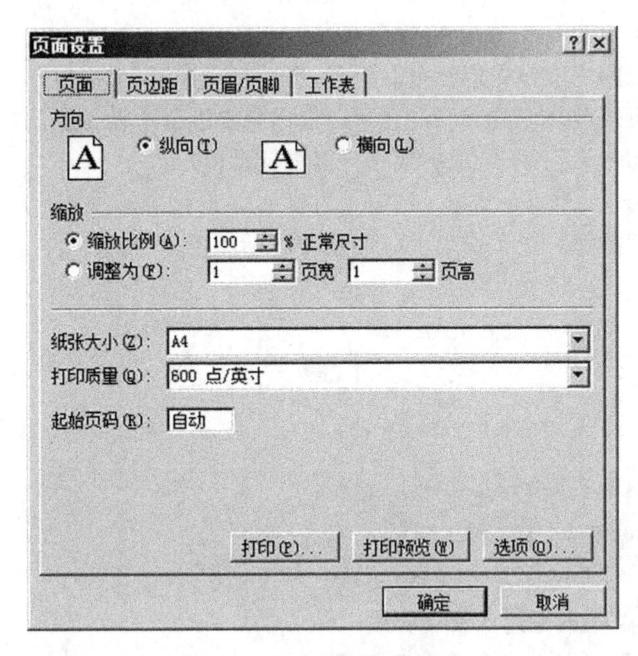

图 4-69　“页面设置”对话框

在“页面”选项中,可以设置打印的方向、纸张大小、缩放比例、起始页码等。“缩放比例”单选项用于放大或缩小打印工作表,100%为正常大小。

在“页边距”选项中,可以设置打印时的页边距,即页面上、下、左、右四周的空白部分的尺寸;还可以修改页眉、页脚的位置,该设置值应小于上下页边距,否则页眉页脚将与正文重合;“居中方式”选项,设置打印数据在纸张上水平居中或垂直居中。

在“页眉/页脚”选项中,可以为工作表设置页眉和页脚。页眉/页脚分别打印在每页的顶部及底部,独立于工作表数据,只有在打印预览和打印时才能显示。

在“工作表”选项卡中,可以设置打印区域、打印标题、打印顺序等。

知识点 3　打印输出

在打印输出之前,可以利用打印预览功能查看打印的设置结果,浏览文件的外观。确定无误后,工作表就可以打印了。

方法一:选择“文件”选项卡中的“打印”命令。

方法二:单击快速访问工具栏的“打印预览和打印”按钮。

默认设置打印当前工作表,默认打印份数为一份。如需修改打印份数、打印范围等,可在打印设置中重新设定。

4.6.2 学生上机操作

学生上机操作 1　打印设置

打开图 4-50 中的“学生成绩登记表”，在工作表 Sheet1 中设置打印区域为(A1:F12)。

学生上机操作 2　页面设置

设置纸张大小为 A4，打印时表格水平居中，上、下、左、右页边距为 3cm。设置自定义页眉为“成绩表”，居中对齐，并打印预览当前工作表。

★任务完成评价

打印工作表的步骤一般是先进行页面设置，然后打印预览，最后打印。页面设置主要包括纸张大小、页边距、页眉/页脚等的设置，还可以根据需要进行手动分页。在打印前通过打印预览查看所设置的打印效果，有不合适的地方可以重新设置。

★知识技能拓展

如果要想在打印的每一页工作表上添加某种徽标图案，可以采用在页眉中插入图片的方法来实现。

4.7　本章复习题

单项选择题

1. 在 Excel 2010 中，下列叙述中不正确的是(　　)
   A. 单元格中输入的内容可以是文字、数字、公式
   B. 每个工作表有 16384 列、1048576 行
   C. 输入的字符不能超过单元格宽度
   D. 每个工作簿可以由多个工作表组成
2. 若 A1 单元格为 IT，B1 单元格为 5，则公式“=SUM(A1,B1,3)”的计算结果为(　　)
   A. 3　　B. 5　　C. 8　　D. 这个公式错了
3. 在 Excel 2010 中，函数=MIN(5,17,-6,30)的返回值是(　　)
   A. 5　　B. 17　　C. -6　　D. 30
4. 在 Excel 2010 工作表中，以下能够向某单元格输入数值 2014 的是(　　)
   A. ‘2014’　　B. ’2014　　C. (2014)　　D. =2014
5. 在单元格中输入“=AVERAGE(10,-5)-Pi()”，则该单元格显示的值(　　)
   A. 大于零　　B. 等于零　　C. 小于零　　D. 不确定
6. 在 Excel 中，如把数值作为文本，输入时需(　　)
   A. 给数值加“ ”　　B. 在数值前加 ’　　C. 给数值加 ”　　D. 在数值前加“
7. 用筛选条件“平均分>90 与数学>95”对数据清单进行筛选后，在筛选结果中都是(　　)
   A. 平均分>90 的记录　　B. 数学>95 的记录
   C. 平均分>90 或数学〉95 的记录　　D. 平均分>90 且数学>95 的记录
8. Excel 2010 工作表中，图表中的(　　)会随着工作表中数据的改变而发生相应的变化
   A. 图例　　B. 图表类型　　C. 系列数据的值　　D. 图表位置
9. Excel 2010 数据列表的应用中，分类汇总适合于按(　　)字段进行分类
   A. 1 个　　B. 2 个　　C. 3 个　　D. 多个

10. 把单元格指针移到 X80 的最简单的方法是(　　)

A. 拖动滚动条

B. 按 Ctrl+X80

C. 在名称框输入“X80”

D. 先用快捷键命令“Ctrl + →”移到 X 列,再用快捷键命令“Ctrl + ↓”移到 80 行。

(张伟建　涂黎明　赵立春　张全丽　乔爱玲)

第 5 章

Power Point 2010 演示文稿软件

PowerPoint 2010 是 Microsoft 公司推出的 Office 2010 系列产品之一，主要用于制作演示文稿。用 PowerPoint 2010 制作的演示文稿可以通过计算机或投影仪播放，在多媒体教学、演讲、学术会议、工作汇报、产品演示等方面都有广泛的应用。

本章学习和研究 PowerPoint 2010 演示文稿的制作。主要包括 PowerPoint 2010 的基本操作，编辑演示文稿，主题设计，版式应用与设置，动画制作以及多媒体的应用等。通过本章的学习，逐步掌握演示文稿的制作方法。

5.1 任务一　Power Point 2010 的基本操作

★任务目标展示

1. 了解 PowerPoint 2010 的主要功能。
2. 掌握启动、创建、保存、打开和关闭演示文稿的常用方法。
3. 认识 PowerPoint 2010 的常用视图模式，并能够根据具体需要选择视图模式。
4. 掌握幻灯片的基本制作方法。

5.1.1 知识要点解析

知识点 1　认识 Power Point 2010

Power Point 2010 较其之前的版本新增了许多功能。如可以创建、管理并与他人协作处理演示文稿；可以使用图片、动画和视频等素材，从而更加丰富了演示文稿的内容；以及能够更有效地共享演示文稿等。

1. Power Point 2010 的启动和退出

(1)启动 Power Point 2010

方法一：单击“开始”按钮，从中单击“Microsoft PowerPoint 2010”命令。

或是在“开始”菜单中，单击“所有程序”，接着单击“Microsoft Office”选项，再从中单击“Microsoft PowerPoint 2010”命令。

方法二：双击桌面上的 Power Point 2010 快捷方式图标。

(2)退出 PowerPoint 2010

方法一：单击“文件”选项卡中的“退出”命令。

方法二：右击任务栏上的 Power Point 2010 图标，从弹出的快捷菜单中单击“关闭所有窗口”(或“关闭窗口”)命令。

方法三：单击 PowerPoint 2010 窗口右上角的“关闭”按钮(应指出，如果打开了多个演示文稿，这种方法只能关闭当前窗口。要退出 PowerPoint 2010，则需要使用此方法将各 PowerPoint 2010 窗口均关闭)。

在用以上方法退出 PowerPoint 2010 时，如果所编辑的演示文稿没有保存，将会弹出一个对话框询问是否保存？这时可视具体情况选择，若单击“保存”按钮，则保存文稿并退出 PowerPoint 2010；若单击“不保存”按钮，则不保存文稿而退出 PowerPoint 2010；若单击“取消”按钮，则不退出，仍返回到 PowerPoint 2010 的编辑状态。

2. PowerPoint 2010 窗口　一般情况下，在启动 PowerPoint 2010 后，系统将打开一个名为“演示文稿 1”的 PowerPoint 2010 窗口，如图 5-1 所示。

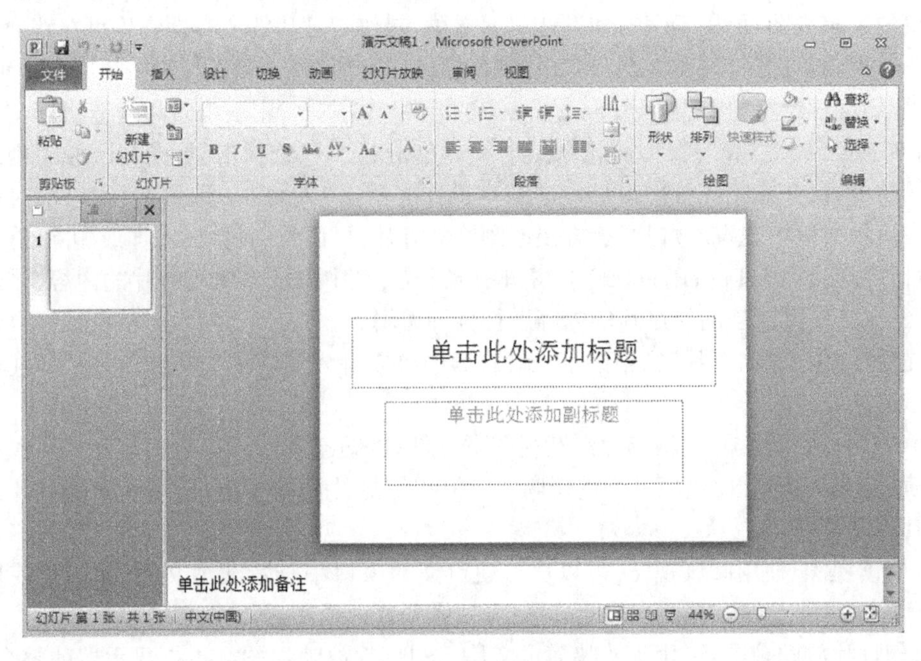

图 5-1　PowerPoint 2010 窗口

(1)标题栏：标题栏上显示演示文稿的文件名和所使用的程序名(Microsoft PowerPoint)。标题栏的左端是控制菜单图标，单击该图标则会弹出一个菜单，其中有还原或最大化、最小化、关闭等命令。标题栏的右端也设有最小化、还原或最大化、关闭按钮。

(2)“文件”选项卡：单击“文件”选项卡，可以从中调用“保存”“另存为”“打开”“关闭”“新建”“打印”等命令，还可以从中查看当前演示文稿的信息。

(3)功能区：在功能区上，提供了“开始”“插入”“设计”“切换”“动画”“幻灯片放映”“审阅”“视图”等 8 个选项卡。单击某一个选项卡，则打开一个与之相对应的功能区。在每个功能区中包含有若干组命令，每组中提供了若干个命令按钮，以方便用户在编辑操作中使用。

(4)快速访问工具栏：快速访问工具栏位于功能区的下方(或上方)。该工具栏中提供了“保存”“撤消”或“重复”(或“恢复”)“自定义快速访问工具栏”等命令按钮。适当地设置自定义快速访问工具栏，可以提高编辑工作的效率。

(5)工作区:在普通视下,工作区由左部的大纲/幻灯片浏览窗格,右部上方的幻灯片窗格和右部下方备注窗格组成。

(6)状态栏:位于窗口的底部,其中显示编辑的状态信息,还提供了一些命令按钮。主要包括幻灯片的编号和张数、主题名称、语言、视图模式切换按钮、显示比例,以及使幻灯片适应当前窗口按钮等。

3. PowerPoint 2010 的视图　视图是指 PowerPoint 2010 演示文稿中各张幻灯片在屏幕上的显示方式,不同的视图适用于不同的编辑状态。PowerPoint 2010 提供了普通视图、幻灯片浏览、阅读视图、备注页、幻灯片放映等视图。可以通过状态栏上的视图切换按钮或"视图"功能区中"演示文稿视图"组中的命令来切换不同的视图。

(1)普通视图:启动 PowerPoint 2010 后所打开的演示文稿,默认为普通视图方式。普通视图是主要的编辑视图,可用于编辑和设计演示文稿,制作幻灯片的所有操作均可在普通视图下完成。普通视图下的窗口,由大纲/幻灯片浏览窗格、幻灯片窗格和备注窗格 3 个部分组成。

大纲/幻灯片浏览窗格,位于 PowerPoint 2010 窗口的左侧,用于组织和构造演示文稿的大纲,该窗格中有"大纲"和"幻灯片"两个选项卡。单击"大纲"选项卡,可在此区域中规划如何表述主题的内容,并能完成管理幻灯片的基本操作。单击"幻灯片"选项卡,在编辑时以缩略图方式在演示文稿中观看幻灯片,能方便地浏览幻灯片,可以重新排列、添加或删除幻灯片。

幻灯片窗格,位于 PowerPoint 2010 窗口右部上方,其中显示当前幻灯片的内容,是幻灯片的编辑区,在其中可对当前幻灯片的内容进行各种编辑。

备注窗格,位于"幻灯片"窗格的下方。在其中可以键入要应用于当前幻灯片备注解释或其他提示信息。

(2)幻灯片浏览视图:在幻灯片浏览视图下,可以以缩略图形式查看幻灯片。在该视图下可以对演示文稿中幻灯片顺序进行重新调整。但在幻灯片浏览视图下,不能对幻灯片进行编辑或作其他设置。

(3)阅读视图:使用阅读视图,可以从方便审阅的窗口中查看演示文稿,而不是使用全屏的幻灯片放映视图。如果需要修改幻灯片,可切换到普通视图进行修改。

(4)幻灯片放映视图:可用于放映演示文稿。幻灯片放映视图会占据显示器的整个屏幕,可以看到图形、文字、视频、动画等演示效果。

(5)备注页视图:用于为演示文稿中的幻灯片提供备注。单击"视图"选项卡,在"演示文稿视图"组中,单击"备注页视图",幻灯片以缩略图形式与备注页一起显示,单击备注页文本区,可编辑当前张幻灯片的备注内容,但不能对其上部的幻灯片进行编辑。

(6)母版视图:包括幻灯片母版、讲义母版和备注母版,它们是存储有关演示文稿母版信息的主要幻灯片,其中包括背景、颜色、字体、效果、占位符的大小和位置。使用母版视图的一个主要优点是在幻灯片母版、讲义母版或备注母版上,可以对与演示文稿关联的每个幻灯片、备注页或讲义的样式进行全局更改。

4. 更改默认视图　默认情况下,在打开 PowerPoint 2010 时是普通视图。有时,也可根据需要更改演示文稿在打开时显示为另一种视图,其操作方法如下。

步骤 1:单击"文件"选项卡中的"选项"命令。

步骤 2:在"PowerPoint 选项"对话框中单击"高级"命令。

步骤 3:在"显示"列表中,单击"用此视图打开全部文档"右侧的下拉列表按钮,从中选择一个需要的视图。

步骤 4：设置完毕，单击“确定”按钮。

知识点 2　新建与保存、打开与关闭演示文稿

1. 新建演示文稿　新建演示文稿包括新建空白演示文稿、利用样本模板创建和利用主题创建等方法。一般的方法是，单击“文件”选项卡，从中单击“新建”命令，在“可用的模板和主题”的“主页”列表中选择所用的模板或主题。

（1）新建空白演示文稿：默认情况下，PowerPoint 2010 对新建的演示文稿应用空白演示文稿模板。启动 PowerPoint 2010 后，新建空白演示文稿的操作方法如下。

步骤 1：单击“文件”选项卡，从中单击“新建”命令，如图 5-2 所示。

步骤 2：在“可用的模板和主题”的“主页”列表中，单击“空白演示文稿”，再单击“创建”命令（或是双击“空白演示文稿”；或是使用快捷键“Ctrl + N”），即可新建一个空白演示文稿。

（2）通过样本模板创建：根据样本模板新建的演示文稿，它已包含一定的文本、提示和设计版式等内容，从而简化演示文稿的创建过程。启动 PowerPoint 2010 后，其操作方法如下。

步骤 1：单击“文件”选项卡，从中单击“新建”命令（图 5-2）。

步骤 2：在“可用的模板和主题”的“主页”列表中，单击“样本模板”。

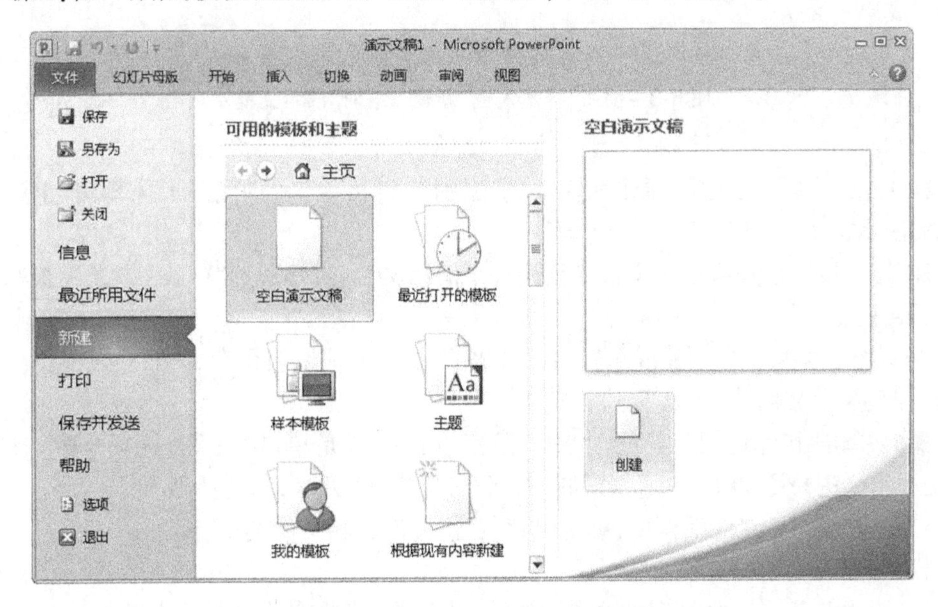

图 5-2　创建空白演示文稿

步骤 3：在“样本模板”列表中，单击一个所用的样本模板，再单击“创建”命令即可创建一个具有样本模板内容的演示文稿。例如，使用“培训”样本模板创建一个演示文稿，如图 5-3 所示。

（3）通过主题模板创建：根据主题新建的演示文稿，可使用主题中提供的颜色、字体和效果，从而简化演示文稿的创建过程。启动 PowerPoint 2010 后，其操作方法如下。

步骤 1：单击“文件”选项卡，从中单击“新建”命令（见图 5-2）。

步骤 2：在“可用的模板和主题”的“主页”列表中，单击“主题”。

图 5-3 使用“样本模板”新建-“培训”演示文稿

步骤 3：在“主题”列表中，单击所需要的主题样式，再单击“创建”命令，即可创建一个带有主题的演示文稿。

另外，还可以通过现有演示文稿来创建一个演示文稿；或是通过“Office. com 模板”来创建一个演示文稿。

2. 保存演示文稿 在创建或编辑演示文稿的过程中，应及时保存文档。

(1)保存演示文稿：方法如下。

步骤 1：单击“快速访问工具栏”上的“保存”命令（或是单击“文件”选项卡中“保存”命令；或是用快捷键命令 Ctrl + S）。若是首次保存，将打开“另存为”对话框。

步骤 2：在“另存为”对话框中，确定保存位置、文件名和文件类型。

步骤 3：单击“保存”按钮。

另外，如要保存为其他类型的文件，应在“保存类型”列表中选择文件类型。例如，要把 PowerPoint 的早期版本，通过 PowerPoint 2010 来打开，需在“保存类型”下拉列表中选择“PowerPoint 97-2003 演示文稿”。如果需要的话，也可选用 . PDF、. PNG、. RTF 或“网页（. htm 、. html）”类型来保存文件。

(2)设置自动保存：设置自动保存的方法如下。

步骤 1：单击“文件”选项卡。

步骤 2：单击“选项”命令，打开“PowerPoint 选项”对话框。

步骤 3：在“PowerPoint 选项”对话框中，单击“保存”。

步骤 4：在右边列表中，选中“保存自动恢复信息时间间隔”复选框，并在“分钟”框中设定时间间隔，例如设为 5min（默认时间间隔是 10min）。

步骤 5:设置完毕,单击“确定”按钮。

3. 打开演示文稿

(1)打开最近使用的演示文稿:通常, Microsoft Office 程序都可以显示在该程序中最后打开的若干个文档,以便可以使用这些链接快速访问相应的文件。

步骤 1:启动 PowerPoint 2010。

步骤 2:单击“文件”选项卡,从中单击“最近所用文件”命令。

步骤 3:在“最近使用的演示文稿”列表中单击要打开的演示文稿。

(2)通过“打开”对话框打开:通过菜单命令打开保存的所有演示文稿,可以选择打开一个演示文稿,也可以打开两个或两个以上的演示文稿。

步骤 1:启动 PowerPoint 2010。

步骤 2:单击“文件”选项卡。

步骤 3:单击“打开”命令,弹出“打开对话框”。

步骤 3:在“打开”对话框中,找到并打开文件所在的文件夹。

步骤 4:单击要打开的演示文稿,再单击“打开”命令(或双击要打开的演示文稿)。

4. 关闭演示文稿

方法一:单击“文件”选项卡,从中单击“关闭”命令。

方法二:单击窗口右上角的“关闭”按钮。

方法三:按快捷键“Alt + F4”或“Alt + W”。

方法四:右击标题栏,从中单击“关闭”命令。

知识点 3　编辑演示文稿

使用 PowerPoint 2010,在新建的一个空白演示文稿中,只含有一张幻灯片。在编辑演示文稿过程中,往往需要多张幻灯片,可根据需要在演示文稿中新建幻灯片,也可以复制和移动幻灯片。

使用 PowerPoint 2010 可以在幻灯片中插入不同的对象。可以在幻灯片中插入文本、表格、剪贴画、图形、图表等内容,还可以插入音频和视频等多媒体对象。

1. 添加新幻灯片　一个演示文稿通常由多张幻灯片组成。对于新建的空白演示文稿,它只含一张幻灯片,如果需要多张幻灯片,则需要添加幻灯片。

步骤 1:打开演示文稿,并切换到浏览视图。

步骤 2:单击新插入幻灯片的位置。

步骤 3:单击“开始”选项卡。

步骤 4:在“幻灯片”组中,单击“新建幻灯片”旁边的下拉箭头。

步骤 5:从“Office 主题”列表中,单击需要添加的“幻灯片”。

也可用此法,逐个添加多张幻灯片。

2. 应用或更改幻灯片版式　幻灯片版式是一种排版方案,包含幻灯片上所显示内容的格式设置(如颜色、字体、效果和背景)、位置和占位符。占位符相当于版式中的容器,其中可容纳如文本(包括文本和标题)、表格、图表、图片、图形、声音、视频等内容。

(1)应用幻灯片版式:通过应用幻灯片版式,可以对演示文稿中幻灯片上的标题、文本、图片等各种对象的格式进行统一的修饰和设置,从而简化一些编辑操作。

应用幻灯片版式的操作方法如下。

步骤1:打开演示文稿,并切换到浏览视图。

步骤2:选定演示文稿中的全部幻灯片。

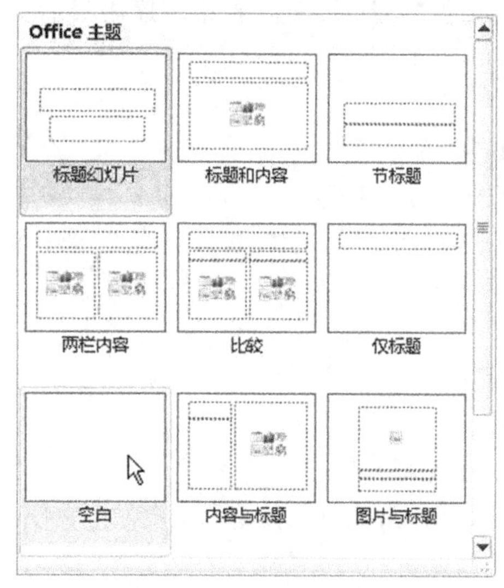

图5-4 幻灯片版式列表

步骤3:在"开始"功能区的"幻灯片"组中,单击"版式"命令。

步骤4:在"Office 主题"列表中,单击所需要的幻灯片版式,如图5-4所示。

(2)更改部分幻灯片的版式:在编辑中,如认为此前的版式对演示文稿中的一张或几张幻灯片并不合适,则可以更改这部分幻灯片的版式。应注意的是,当版式更改后,可能会改变幻灯片中占位符位置,如果占位符中有文本等对象,它们也将与占位符一同移到幻灯片中新的位置上。

步骤1:打开演示文稿,并切换到普通视图。

步骤2:在"幻灯片浏览"窗格中右键单击需要更改版式的幻灯片(或是在幻灯片窗格中,在需要更改版式的幻灯片旁单击右键)。

步骤3:从弹出的快捷菜单中,单击所需要的"版式"。

3. 插入文本

(1)插入文本:当新建一个空白演示文稿时,文稿中的第一张幻灯片为标题幻灯片,其中有两个标题文本框(也称占位符,其位置是由"幻灯片版式"确定)。在没有输入文本前,其中会显示"单击此处添加文本"。单击某一个文本框,其中原有的提示文字消失,这时即可在其中插入文本内容。还可以在幻灯片中插入新的文本框,用于插入文本或其他对象。

对于文本格式的设置,与在 Word 2010 中的操作方法相同,可以根据具体需要对文本设置字符格式和段落格式。

(2)改变文本框的位置和大小:如需要调整文本框的位置,可将鼠标指针移到文本框的一个边上,单击鼠标,当指针变为十字箭头时,按住鼠标把文本框拖到合适的位置上释放鼠标即可。

如需要改变文本框的大小,可在文本框上单击鼠标,再将鼠标指针移到顶角或一条边上的尺寸控点上,当指针变为双向箭头时,按住鼠标拖动至合适的大小释放鼠标即可。

4. 使用表格 在幻灯片中可以使用带表格的幻灯片版式,也可以在幻灯片中另行插入表格。

(1)使用带表格的幻灯片版式:其操作方法如下。

步骤1:单击"开始"选项卡。

步骤2:在"幻灯片"组,单击"版式",从中单击一种包含有表格对象的版式(如"标题和内容"版式)。

步骤3:在幻灯片的占位符中,单击"插入表格"按钮,打开"插入表格"对话框。

步骤4:在对话框中设定表格的行、列数,然后单击"确定"按钮。

步骤5:调整表格的位置和大小,在表格中输入文本(其操作与在 Word 2010 中相同)。

(2)在幻灯片中插入表格:其操作方法如下。

步骤1:选定要插入表格的幻灯片。

步骤2:在"插入"功能区中,单击"表格"命令。

步骤3:按住鼠标左键拖动,确定插入表格的行数和列数,然后释放鼠标。

步骤4:调整表格的大小和位置,在表格中输入文本。

5. 使用剪贴画

(1)使用带剪贴画的幻灯片版式:其操作方法如下。

步骤1:单击"开始"选项卡。

步骤2:在"幻灯片"组,单击"版式",从中单击一种包含有剪贴画对象的版式(如"标题和内容"版式)。

步骤3:在幻灯片的占位符中,单击"剪贴画"按钮,打开"剪贴画"任务窗格。

步骤4:在"搜索文字"文本框中输入要搜索的关键词(如护理),然后单击搜索。

步骤5:从搜索到的剪贴画列表中,单击所需要的剪贴画,即可将剪贴画插入到幻灯片中。

(2)在幻灯片中插入剪贴画:其操作方法如下。

步骤1:选定要插入剪贴画的幻灯片。

步骤2:在"插入"功能区中,单击"图像"组中的"剪贴画"命令,打开"剪贴画"任务窗格。

步骤3:在任务窗格的"搜索文字"文本框中输入要搜索的关键词(如护理),然后单击搜索。

步骤4:从搜索到的剪贴画列表中,单击所需要的剪贴画,即可将剪贴画插入到幻灯片中。

6. 使用音频

(1)插入音频:在幻灯片中,可以插入"文件中的音频""剪贴画音频"和"录制音频"3种声音。

其操作方法如下。

步骤1:选定要插入声音的幻灯片。

步骤2:单击"插入"选项卡的"媒体"组中"音频"命令。

步骤3:从中单击一种要使用的音频(如"剪贴画音频"或其他的一种"音频",打开"剪贴画"任务窗格。

步骤4:从任务窗格的音频列表中,单击要插入的音频(如"柔和乐"),即可在幻灯片中插入该音频,并在幻灯片中显示音频 图标。

步骤5:单击音频图标上的"播放"按钮,即可播放所插入的音频。

(2)设置音频播放效果:设置音频播放效果的操作方法如下。

步骤1:单击幻灯片中的音频图标。

步骤2:单击"音频工具-播放"选项卡,切换到"音频工具-播放"功能区。

步骤3:可根据使用要求,在"音频选项"组中设置音频播放效果(如是否设置:单击时、循环播放等),如图5-5所示。

7. 使用视频　在幻灯片中插入视频对象,可以是来自文件中的视频,或是来自网站的视频,或是剪贴画视频。插入视频的操作方法如下。

步骤1:打开演示文稿,选定要插入视频的幻灯片。

步骤2:在"插入"功能区的"媒体"组中,单击"视频"命令。

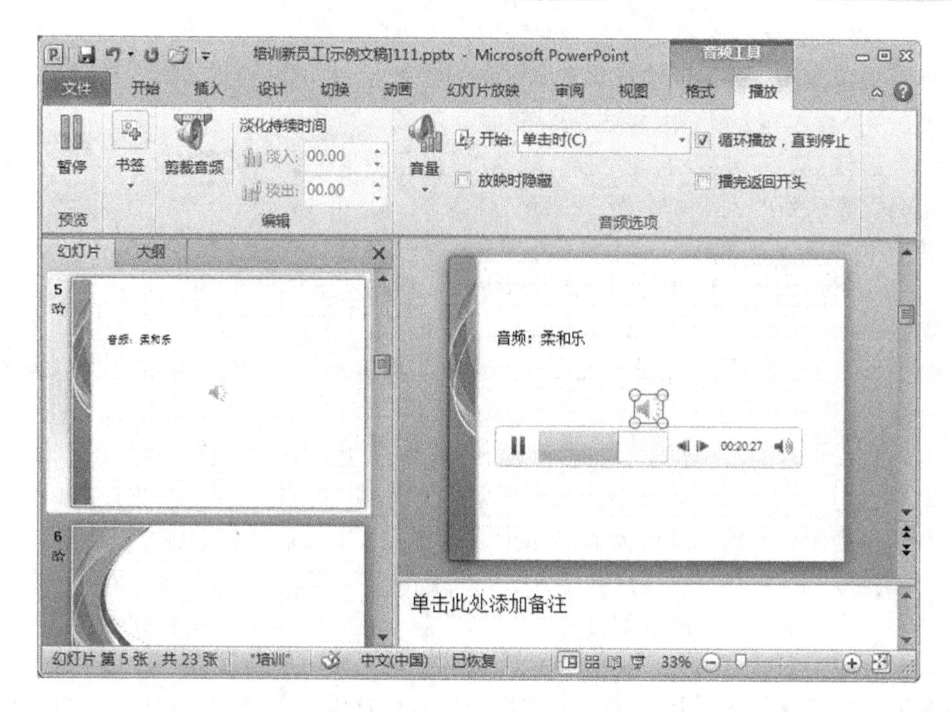

图 5-5　设置“音频播放”效果

步骤 3:在下拉列表中,单击“剪贴画视频”(或“文件中的视频”,或“来自网站的视频”)。如选择“剪贴画视频”,则弹出“剪贴画”窗格。

步骤 4:单击要使用的剪贴画(例如飞扬中的中国国旗),如图 5-6 所示。

在幻灯片放映时,即可看到插入剪贴画的动画视频。

8. 管理幻灯片

(1)选定幻灯片:选定一张幻灯片:在普通视图的大纲浏览窗格中(或在幻灯片浏览视图下),单击某一幻灯片。

选定多张连续幻灯片:在普通视图的大纲浏览窗格中(或在幻灯片浏览视图下),单击要选定的第一张幻灯片,按住 Shift 键不放再单击要选定的最后一张幻灯片。

选定多张不连续的幻灯片:在普通视图的大纲浏览窗格中(或在幻灯片浏览视图下),按住 Ctrl 键不放,分别单击要选定的各张幻灯片。

(2)复制幻灯片:复制幻灯片有多种方法。下面介绍其中的两种方法。

方法一:使用功能区中的命令

步骤 1:切换到幻灯片浏览视图。

步骤 2:选定要复制的一张或多张幻灯片。

步骤 3:在“开始”功能区的“剪贴板”组中,单击“复制”命令。

步骤 4:单击要粘贴幻灯片的位置。

步骤 5:在“开始”功能区的“剪贴板”组中,单击“粘贴”命令。

方法二:使用快捷键命令

步骤 1:切换到幻灯片浏览视图。

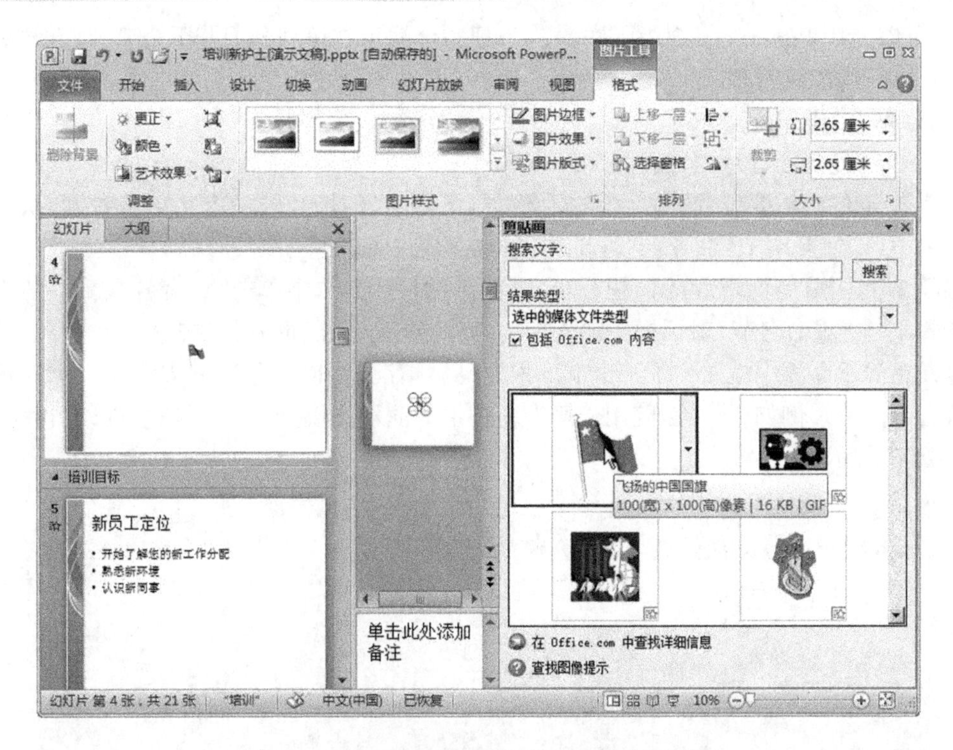

图 5-6　插入"剪贴画视频"-飞扬中的中国国旗

步骤 2:选定要复制的一张或多张幻灯片。

步骤 3:按快捷键命令 Ctrl + C。

步骤 4:单击要粘贴幻灯片的位置。

步骤 5:按快捷键命令 Ctrl + V。

上述方法,也适用于在不同的演示文稿之间进行复制,只是步骤 4 和步骤 5 要切换到目标演示文稿中进行粘贴。

(3)移动幻灯片:移动幻灯片的方法与上面介绍的复制幻灯片的方法类似。有所不同的是,在方法一的步骤 3 中应单击"剪切"命令;在方法二的步骤 3 中应使用快捷键命令 Ctrl + X。

(4)删除幻灯片

方法一:右键法

步骤 1:切换到幻灯片浏览视图。

步骤 2:选定要删除的一张或多张幻灯片。

步骤 3:在选定的幻灯片上击右键,从弹出的快捷菜单中单击"删除"命令。

方法二:按键法

步骤 1:切换到幻灯片浏览视图。

步骤 2:选定要删除的一张或多张幻灯片。

步骤 3:按键盘上的 Delete 键。

9. 使用"节"管理　"节"是 PowerPoint 2010 的新增功能。对于包含多张幻灯片的演示文稿,有时可以使用 PowerPoint 2010 中的“节”,把一个演示文稿划分为若干个节,以方便对其中的幻灯片进行组织和管理。

(1)新增节:操作方法如下。

步骤 1:切换到幻灯片浏览视图。

步骤 2:定位到需要设置“节”的位置(例如,第 13 张幻灯片的左边),单击右键,从弹出的快捷菜单中单击“新增节”命令,这时新增节的名称为“无标题节”。

步骤 3:右击节名称(如“无标题节”),从弹出的快捷菜单中单击“重命名节”。

步骤 4:在“重命名节”对话框中输入节的名称,然后单击“重命名”按钮。

这样在演示文稿中就新增了一个节。根据具体情况,可以使用这种方法在一个演示文稿中设置若干个节。例如,将某医院用于培训新护士的演示文稿分成 4 个节,它的幻灯片浏览视图,如图 5-7 所示。

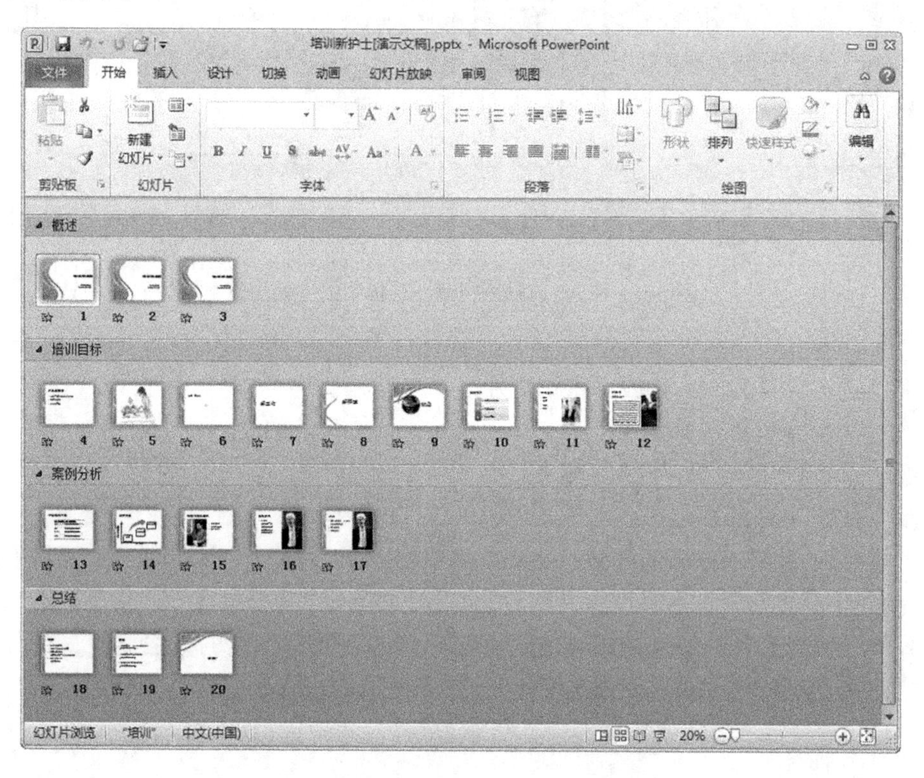

图 5-7　把一个演示文稿设置有 4 个节

(2)重命名节:如果发现节名称不合适,可以对它重命名,其操作方法如下。

步骤 1:切换到幻灯片浏览视图。

步骤 2:右键单击需要重命名的节名称,从弹出的快捷菜单中单击“重命名节”。

步骤 3:在弹出的“重命名节”对话框中,输入新的名称,然后单击“重命名”按钮。

(3)移动节:如果发现节的位置需要调整,可以移动节,其操作方法如下。

步骤 1:切换到幻灯片浏览视图。

步骤 2:右键单击需要移动的节名称,从弹出的快捷菜单中单击“向下移动节”(或“向上移动节”)命令。

(4)删除节:对于认为不需要划分的节,可以删除这个节。删除节的操作方法如下。

步骤 1:切换到幻灯片浏览视图。

步骤 2:右键单击需要删除的节名称,从弹出的快捷菜单中单击“删除节”命令。如果所有的节都不需要了,应在此步骤中从弹出的快捷菜单中单击“删除所有节”命令。

5.1.2 学生上机操作

学生上机操作 1　认识 PowerPoint 2010,并初步制作演示文稿

1. 上机练习,正确启动与退出 PowerPoint 2010。
2. 观察 PowerPoint 2010 窗口界面的组成,切换视图观察每种视图方式。
3. 打开 PowerPoint 2010 时默认为普通视图,请将默认视图方式更改为幻灯片浏览视图。
4. 创建不同版式的幻灯片,并在占位符中输入文本。
5. 在幻灯片中插入不同的对象。

学生上机操作 2　幻灯片的基本操作

1. 利用“样本模板”快速创建一个包含多张幻灯片的演示文稿。

(1)新建与保存演示文稿,打开与关闭演示文稿。

(2)在普通视图和浏览视图下,分别进行选定、复制、移动和删除幻灯片操作。

2. 利用 PowerPoint 2010 制作一个“XX 医院宣传片”,所用的部分素材如图 5-8 所示。

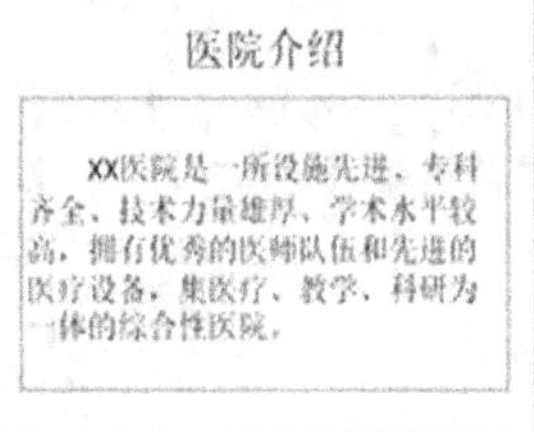

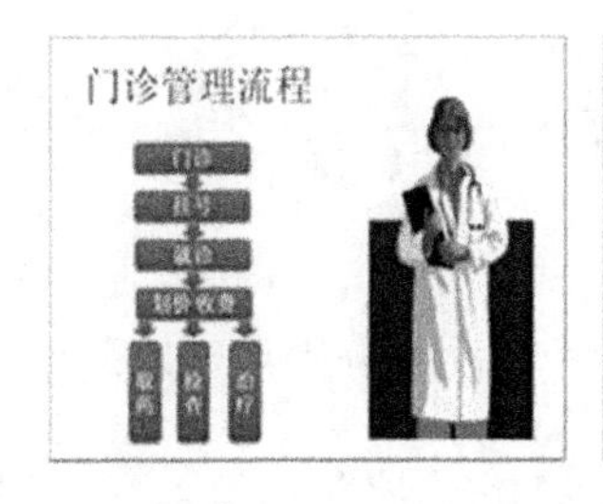

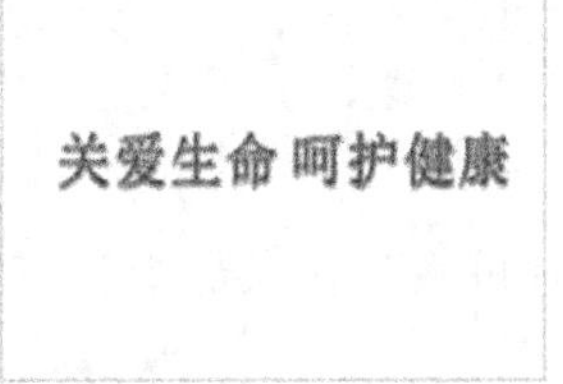

图 5-8　上机操作 2-部分素材

操作要求如下。

(1)新建一个演示文稿,以“XX 医院宣传片 . pptx”,按要求保存在 D:盘的指定文件夹中。

(2)第一张幻灯片输入文字,标题设为“宋体、60 磅、形状样式:强调效果-红色,强调颜色 2”,将副标题输入文字,移动到合适位置。

(3)第二张幻灯片,标题设为“宋体,54 磅”,在添加文本处输入内容,并设为“宋体,40 磅,形状样式:彩色轮廓-红色,强调颜色 2”。

(4)第三张幻灯片,标题设为“宋体,54 磅”,在表格里输入内容,并设为“宋体,28 磅,表格样式设为:中度样式 2-强调 2”。

(5)第四张幻灯片,插入文本框并输入内容,字体设为“宋体,54 磅”作为标题,利用形状绘制流程图,插入剪贴画。

(6)第五张幻灯片,插入艺术字。

(7)演示文稿的素材仍有不足,可插入幻灯片并补充其他内容。

(8)操作中,按要求及时保存文件到指定的文件夹中。

★任务完成评价

在学习中逐步熟悉 PowerPoint 2010 的窗口界面。会使用不同的视图,并观察每一种视图的表现特点。进一步掌握 PowerPoint 2010 的“文件”选项卡和各功能区中常用命令的功能和使用方法,并通过一些演示文稿的创建和编辑,逐步掌握 PowerPoint 2010 的基本功能和主要应用。

★知识技能拓展

在本次任务学习的基础上,借助 PowerPoint 2010 帮助和上网查询,进一步学习和研究演示文稿的制作方法。使用“Office. com 模板”来创建一个或多个演示文稿,并进行适当编辑修改。

5.2 任务二　修饰演示文稿

演示文稿一般都有一个主题,如果演示文稿的外观能够很好地配合主题,会为演讲增色不少。可以通过设置母版、改变设计主题和背景等方法,使演示文稿具有适宜的个性化外观。

★任务目标展示

1. 使用母版,统一演示文稿的版式。
2. 通过设计不同的主题,美化演示文稿。
3. 设置幻灯片的背景及配色方案。
4. 熟悉演示文稿的不同修饰方法。

5.2.1 知识要点解析

知识点 1　使用母板

PowerPoint 2010 提供了“幻灯片母版”“讲义母版”“备注母版”,分别用于对幻灯片样式、讲义属性、备注页格式进行设置。

1. *幻灯片母版*　幻灯片母版是幻灯片层次结构中的顶层幻灯片,用于存储演示文稿的主题和幻灯片的版式信息。主题反映演示文稿的主要信息,包括一组统一的主要设计元素(如主题颜色、主题字体和主题效果等),使文档具有统一的外观风格;幻灯片版式包括幻灯片上的标题和副标题文本、列表、图片、表格、图表、自选图形、声音和视频、占位符的大小和位置等各种对象的格式设置。

例如,应用幻灯片母版,可以设置演示文稿的各张幻灯片上的标题样式,并应用于各张幻灯片,而不需要分别去修改每张幻灯片的标题样式,从而可以简化演示文稿的创建和编辑过程。

幻灯片母版决定了整个演示文稿的样式外观,每个演示文稿至少包含一个幻灯片母版。

创建和编辑幻灯片母版,应在“幻灯片母版”视图下进行操作。

启动 PowerPoint 2010 后,单击“视图”选项卡,在“母版视图”组中单击“幻灯片母版”,即切换到“幻灯片母版”视图,并打开“幻灯片母版”功能区,如图 5-9 所示。

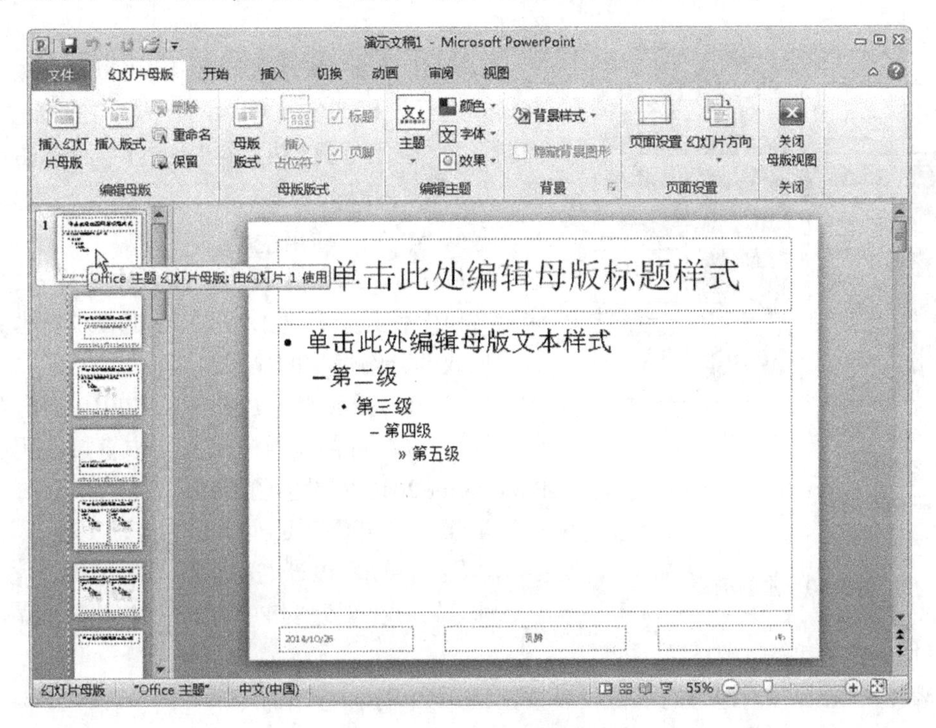

图 5-9　幻灯片母版视图

要退出母版视图,应在“幻灯片母版”功能区的“关闭”组中,单击“关闭母版视图”命令。

(1)设置文本格式:其操作方法如下。

步骤 1:选定要设置的文本框(或其中的文本)。

步骤 2:单击“开始”选项卡,打开“开始”功能区。

步骤 3:使用“字体”组中的命令,设置文本的格式。

(2)调整文本框大小和位置:调整文本框大小的方法是,单击文本框,将在边框线上显示 8 个尺寸控制点,用鼠标指针指向某顶角或某边框的尺寸控点上,当鼠标指针变为双向箭头时,拖动鼠标到合适位置释放即可。

(3)变换主题:变换主题的操作方法如下。

步骤 1:在“幻灯片母版”视图中,单击“幻灯片母版”选项卡。

步骤 2:在“编辑主题”组中,单击“主题”下拉列表。

步骤 3:从主题列表中选择一种所需要主题,如图 5-10 所示。

步骤 4:还可根据编辑需要,设置主题的“颜色”“字体”和“效果”。

另外,根据使用需要,还可以设置幻灯片母版的“背景样式”,以及“幻灯片母版”的“页眉与页脚”。

2. 讲义母版　讲义母版是对已建立的演示文稿,设置为可打印的演示文稿讲义。讲义母

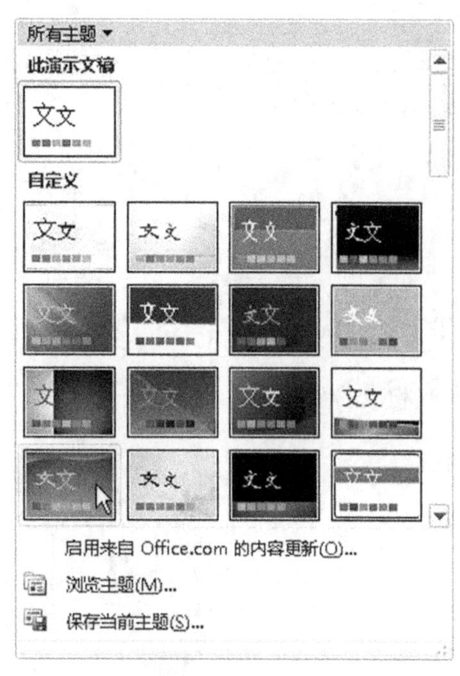

图 5-10 主题列表

版格式的设置应在“讲义母版”视图下及“讲义母版”功能区中进行。对讲义母版的设置跟对幻灯片母版的设置类似,但所做的设置只是针对讲义,而不针对幻灯片。

3. 备注母版 在备注母版中,可以对备注页的信息格式进行设置。备注母版的设置应在“备注母版”视图下及“备注母版”功能区中进行。对备注母版的设置与对幻灯片母版的设置类似。

知识点 2 使用主题

PowerPoint 2010 中提供了多种主题样式,供编辑演示文稿中使用。通过使用主题可以方便地更改演示文稿或部分幻灯片的显示风格。

1. 使用内置主题 PowerPoint 2010 中内置了多种幻灯片主题,可供编辑演示文稿中直接应用。使用 PowerPoint 2010 内置主题的操作方法如下。

步骤 1:打开需要更改主题的演示文稿。

步骤 2:单击“设计”选项卡。

步骤 3:在“主题”组中,单击“其他”下拉列表按钮,打开所有主题列表。

步骤 4:单击所有主题旁的下拉列表按钮,从中单击“内置”命令。

步骤 5:从内置主题列表中,单击一种所需要的主题,如图 5-11 所示。该主题将应用于整个演示文稿中的幻灯片。

2. 对部分幻灯片更改主题 如果需要对演示文稿中的一张或几张幻灯片更改主题,则可先选定这些幻灯片,然后进行主题的设置,其操作方法如下。

步骤 1:选定需要更改主题的一张或几张幻灯片。

步骤 2:单击“设计”选项卡。

步骤 3:在“主题”组中,单击“其他”下拉列表按钮。

步骤 4:在弹出的列表框中,右击所需的主题。

步骤 5:在弹出的右键快捷菜单中,单击“应用于选定幻灯片”命令,如图 5-12 所示。

这样,即可将所选的主题应用于选定的幻灯片。

知识点 3 设置幻灯片的背景

在新建的空白演示文稿中,它没有添加背景,这样的幻灯片看起来显得比较单调。为了使演示文稿既实用又美观,有时可为幻灯片添加背景。

1. 选择背景样式 选择背景样式的操作方法如下。

步骤 1:打开要设置背景样式的演示文稿。

步骤 2:单击“设计”选项卡。

步骤 3:在“背景”组中,单击“背景样式”命令,从弹出的列表中单击所需要的背景样式。

如果要在演示文稿中的部分幻灯片上应用背景样式,应右击所选的背景样式,然后从右键快捷菜单中单击“应用于选定幻灯片”。

图 5-11　内置主题列表

2. 设置背景格式　设置背景格式，包括纯色填充，渐变填充等，其操作方法如下。

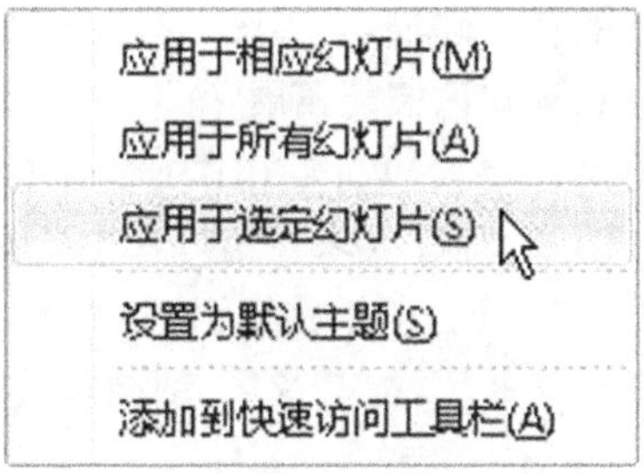

步骤 1：打开要设置背景格式的演示文稿。

步骤 2：选定要设置背景格式的幻灯片。

步骤 3：单击“设计”选项卡。

步骤 4：在“背景”组中，单击“设置背景格式”命令，弹出“设置背景格式”的对话框。

步骤 5：在“填充”选项区中，单击选定“纯色填充”（或“渐变填充”）。

步骤 6：设置完毕，单击“关闭”命令。

应用于相应幻灯片(M)
应用于所有幻灯片(A)
应用于选定幻灯片(S)
设置为默认主题(S)
添加到快速访问工具栏(A)

图 5-12　“应用于选定幻灯片”命令

3. 应用图片或纹理填充背景　应用图片填充背景的操作方法如下。

步骤 1：打开要设置背景格式的演示文稿。

步骤 2：选定要设置填充背景的幻灯片。

步骤 3：单击“设计”选项卡，在“背景”组中，单击“设置背景格式”按钮，弹出“设置背景格式”对话框。

步骤 4：在“设置背景格式”对话框的“填充”选项区中，单击“图片或纹理填充”单选按钮。

步骤 5：单击“纹理”按钮，从弹出“纹理”列表中，单击所用的一种“纹理”。

步骤 6：在“插入自”选项区中，单击“文件”按钮，在弹出的“插入图片”对话框中选择要插入的图片，单击“插入”按钮。

步骤 7：如果要对全部幻灯片应用此背景设置，应单击“全部应用”按钮。否则，进入下一步骤。

步骤 8:设置完毕,单击“关闭”按钮。

5.2.2 学生上机操作

学生上机操作 1 修饰演示文稿

打开“XX 医院宣传片”演示文稿,按如下要求进行操作。

1. 通过网络查找并下载一种徽标图片。
2. 在“XX 医院宣传片”中使用母版插入徽标,使各张幻灯片中均有此徽标。
3. 分别对第 1、5 张幻灯片和第 2、3、4 张使用不同的主题。
4. 操作中及时保存文件。

学生上机操作 2 设置幻灯片背景

打开“XX 医院宣传片”演示文稿,按如下要求进行操作。

1. 对第 2、3 张幻灯片的背景使用纯色填充,对第 4 张幻灯片的背景使用渐变填充,对第 1、5 张幻灯片的背景应用图片或纹理填充背景。
2. 上述操作完成后,保存文件。
3. 将“XX 医院宣传片”演示文件复制一份,并重命名为“XX 医院宣传片 BAK”。
4. 对“XX 医院宣传片 BAK”演示文稿中的幻灯片应用图案填充。

★任务完成评价

通过本次任务的学习和上机,掌握新建演示文稿的方法和编辑修改演示文稿的方法。能根据需要使用母板和模板,统一演示文稿的外观风格。能够使用不同的方法,对幻灯片应用不同的背景修饰。

★知识技能拓展

1. 结合 Word 2010、Excel 2010、PowerPoint 2010,为某医药公司制作一份药品销售业绩报告演示文稿(要求在幻灯片中要有文本、表格、图表等内容)。

2. 结合所学的知识,通过上网查找有关资料,给亲朋好友制作一份贺新年的演示文稿(要求图文并茂,配有音乐、动画或视频)。

5.3 任务三 设置动画与超链接

制作演示文稿的目的,是通过幻灯片放映,将其内容和主题思想传达给读者。如能对幻灯片中的一些对象设置动画效果,在幻灯片放映时会以动态的方式显示在屏幕上,可使演示文稿更具吸引力。本次任务学习设置动画和超链接,对幻灯片中的文本、表格、图片、声音和视频等进行相关设置,以突出演示文稿的主题思想、更好地控制播放流程,增强演示文稿的效果。

★ 任务目标展示

1. 设置幻灯片动画效果。
2. 添加和修改幻灯片中各个对象的动画动作。
3. 设置幻灯片间的切换方式。

5.3.1 知识要点解析

知识点 1 **设置动画效果**

PowerPoint 2010 提供了丰富的动画效果,包括进入动画、强调动画、退出动画及动作路径等多种动画效果方案。为演示文稿中的重点文本或多媒体对象设置不同的动画效果,可使演示文稿更具有动态效果。

在打开的演示文稿中,单击某张幻灯片中的文本框或其他对象,在“动画”功能区中单击“动画”组中的“其他”下拉按钮,即可打开“动画效果”列表,如图 5-13 所示。

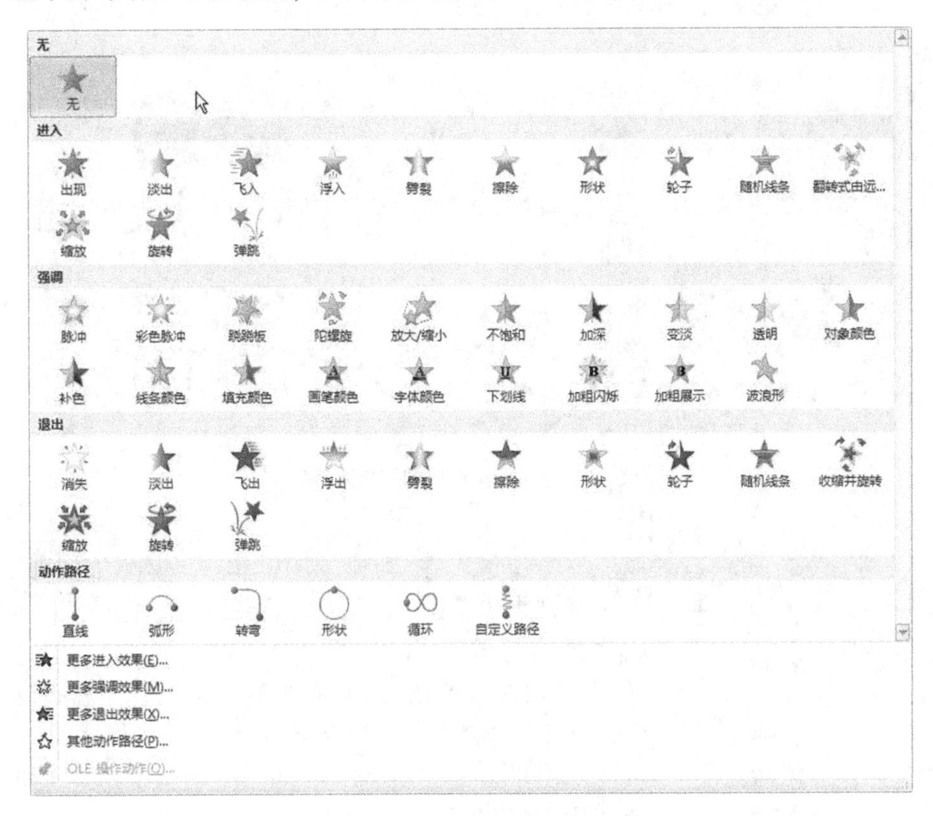

图 5-13　“动画方案”列表

1. 设置动画进入效果　动画进入效果是指在幻灯片放映过程中,对象进入放映界面的动画效果。

(1)设置动画进入方式:设置动画进入方式的操作方法如下。

步骤 1:创建一个文件名为“美丽校园”的演示文稿,如图 5-14 所示。

步骤 2:打开“美丽校园”演示文稿,在第 1 张幻灯片中,单击“美丽校园”文本框作为动画对象。

步骤 3:单击“动画”选项卡,在“动画”组中单击“其他”下拉列表按钮。

步骤 4:从列表中单击“进入”中的“飞入”命令。

步骤 5:单击“动画”选项卡中的“效果选项”按钮,弹出“效果选项”按钮选择动画效果飞入的方向,在这选择“自左上部”。

步骤 6:在“预览”组中,单击“预览”按钮,即可预览所设置的动画进入效果。

(2)更改动画进入效果:设置更多进入效果的操作方法如下。

步骤 1:单击要设置更多进入效果的动画对象。

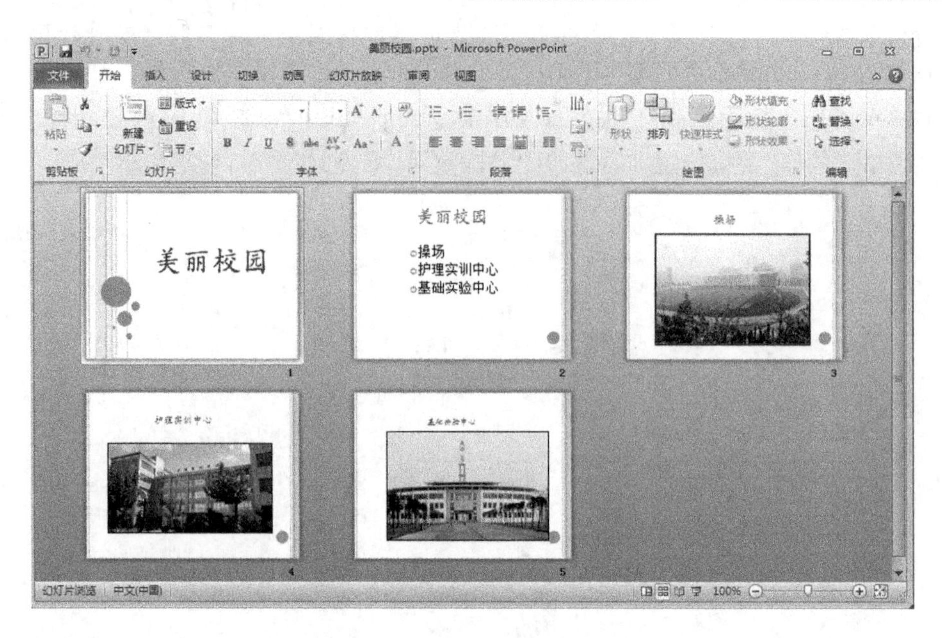

图 5-14 创建“美丽校园”演示文稿

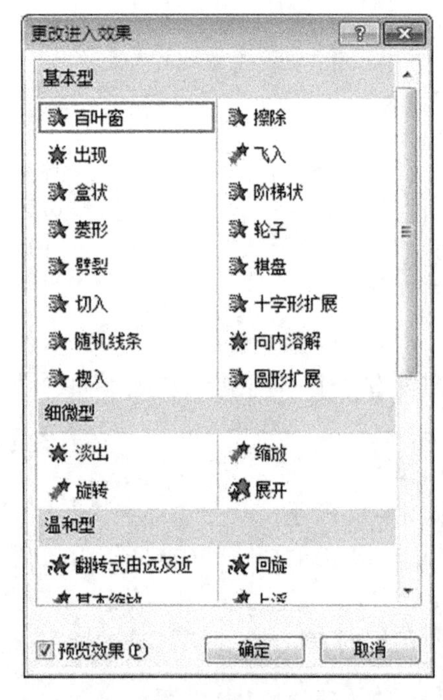

图 5-15 “更改进入效果”对话框

步骤 2:在“动画”组中,单击“其他”下拉列表按钮,从列表中单击“更多进入效果”命令,打开“更改进入效果”对话框。

在该对话框中有“基本型”“细微型”“温和型”和“华丽型”4 类,如图 5-15 所示。

步骤 3:在图 5-15 中,单击一个动画效果(如细微型中的“旋转”)。

步骤 4:设置完毕,单击确定按钮。

2. 设置动画计时　在幻灯片对象的动画设置中,可以根据需要,对每个动画的放映时间及动画放映顺序进行设置。在设置时,需要使用“动画”功能区的“计时”组中的命令,如图 5-16 所示。

(1)设置动画开始方式:在“计时”组中,单击“开始”选项右旁的下拉按钮,可以从中选择动画开始方式。如果选择“单击时”,则在放映的过程中需要单击鼠标,才会展现下一个动画效果;如果选择“与上一动画同时”,则在放映过程中无须鼠标单击,在上一个对象的动画效果放映时,下一个对象与它同时放映;如果选择“上一动画之后”,则在放映过程中,上一个对象的动画效果放映后,下一个对象的动画效果紧接着放映。

(2)设置动画持续时间和延迟:在“计时”组中,可通过“持续时间”右旁的微调按钮设置动画的“持续时间”;可通过“延迟”右旁的微调按钮来设置动画的“延迟”时间。

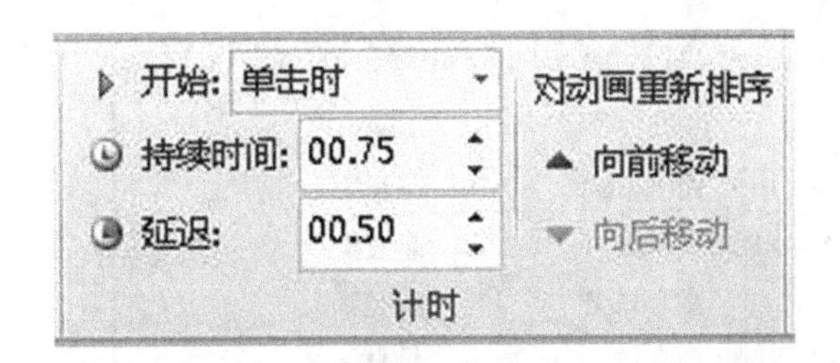

图 5-16　“计时”组中的命令

(3)对动画重新排序:在一张幻灯片中,可以对多个对象设置动画效果,每个动画的播放顺序与动画的设置顺序相同。

如要改变动画的放映顺序,可通过“对动画重新排序”选项下的“向前移动”或“向后移动”按钮来调整动画对象的放映顺序。

3. 设置对象的退出效果　与动画进入方式类似,可以根据具体要求来设置动画的退出效果。

(1)设置对象的退出效果

步骤 1:打开“美丽校园”的演示文稿,选择第 1 张幻灯片中“美丽校园”标题文字。

步骤 2:单击“动画”选项卡中“动画”组,单击右下角的“其他”下拉列表按钮。

步骤 3:打开动画效果框,选择“退出”中的“飞出”选项,如图 5-17 所示。

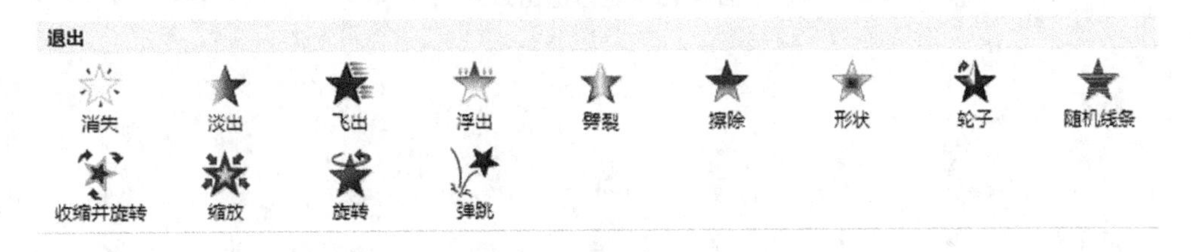

图 5-17　退出效果选项

步骤 4:单击“动画”组选中的“效果选项”按钮,弹出“效果选项”卡,选择“自左上部”。

步骤 5:单击“预览”组上的 按钮,可预览所设置的幻灯片动画效果。

(2)设置更多的退出效果:在“动画”组中展开的动画效果下拉列表框中,单击“更多退出效果”命令,将弹出“更改退出效果”对话框,其中有“基本型”“细微型”“温和型”及“华丽型”等多种退出效果,如图 5-18 所示。

4. 设置对象的强调效果　在演示文稿中包含了很多的信息,这其中有些内容是需要提醒观众特别注意的,像这类内容可以通过动画效果中的强调效果为其增强对象的表现力度,实现对内容突出强调的作用。

步骤 1:打开“美丽校园”的演示文稿,选择第 4 张幻灯片中“护理实训中心”标题。

步骤 2:单击“动画”选项卡中“动画”组,单击动画方案框右下角的“其他”下拉列表按钮。

步骤 3:打开动画效果框,选择“强调”中的“加深”选项。如图 5-19 所示。

5. 设置对象的动作路径　动作路径是指幻灯片中对象的运动路径,从而使得画面更加活

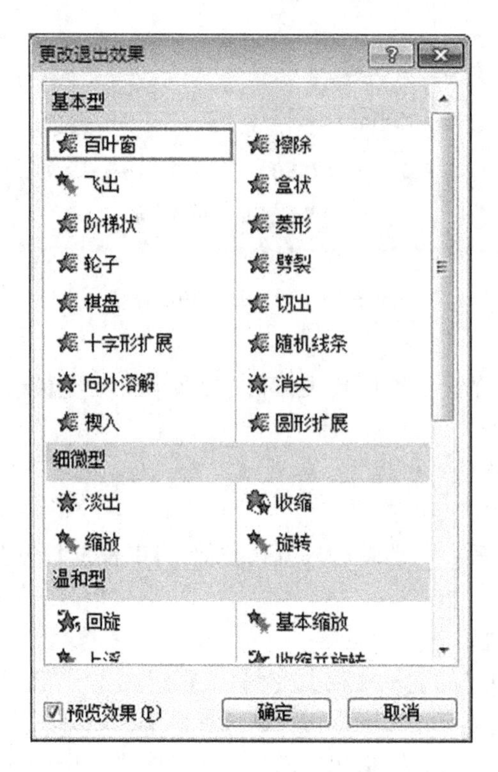

图 5-18 更多退出效果

图 5-19 “强调效果”选项

泼生动，设置好的动画效果都是按照 PowerPoint 2010 程序默认设定的运动轨迹播放，我们可以通过添加动作路径、改变路径形状和移动动作路径 3 个方面来设置对象的动作路径。在为对象添加动作路径时，该对象的动画效果前会出现白色五角星图标☆来表示动画的“动作路径”。

(1)添加动作路径

步骤 1：打开演示文稿“美丽校园”，选中第 3 张幻灯片中的图片“操场”。

步骤 2：单击“动画”选项卡中“动画”组，单击动画方案框右下角的“其他”下拉列表按钮。

步骤 3：打开动画效果框，选择“动作路径”中的“弧形”选项。如图 5-20 所示。也可单击“其他动作路径”命令来设置。

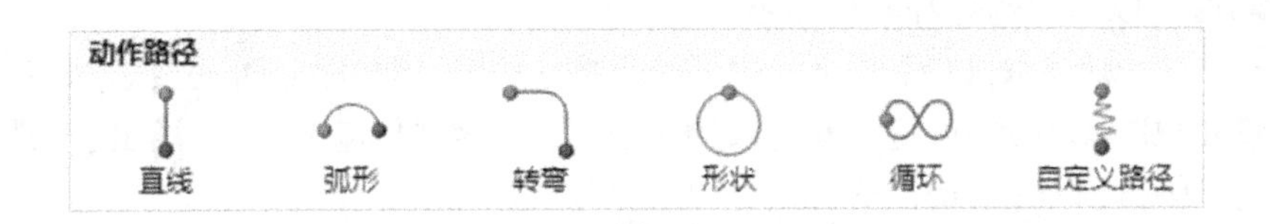

图5-20 “动用路径”选项

步骤4:在幻灯片中的对象将出现动作路径预览,同时还会出现标志绿色起点和红色终点的三角形。

(2)改变路径形状:播放动画后,若已设置的动画路径形状令观众不满意或者没有达到原有的设计意图,我们可以通过编辑顶点来改变路径形状。选中路径,其周围出现8个控制点,将鼠标指针移动至尺寸控制点上,当鼠标变成双向箭头时,可以拖动鼠标改变路径的形状。

(3)移动动作路径:选定动作路径,当鼠标变为移动指针时,拖动鼠标到目标位置后释放鼠标,便可以移动对象的动作路径。

6. *动画刷的使用* 为幻灯片中的对象添加动画效果,可以使用“动画”组和“高级动画”组中的命令来完成。在“高级动画”组里除了“添加动画”操作以外,还可根据不同的需求对动画效果进行设置,可使用“动画刷”为不同对象刷出相同的动画效果。如使用“任务窗格”,可以更全面地设置动画效果。

在Word 2010中有一个“格式刷”,其作用是可以将一个文本对象的格式应用到其他文本上。在PowerPoint 2010中有一个很有用的工具“动画刷”,使用“动画刷”不仅可以在同一张幻灯片中复制动画效果,还可以在不同幻灯片之间(或不同的演示文稿之间)应用动画效果。使用动画刷的操作方法如下。

步骤1:打开幻灯片“美丽校园”,单击第三张幻灯片上的图片,单击“添加动画”,在“进入”列表中选择“飞入”动画样式,然后选定该图片。

步骤2:在“高级动画”组中,单击“动画刷”。如把鼠标指针移到某张幻灯片上,鼠标指针右边则多了一个刷子。

步骤3:将鼠标指针指向文字“操场”并拖动“刷一下”,这样“操场”将拥有和图片对象一样的动画效果。同时,鼠标指针右边的刷子也随之消失。

7. *删除对象的动画效果* 如果在预览或播放时发现幻灯片中并不需要所设置的动画效果,此时可将动画效果删除。

步骤1:选定已设置动画效果的对象“操场”文本框。

步骤2:单击“动画”选项卡,在弹出的动画效果中选择动画方案“无”。返回到幻灯片窗格,可以看到幻灯片动画效果已删除。

还可以在动画窗格选项卡中,选择对象的动画效果,单击右侧的下拉列表,弹出下拉菜单中单击“删除”按钮。通过以上步骤即可完成在幻灯片中删除动画效果的操作。

知识点2　设置幻灯片的切换效果

幻灯片的切换效果是指在幻灯片放映视图下连续的两张幻灯片之间的过渡效果,即从一张幻灯片切换到下一张幻灯片时出现的动画效果,在PowerPoint 2010中可以为演示文稿设置不同的切换方式,以增加幻灯片的动画效果。

1. 添加幻灯片切换效果　包括控制切换效果的速度及切换时是否需要添加声音效果等。PowerPoint 2010 中预设了细微型、华丽型、动态内容 3 种类型,包括切出、淡出、推进、擦除、分割、形状、揭开等 35 种切换方式。

步骤 1:打开"美丽校园"演示文稿,选择"切换"选项卡。选择"切换到此幻灯片"组,单击右侧的"下拉箭头",在弹出的切换效果库中选择切换方案。

步骤 2:选择好切换方案后,可单击"效果选项"下拉列表按钮,从中选择切换效果。

步骤 3:返回到幻灯片页面,可以预览到设置的幻灯片切换效果,即完成添加幻灯片切换效果的操作。

2. 设置换片方式

步骤 1:打开演示文稿"美丽校园",全部幻灯片设置为"溶解"切换效果。

步骤 2:选择"切换"选项卡,在"设置自动换片时间"数字框中,设置为"00:04.00",单击"全部应用"按钮。

3. 为幻灯片切换效果添加声音　在幻灯片切换的过程中,可以为其添加声音效果,让从一张幻灯片切换到下一张幻灯片时发出一定的声音以作提醒,同时可以让切换的动画效果更加生动。

步骤 1:打开演示文稿"美丽校园"。

步骤 2:单击"切换"选项卡,选择"计时"组,单击"声音"命令按钮右侧的下拉按钮。

步骤 3:在弹出的声音效果列表中选择准备使用的音效"风铃"。

4. 删除幻灯片的切换效果　在 PowerPoint 2010 中,如果对已设置的幻灯片切换效果不满意,或该演示文稿并不需要设置幻灯片切换效果,可以将其删除。

步骤 1:打开演示文稿"美丽校园"。

步骤 2:选择"切换"选项卡,在展开的切换效果样式库中,选择样式"无"选项。

步骤 3:单击"声音"下拉按钮,选择"无声音"选项。

步骤 4:单击"计时"组中的"全部应用"按钮,即删除演示文稿中所有幻灯片的切换效果。

知识点 3　设置幻灯片的超链接

超链接可以是同一演示文稿中从一张幻灯片到另一张幻灯片的链接;也可以是从当前演示文稿的一张幻灯片到不同演示文稿的另一张幻灯片的链接;还可以是与当前演示文稿的一张幻灯片与其他网页或文档的链接。

1. 创建超链接　超链接是指向特定位置或文件的一种链接。可以为文本、图形、图片、文本框等设置超链接。设置超链接的文本自动添加下划线,字体颜色更改为当前幻灯片应用的设计"主题"中指定的颜色。放映幻灯片时,被访问过的超链接文本的字体颜色也将再次发生改变,与未被访问的超链接加以区别。

步骤 1:选定要设置超链接的对象。

步骤 2:单击"插入"选项卡,选择"链接"组,单击"超链接"命令按钮。

步骤 3:打开"插入超链接"对话框,在该对话框中进行链接设置。如图 5-21 所示。

2. 编辑超链接　创建超链接后,若用户对设置的结果不满意,可以对超链接再次进行修改。

(1)更改超链接

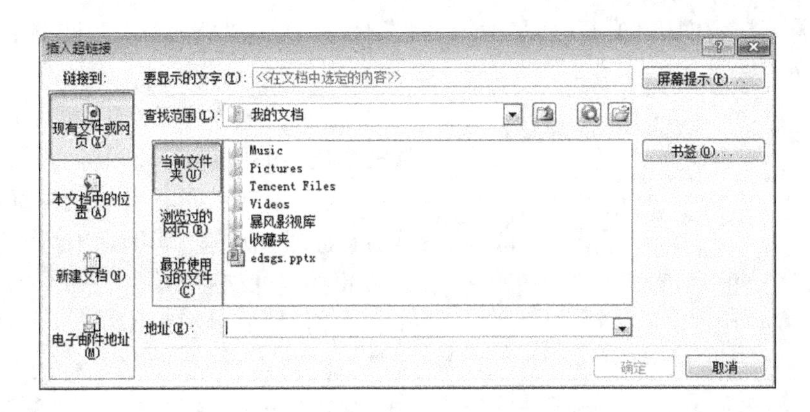

图 5-21　插入“超链接”对话框

步骤 1:右键单击要更改的超链接对象,弹出右键快捷菜单。

步骤 2:从中单击“编辑超链接”,弹出“编辑超链接”对话框,从中进行更改。

(2)设置链接颜色:在 PowerPoint 2010 中,创建完成超链接之后,可以根据版式的需要,对链接的颜色进行设置。

步骤 1:打开演示文稿,选中“操场”两个字。

步骤 2:单击“设计”选项卡,选择“主题”组,单击 “颜色”下拉按钮,在下拉列表中,选择“新建主题颜色”选项。

步骤 3:弹出新建主题颜色对话框,设置主题颜色,在“主题”颜色区域,单击 “超链接”下拉按钮,或“已访问的超链接”下拉按钮,在弹出的颜色框中,选择准备使用的颜色,单击“保存”按钮。

(3)删除超链接

步骤 1:选定设置超链接的对象。

步骤 2:单击“插入”选项卡,选择“链接”组,单击“超链接”按钮。

步骤 3:在弹出的编辑超链接对话框,单击“删除链接”按钮。

步骤 4:单击“确定”按钮,即删除该对象上的超链接。

(4)动作设置:设置按钮的交互动作可以根据需要来放映幻灯片,可以为选定对象添加动作设置,设置单击鼠标和鼠标移动两种方式来打开超链接或执行某种动作。

步骤 1:选定幻灯片中的文本或某个对象。

步骤 2:单击“插入”选项卡,选择“链接”组,单击“动作”命令按钮。

步骤 3:弹出“动作设置”对话框,单击“单击鼠标”选项卡,设置单击鼠标时的动作。如图 5-22 所示。

步骤 4:单击“确定”按钮,完成动作设置。

3. *使用动作按钮*　在播放演示文稿时,为了更加方便地控制幻灯片的播放,可以在演示文稿中插入动作按钮,按钮的交互是指放映演示文稿时,通过单击一张幻灯片中的交互按钮跳转到另一张幻灯片中,从而使演示文稿的演示更符合演示者的需求。

(1)添加动作按钮:通过单击动作按钮,可以实现在播放幻灯片时切换到其他幻灯片、返回目录幻灯片或是直接退出演示文稿播放状态等操作。

步骤1:打开演示文稿“美丽校园”的第一张幻灯片,单击“插入”选项卡,选择“插图”组,单击“形状”命令按钮。

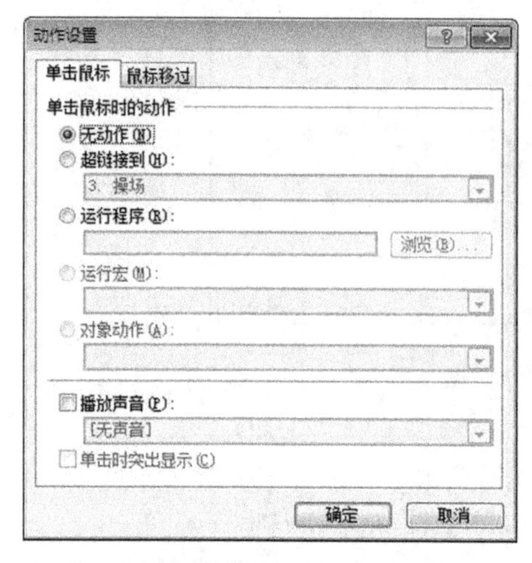

图 5-22 “动作设置”对话框

步骤2:打开下拉列表框,在“动作按钮”区域下方,选择动作按钮的形状,移动鼠标指针至幻灯片中,当鼠标指针变为“+”时,单击并拖动鼠标指针至目标位置,然后释放鼠标左键,即可添加动作按钮。

(2)设置按钮的交互动作

步骤1:选定绘制的“动作按钮”,单击“插入”选项卡,选择“链接”组,单击“动作”命令按钮。

步骤2:单击设置“单击鼠标”或“鼠标移过时”的动作。

步骤3:单击“确定”按钮,返回幻灯片编辑区中。放映幻灯片并操作动作按钮,检查设置的效果。

(3)在动作按钮中添加文字:设置后的动作按钮可以为其添加文字,从而使得按钮功能更加清晰,操作更加方便。通过鼠标右键单击动作按钮,在弹出的快捷菜单中,选择“编辑文字”菜单项,鼠标指针变成闪烁光标在动作按钮上,在按钮中输入文字。还可以选中已添加文字的按钮,选择“格式”选项卡,单击“形状效果”按钮,选择“预设”菜单项,完成添加文字操作,显示设置后的效果。

5.3.2 学生上机操作

学生上机操作1 幻灯片动画效果的设置

打开所保存的“美丽校园”演示文稿,按要求完成下列操作。

1. 第一张幻灯片中的“美丽校园”设置进入方式为“轮子”动画效果,退出效果为“淡出”。

2. 第二张幻灯片中的“护理实训中心”设置动作路径为“转弯”并根据需要改变路径形状和移动路径位置。

3. 利用“动画刷”将第二张幻灯片中的“操场”和“基础实验中心”的动画效果设置为“护理实训中心”的动画效果。

4. 预览设置的动画效果。

学生上机操作2 幻灯片切换效果的设置

打开所保存的“美丽校园”演示文稿,按要求完成下列操作。

1. 幻灯片的切换效果为“百叶窗”,效果选项设置为“水平”。

2. 自动换片时间为“00:02”。

3. 幻灯片的切换效果添加声音为“风铃”。

4. 第二张幻灯片中的“操场”“护理实训中心”和“基础实验中心”创建超链接,分别指向第3、4、5张幻灯片。

5. 在第5张幻灯片的右下角添加动作按钮“结束放映”。

★任务完成评价

观看放映效果并检查设置的自定义动画效果和切换动画效果。

★知识技能拓展

创建一个演示文稿“我的家乡”，要求插入文本、图片和视频，包含有进入、退出和切换动画效果及超链接功能，能够通过制作的幻灯片向同学们介绍自己的家乡。

5.4 任务四　演示文稿的放映和打印

PowerPoint 2010中提供了多种放映和控制幻灯片的方法，用户可以选择最为合适的放映速度与放映方式，使幻灯片在放映时更加清晰、流畅。

★任务目标展开

1. 设置演示文稿的放映方式。
2. 掌握播放幻灯片的多种方式。
3. 演示文稿的排练计时设置及打包。

5.4.1 知识要点解析

知识点1　放映幻灯片

制作完成演示文稿后，可以设置从头开始、从当前幻灯片开始、广播放映和自定义放映4种方法来放映幻灯片。

1. 从头开始放映　从头开始放映是指从第一张幻灯片开始依次进行放映。

步骤1：打开需要放映的演示文稿“美丽校园”。

步骤2：选择“幻灯片放映”选项卡，在“开始放映幻灯片”组中单击“从头开始”按钮（或按键盘上的“F5”键）。

步骤3：观看演示效果，演示文稿将会从第一张幻灯片开始放映幻灯片。

2. 从当前幻灯片开始放映　若用户需要从当前选择的幻灯片处开始放映，可以选择组合键Shift + F5完成。

步骤1：打开演示文稿“美丽校园”选择第二张幻灯片。

步骤2：选择“幻灯片放映”选项卡，在“开始放映幻灯片”组中单击“从当前幻灯片开始”按钮。

步骤3：观看演示效果，演示文稿跳过第一张幻灯片，从选择的从第二张幻灯片开始依次放映幻灯片。

3. 广播幻灯片　广播幻灯片是指向可以在浏览器中观看的远程观众广播幻灯片，需要启用“广播放映幻灯片”功能和网络服务（需要连接到Internet或有权访问装有Office Web Apps的服务器上的广播网站，才可以使用此功能。）来承载幻灯片放映。演示者可以在任意位置通过Web与他人共享幻灯片放映。

步骤1：打开演示文稿“美丽校园”。

步骤2：单击“幻灯片放映”选项卡，选择“开始放映幻灯片”组，单击“广播放映幻灯片”，如图5-23所示，此时会打开“广播幻灯片”对话框，然后视具体情况做进一步操作。

4. 自定义放映　自定义放映可以对同一个演示文稿进行多种不同的放映，用户可以根据编排和放映演示文稿的具体要求，创建自定义放映，以适合不同的观众需求。

步骤1：打开演示文稿“美丽校园”。

步骤2：单击“幻灯片放映”选项卡，选择“开始放映幻灯片”组，单击“自定义放映”按钮。

在下拉列表中选择“自定义放映”菜单项，弹出“自定义放映”对话框，如图 5-24 所示。

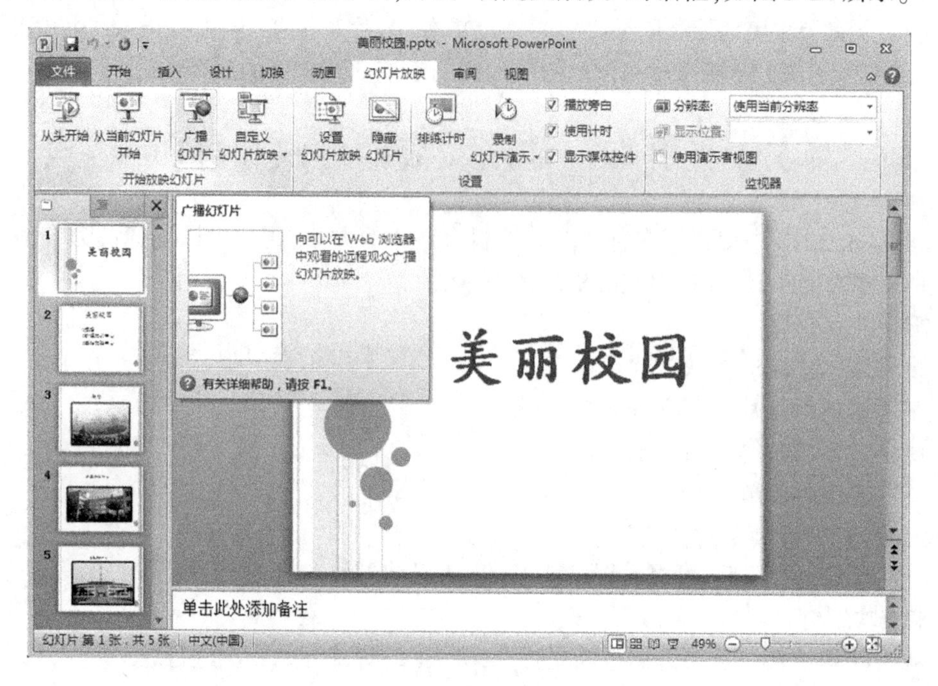

图 5-23　广播幻灯片

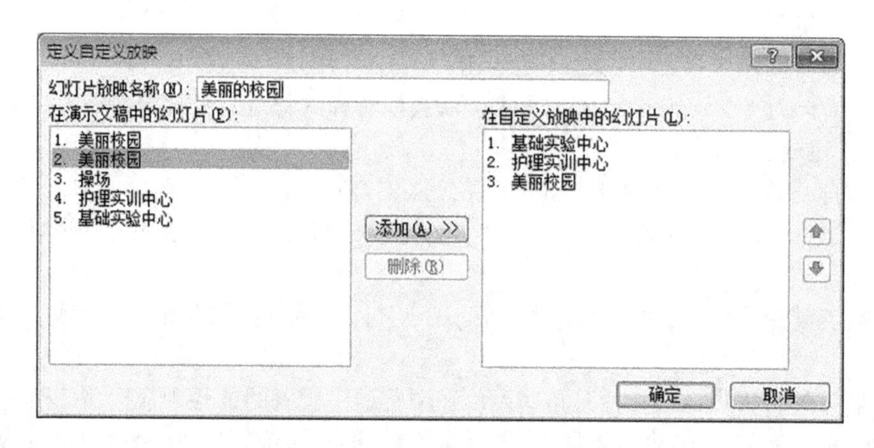

图 5-24　“定义自定义放映”对话框

步骤 3：在“自定义放映”对话框中单击“新建”按钮，弹出“定义自定义放映”对话框，进行自定义放映设置。

步骤 4：设置完毕，单击“确定”按钮，返回“自定义放映”对话框，可以看到“自定义放映”列表中显示了新添加设置好的自定义放映幻灯片“美丽校园”。

若单击“编辑”按钮，可进入“定义自定义放映”对话框中进一步重新编辑；若单击“自定义放映”对话框中的“删除”按钮，将删除当前选定的自定义放映条目；若单击“复制”按钮，则生成一个和当前选定的自定义放映一样的条目，但是名称前加了“(复件)”字样，单击“放映”按钮即可观看所设置的效果。

步骤5：完成当前的自定义放映设置，单击“关闭”按钮。

5. 使用控制放映菜单　将幻灯片的放映方式设置完成后将放映幻灯片，放映时，鼠标单击幻灯片左下角的相关按钮来控制放映，或者在放映的幻灯片上单击右键，在弹出的控制菜单中操作。比如播放上一张或下一张幻灯片、定位至某一张幻灯片、暂停或继续播放幻灯片、结束放映等。如图5-25所示，该菜单中各项命令功能如下。

上一张：放映上一个动画效果、上一张幻灯片。

下一张：放映下一个动画效果、下一张幻灯片。

上一次查看过的：可跳转至浏览当前幻灯片之前查看过的幻灯片。

定位至幻灯片：指向该选项，将打开次级菜单。选择一张幻灯片后，可定位到指定的幻灯片进行放映。

转到节：在制作时利用节组织幻灯片，这时可跳转到下一个节上继续放映。

自定义放映：当前演示文稿设置了自定义放映便可用。

屏幕：指向该选项，将打开次级菜单。为了方便在幻灯片的播放期间进行讲解，在播放演示文稿时，可以将幻灯片的背景切换为白屏或黑屏，便于讲解说明的同时也可以转移观众的注意力。显示或隐藏当前幻灯片上保存的墨迹标记。单击“切换程序”命令将显示任务栏，方便切换到其他程序。

图5-25　“屏幕”菜单命令

步骤1：打开演示文稿“美丽校园”并开始放映。

步骤2：在幻灯片放映页面右键单击任意区域，在弹出快捷菜单中，选择“屏幕”，在弹出的子菜单中选择“黑屏”命令。

步骤3：此时屏幕切换为黑屏操作，如果准备恢复显示幻灯片内容，可以在“屏幕”选项弹出的子菜单中选择“屏幕还原”按钮。如果想切换成白屏，在“屏幕”的子菜单中选择“白屏”按钮，就可将屏幕切换为白屏。

指针选项：在幻灯片放映过程中，如果需要对幻灯片进行讲解或标注，用以强调要点或阐明关系，也可以为幻灯片添加注释。

步骤1：打开演示文稿“美丽校园”并放映。

步骤2：在幻灯片放映页面右键单击任意区域，在弹出快捷菜单中，选择“指针选项”，子菜单中选择“笔”或“荧光笔”选项，如图5-26所示。在“墨迹颜色”子菜单中可以对其颜色进行设置。

步骤3：在幻灯片页面拖动鼠标指针绘制准备使用的标注或文字说明等内容，将可以看到幻灯片页面上已经被添加了注释。添加注释后，“指针选项”子菜单中的“橡皮擦”和“擦除幻灯片上的所有墨迹”选项为可用状态，利用它们可擦除注释。添加注释后，如需继续演示，可在“指针选项”子菜单中选择“箭头”选项，可继续演示。

步骤4：结束放映时，弹出“Microsoft PowerPoint”对话框，询问是否保留注释，可根据具体

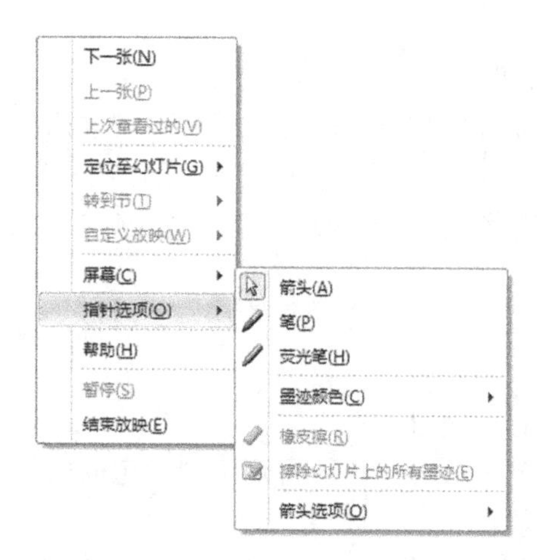

图 5-26 “指针选项”菜单命令

需要进行选择。

帮助:在幻灯片放映时提供帮助。单击它后,将打开“幻灯片放映帮助”对话框。

暂停:放映没有排练过时间的幻灯片时,不可用。

结束放映:立即结束放映。

知识点 2 设置幻灯片放映

1. *幻灯片的放映方式* PowerPoint 2010 提供了 3 种放映类型:一是演讲者放映,适用于演讲者按一定顺序播放;二是观众自行浏览,可按照观众要求拖放观看幻灯片;三是在展台浏览,大多用于无人值守的顺序播放。演讲者可以根据不同的场合和要求来设置幻灯片的放映方式。单击“幻灯片放映”选项卡,不在“设置”组中单击“设置幻灯片放映”,打开“设置放映方式”对话框,如图 5-27 所示。

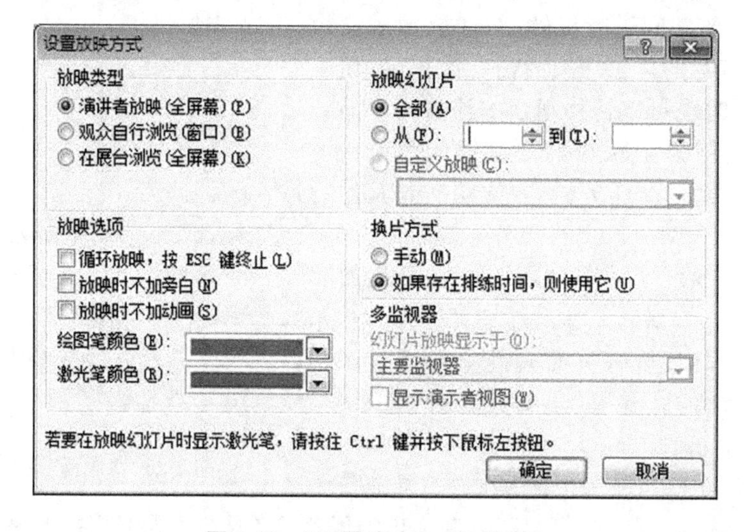

图 5-27 “设置放映方式”对话框

(1)演讲者放映(全屏幕):这是最常用的方式,适合会议或者教学场合,演讲者自己控制演示文稿的放映过程,可以采用人工或自动方式放映,若想自动放映,则必须事先进行排练计时,使放映速度适合观众。

(2)观众自行浏览(窗口):这种方式适合用展览会等场合,观众可以利用移动、编辑、复制和打印幻灯片等窗口命令控制放映过程。

(3)在展台浏览(全屏幕):这种方式采用全屏幕放映,适合无人看管的场合。演示文稿自动循环放映,观众能看但不能控制。

2. *设置排练计时* 在播放演示文稿时,演讲者可以一边演讲,一边用单击鼠标或用键盘来控制每张幻灯片的放映。演讲者也可以在演讲的同时,让演示文稿自动切换,就像电视剧的台词与字幕能同步一样,这可以通过设置排练计时来实现。

排练计时是通过预演计算每一张幻灯片播放的时间,记录每张幻灯片的切换时间,在正式放映时,就可在无人操作的情况下按照记录的时间来形成完整的幻灯片放映计时方案。

步骤 1:打开演示文稿“美丽校园”。

步骤 2:在“幻灯片放映”功能区的“设置”组中,单击“排练计时”按钮。

步骤 3:单击“排练计时”按钮后,演示文稿切换到全屏模式下开始播放,在屏幕中显示“排练计时”工具栏,如图 5-28 所示。

图 5-28　“排练计时”工具栏

演讲者从开始演讲,到当前幻灯片结束,单击“下一项”按钮,出现下一张幻灯片,同样设置这张幻灯片播放的时间,依次录制到最后一张幻灯片播放结束。完成排练计时单击“暂停录制”按钮,即可暂停当前预演,并弹出“录制已暂停”对话框,单击“继续录制”按钮即可继续录制幻灯片,数字框中显示的是当前这一张幻灯片的放映时间,“恢复”按钮表示取消当前录制并从头开始重录,最右侧显示的是录制当前演示文稿的所有时间。

步骤 4:录制好一张幻灯片后,单击“录制”工具栏中的关闭按钮。在给出的提示中,如单击“是”按钮,将保存排练计时,下次播放时即按此时间进行;如对此次的排练计时不满意,则单击“否”按钮,不保存此次排练计时。

换片方式
手动(M)
如果存在排练时间，则使用它(U)

图 5-29　换片方式

步骤 5:如图 5-29 所示,在“设置放映方式”对话框中选中“如果存在排练时间,则使用它”单选项。这样在播放演示文稿时,也可在“幻灯片放映”选项卡中的设置区域选择“使用计时”的复选框。

步骤 6:设置完成后,进入幻灯片的浏览视图,每一张幻灯片下方显示了已排练的时间。

3. 隐藏幻灯片　隐藏幻灯片可以将演示文稿中的部分幻灯片隐藏,使其在放映时不再显示。

步骤 1:选择需要隐藏的幻灯片,单击“幻灯片放映”选项卡,选择“设置”组,单击“隐藏幻灯片”按钮。

步骤 2:完成隐藏幻灯片操作后,被选定幻灯片的缩略图将呈灰色显示,同时在缩略图左侧增加了隐藏图标。

步骤 3:如需恢复,应选定被隐藏的幻灯片,再次单击“隐藏幻灯片”按钮,即可显示幻灯片。

4. 录制幻灯片演示　录制幻灯片演示能记录播放时间,还可以录制旁白和注释,通过电脑麦克风将演讲者的旁白录制下来,录制以后可以脱离演讲者进行播放。

(1)从头开始录制

步骤 1:打开演示文稿“美丽校园”,单击“幻灯片放映”选项卡,选择“设置”组,单击“录制幻灯片演示”下拉列表按钮。

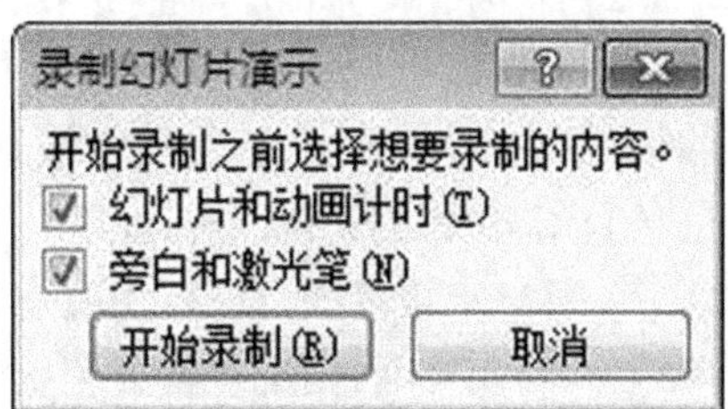

图 5-30　“录制幻灯片演示”对话框

步骤 2:单击“从头开始录制”命令,弹出“录制幻灯片演示”对话框,据需要选择开始录制的内容,如图 5-30

所示。

步骤 3:单击 “开始录制”按钮,开始录制幻灯片演示过程。这里录制工具栏内的布局和各按钮功能和“排练计时”中相同,不同的是“排练计时”只记录时间,而“录制幻灯片演示”不仅记录时间,还可以录制旁白和注释。

步骤 4:录制结束后,单击“幻灯片放映”选项卡,选择“开始放映幻灯片”组,单击“从头开始”就可以放映刚刚录制的幻灯片了。

(2)从当前幻灯片开始录制:从当前幻灯片开始录制和从头开始录制的操作相同,不同是从头开始录制是指从演示文稿的第一张幻灯片开始录制,而从当前幻灯片开始录制是指可以从选择的那一张幻灯片开始录制。

知识点 3　打印演示文稿

打印演示文稿是将演示文稿打印到纸张上。首先要进行页面设置,其次设置打印参数,进行打印前预览,最后执行打印。

1. 页面设置　单击“设计”选项卡中的“页面设置”命令,打开“页面设置”对话框,如图 5-31所示。这里主要设置幻灯片大小、幻灯片编号起始值、幻灯片方向等,设置完毕单击“确定”。也可随时修改页面设置。

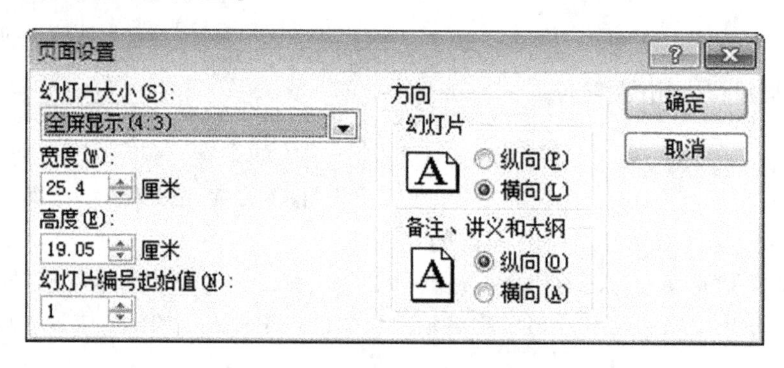

图 5-31　“页面设置”对话框

2. 打印设置　单击“文件”选项卡,从中单击“打印”命令,进入打印设置界面,如图 5-32所示。

从中可以设置打印份数、打印机属性、需要打印的幻灯片范围、打印版式、打印的顺序,打印的颜色等。

(1)打印份数:在“打印”份数栏,设置需要打印的份数。

(2)打印机和打印机属性:选择当前要使用的打印机。

单击“打印机属性”,打开“打印机 属性”对话框,从中可以对打印机的属性进行设置,包括纸张规格、纸张方向、图像压缩级别等。

(3)幻灯片的打印范围:可以选择自定义范围,打印全部幻灯片、所选幻灯片、当前幻灯片。其中,自定义范围是根据需要进行自定义打印,可在幻灯片右旁的文本框中输入各幻灯片的编号列表或范围,用逗号将各个编号隔开(无空格)。例如 1,3,6-8。

(4)打印版式:包括设置打印版式、讲义、幻灯片加框、根据纸张调整大小、高质量、打印批注和墨迹标记。打印版式分为整页幻灯片、备注页、大纲 3 种版式。讲义分为 1 张、2 张、3 张

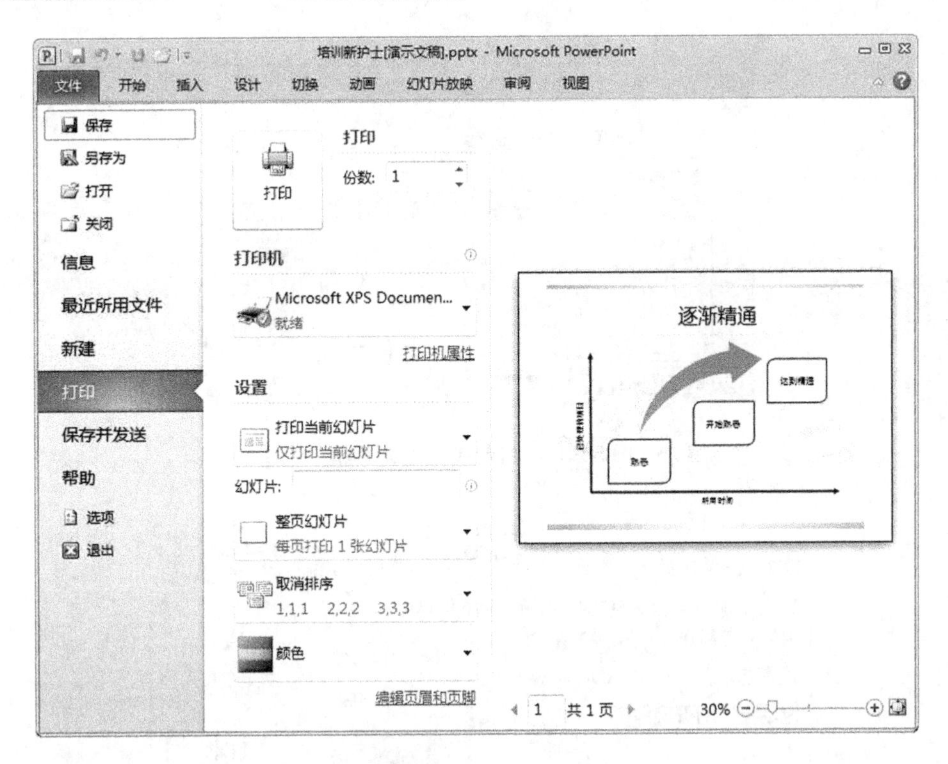

图 5-32　打印设置

幻灯片、4 张水平放置、4 张垂直放置、6 张水平放置、6 张垂直放置、9 张水平放置和 9 张垂直放置幻灯片等 12 种方式。

(5)编辑页眉和页脚:单击“编辑页眉和页脚”,可弹出“页眉和页脚”对话框,可通过幻灯片、备注和讲义两个选项卡进行编辑。

(6)打印预览:在右侧的预览窗格中即可预览打印的页面效果。

(7)打印:单击“打印”按钮,即开始打印。

知识点 4　打包演示文稿

演示文稿需要在 PowerPoint 环境下运行使用,如果其他电脑中并没有安装 PowerPoint,演示文稿将无法播放。为此,在 PowerPoint 2010 软件中,可以把制作好的演示文稿打包。打包后的文件也可以在没有安装 PowerPoint 2010 的电脑上播放。

1. 打包演示文稿

步骤 1:打开准备打包的演示文稿,单击“文件”选项卡中的“保存并发送”中的“将演示文稿打包成 CD”命令,单击“打包成 CD”弹出“打包成 CD”对话框,如图 5-33 所示。

步骤 2:在“将 CD 命名为:”框中输入打包后的 CD 的名称(或文件夹的名称)。

步骤 3:单击“复制到文件夹”按钮,单击“浏览”按钮,弹出“选择位置”对话框,选择打包文件将要复制到的指定位置,并选择复制到的指定文件夹,单击“选择”按钮,完成复制到文件夹的操作。如图 5-34 所示。

步骤 4:设置结束,单击“确定”按钮。系统即开始复制演示文稿打包生成到指定的文件夹,或将文件刻录成 CD 光盘。

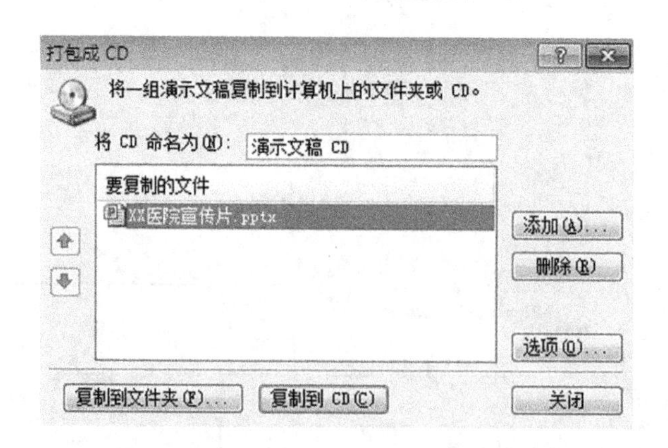

图 5-33 “打包成 CD”对话框

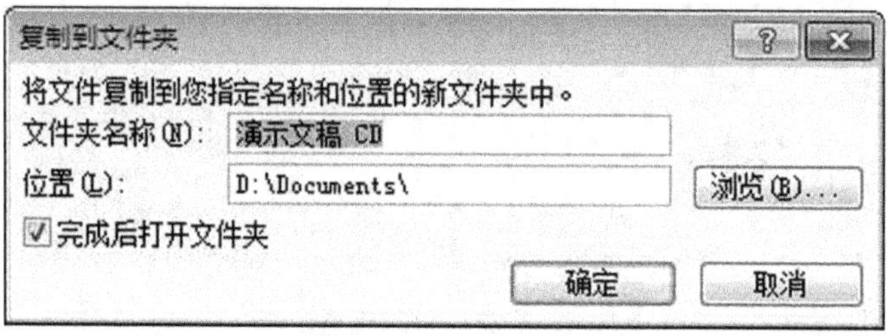

复制到文件夹
将文件复制到您指定名称和位置的新文件夹中。
文件夹名称(N): 演示文稿 CD
位置(L): D:\Documents\
浏览(B)...
完成后打开文件夹
确定
取消

图 5-34 “复制到文件夹”对话框

步骤 5:打包完成后,自动打开打包的演示文稿所在的文件夹,显示打包文件,完成打包操作。

2. *播放打包演示文稿* 如果需要在没有安装 PowerPoint 2010 的电脑上播放,可以先把所打包的文件夹复制到要播放的电脑中,打开文件夹,启动其中的 PowerPoint 播放器,然后打开要播放的演示文稿就可以播放了。

5.4.2 学生上机操作

学生上机操作 1 幻灯片放映的设置

打开所保存的“美丽校园”演示文稿,按要求完成下列操作。

1. 设置放映类型为“演讲者放映(全屏)”,换片方式为“如果存在排练时间,则使用它”。
2. 演示并讲解“美丽校园”演示文稿,通过设置“排练计时”,记录演示每张幻灯片所需的时间。

学生上机操作 2 演示文稿打印的操作

打开所保存的“美丽校园”演示文稿,按要求完成下列操作。

1. 设置幻灯片的高度为“19 厘米”,宽度为“25 厘米”,幻灯片方向为“横向”。
2. 打印范围为“打印整个演示文稿”,打印份数为“3 份”。
3. 将打印版式设为“整页幻灯片”。

★任务完成评价

1. 学习本部分内容后,能够对演示文稿进行“自定义放映”设置和“排练计时”设置。

2. 能掌握打包演示文稿和播放打包演示文稿的操作方法。

★知识技能拓展

创建一份包含有文本、图片和表格的演示文稿，内容为“环保从我做起”主题班会，并为演示文稿设置动画、排练计时(约 3min)，并插入适当音乐或视频素材。并将此演示文稿打包。

5.5　本章复习题

选择题

1. Power Point 2010 主要是用来制作哪项工作的软件(　　)

A. 制作文字排版的软件　　B. 制作电子表格的软件

C. 制作演示文稿的软件　　D. 制作数据库的软件

2. 下列不属于 PowerPoint 2010 的视图是(　　)

A. 普通视图　　B. 页面视图

C. 幻灯片放映视图　　D. 幻灯片浏览视图

3. 启动 PowerPoint 2010 后，默认文件名为(　　)

A. 文档 1. docx　　B. book1. xlsx

C. 演示文稿 1. pptx　　D. 文档 1. txt

4. 在幻灯片中插入音频，幻灯片播放时(　　)

A. 用鼠标单击声音图标，才能播放

B. 只能在有声音图标的幻灯片中播放

C. 可以按需要灵活设置音频的播放

D. 只能连续播放，不能中途停止

5. 设置背景时，若要使所选的背景应用于演示文稿中的所有幻灯片，应按(　　)

A. “关闭”按钮　　B. “取消”按钮

C. “全部应用”按钮　　D. “重置背景”按钮

6. 若要使幻灯片按的时间实现连续自动播放，应执行的操作是(　　)

A. 设置放映时间　　B. 打包　　C. 排练计时　　D. 换片方式

7. 放映当前幻灯片的快捷键是(　　)

A. F5　　B. Shift+F5　　C. Ctrl +F5　　D. F8

(李　敬　张淮泽　耿　云　张伟建)

第 6 章

互联网的应用

Internet,中文译为因特网,也称为国际互联网,它是通过统一标准的协议,把分布在世界上不同地方的计算机连接起来而形成的全球性网络。它使整个地球成为一个“地球村”,用户可以通过网络同远方朋友聊天、收发电子邮件,可以检索信息,下载或上传音频、视频、文本等各种文件,利用电子银行进行网络购物,开展现代远程教育、医学专家远程会诊、数字电视的视频点播等。

计算机网络是计算机技术与通信技术高速发展、相互结合的产物。作为信息社会的基础设施,它是信息交换、资源共享和分布式应用的重要手段。随着计算机网络技术的高速发展,互联网的应用已经渗透到了各行各业,走进了千家万户,使我们的学习、生活、工作都发生了巨大的变化。信息网络化水平,已成为衡量一个国家现代化水平的重要标志。

6.1 任务一 Internet 基础知识

★任务目标展示

1. 了解计算机网络的分类。
2. 了解 IP 地址和域名系统 DNS。
3. 掌握因特网的常用接入方式及相关设备。

6.1.1 知识要点解析

知识点 1 计算机网络的概念

计算机网络是指一群具有独立功能的计算机,通过通信和传输设备互联起来,在通信软件的支持下,实现计算机之间数据传输和资源共享的系统,如图 6-1 所示。

关于计算机网络,应理解以下 3 点。

(1)计算机网络至少包含两台以上处在不同地理位置上的、可以独立工作的计算机。任一台计算机在网络中,都称为结点。网络中的结点也包括网络设备,如对信号起整形放大功能的 HUB,具有信息转发功能的交换机,连接多个网络和网段的路由器等。

(2)网络中各结点的连接使用传输介质实现物理互联。传输介质是信息传输的通道,分为有线介质和无线介质两类。其中,有线介质如双绞线、同轴电缆或光纤,如图 6-2、图 6-3、图 6-4所示。无线传输介质如激光、微波、卫星、红外线等。

(3)网络使用的最终目的是实现数据通信和资源共享。资源共享包括硬件资源共享、软件资源共享和数据与信息的共享。要实现资源共享,除了硬件互联外,还要有功能完善的网络软

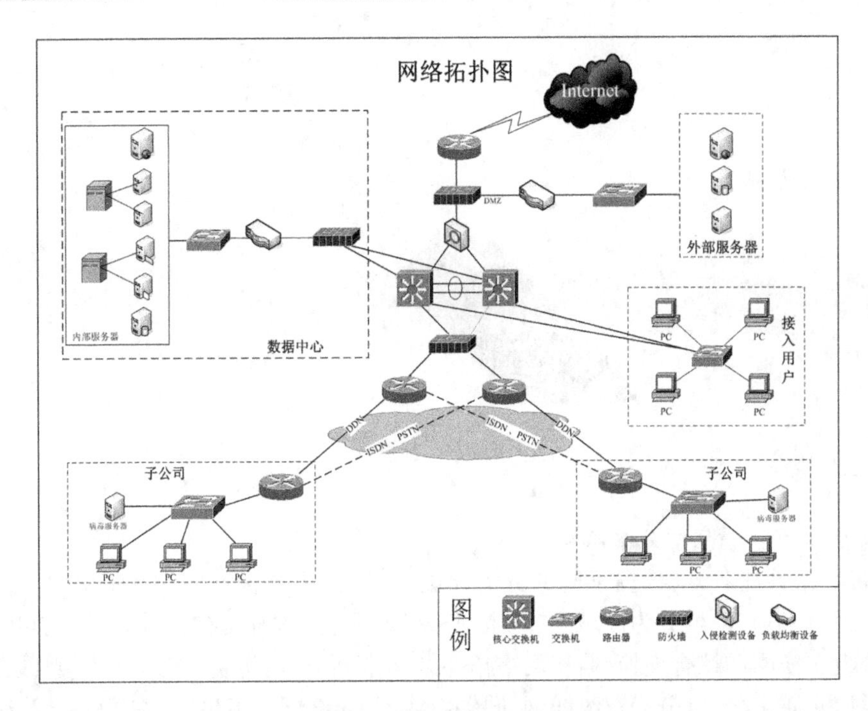

图6-1　计算机网络示意图

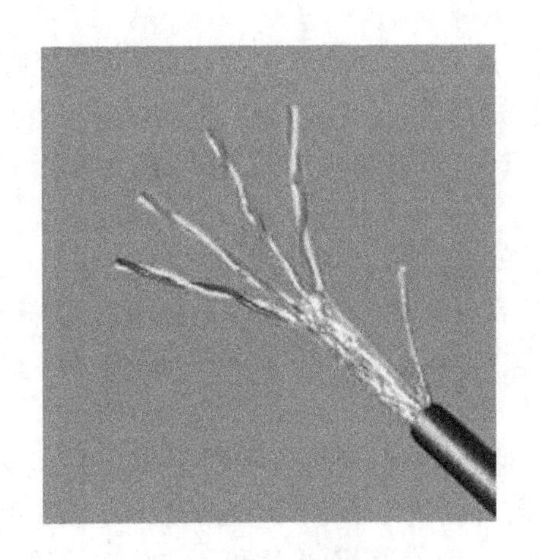

图6-2　双绞线

图6-3　同轴电缆

件的配合,如网络通信协议和网络操作系统等。

最早的计算机网络出现于20世纪60年代美国的阿帕网(ARPANET),计算机网络的发展是从单机到多机,由终端与计算机之间的通信演变到计算机与计算机之间的直接通信,从而实现实时共享信息的演变过程。

1979年,国际标准化组织(ISO)提出了著名的开放系统互连参考模型,简称为OSI。在OSI参考模型中,自高到低划分为7层:应用层、表示层、会话层、传输层、网络层、数据链路层和物理层。

图 6-4 光纤

知识点 2 计算机网络的分类

计算机网络性能各异,根据不同的分类原则,可以分为各种不同类型的计算机网络。例如,按通信距离来划分,可分为广域网、城域网和局域网;按信息交换方式来划分,可分为电路交换网、分组交换网和综合交换网;按网络拓扑结构来划分,可分为星型、环型、总线型和网格型网;按通信介质来分,可分为双绞线网、同轴电缆网、光纤网和卫星网;按传输带宽来划分,分为基带网和宽带网。

1. 按网络连接区域分类

(1)局域网(local area network,LAN):覆盖范围一般为几千米,属于一个部门、单位或学校组建的小范围网。通信线路一般采用有线传输介质,如光纤、电缆和双绞线,其主要特点是信号的传输速率高、误码率低。局域网易于建立、管理方便,可以随时扩充,因此发展很快,得到了广泛的应用。

(2)城域网(metropolitan area network,MAN):处于局域网和广域网之间,覆盖范围为几千米至几十千米,可作为多个单位或一个城市组建的计算机高速网络。城域网的主要功能是为连入网络的企业、机关、公司和社会单位提供通信、数据传输,以及声音、图像的集成服务。

(3)广域网(wide area network,WAN):也称远程网。是一种跨越大、地域广的计算机网络的集合。覆盖范围通常是一个省、一个国家或一个洲,可以从几十千米到几千千米。由于距离遥远,信道的建设费用很高,它不是像局域网一样铺设专用信道,而采用租用电信部门的通信线路,如长途电话线、光缆通道、微波与卫星通道等。

广域网包括不同的子网,子网可以是局域网,也可以是小型的广域网。最典型、最大的广域网是 Internet,它是一个跨越全球的计算机互联网络。

2. 按网络的拓扑结构分类 网络的拓扑结构是指网络中的计算机及其他设备的连接关系,忽略网络的具体物理特性(距离、位置、大小、形状等),而抽象出结点之间的关系的研究方式。主要可分为 4 种拓扑结构:星型、总线型、环型、网格型。

(1)星型拓扑:星型拓扑以中央结点为中心,用单独的线路使中央结点与其他各结点直接相连。各结点间的通信都要通过中央结点,中央结点执行集中式通信控制策略,如图 6-5 所示。

星型拓扑的优点:集中体现在配置方便,每个连接点只连接一个设备,集中控制和故障诊断容易,使用了简单的访问协议。

星型拓扑的缺点:电缆长度和安装费用高,扩展困难,依赖于中央结点。若中央结点产生故障,则全网不能工作,所以中央结点的可靠性和冗余度要求很高。

(2)总线型拓扑:总线型拓扑结构采用单根传输线缆作为传输介质,也就是,所有的计算机都连接到一条公共总线上,如图 6-6 所示。任何一个站点发送的信息都可以沿着介质双向传输,以广播方式被所有其他站点接收。由于每次只能有一个设备传输信号,这种结构的访问控制策略通常采用载波监听多路访问/冲突检测(CSMA/CD)方式,来决定下一次由哪个站点发送信息。

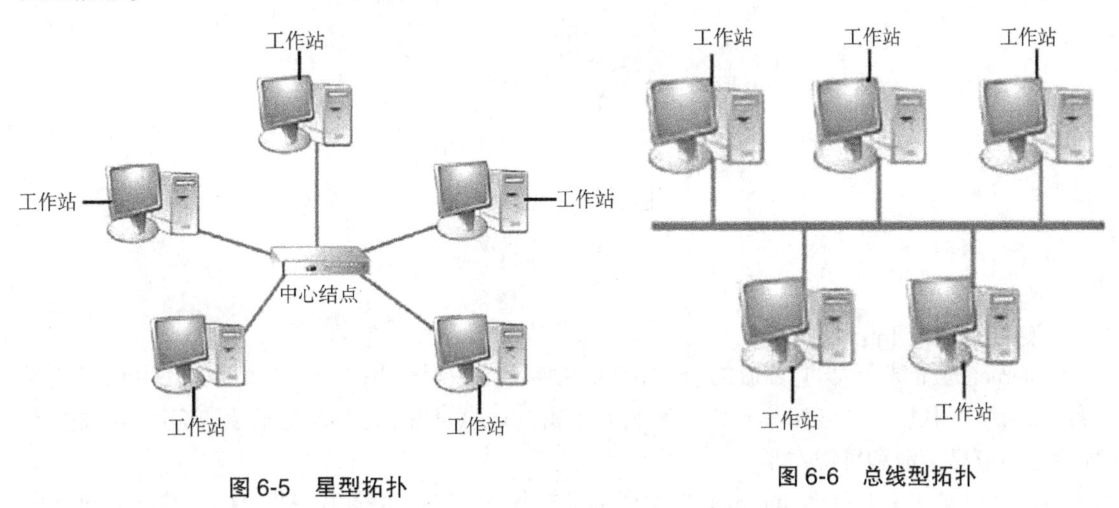

图 6-5　星型拓扑

图 6-6　总线型拓扑

总线型拓扑的优点:电缆长度短,容易布线,可靠性高,易于扩充。

总线型拓扑的缺点:故障诊断困难,故障检测需在网上各个站点进行;故障隔离困难,如故障发生在站点,只需将该站点从总线上去掉,如传输介质有故障,则整个总线要切断。

(3)环型拓扑:环型拓扑是计算机相互连接而形成一个环。实际上,参与连接的不是计算机本身而是环接口,计算机连接环接口,环接口又逐段连接起来而形成环。这种功能是用分布控制的形式完成的,每个站都有控制发送和接收的访问逻辑,如图 6-7 所示。

环型拓扑的优点:电缆长度短,可用光纤传输介质,无须接线盒。

环型拓扑的缺点:结点故障引起全网故障,诊断故障困难,不易重新配置网络,拓扑结构影响访问协议,即环上每个站点接到数据后,要负责将它发送到环上,所以同时必须考虑访问控制协议,站点发送数据前,事先要知道它可用的传输介质。

(4)网格型拓扑:网格型拓扑使用单独的电缆将网络上的设备两两相接,提供直接的通信路径,不采用路由,报文直接从发送端传送到接收端。网格状网络需要大量的电缆,随着站点的增加,可能迅速变得混乱起来,也就是说,这种网络实际上是使用了混合网格拓扑,以提高容错能力。

网格型拓扑的优点:冗余的链路增强了容错能力,易于诊断故障,它本身是一个混合网络,可以充分利用各个子拓扑结构的优点,并且相互补充,得以获得较高的拓扑性能。

网格型拓扑的缺点:使用大量的电线和冗余链路,使安装和维护困难,同时增加了基础建

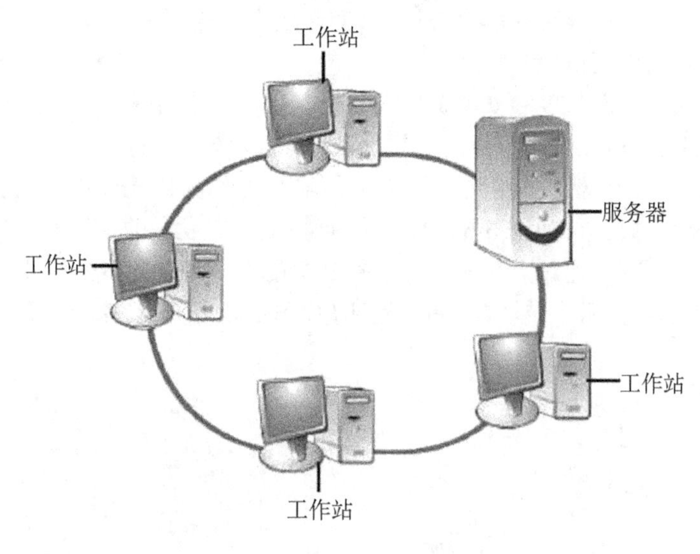

图 6-7 环型拓扑

设的成本。

知识点 3 Internet 概述

Internet 是全球最大的、开放的、自由的互联网络。它是使用 TCP/IP 协议的,由众多地区的各类网络互联组成的网络集合体。它具有丰富的信息资源,提供各类服务和应用,从而实现智能化的信息交流和资源共享。

1. IP 地址　凡是接入 Internet 的计算机都被称为结点(也称为主机)。为了识别网络中的计算机,保证 Internet 上计算机通信的准确性,必须使每台计算机有一个独一无二的标识地址,就像我们每个人都有一个唯一的身份证号码一样,该标识地址就是 IP 地址。IP 地址由互联网网络号分配机构(简称 IANA)负责分配,不能随便使用。

在 Internet 中,IP 地址是一个 32 位的二进制地址,为了便于记忆,将它们分为 4 组,每组 8 位,由小数点分开,每组用一个对应的 0~255 的十进制数来表示,这种格式的地址称为点分十进制地址,如 202. 102. 192. 68。

IP 地址由网络地址和主机地址两部分组成,网络地址表明主机所连接的网络标识,主机地址标识了该网络上的主机,如表 6-1 所示。

表 6-1 IP 地址结构

	网络号	主机号
示例	1010110000010000	0000000000000010

IP 地址分为 5 类:A 类、B 类、C 类、D 类、E 类,其中,A 类、B 类、C 类地址是主机地址,D 类地址为组播地址,E 类地址保留给将来使用。IP 地址的具体分类和用途如表 6-2 所示。

表 6-2　IP 地址分类和用途

类别名称	地址范围	默认子网掩码	应用范围
A 类	1. 0. 0. 1 ~ 126. 255. 255. 254	255. 0. 0. 0	地址分配给规模特别大的网络使用
B 类	128. 0. 0. 1 ~ 191. 255. 255. 254	255. 255. 0. 0	地址分配给一般中等规模的网络
C 类	192. 0. 0. 1 ~ 223. 255. 255. 254	255. 255. 255. 0	地址分配给小型网络
D 类	224. 0. 0. 1 ~ 239. 255. 255. 254		地址用于多点播送
E 类	240. 0. 0. 1 ~ 255. 255. 255. 254		保留

在上述地址中,有一部分地址保留出来,作为组织机构内部使用,称为私有地址或称内网地址。它们分别是:

A 类 10. 0. 0. 0 ~ 10. 255. 255. 255

B 类 172. 16. 0. 0 ~ 172. 31. 255. 255

C 类 192. 168. 0. 0 ~ 192. 168. 255. 255

IP 地址又分为静态地址和动态地址,静态地址是 ISP(Internet 服务提供商)分配给用户的固定的 IP 地址,如卫生部网站的 IP 地址为 61. 49. 18. 65;动态地址是 ISP 分配给用户的临时性地址,这种地址不是固定的,每次拨号上网都会改变。

因特网所采用的是 TCP/IP 协议。IP 协议是 TCP/IP 协议簇的核心。目前 IP 协议的版本号是 4(简称为 IPv4),发展至今已经使用了 30 多年。IPv4 的地址位数为 32 位,也就是最多有 2^{32} 个电脑可以联到 Internet 上。由于互联网的蓬勃发展,IP 地址的需求量愈来愈大,IP 地址资源即将枯竭。为了减少 IP 地址的浪费,人们使用了子网掩码、网络地址转换(NAT)等技术。为了扩大地址空间,拟通过新的 IP 协议 IPv6 重新定义地址空间。IPv6 是下一代互联网协议,采用 128 位地址长度,几乎可以不受限制地提供地址,在不久的将来 IPv6 将逐步取代目前被广泛使用的 IPv4。按保守方法估算 IPv6 实际可分配的地址,整个地球的每平方米面积上仍可分配 1000 多个地址。在 IPv6 的设计过程中除了一劳永逸地解决了地址短缺问题以外,还考虑了在 IPv4 中解决不好的其他问题,主要有端到端 IP 连接、服务质量(QoS)、安全性、多播、移动性、即插即用等。

2. Internet *域名系统*(DNS)　由于 IP 地址较难记忆,人们希望能有一种比较直观的表示方法,给主机指定一个好读易记的名字,为此出现了代表 IP 地址的域名。如卫生部网站的域名为 www. moh. gov. cn。

域名系统的一般表示方法:计算机名 . 组织机构名 . 网络名 . 最高域名。

最高域名用来表示提供服务的部门、机构或网络所隶属的国家、地区。如表 6-3 所示。

表 6-3　常见的组织型域名

域名	. com	. edu	. net	. gov	. org	. int
含义	商业机构	教育机构	联网机构	政府部门	事业机构	国际组织

除美国以外的国家或地区都采用代表国家或地区的地理型域名,一般是用相应国家或地区的英文名的两个缩写字母表示,如表 6-4 所示。

表 6-4　部分地理型域名

域名	. cn	. hk	. tw	. jp	. ru	. ca
含义	中国	中国香港	中国台湾	日本	俄罗斯	加拿大

当我们在地址栏中输入域名后，域名管理系统 DNS 就会自动将域名转换为对应的 IP 地址，从而找到所对应的主机。

3. IP 地址与 DNS 的设置

步骤 1：在桌面上选择“网络”图标，右键单击，在弹出的快捷菜单中选择“属性”命令，如图 6-8 所示。

步骤 2：弹出如图 6-9 所示的窗口，从中单击“网络和共享中心”选项，打开网络和共享中心，如图 6-10 所示。

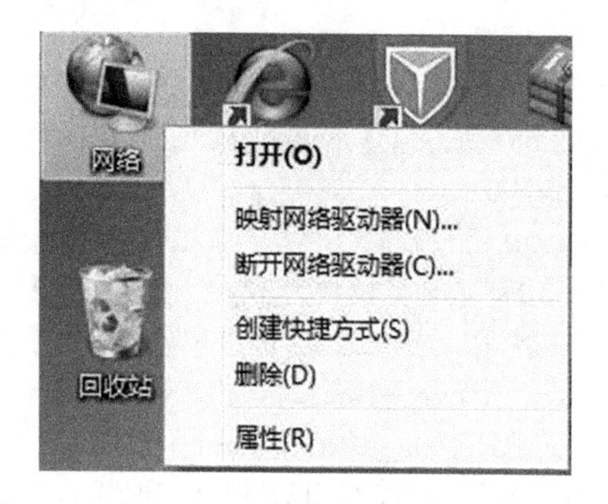

图 6-8　网络图标-快捷菜单

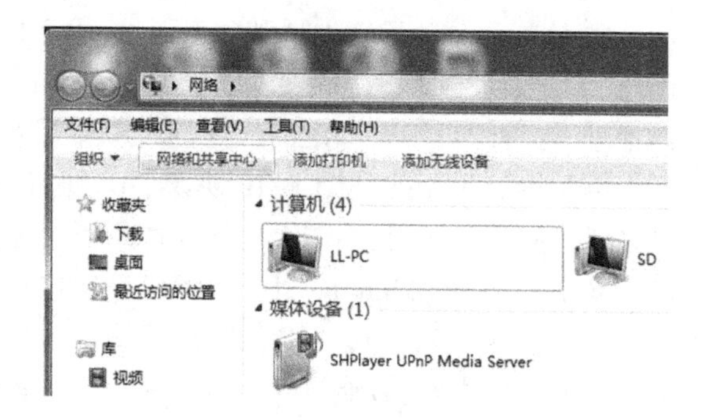

图 6-9　网络窗口

图 6-10　查看网络状态

步骤 3：双击“本地连接”图标，打开“本地连接状态”对话框，如图 6-11 所示，单击“属性”按钮。

步骤 4：弹出如图 6-12 所示的“本地连接属性”对话框，在“网络”选项卡中的显示有“此连接使用下列项目”的列表中，选择“Internet 协议版本 4(TCP/IPv4)”，单击“属性”按钮。

步骤 5：弹出“Internet 协议 4(TCP/IPv4)属性”对话框，如图 6-13 所示，可以查看到设置的 IP 地址与 DNS 服务器地址。

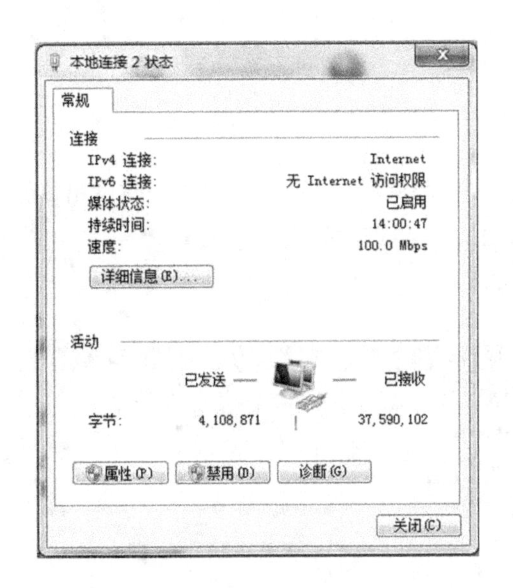

图 6-11　本地连接状态

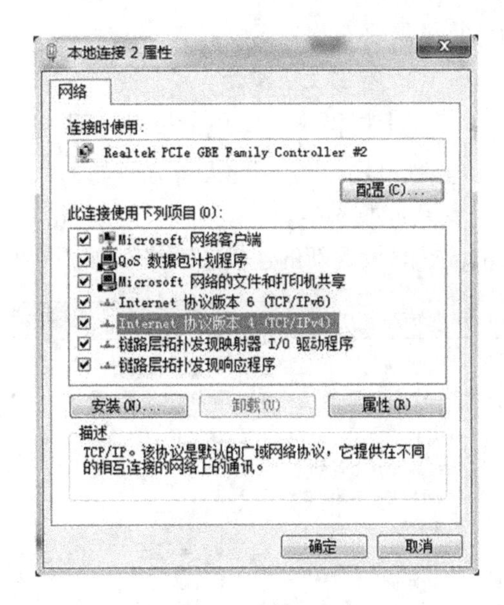

图 6-12　本地连接属性

知识点 4　Internet 的连接

个人用户接入 Internet 的方式，目前较常见的方式有电话拨号方式、ADSL 拨号上网、小区宽带上网、无线上网等。以下是接入 Internet 的操作方法。

1. *电话拨号方式上网*　拨号上网是使用调制解调器（modem）和电话线，用拨号方式将计算机接入 Internet。用户通过 modem 拨号上网获得的 IP 地址是动态的，也就是每次上网分配的 IP 是不同的，是由 Internet 提供商来随机分配的。只需在图 6-13 中点击单选按钮“自动获得 IP 地址”和“自动获得 DNS 服务器地址”后，单击“确定”按钮，即可完成上网 IP 的设置，可以实现网络的连接。

2. *ADSL 方式上网*　ADSL 是非对称数字用户环路，是一种能够通过普通电话线提供宽带数据业务的技术。要安装 ADSL，用户首先要到当地的网络运营商（如电信、移动、网通等）处办理 ADSL 业务，获取用户名、密码，领取调制解调器（Modem），调制解调器是一种将模拟信号与数字信号相互转换的设备。安装时将电话线接入到调制解调器的输入端口中，然后用双绞线将调制解调器的输出端口和电脑的网卡接口相连即可。连接好后，通过电脑建立拨号连接，就可以上网了。

ADSL 提供高速数据通信能力，其速率远高于拨号上网，所不同的是，ADSL 可以提供灵活的接入方式，支持专线方式与虚拟拨号方式，是目前家庭用户普遍采用的入网方式之一。

3. *局域网方式入网*　将局域网的服务器连接到 Internet 上，只要是局域网中的用户就可以通过局域网服务器连接并使用 Internet。不管局域网用什么方式接入 Internet，用户均需要将计算机加入到局域网中，才能访问 Internet，从而实现上网。

设置方法，如图 6-13 所示，更改 IP 地址、子网掩码、网关、首选 DNS 服务器即可。具体设置参数由网络管理员提供。

4. *以无线方式入网*　无线接入技术，是以无线技术为传输媒体向用户提供的固定的或移动的终端业务服务，即包括移动方式无线接入和固定方式无线接入。采用无线方式接入网络的计算机需要安装有无线网卡。

6.1.2 学生上机操作

学生上机操作 1 电话拨号上网

电话拨号方式上网的设置方法如下。

步骤 1:如图 6-8 所示,打开“网络”窗口,点击“网络和共享中心”按钮,在“更改网络设置”区中,选择“设置新的连接或网络”,如图 6-14 所示。

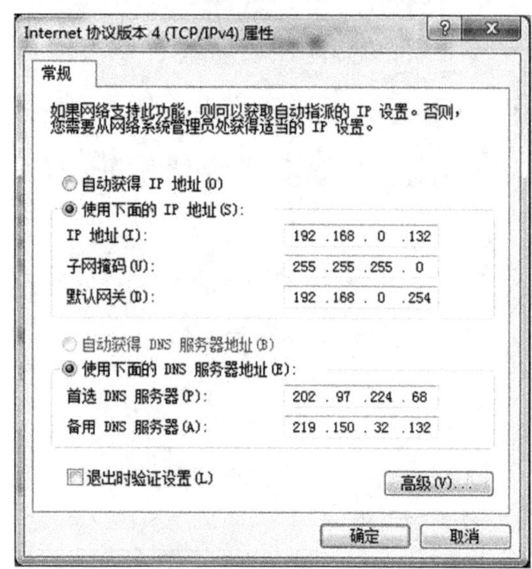

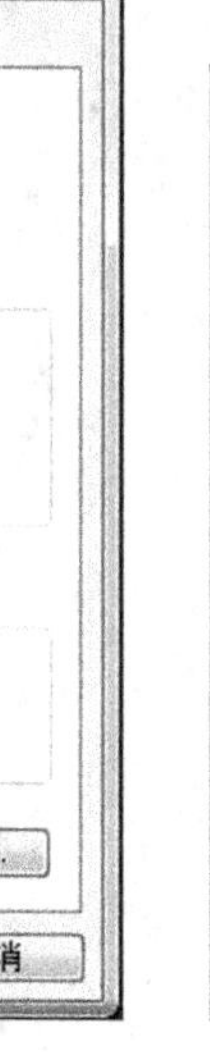

图 6-13 Internet 协议版本 4 属性

图 6-14 更改网络设置

步骤 2:在弹出的“设置连接或网络”对话框中,选择“设置拨号连接”项,单击“下一步”按钮,如图 6-15 所示。

步骤 3:在“创建拨号连接”对话框中,填入 Internet 服务提供商(ISP)提供的信息,单击“创建”按钮,如图 6-16 所示。

步骤 4:弹出“创建拨号连接”对话框,如图 6-17 所示,单击“关闭”按钮。

步骤 5:在桌面上打开“连接”对话框,如图 6-18 所示,输入用户名和密码,再单击“拨号”按钮,即可拨号上网。

学生上机操作 2 用无线路由器上网

用无线路由器上网的设置方法如下。

步骤 1:连接无线路由器。将入户网线接到无线路由器的 WAN 口,要接入的计算机的网线连接路由器的 LAN 口。

步骤 2:加电启动。接通电源,路由器自行启动。

步骤 3:在浏览器输入路由器的设置地址,一般是 192. 168. 1. 1(或请打开路由器的说明书,查看设置地址),如图 6-19 所示。按回车进入设置界面。

步骤 4:在如图 6-20 所示的登录界面中,输入用户名和密码。一般新用的都是设为 admin(请查看说明书),输入完成,单击“登录”按钮。如不能打开此界面,请检查计算机的“本地连

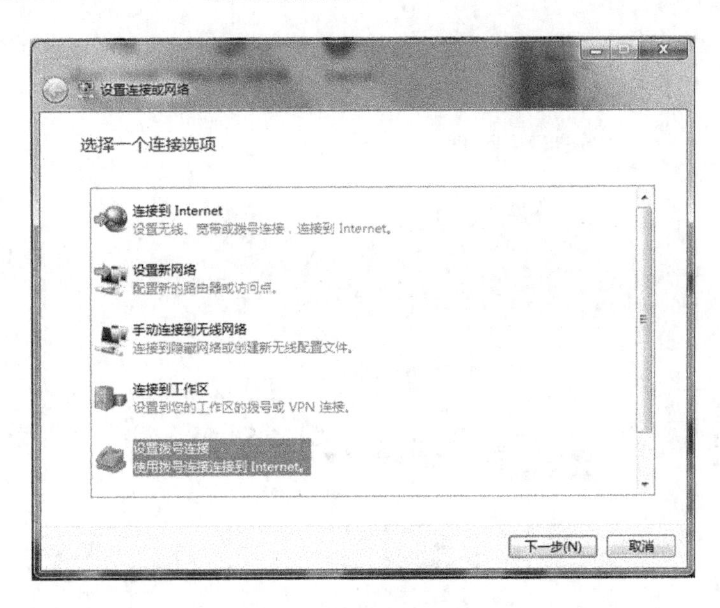

图 6-15　设置拨号连接

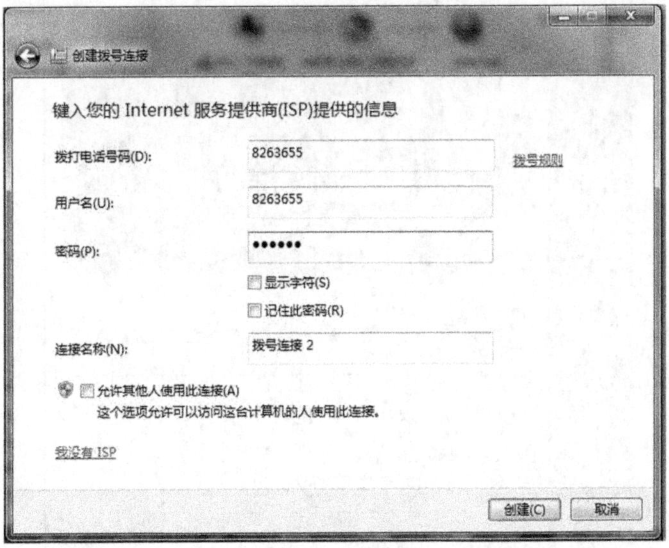

图 6-16　创建拨号连接(一)

接”的 IP 地址是否与路由器的地址在同一网段,如不在同一网段,则重新设置“本地连接”的 IP 地址,再执行步骤 3。

步骤 5:进入路由器设置界面,如图 6-21 所示。单击左侧栏中的“设置向导”,进入设置向导界面。

步骤 6:设置向导界面,如图 6-22 所示,单击“下一步”按钮。

步骤 7:进入上网方式设置界面,其中有 3 种上网方式供选择。如果是拨号连接的话,可选择 PPPoE;动态 IP 一般是电脑直接接入网络就可以使用,网络中有 DHCP 服务器自动分配

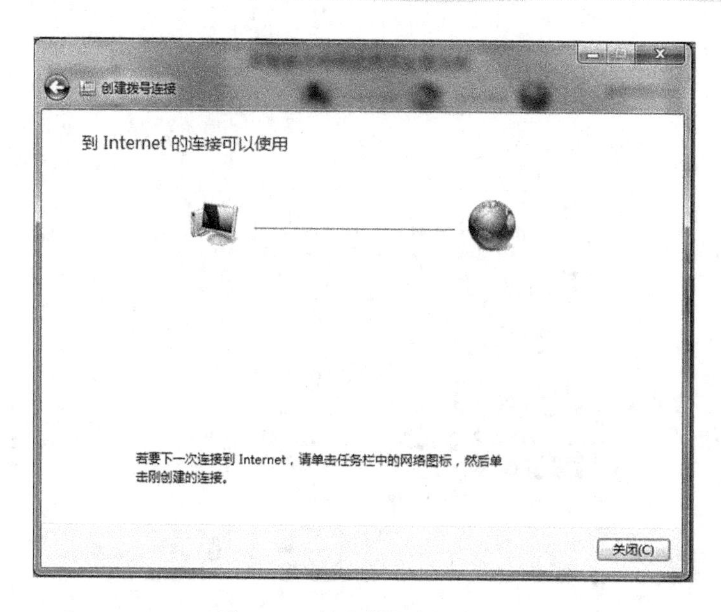

图 6-17 创建拨号连接(二)

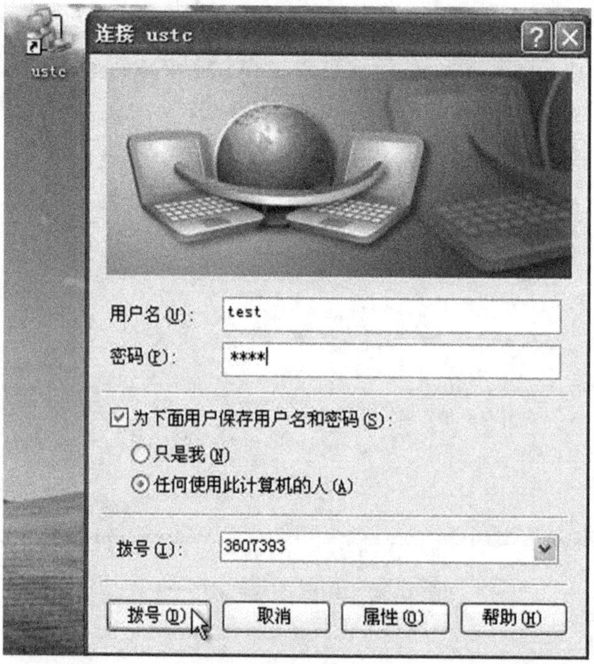

图 6-18 拨号窗口

IP 地址;静态 IP 一般是已有固定 IP 地址的专线或小区宽带等,如图 6-23 所示,单击“下一步”按钮。

步骤 8:进入“设置向导”对话框,填写上网账号和密码,这个上网账号和密码是 ISP 提供的,如图 6-24 所示,单击“下一步”按钮。

图 6-19　设置路由器的 IP 地址

图 6-20　路由器身份验证界面

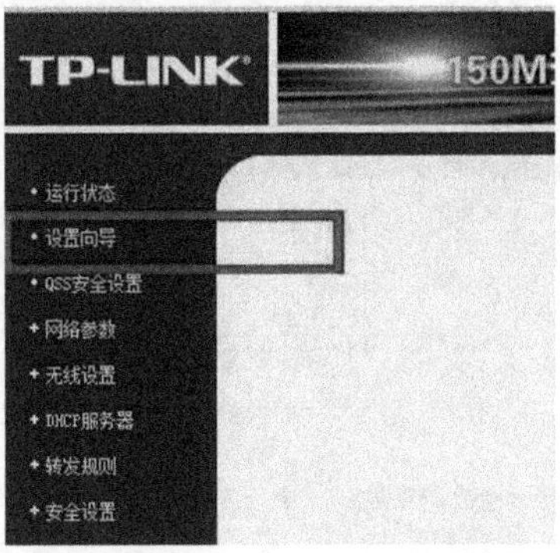

图 6-21　进入设置向导

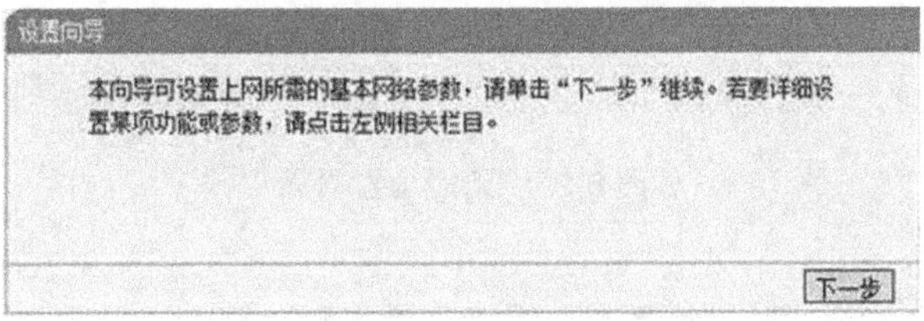

图 6-22　进入设置向导界面

步骤 9：进入“无线设置”对话框，需要设置信道、模式、安全选项、SSID 等。SSID 是网络的标识名称，可填写一个容易识记的名字；模式大多用 11bgn；“无线安全选项”我们要选择 wpa-psk/wpa2-psk，为自己的无线网络设置密码保护，如图 6-25 所示。

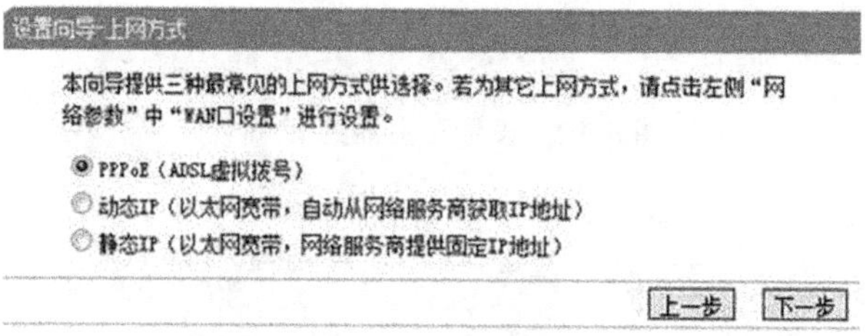

图 6-23　上网方式设置界面

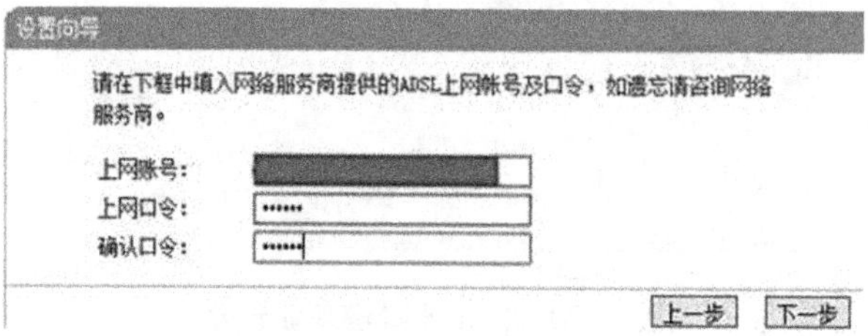

图 6-24　设置向导

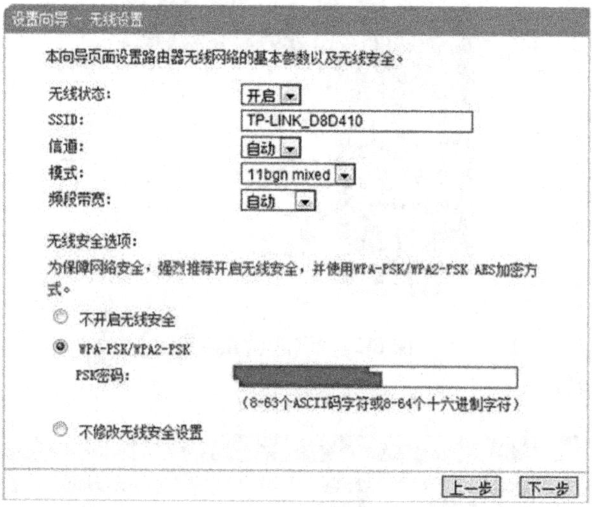

图 6-25　无线设置界面

步骤 10：单击“下一步”，显示设置成功界面，单击“完成”按钮，如图 6-26 所示。

步骤 11：路由器会自动重启，重启成功后出现如图 6-27 所示界面。

步骤 12：无线路由器配置完成后就会在一定范围内形成无线网络，用户可以用计算机（配有无线网卡）、IPAD、智能手机等电子设备搜索 WIFI 信号，如图 6-28 所示，此处的无线网络名称就是图 6-25 中的 SSID。选择相应的无线网络，输入密码、通过验证，即连接到 Internet，实现上网功能。

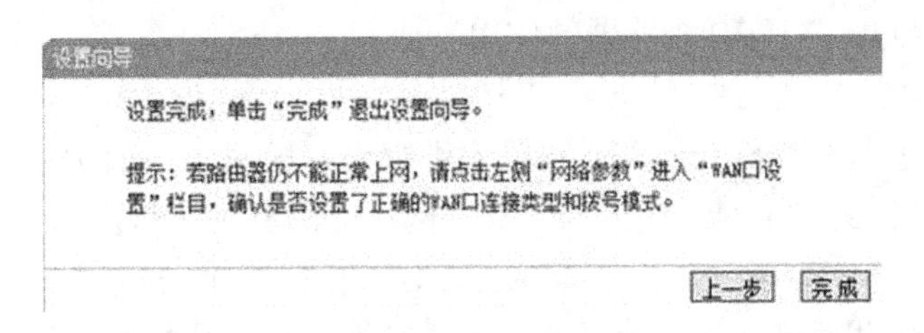

图 6-26　设置向导完成界面

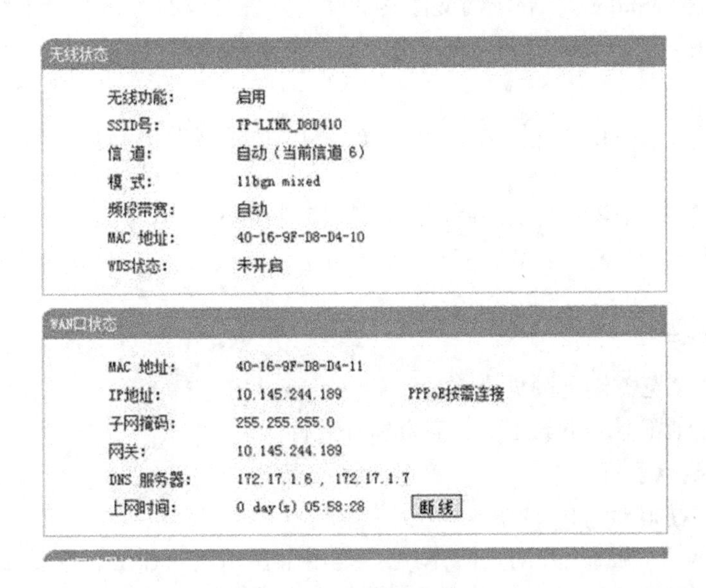

图 6-27　设置向导完成界面

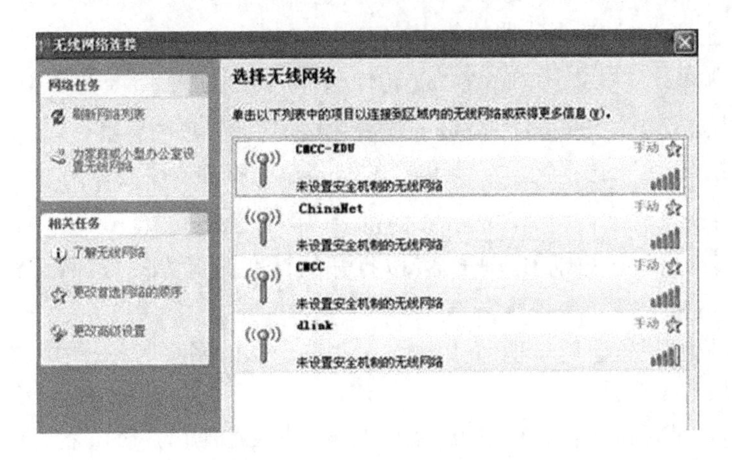

图 6-28　无线网络连接界面

★任务完成评价

通过学习和上机操作，逐步理解有关网络的知识，掌握 IP 地址的查看与设置方法、DNS 的查看与设置方法，熟悉 Internet 的接入方法和相关操作。接下来，要想更好地应用 Internet，在网络海洋中畅游,就需要掌握 IE 浏览器的使用。

★知识技能扩展

1. *制作网线* 怎么制作网线?若要自己动手制作一根网线,可上网查找它的制作方法?

可在百度查找“怎么制作网线”,或参考如下网址查阅有关资料:

http://jingyan.baidu.com/article/7e440953f107532fc0e2ef18.html。

2. *设置局域网文件共享* 如何设置 Windows 7 局域网文件共享?可上网查找它的设置方法方面的资料?

可在百度查找“Windows 7 局域网文件共享设置方法”,或参考如下网址查阅资料。

参考网址:http://jingyan.baidu.com/article/fec7a1e53efe621190b4e7ae.html。

6.2 任务二 IE 浏览器的使用

计算机如果连接了因特网,我们就可以利用计算机在网上学习、聊天、看新闻、搜索和下载需要的资料和软件,了解天下大事。下面就一起来学习和研究如何使用 IE 浏览器,去完成这些有趣的事情。

★任务目标展示

1. 会使用 IE 浏览器浏览网页。
2. 会利用 IE 浏览器和下载工具下载资料和软件。

6.2.1 知识要点解析

知识点 1　认识 IE 浏览器

要上网浏览网页,就离不开浏览器,浏览器是用来显示网页服务器或档案系统内的文件,并让用户与这些文件交互的一种软件。目前常用的浏览器有 Windows 系统自带的 IE 浏览器(Internet Explorer)、谷歌浏览器(Google Chrome),还有一些基于 IE 内核的浏览器如 360 安全浏览器等。本节主要学习 IE 浏览器的使用。

1. *启动 IE 浏览器* 启动 IE 浏览器常用的方法如下。

方法一:双击桌面上的 Internet Explorer 图标,即启动 IE 浏览器。

方法二:单击“开始”,选择“程序”菜单中的“Internet Explorer”命令。

方法三:单击快速启动栏中的“Internet Explorer”图标。

2. *IE 浏览器的窗口* 启动 IE 浏览器,以打开的百度网页为例,其网页界面如图 6-29 所示。

(1)标题栏:标题栏位于窗口顶部,用来显示正在访问的网页名称,图中的网页名是“百度一下,你就知道”。

(2)地址栏:地址栏位于标题栏下方,在其中输入想要访问的网址,然后按“Enter”键即可进入并显示相应的网页。地址栏中还包括了 IE 中最常用的返回、前进、兼容性视图、停止和刷新 5 个按钮,同时还提供了一个用于搜索 Web 页的搜索栏。

(3)菜单栏:菜单栏中包括“文件”“编辑”“查看”“收藏夹”“工具”及“帮助”6 项,这些菜单提供了 IE 的各项操作命令。

(4)收藏夹栏:收藏夹栏是以前版本的 Internet Explorer 中链接工具栏的新名称。可以将

图 6-29　IE 浏览器的窗口

Web 地址从地址栏拖到收藏夹栏,还可以拖动正在查看的网页中的链接到收藏夹栏中。

(5)选项卡:选项卡浏览功能可在一个浏览器窗口中打开多个网站。可以在新选项卡中打开网页,并通过单击要查看的选项卡切换这些网页。若要打开新的空白选项卡,请单击选项卡行上的“新建选项卡”按钮或按 Ctrl+T。若要从网页上的链接打开新选项卡,请在单击该链接时按 Ctrl 键,或者右键单击该链接,然后单击“在新选项卡中打开”。如果使用滚轮鼠标,则可以使用滚轮单击链接来在新选项卡中打开它。

(6)工具栏:工具栏简洁实用,集中了“主页”“RSS 源”“阅读邮件”“打印”“页面”“安全”及“工具”等按钮。可以不用打开菜单,只要单击按钮就可以快速执行相应的命令。

(7)工作区:工作区显示当前网页的内容,当进入某个网页后,工作区中就会显示文字和图形等信息。

(8)状态栏:状态栏用于显示浏览器当前操作状态的相关信息。用户通过状态栏可以看到网页打开的过程。

知识点 2　浏览网页

使用 IE 浏览器浏览网页的操作方法如下(以新浪网站为例)。

步骤 1:在地址栏中输入新浪网站的网址:http://www.sina.com.cn//,然后按“Enter”键,即打开新浪网主页。

步骤 2:用鼠标左键单击网页上的“新闻”,则进入“新闻”页面。也可用同法点击其他项目来查看更多的信息。

如果要返回以前的网页,单击“后退”按钮。如果在后退了若干页面想要返回后面所在的页,则单击“前进”按钮。

步骤 3:如果打开网页速度太慢,不想等待则可以单击“停止”按钮,放弃显示页面。

步骤 4:如果网页中有些图片等信息尚未显示完全,则可单击“刷新”按钮来重新与服务器连接以显示网页。

知识点3　使用收藏夹

收藏夹是用来保存自己以后经常访问的网页地址,使用时只需打开“收藏夹”菜单从中选择就可以访问收藏的网站了。

1. 将网页添加到收藏夹

步骤1:打开一个待收藏网页,如“http://www.21wecan.com/”(中国卫生人才网)。

步骤2:在菜单栏中单击“收藏夹”菜单中的“添加到收藏夹”命令。

步骤3:弹出“添加收藏”对话框,如图6-30所示。在该对话框中确认网页名称无误,单击“确定”按钮,完成收藏。

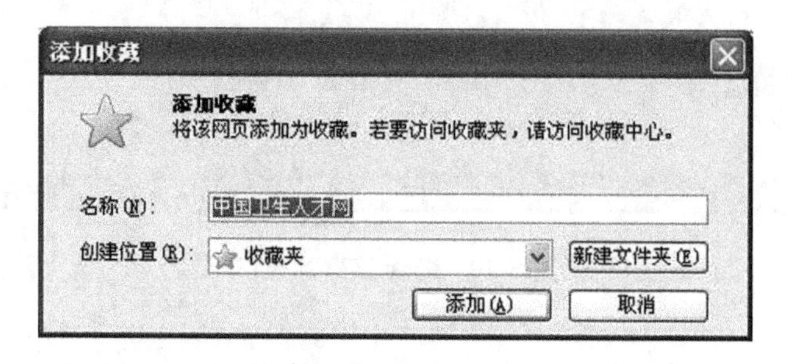

图6-30　添加收藏

2. 整理收藏夹　如果收藏的网址较多,会显得杂乱无章。这时应对收藏夹分类整理,以方便再次访问。整理收藏夹的方法是:在“收藏”菜单中单击“整理收藏夹”命令,打开“整理收藏夹”对话框,如图6-31所示。该对话框上有4个按钮,它们的功能如下。

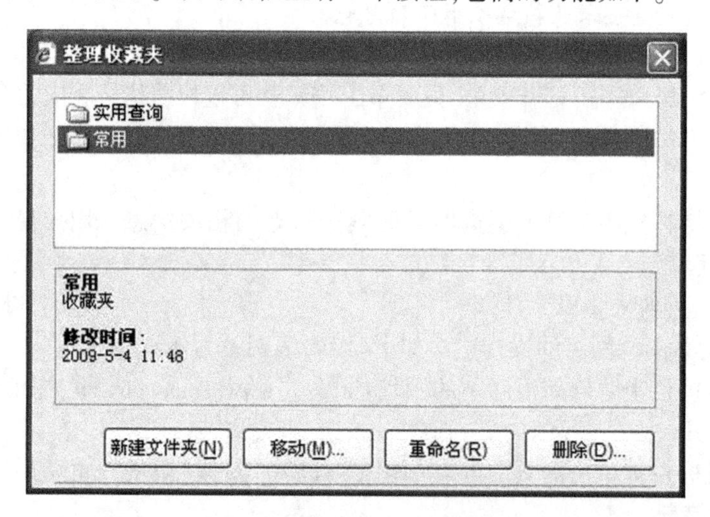

图6-31　“整理收藏夹”对话框

(1)新建文件夹:创建新的文件夹,这样可以收藏不同类别的网页地址,以方便访问和管理。

(2)移动:将收藏的网页和网站在不同的类别之间进行移动。

(3)重命名:选中收藏的网页网址或文件夹,单击此按钮,可以对它重命名。

(4) 删除:选中收藏的网页网址或文件夹,单击此按钮即删除不想收藏的网页或文件夹。

知识点 4　保存和打印网页

1. 保存网页　如果发现一个网页或网页中的图片很有用,就可以将它保存起来。

(1) 保存整个网页:操作方法如下。

步骤 1:在“文件”菜单中单击“另存为”命令。

步骤 2:在弹出的“保存网页”对话框中的“保存在”列表框中选择设置一个文件夹。

步骤 3:在“文件名”框中输入一个文件名;在“保存类型”下拉框中选择保存类型。

步骤 4:设置完毕,单击“保存”按钮即完成保存。

注意,保存的网页类型有以下几种。

网页,全部(*. htm; *. html):按原始格式保存网页的所有文件(及文件夹)。

web 档案,单个文件(*. mht):以单个网页形式保存网页的全部信息。

网页,仅 HTML(*. htm; *. html):保存当前 HTML 页,但不保存图像、声音或其他文件。

文本文件(*. txt):以纯文本类型保存网页信息,即只保存文本信息。

(2) 保存网页中的图片:其操作方法如下。

步骤 1:在网页中的图片上单击鼠标右键,从弹出的菜单中选择“图片另存为”命令。

步骤 2:打开“保存图片”对话框,设置图片的保存位置和文件名后,单击“保存”按钮即完成保存。

2. 打印网页　如果已安装了打印机,也可将网页打印出来。为了保证打印效果,一般应先进行打印预览和打印设置,然后再打印,其操作方法如下。

步骤 1:在“文件”菜单中单击“打印预览”命令,即可查看“打印预览”效果。

步骤 2:在“打印预览”窗口的工具栏上单击“页面设置”按钮,打开“页面设置”对话框,如图 6-32 所示。

步骤 3:在“页面设置”对话框中,设置纸张大小、页边距等,设置后单击“确定”。

步骤 4:在“打印预览”窗口的工具栏上单击“打印文档”按钮,打开“打印”对话框,进行相应的设置后,单击“打印”即开始打印。

知识点 5　下载软件

网络资源丰富多彩,其中软件资源种类繁多,把需要的软件等资源从互联网下载保存到电脑上,这是经常遇到的事情。现以“腾讯 QQ”软件为例,介绍下载软件的方法。

1. 直接下载

步骤 1:打开 IE 浏览器,在地址栏中输入“http://www. qq. com/”,按回车,进入腾讯官方网站。在腾讯首页右上部的“软件”中点击,进入“腾讯软件中心”页面。

步骤 2:在“腾讯软件中心”页面点击腾讯软件列表中的“QQ6. 1”右侧的“下载”按钮。在弹出的“文件下载”对话框中点击“保存”按钮,如图 6-33 所示。

步骤 3:在弹出的“另存为”对话框的“保存在”下拉列表中选择一个文件夹,单击“保存”按钮,即开始下载。

下载结束后,即可运行安装软件,进入软件安装向导,按向导提示进行操作,即可完成软件的安装。安装后就可以运行使用了。

2. 借助下载工具进行下载软件　若采用上述方法下载比较大的文件时,下载速度可能比

页面设置
纸张选项
纸张大小(Z):
A4
纵向(O) 横向(A)
打印背景颜色和图像(C)
启用缩小字体填充(S)
页边距(毫米)
左(L): 19.05
右(R): 19.05
上(T): 19.05
下(B): 19.05
页眉和页脚
页眉(H):
标题
-空-
总页数的第 # 页
页脚(F):
URL
-空-
短格式的日期
更改字体(N)
确定 取消

图 6-32 “页面设置”对话框

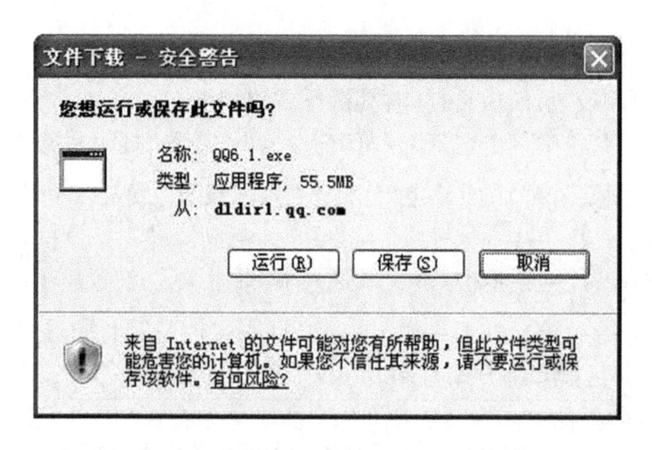

图 6-33 “文件下载”对话框-保存

较慢，而且一旦网络断线或中途关机，必须重新下载，比较浪费时间。为了解决这些问题，可以借助一些下载工具，如迅雷(Thunder)、网际快车(Flash Get)等进行下载。它的主要特点是支持多点连接、断点续传和快速下载，下面以迅雷为例(前提是系统中已安装了迅雷)。其操作方法如下。

步骤1：在“在腾讯软件中心”页面的“腾讯软件”栏“QQ6.1”上用鼠标右击“下载”按钮，在弹出的快捷菜单中选择“使用迅雷下载”，如图 6-34 所示。

步骤2：在弹出的“建立新的下载任务”对话框中，单击“存储路径”右侧的“浏览”按钮，从中选择一个文件夹，如图 6-35 所示。

步骤3：单击“立即下载”按钮，进入迅雷主窗口，可以看到正在下载“QQ6.1.exe”软件的下载进度等信息，如图 6-36 所示。

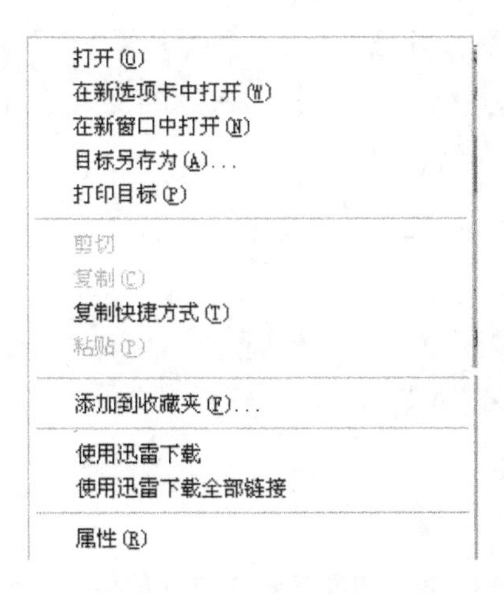

图 6-34　选择“使用迅雷下载”

图 6-35　“建立新的下载任务”对话框

下载完成后,如要安装软件,双击软件图标,即开始运行安装,安装完成后就可以运行使用了。

6.2.2 学生上机操作

1. 打开“中国卫生人才网”,浏览该网站,并添加到收藏夹。查找对学习或就业有帮助的信息,并保存相关的网页。

2. 使用百度搜索“护士执业考试”的有关资料。并从中选择几个网页进行保存。

3. 打开 IE 浏览器,进入腾讯官方网站,下载一个最新版本的 QQ 软件,然后安装运行。

★任务完成评价

通过学习与实践,我们掌握了使用 IE 浏览器浏览网页的方法,会使用收藏夹,正确保存网页,并能使用下载工具下载所需要的软件和资料。

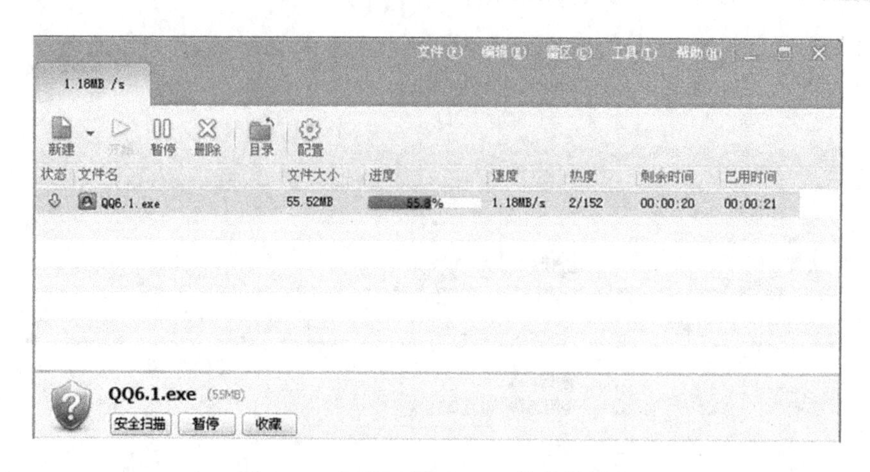

图 6-36 迅雷下载 QQ6.1 软件的界面

6.3 任务三 使用电子邮件

★任务目标展示

1. 掌握申请电子邮箱的方法。
2. 会使用 OE 收发电子邮件。

6.3.1 知识要点解析

知识点 1 电子邮件

电子邮件系统是一种通用的网络应用。电子邮件可以是文字、图像、声音等多种形式。同时,用户可以得到大量免费的新闻、专题邮件,并实现轻松的信息搜索。电子邮件的存在极大地方便了人与人之间的沟通与交流,促进了社会的发展。

1. *电子邮件在 Internet 上发送和接收的原理* 电子邮件可以形象地用我们日常生活中邮寄信件来形容:当我们要寄一个信件时,首先要找到任何一个有这项业务的邮局,在填写完收件人姓名、地址等信息之后,信件就寄出而到了收件人所在地的邮局,对方取信件的时候就必须去这个邮局才能取出。同样的,电子邮件与普通邮件有类似的地方,发件人注明收件人的姓名与地址(即邮件地址),发送方服务器把邮件传到收件方服务器,收件方服务器再把邮件发到收件人的邮箱中。如图 6-37 所示。

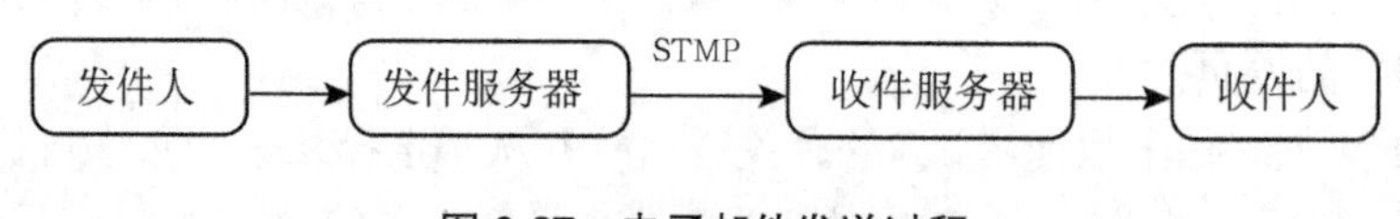

图 6-37 电子邮件发送过程

2. *电子邮件地址的构成* 电子邮件地址即电子邮箱。同普通邮件一样,收发电子邮件需要地址。在 Internet 上每个用户的电子邮件地址是唯一的。它的格式由“USER+@ +邮件服务器域名”3 部分组成。第一部分“USER”代表用户信箱的账号,对于同一个邮件接收服务器来说,这个账号必须是唯一的;第二部分“@ ”是分隔符(读作:at,是“在”的意思);第三部分是用户信箱的邮件接收服务器域名,用以标志其所在的位置。例如:zhongxiao_123@ sohu. com 是一个合法的电子邮件地址,其中 zhongxiao_123 是用户名,而 sohu. com 是搜狐邮件服务器的域名。

3. 电子邮件传输协议　Internet 广泛使用的电子邮件传送协议为 SMTP(simple mail transfer protocol,即简单邮件传输协议)和 POP3(Post Office Protocol 3,即邮局协议)。前者用于客户端到发送服务器端的发送连接,后者用于客户端到收件服务器端的接收连接。SMTP 服务器称为发件服务器,POP3 服务器称为收件服务器。用户使用电子邮件软件设置发送和接收服务器地址时应根据 ISP 提供的 STMP 和 POP3 邮件主机域名设置。

知识点 2　申请免费电子邮箱

现实生活中写信或寄包裹要去邮局,而网上写电子邮件就要去网上的邮局,不过使用网上邮局之前你要先拥有一个电子邮箱,各大网站都提供免费电子邮箱服务。现以申请网易免费电子邮箱为例。

步骤 1:在 IE 浏览器中登录网易主页(http://www. 163. com)。

步骤 2:在网易主页的右上角点击“注册免费邮箱”。

步骤 3:在弹出的注册页面中填写注册信息,如图 6-38 所示。

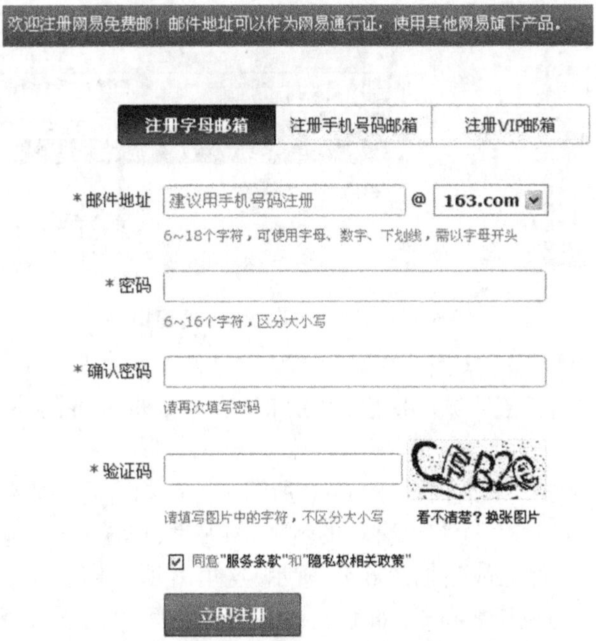

图 6-38　申请免费电子邮箱

申请时,只要注意看清提示,就能申请成功。相对而言,各大网站提供收费的电子邮箱所提供的服务更加稳定,空间更大。

知识点 3　收发电子邮件

目前常见的电子邮件收发方式可以分为两类:专用邮箱工具方式(POP3 Mail)及浏览器方式(Web Based Mail)。POP3 Mail 必须使用专用的邮件收发软件(例如 Outlook Express、Fox-

Mail 等)才能收发邮件,且邮件收进来以后,信件会保存在电脑之中,方便您进行信件的分类与管理。缺点是取得账户后,必须进行邮件服务器的设定,对初学者而言,学习不易;另外要使用专用的邮件收发软件,才可以收发邮件。

Web Based Mail 它的特点在于:使用浏览器来收发邮件,它提供一个友好的管理界面,只要在提供免费邮箱的网站登录界面,输入自己的用户名和口令,就可以收发信件并进行邮件的管理。

知识点 4　Outlook Express 的设置和使用

1. Outlook Express 的组成　Outlook Express(简称 OE)是微软公司出品的一款电子邮件客户端软件,其打开后的窗口界面如图 6-39 所示。

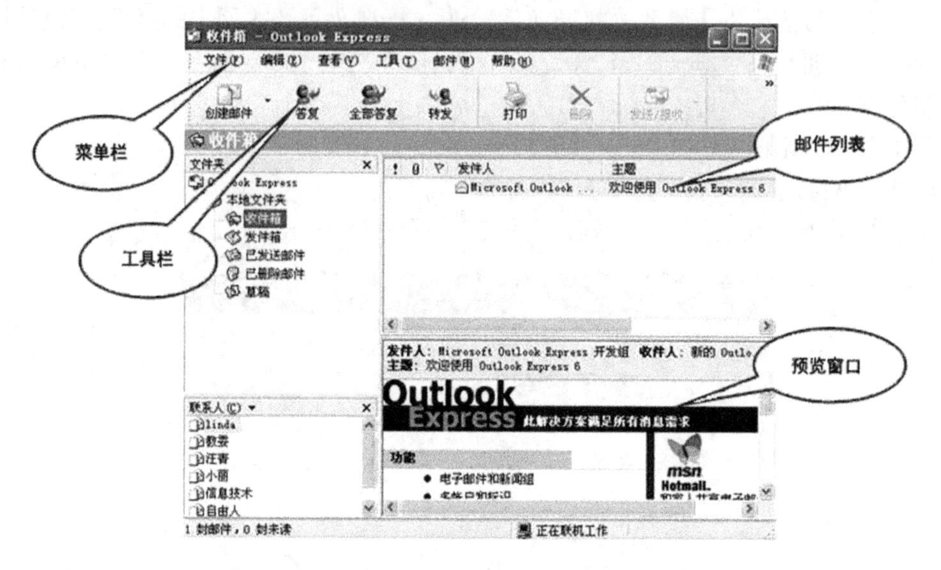

图 6-39　Outlook Express 的窗口

2. Outlook Express 的设置　第一次启动 OE 时,会自动进入 Internet 连接向导,设置电子邮件账号。

步骤 1:设置“您的姓名”对话框;如图 6-40 所示。这一内容是给收信人看的,这里你可以填写真实的姓名,也可以另取一个自己喜欢的名字,填好后,单击‘下一步’。

步骤 2:设置“电子邮件地址”;如图 6-41 所示,这里就填上你正在使用的电子邮件地址。如果你想使用网上提供的免费 E-mail(如 163,sohu 等),这里就是输入所申请的免费 Email 地址,然后单击“下一步”。

步骤 3:如图 6-42 所示,设置“电子邮件服务器名”。第一个栏目是选择“我的邮件接收服务器”类型,这里选“POP3”;接着填写“接收邮件服务器”和“发送邮件服务器”的名称,这两个服务器的名称可查看所申请邮箱的帮助信息,然后单击“下一步”。

步骤 4:设置“Internet Mail 登录”信息。如图 6-43 所示,“账户名”是你所申请邮箱名中@符号左边名称。

步骤 5:单击“下一步”,提示已设置已完成,要保存设置,单击“完成”。之后就可以使用了。

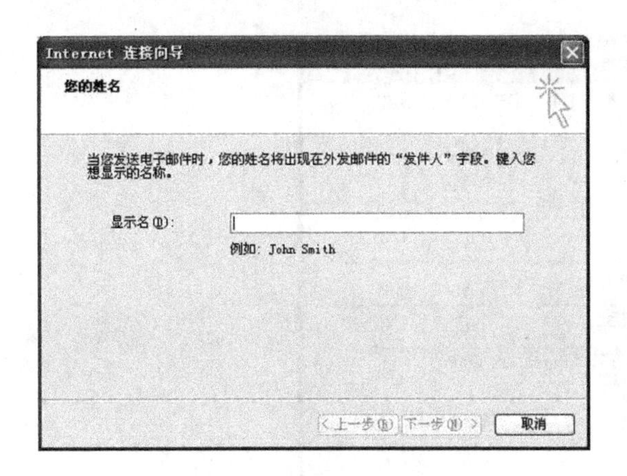

图 6-40　设置“您的姓名”

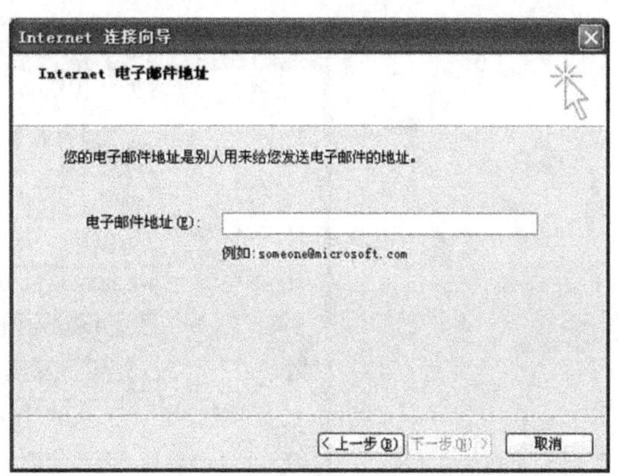

图 6-41　设置电子邮件地址

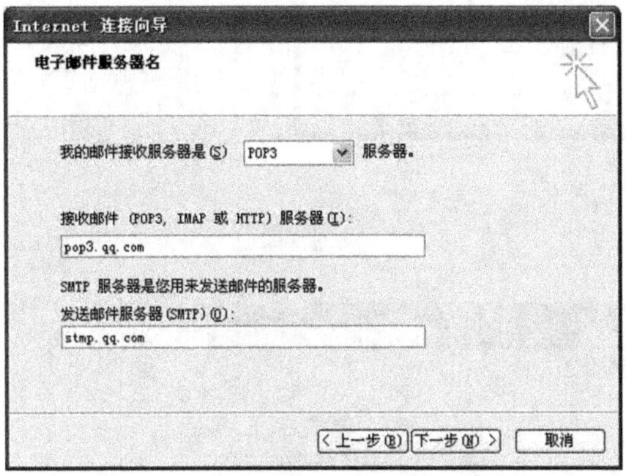

图 6-42　设置电子邮件服务器名

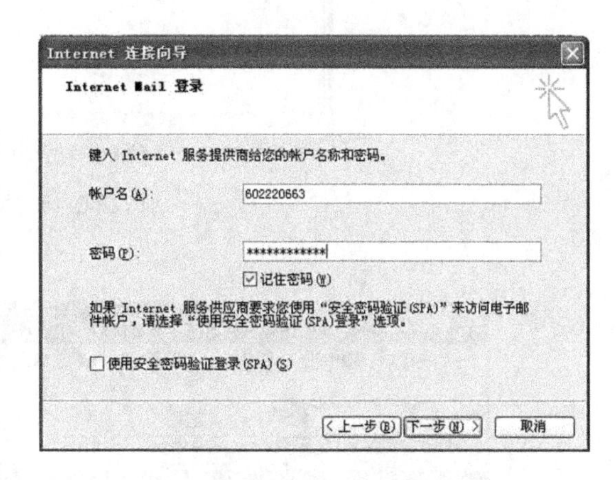

图 6-43　设置用户的账户名和密码

3. Outlook Express 的使用

(1)发送邮件:单击工具栏中的“创建邮件”按钮,屏幕上出现了一个新的窗口,这就是我们的信纸。第一步填写“收件人”的电子邮件地址。第二步,填写这封信的“主题”,这是让收信人能快速地了解这封信的大意。信的正文就写在下面的空白处。若有附件,使用插入菜单添加附件文件,设置完成后,单击“发送”按钮即可发送邮件。如图 6-44 所示。

(2)接收邮件:单击窗口界面中工具栏上的“发送/接收”接钮,如图 6-45 所示。其实,在每次启动 OE 时,它都会自动接收信件,在左边的“本地文件夹”中的“收件箱”旁边标有蓝色的“36”,表示已收到 36 封邮件。其中右边窗口中黑体字为未读邮件,双击它即可打开该邮件。

6.3.2 学生上机操作

上网申请免费电子邮箱。在搜狐(新浪或网易)等网站上申请一个免费电子邮箱,并利用该邮箱完成如下操作:①发送一份已完成的信息技术应用基础的上机作业到老师指定的邮箱;②给你的亲朋好友发送一封电子邮件。

图 6-44　发送邮件

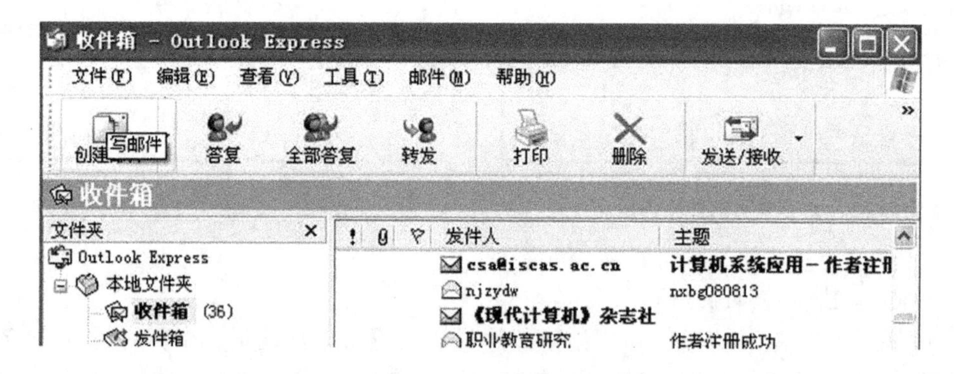

图 6-45　接收邮件

★任务完成评价

通过学习和实践,应掌握如何申请免费电子邮箱,并使用电子邮箱收发电子邮件。

6.4 任务四　医学文献检索

★任务目标展示

1. 了解文献检索的概念
2. 使用搜索引擎进行网络搜索。
3. 电子期刊的全文检索。

4. 电子图书的检索、下载与阅读。

5. 了解特种文献的检索方法。

6.4.1 知识要点解析

知识点1　文献检索的概念

1. *文献检索*　文献是指记录有知识、情报等信息的一切载体。这些信息通过文字、符号、图形、声频、视频、数字等手段记载在各种载体上。文献检索就是利用一定的手段和工具，从大量的文献集合中查找出符合特定需要的相关文献的过程。这里的工具就是指文献检索工具和文献数据库。手工检索使用的是文献检索工具，计算机检索使用的是文献数据库。利用计算机网络进行文献检索是目前常用的方式。

2. *网络搜索引擎*　Internet上信息浩如烟海，如果没有检索工具，想获得有用的信息无异于大海捞针。目前使用最广泛的检索工具是搜索引擎。搜索引擎是具有检索功能的网页的统称，它是根据一定的策略、运用特定的程序从互联网上搜索信息，并对信息进行组织和处理，专为用户提供检索服务的系统。它可以是一个独立的网站，也可以是一个搜索工具。目前使用较多的搜索引擎是百度和谷歌。

百度(http://www.baidu.com)是目前全球最优秀的中文信息检索与传递技术供应商。百度提供网页快照、网页预览、相关搜索词、错别字纠正提示、新闻搜索、Flash搜索、图片搜索、MP3搜索等服务，如图6-46所示。

图6-46　百度主页界面

知识点2　科技期刊的检索

1. *科技期刊的检索*　期刊又称杂志，是连续、定期出版的出版物，有固定的名称、版式和编辑出版单位，有连续的年、卷、期号，出版周期短、速度快、内容新颖、情报信息量大，能较快地反映科技发展的水平和动态。期刊的信息量约占整个信息量的 70%，是情报的主要信息源。目前检索中文科技期刊的方法，主要是通过检索几个中文全文检索数据库来进行，它们是中国知网 CNKI（http://www.cnki.net）、重庆维普（http://www.cqvip.com）和万方数据（http://www.wanfangdata.com.cn）。检索方法大同小异，下面主要以中国知网 CNKI 为例进行简要介绍。

中国知网的全称为中国知识基础设施工程，正式立项于 1995 年，目前已建成世界上全文信息量规模最大的“CNKI 数字图书馆”，涵盖了我国自然科学、工程技术、人文与社会科学的期刊、博硕士论文、报纸、图书、会议论文等公共知识信息资源。其主要数据库产品有中国期刊全文数据库、中国优秀博士硕士论文全文数据库、中国重要报纸全文数据库、中国基础教育知识仓库、中国医院知识仓库等。

中国期刊全文数据库是 CNKI 中的一个巨大信息资源，是国内的大型学术期刊数据库，共收录有 1994 年至今的国内公开出版的 6100 余种核心期刊与专业特色期刊的全文，目前已累计全文文献 4900 万篇，分理工 A、理工 B、理工 C、农业、医药卫生、文史哲、经济政治与法律、教育与社会科学、电子技术与信息科学九大专辑，共 126 个专题文献数据库。医药卫生专辑收录生物医学全文期刊 747 种，涵盖基础医学和临床医学各学科。CNKI 中心网站及数据库交换服务中心每日更新。阅读该库电子期刊全文必须使用 CAJViewer 或 Adobe Reader 浏览器，该浏览器可免费下载。

2. *科技期刊全文数据库检索方法* 登录 CNKI（http://www.cnki.net）主页后，单击“资源总库”进入中国知网资源总库界面，如图 6-47 所示。

图 6-47 中国知网-资源总库界面

单击“期刊”中的“中国学术期刊网络出版总库”，进入基本检索界面，如图 6-48 所示。

（1）标准检索：标准检索是系统默认的初始界面，能够进行快速方便的查询，对于一些简单查询，建议使用该检索系统。该查询的特点是方便快捷，效率高，但查询结果有很大的冗余。如果在检索结果中进行二次检索或配合高级检索则可以大大提高查准率。

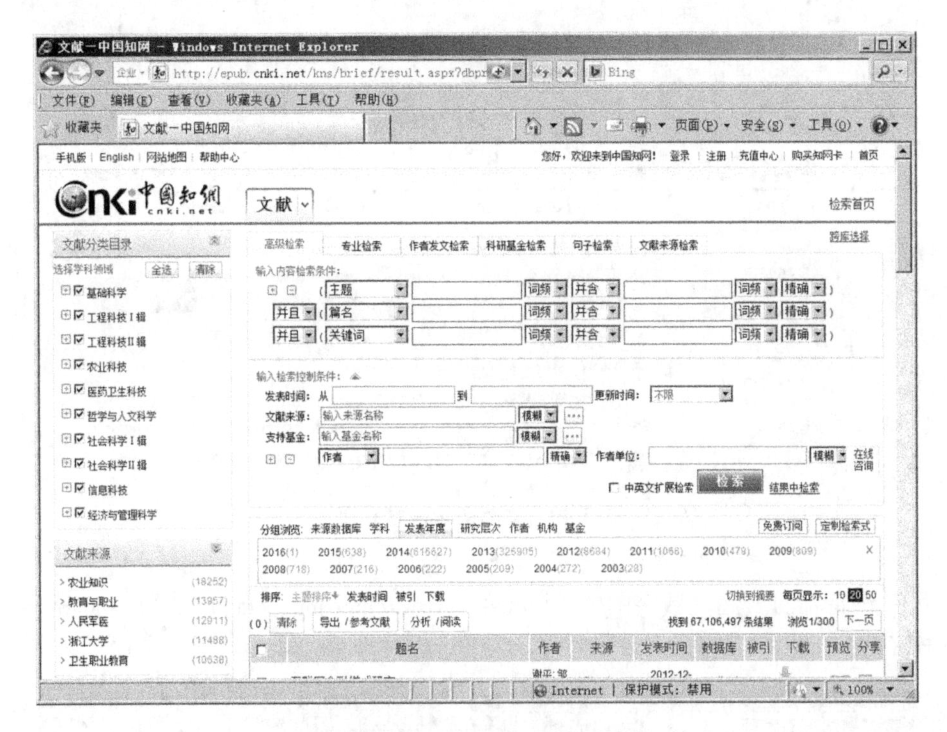

图 6-48　学术期刊标准检索界面

检索时可在左边“文献分类目录”中选择相应的学科领域，系统默认为全选。在“输入检索条件”栏目中选择检索字段、检索时间、期刊来源类别，在“检索字段”下拉列表中可选择主题、篇名、关键词、作者、单位、刊名、ISSN、CN、期、基金、摘要、全文、参考文献、中图分类号，其中主题是指同时包括篇名、关键词和摘要。在检索字段列表框的右边输入框中输入检索词，单击“检索”按钮即可进行检索。

(2)高级检索：高级检索是通过逻辑关系的组合进行的快速查询方式。逻辑关系有“与(并且)”“或(或者)”“非(不含)”3种。该检索方式的优点是查询结果冗余少，命中率高。通过单击标准检索界面上方的“高级检索”标签进入高级检索界面，如图6-49所示。

检索时选择检索范围、检索时间等，如选择多个词的检索字段，则输入多个检索词，并确定各检索词之间的关系，各个检索词之间的关系有“并且”“或者”和“不包含”3种。最后单击“检索文献”按钮进行检索。如果需要二次检索，操作方法与标准检索相似。

知识点3　电子图书

电子图书(也称e-book)，是指以数字代码方式将图、文、声、像等信息存储在磁、光、电介质上，通过计算机或类似设备使用，并可复制发行的大众传播体。电子书形式多样，常见的有TXT格式、DOC格式、HTML格式、CHM格式、PDF格式等。这些格式大部分可以利用微软Windows操作系统自带的软件打开阅读。PDF格式则需要使用免费软件Adobe Reader来打开阅读。

“超星数字图书馆”是目前全世界最大的中文数字图书馆。它提供了大量的电子图书资源，其中包括文学、经济、计算机等50多大类，数百万册电子图书，500万篇论文，大量免费电子图书，超16万集的学术视频。

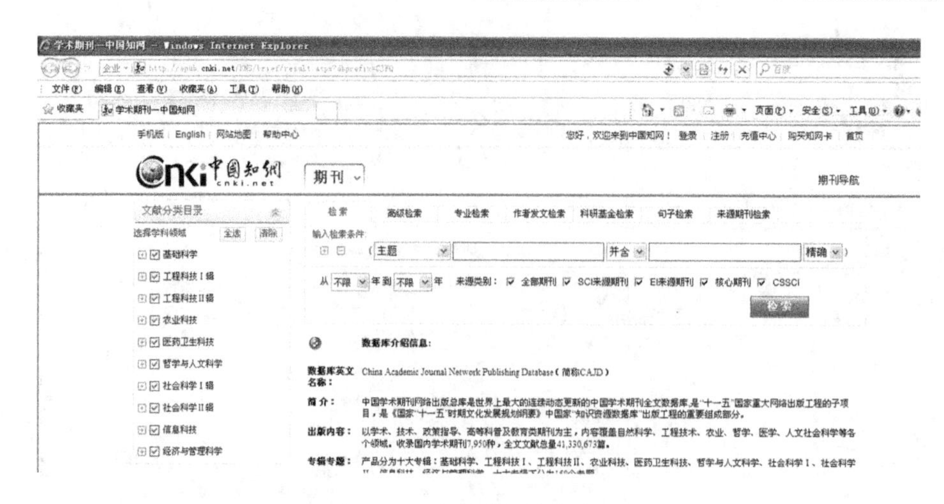

图 6-49 文献高级检索界面

使用 IE 浏览器打开超星数字图书馆(http://www.chaoxing.com/),如图 6-50 所示。超星数字图书馆提供“读书”“讲座”“课程”“学习空间”栏目。

图 6-50 超星数字图书馆-首页

在搜索框中键入要搜索的关键字(或图书名称,例如:医用物理),单击搜索即可查到要阅读的图书,从查到图书列表中单击书名打开图书页面,再单击该图书页面上的“网页阅读”按钮,即可在线阅读。如果下载了超星阅读器,也可用阅读器阅览。如果注册了用户名,登录后则可下载免费的图书。在超星网站上,在线阅览“医用物理”电子书的一个页面,如图 6-51 所示。

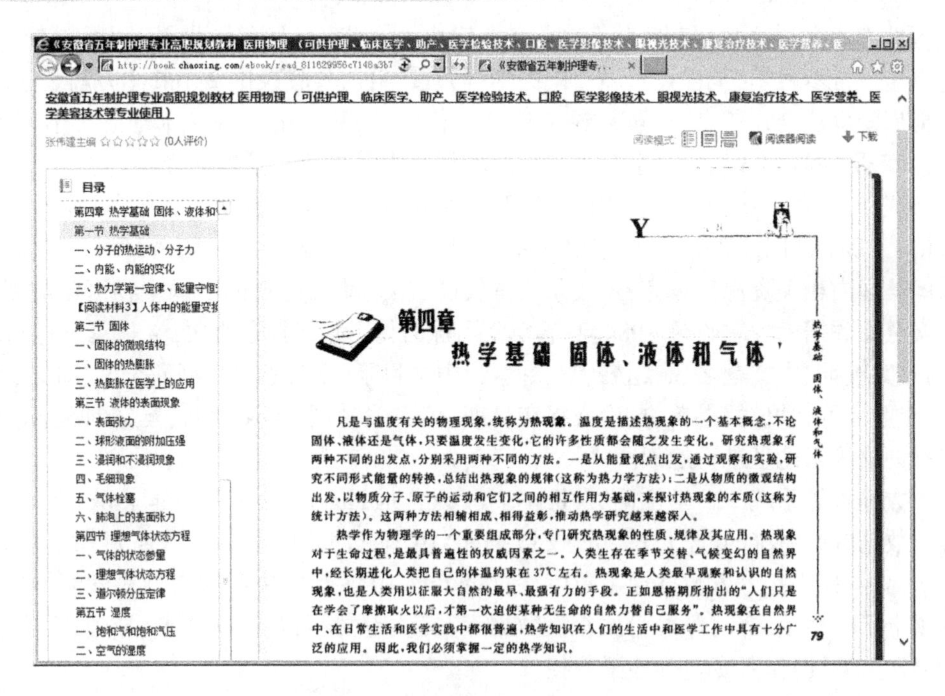

图 6-51　超星数字图书馆-阅览界面

知识点 4　特种文献数据库的检索

特种文献是指那些出版形式比较特殊的科学技术资料，主要包括：专利文献、会议文献、学位论文、技术标准、科技报告、政府出版物等。特种文献内容广泛新颖，类型复杂多样，有的公开发表，有的内部发行，从多角度多层面反映了当前科学技术的发明创造、发展动向和最新水平，具有特殊的参考价值。

1. 专利文献检索　中国知识产权网（http://www.cnipr.com）。

该网站是国家知识产权局知识产权出版社于 1999 年创建的知识产权综合性服务网站，提供"基本检索"和"高级检索"两种检索方式，非会员用户可通过基本检索免费查询该网站的"发明公开"、"实用新型"和"外观设计"专利的名称和摘要信息，但无法看到专利说明书全文及外观设计图形。会员用户可享受高级检索查询，除可查到专利说明书及外观设计图形之外，还可查询最新公布的中国专利信息及所有中国专利的详细法律状态和主权页，并可下载专利说明书。除专利外，还提供商标、版权的信息查询。

中国专利数据库（http://epub.cnki.net/KNS/brief/result.aspx? dbPrefix=SCPD）

中国知识基础设施工程（CNKI）的《中国专利全文数据库》收录了 1985 年 9 月以来的 230 余万条专利，包含发明专利、实用新型专利、外观设计专利 3 个子库，准确地反映中国最新的专利发明。专利的内容来源于国家知识产权局知识产权出版社，相关的文献、成果等信息来源于 CNKI 各大数据库。可以通过申请号、申请日、公开号、公开日、专利名称、摘要、分类号、申请人、发明人、地址、专利代理机构、代理人、优先权等检索项进行检索，并下载专利说明书全文。

2. 医学会议文献检索　万方数据资源系统的《中国学术会议论文库》。

（http://c.wanfangdata.com.cn/conference.aspx）。

该库是国内大型的学术会议文献全文数据库，它收录国家级学会、协会、研究会等组织召开的全国性学术会议论文,每年涉及 600 余个重要的学术会议,每年增补论文 15 000 余篇。数据范围覆盖自然科学、工程技术、农林、医学等领域,目前共收录论文 100 多万篇。学术会议全文数据库既可从会议信息,也可从论文信息进行查找,是了解国内学术动态必不可少的帮手。数据库系统提供会议名称、会议地点、会议时间、主办单位等检索途径。

3. 医药卫生学位论文检索　CHKD 博、硕士学位论文全文数据库。

(http://kns.chkd.cnki.net/kns55/brief/result.aspx? dbPrefix=CDMH)。

该库是国内相关资源比较完备、收录质量较高、连续动态更新的中国生物医学类博、硕士学位论文全文数据库。它收录 1984 年至今全国优秀博、硕士学位论文,文献总量超过 34 万篇,可通过关键词、中文题名、副题名、中文摘要、中文目录、作者姓名、导师、全文、引文、论文级别、学科专业名称、学位授予单位、论文提交日期、英文关键词、英文题名、英文副题名、英文摘要等多种词语检索途径进行检索。

万方数据资源系统——学位论文(http://c.wanfangdata.com.cn/Thesis.aspx)

万方数据资源系统的《学位论文全文数据库》由国家法定学位论文收藏机构中国科技信息研究所提供,并委托万方数据加工建库。收录了自 1977 年以来我国自然科学领域博士、博士后及硕士研究生论文。《学位论文全文数据库》提供论文题目、论文作者、导师、授予学位单位、分类号、关键词、作者专业等检索途径。

6.4.2 学生上机操作

1. 使用百度查找有关用氨苄西林钠进行静脉滴注的剂量用法等资料。

2. 从"人民军医网站"上查找你的课本《信息技术应用基础》的出版信息,并保存该图封面图片。

3. 在"中国知网"网站查找《中华传染病杂志》上刊登的有关"病毒性肝炎重叠感染"的文献资料。

4. 通过 CNKI 查找吴孟超 2001 年发表的文章"原发性肝癌的外科治疗-附 5524 例报告"的出处,并通过中国知网查询这篇文章被引用的次数。

5. 查找在刊名中含有癌症的刊物有哪些?并查找有关《中国癌症杂志》的简单信息。

6. 在超星网站上查找并观看视频节目"出血性脑血管疾病"。

★任务完成评价

通过学习我们了解了文献检索的概念,会进行电子期刊与电子图书的检索。在网络的信息海洋中,善于使用搜索引擎,才能快速找到所需信息。

6.5　本章复习题

一、填空题

1. 计算机网络按照通信距离来划分,可分为______、______和______。

2. 一个 IP 地址是由______位二进制数组成,转换成______个点分十进制数。

3. 计算机要接入 Internet,系统应安装______协议。

二、选择题

1. 网络协议是(　　)

A. IPX

B. TCP/IP

C. NETBEUI

D. 为网络数据交换而制定的规则、约定与标准的集合

2. 下面哪一项不是Internet的基本服务方式( )

A. 远程登录 B. 文件传递 C. 索引服务 D. 电子邮件

3. WAN被称为( )

A. 局域网 B. 城域网 C. 广域网 D. 对等网

4. 局域网中应用较广的网络拓扑结构有( )

A. 总线型 B. 环型 C. 星型 D. 以上都是

5. 在互联网主干中所采用的传输介质主要是( )

A. 双绞线 B. 同轴电缆 C. 无线电 D. 光纤

6. Modem的中文名称是( )

A. 计算机网络 B. 鼠标器 C. 电话 D. 调制解调器

7. 安装外置式Modem时,以下说法中正确的是( )

A. 电话线接入计算机,计算机连接Modem和电话机

B. 电话线接入计算机,计算机连接Modem,Modem连接电话机

C. 电话线接入Modem,Modem连接计算机,计算机连接电话机

D. 电话线接入Modem,Modem连接计算机和电话机

8. 调制解调器的作用是( )

A. 控制并协调计算机和电话网的连接

B. 负责接通与电信局线路的连接

C. 将模拟信号转换成数字信号

D. 将模拟信号与数字信号相互转换

9. 下面IP地址中,正确的是( )

A. 202.9.1.12 B. CX.9.23.01

C. 202.122.202.34.34 D. 202.156.33.316

10. 传统的IP地址使用IPv4,其IP地址的二进制位数是( )

A. 32位 B. 24位 C. 16位 D. 8位

11. 使用Windows7来连接Internet,应使用的协议是( )

A. Microsoft B. IPX/SPX兼容协议

C. NetBEUI D. TCP/IP

12. 下面关于TCP/IP的说法中,哪一项不正确( )

A. TCP协议定义了如何对传输的信息进行分组

B. IP协议是专门负责按地址在计算机之间传递信息

C. TCP/IP协议包括传输控制协议和网际协议

D. TCP/IP是一种计算机语言

(程正兴 张全丽 熊 英 张淮泽)

全国计算机等级考试一级 MSOFFICE 模拟卷

一、选择题(每题 1 分,共 20 分)

1. 世界上第一台计算机诞生于哪一年(　　)
   A. 1945 年　　B. 1956 年　　C. 1935 年　　D. 1946 年
2. 在计算机内部用来传送、存储、加工处理的数据或指令都是以什么形式进行的(　　)
   A. 十进制码　　B. 二进制码　　C. 八进制码　　D. 十六进制码
3. 计算机硬件能直接识别并执行的语言是(　　)
   A. 高级语言　　B. 算法语言　　C. 机器语言　　D. 符号语言
4. 十进制数 101 转换成二进制数是(　　)
   A. 01101001　　B. 01100101　　C. 01100111　　D. 01100110
5. 1MB 的准确数量是(　　)
   A. 1024×1024 Words　　B. 1024×1024 Bytes
   C. 1000×1000 Bytes　　D. 1000×1000 Words
6. 第 4 代电子计算机使用的电子元件是(　　)
   A. 晶体管　　B. 电子管
   C. 中、小规模集成电路　　D. 大规模和超大规模集成电路
7. 将用高级程序语言编写的源程序翻译成目标程序的程序称(　　)
   A. 连接程序　　B. 编辑程序　　C. 编译程序　　D. 诊断维护程序
8. 微型计算机的主机由 CPU、(　　)构成
   A. RAM　　B. RAM、ROM 和硬盘
   C. RAM 和 ROM　　D. 硬盘和显示器
9. 下列设备中,不能作为计算机的输出设备的是(　　)
   A. 打印机　　B. 显示器　　C. 绘图仪　　D. 键盘
10. 计算机系统由哪两大部分组成(　　)
    A. 系统软件和应用软件　　B. 主机和外部设备
    C. 硬件系统和软件系统　　D. 输入设备和输出设备
11. 目前各部门广泛使用的人事档案管理、财务管理等软件,按计算机应用分类,应属于(　　)
    A. 实时控制　　B. 科学计算
    C. 计算机辅助工程　　D. 数据处理
12. 一个汉字的机内码需用(　　)个字节存储
    A. 4　　B. 3　　C. 2　　D. 1
13. 存储一个 48×48 点的汉字字形码,需要(　　)字节
    A. 72　　B. 256　　C. 288　　D. 512
14. 一台微型计算机要与局域网连接,必须安装的硬件是(　　)
    A. 集线器　　B. 网关　　C. 网卡　　D. 路由器
15. Internet 实现了分布在世界各地的各类网络的互联,其最基础和核心的协议是(　　)

A. HTTP　　B. FTP　　C. HTML　　D. TCP/IP

16. 下列关于计算机病毒的说法中,正确的一条是(　　)

A. 计算机病毒是对计算机操作人员身体有害的生物病毒

B. 计算机病毒将造成计算机的永久性物理损害

C. 计算机病毒是一种通过自我复制进行传染的、破坏计算机程序和数据的小程序

D. 计算机病毒是一种感染在 CPU 中的微生物病毒

17. Windows 系统中,"任务栏"的作用是(　　)

A. 显示系统的所有功能

B. 只显示当前活动窗口名

C. 只显示正在后台工作的窗口名

D. 实现窗口之间的切换

18. Excel 2010 窗口有修改下列哪一项的命令(　　)

A. 单元格右称　　B. 工作表名称　　C. 工作簿名称　　D. 列表号

19. 在 Word 2010 主窗口的右上角、可以同时显示的按钮是(　　)

A. 最小化. 还原和最大化

B. 还原、最大化和关闭

C. 最小化还原和关闭

D. 还原和最大化

20. 在 Word 2010 中,段落标记的产生是输入(　　)

A. 句号　　B. Enter 键　　C. Shift+Enter　　D. 分页符

二、操作题(考生文件夹为当前文件夹中的 KS 文件夹)(80 分)

1. Windows 操作系统的使用(10 分)

(1)将考生文件夹下 MIRROR 文件夹中的文件 JOICE.BAS 的属性设置为隐藏。

(2)删除考生文件夹下 SNOW 文件夹中的文件夹 DRIGEN。

(3)将考生文件夹下 NEWFILE 文件夹中的文件 AUTUMN.FOR 复制到考生文件夹下 WSK 文件夹中,并重命名为 SUMMER.FOR。

(4)在考生文件夹下 YELLOW 文件夹中新建立一个名为 STUDIO 的新文件夹。

(5)将考生文件夹下 CPC 文件夹中的文件 TOKEN.DOC 移动到考生文件夹下 STEEL 文件夹中。

2. Word 操作(25 分)

在考生文件夹下打开文档 WD11.DOC,其内容如下:

【文档开始】

长安奔奔微型轿车简介

2006 年 11 月奔奔在北京车展上正式上市,它是长安的首款自主品牌轿车,开发历时 3 年,从发动机到外形全部由长安自主研发。

长安奔奔由长安汽车集团和世界著名的意大利汽车设计公司 idea 联合设计打造,并由世界顶级汽车设计师 Justyn Norek 亲自设计造型。

奔奔的造型以直线条为主,在大灯、前机舱盖、c 柱以及尾灯等处都有突出的棱角设计。

奔奔的内部结构采用前后上下都可调节的座椅设计方案,可以 6 个方向调节,还可将第二

排座椅折叠内藏。

奔奔的内饰配色,选择了辅助银色仿金属贴面材料的黑色系。黑色的主色调,亮度虽较差,但因有了银色系的辅助,缓解了压抑感并体现了动感、时尚,还能提升做工精致感。

奔奔的底盘比较硬朗,后悬都是采用的以整体桥为核心的设计,由一根硬轴链接左右两个后轮,辅以多根连杆,并匹配螺旋弹簧,加上麦弗逊的独立前悬和承载车身,底盘的整体舒适性还不错,尤其弯道时车身侧倾不大。

奔奔主要技术参数

参数名称职　　参数值

长/宽/高(mm)　　3525/1650/1550

轴距(mm)　　2365

最大功率(kW/rpm)　　63/6500

最大扭矩(N.m/rpm)　　110/3500-4500

排气量(cc)　　1301

最高时速(km/h)　　145

【文档结束】

按照要求完成下列操作并以原文件名保存文档。

(1)将标题段("长安奔奔微型轿车简介")文字设置为二号红色楷体_GB2312、加粗并添加着重号。

(2)将正文各段("2006 年 11 月……车身侧倾不大。")中的中文文字设置为小四号宋体、西文文字设置为小四号 Arial;行距为 18 磅,各段落段前间距 0.2 行。将最后一段("奔奔的底盘……车身侧倾不大。")分为等宽两栏,栏间距 2 字符,栏间添加分隔线。

(3)将页面上、下边距均设置为 2.4 厘米,页面垂直对齐方式为"顶端"。

(4)将文中后 7 行文字转换成一个 7 行 2 列的表格,并使用表格自动套用格式的"简明型 1"修改表格样式(其中"要应用的格式"中的"自动调整"选项设置为不选中);设置表格居中、表格中所有文字都中部居中;将表格列宽设置为 5 厘米、行高为 0.6 厘米,设置表格所有单元格的左、右边距均为 0.3 厘米(使用"表格属性"对话框中的"单元格"选项进行设置)。

(5)在表格最后一行之后添加一行,并在"参数名称"列输入"发动机型号",在"参数值"列输入"JL474Q2"。

3. Excel 操作(20 分)

(1)在考生文件夹下打开文件 EXCEL11.XLS(内容如下),操作要求如下。

	A	B	C	D
1	师学历情			
2	学历	人数	所占比例	
3	本科	150		
4	硕士	392		
5	博士	268		
6	总计			

①将工作表 Sheet1 的 A1:C1 单元格合并为一个单元格,内容水平居中;计算"人数"列的"总计"项及"所占比例"列的内容(所占比例=人数/总计,百分比型,保留小数点后 2 位);将 A2:C6 单元格区域格式设置为自动套用格式"古典 2";将工作表重命名为"教师学历情况

表”。

②选取“学历”和“所占比例”两列的数据(不包括“总计”行)建立“三维饼图”(系列产生在“列”),数据标志为“百分比”,图标题为“教师学历情况图”,图例位置靠左,将图插入到表的 A7:D15 单元格区域内,保存 EXCEL1.XLS 文件。

某大学教师学历情况表		
学历	人数	所占比例
硕士	150	
博士	392	
总计		

(2)在考生文件夹下打开文件 EXCEL11A.XLS(内容如下),操作要求如下:对工作表“进货统计表”内数据清单的内容按主要关键字“商品名称”的递增次序和次要关键字“进货日期”的递增次序进行排序,然后对排序后的结果进行分类汇总,分类字段为“商品名称”,汇总方式为“求和”,汇总项为“金额”,汇总结果显示在数据下方,工作表名保持不变,保存 EXCEL11A.XLS 工作簿。

	A	B	C	D	E
1	进货日期	商品名称	单价	进货数量	金额
2	2006-3-1	洗衣粉	￥3.50	350	1225
3	2006-3-1	牙膏	￥2.70	350	945
4	2006-3-3	洗发水	￥32.80	100	3280
5	2006-3-3	味精	￥3.20	150	480
6	2006-3-3	牙膏	￥3.40	100	340
7	2006-3-5	大米	￥3.20	500	1600
8	2006-3-5	洗衣粉	￥2.60	100	260
9	2006-3-5	醋	￥3.20	200	640
10	2006-3-5	酱油	￥3.40	200	680
11	2006-3-6	大米	￥2.30	500	1150
12	2006-3-6	醋	￥3.20	50	160
13	2006-3-7	洗衣粉	￥4.70	250	1175
14	2006-3-7	牙膏	￥3.40	250	850
15	2006-3-8	醋	￥1.20	150	180
16	2006-3-8	洗发水	￥27.80	100	2780
17	2006-3-8	大米	￥2.30	500	1150
18	2006-3-10	味精	￥6.20	150	930
19	2006-3-10	洗衣粉	￥11.50	350	4025
20	2006-3-10	大米	￥2.30	200	460
21	2006-3-10	酱油	￥2.60	200	520

4. PowerPoint 操作(15 分)

打开考生文件夹下的演示文稿 yswg11.ppt,按照下列要求完成操作并保存。

行业信息化

精选业界资源人士最新观点

(1)在演示文稿开始处新插入一张“标题幻灯片”,作为演示文稿的第一张幻灯片,输入主标题为:“计算机世界”;输入副标题为:“IT 应用咨询顾问”,设置字体字号为:楷体_GB2312、

40 磅。

(2)将整个演示文稿设置为"Blueprint"模板,将全部幻灯片的切换效果设置为:"从右抽出",两张幻灯片中的副标题的动画效果设置为"飞人""底部"。

5. 浏览器(IE)的简单使用和电子邮件收发。(10 分)

(1)申请两个 qq 账号并开通电子邮箱。

(2)用其中一个 qq 邮箱向另一邮箱发送邮件。

(3)查看邮件是否发送成功。

选择题答案

1~5 DBCBB　　6~10 DCCDC

11~15 DCCCD　　16~20 CDBCB

《信息技术应用基础》各章选择题参考答案

第1章　计算机基础知识习题答案

1. C　2. C　3. D　4. C　5. A　6. B　7. C　8. D　9. C　10. B

11. D　12. D　13. A　14. C　15. D　16. D　17. A　18. A　19. B　20. C

21. D　22. C　23. D　24. D　25. C　26. C　27. C　28. C　29. A　30. B

31. C　32. A　33. B　34. A　35. B　36. A　37. A　38. D　39. A　40. C

41. D　42. A　43. A　44. A　45. B　46. A　47. D　49. B　49. A　50. C

51. D　52. A　53. A　54. A　55. B　56. B　57. C　58. C　59. A　60. A

61. A　62. C　63. D　64. B　65. B　66. A　67. A　68. B　69. C　70. C

71. A　72. B　73. B　74. C　75. A　76. B　77. A　78. B　79. A　80. D

81. A　82. D　83. C　84. B　85. B　86. B　87. A　88. C　89. A　90. D

91. C　92. A　93. A　94. B　95. D　96. C　97. D　98. D　99. C　100. A

101. D　102. C　103. C　104. B　105. B　106. B　107. C　108. C　109. C　110. D

111. D　112. D　113. B　114. B　115. D　116. C　117. C　118. D　119. C　120. A

121. A　122. B　123. B　124. A　125. B　126. C　127. C　128. A　129. A　130. D

131. B　132. A　133. A　134. B　135. D　136. C　137. D　138. D　139. A　140. A

141. B　142. A　143. B　144. A　145. B　146. C　147. C　148. B　149. A　150. B

151. C　152. D　153. C　154. D　155. C　156. C　157. B　158. A　159. C　160. C

161. D　162. D　163. C　164. D　165. D　166. A　167. B　168. A　169. C　170. D

171. A　172. A　173. D　174. C　175. B　176. D　177. C　178. B　179. A　180. C

181. C　182. B　183. D　184. C　185. C　186. D　187. B　188. C　189. B　190. D

191. B　192. B　193. C　194. A　195. C　196. B　197. D　198. B　199. D　200. B

201. B　202. B　203. C　204. B　205. B　206. C　207. D　208. A　209. C　210. B

211. A　212. C　213. D　214. B　215. B　216. B　217. C　218. B　219. B　220. B

221. D　222. C　223. B　224. C　225. B　226. B　227. B　228. D　229. B　230. A

231. A　232. A　233. D　234. B　235. C　236. A　237. B　238. D　239. C　240. D

241. C　242. B　243. B　244. A　245. C　246. D　247. D　248. A　249. B　250. A

251. D　252. B　253. C　254. B　255. A　256. C　257. B　258. B　259. A　260. B

261. C　262. C　263. C　264. A　265. A　266. A　267. B　268. D　269. B　270. C

271. C　272. C　273. B　274. D　275. B　276. D　277. B　278. B　279. B　280. A

281. B　282. D　283. B　284. B　285. A　286. C　287. B　288. B　289. B　290. D

291. D　292. A　293. D　294. A　295. C

第2章　Windows 7 中文操作系统习题答案

1. C　2. B　3. D　4. C　5. A　6. B　7. C　8. A　9. D　10. B

11. B　12. C　13. A　14. C　15. D　16. D　17. C　18. B　19. A　20. C

21. B　22. A　23. C　24. A　25. A　26. D　27. B　28. D　29. A　30. C

31. D　32. D　33. A　34. D　35. A　36. B　37. C　38. D　39. B　40. B

41. C　42. D　43. C　44. A　45. C　46. C　47. A　48. B　49. D　50. B
51. A　52. C　53. C　54. D　55. D　56. A　57. B　58. A　59. C　60. A
61. D　62. B　63. A　64. C　65. B　66. C　67. B　68. A　69. A　70. D
71. A　72. C　73. D　74. A　75. C　76. A　77. D　78. D　79. B　80. C
81. C　82. D　83. A　84. B　85. D　86. A　87. B　88. C　89. A　90. D
91. C　92. C　93. B　94. B　95. D　96. A　97. D　98. B　99. D　100. A
101. A　102. B　103. D　104. C　105. A　106. D　107. C　108. B　109. A　110. A
111. D　112. C　113. A　114. D　115. D　116. A　117. D　118. D　119. C　120. C
121. C　122. B　123. B　124. D　125. C　126. C　127. C　128. C　129. A　130. D
131. C　132. A　133. A　134. A　135. D　136. C　137. C　138. A　139. D　140. A
141. C　142. B　143. C　144. C　145. B　146. B　147. B　148. C　149. B　150. A
151. B　152. B　153. D　154. C　155. B　156. A　157. A　158. A　159. B　160. B
161. B　162. C　163. D　164. B　165. C　166. D　167. A　168. B　169. C　170. D
171. C　172. A　173. D　174. D　175. C　176. D　177. D　178. C　179. A　180. A
181. D　182. B　183. C　184. D　185. D　186. C　187. D　188. A　189. B　190. A
191. C　192. A　193. D　194. D　195. B　196. D　197. A　198. D　199. C　200. C
201. C　202. C　203. B　204. D　205. A　206. C　207. C　208. B　209. D　210. D
211. A　212. D　213. A　214. C　215. C　216. C　217. B　218. A　219. D　220. C
221. A　222. B　223. D　224. D　225. A　226. D　227. C　228. B　229. A　230. B
231. B　232. B　233. C　234. D　235. A　236. B　237. A　238. D　239. D　240. D
241. B　242. B　243. C　244. C　245. C　246. D　247. C　248. D　249. B　250. A
251. A　252. D　253. D　254. A　255. B　256. D　257. B　258. B　259. D　260. A
261. C　262. B　263. A　264. C　265. C　266. D　267. B　268. D　269. D　270. D

第 3 章　Word 2010 文字处理软件习题答案

1. A　2. C　3. A　4. A　5. C　6. A　7. A　8. C　9. B　10. B
11. B　12. B　13. A　14. D　15. C　16. A　17. C　18. A　19. C　20. A
21. D　22. C　23. B　24. C　25. A　26. A　27. A　28. C　29. D　30. D
31. C　32. A　33. B　34. C　35. C　36. D　37. A　38. B　39. D　40. C
41. A　42. C　43. C　44. C　45. C　46. C　47. C　48. A　49. A　50. A
51. 1　52. B　53. A　54. D　55. C　56. C　57. B　58. D　59. C　60. B
61. D　62. D　63. B　64. D　65. A　66. C　67. C　68. D　69. D　70. B
71. B　72. D　73. C　74. B　75. B　76. D　77. B　78. C　79. D　80. C
81. B　82. D　83. A　84. B　85. A　86. C　87. D　88. C　89. D　90. D
91. C　92. C　93. C　94. D　95. A　96. B　97. C　98. A　99. C　100. D

第 4 章　Excel 2010 电子表格软件习题答案

1. D　2. D　3. C　4. D　5. D　6. A　7. C　8. A　9. B　10. B
11. D　12. D　13. D　14. C　15. D　16. B　17. C　18. B　19. B　20. A
21. A　22. C　23. B　24. B　25. D　26. D　27. D　28. C　29. C　30. D
31. A　32. B　33. C　34. B　35. A　36. B　37. A　38. B　39. B　40. D

41. C 42. A 43. B 44. D 45. D 46. C 47. A 48. D 49. B 50. C
51. D 52. D 53. C 54. A 55. B 56. B 57. B 58. D 59. C 60. D
61. A 62. A 63. A 64. B 65. B 66. B 67. C 68. C 69. B 70. D
71. B 72. D 73. D 74. B 75. C 76. D 77. B 78. D 79. D 80. B
81. D 82. D 83. D 84. B 85. B 86. A 87. D 88. C 89. C 90. A
91. C 92. B 93. A 94. A 95. B 96. D 97. B 98. B 99. B 100. B
101. C 102. B 103. B 104. D 105. A 106. D 107. D 108. A 109. B 110. C
111. D 112. C 113. B 114. A 115. A 116. B 117. A 118. C 119. A 120. D
121. B 122. D 123. C 124. A 125. C 126. D 127. D 128. B 129. C 130. C
131. C 132. A 133. C 134. D 135. C 136. C 137. C 138. C 139. D 140. A
141. D 142. C 143. A 144. D 145. B 146. A 147. A 148. B 149. B 150. D
151. B 152. B 153. C 154. D 155. C 156. D 157. D 158. B 159. D 160. B
161. C 162. A 163. B 164. B 165. D 166. B 167. D 168. C 169. C 170. A
171. C 172. B 173. D 174. C 175. C 176. C 177. D

第 5 章 PowerPoint 2010 演示文稿软件习题答案

1. C 2. D 3. C 4. C 5. B 6. B 7. C 8. B 9. B 10. C
11. D 12. B 13. A 14. B 15. A 16. B 17. B 18. C 19. B 20. A
21. A 22. C 23. C 24. B 25. B 26. D 27. C 28. D 29. B 30. A
31. C 32. C 33. B 34. D 35. C 36. B 37. B 38. A 39. B 40. A
41. D 42. A 43. B 44. D 45. C 46. C 47. A 48. B 49. C 50. D
51. C 52. A 53. A 54. A 55. B 56. D 57. B 58. C 59. C 60. A
61. B 62. B 63. C 64. C 65. D 66. D 67. A 68. A 69. D 70. A
71. C 72. C 73. C 74. A 75. B 76. A 77. D 78. C 79. A 80. C
81. C 82. C 83. C 84. B 85. A 86. A 87. D 88. A 89. A 90. B
91. D 92. C 93. B 94. C 95. C 96. D 97. C 98. D 99. B 100. A

第 6 章 互联网的应用习题答案

1. C 2. B 3. C 4. D 5. B 6. D 7. B 8. C 9. C 10. A
11. D 12. B 13. A 14. D 15. C 16. D 17. B 18. D 19. B 20. A
21. B 22. C 23. C 24. C 25. C 26. B 27. B 28. A 29. C 30. D
31. C 32. D 33. B 34. A 35. B 36. D 37. D 38. D 39. C 40. B
41. C 42. D 43. A 44. B 45. C 46. A 47. C 48. D 49. C 50. B
51. C 52. A 53. D 54. D 55. B 56. D 57. A 58. D 59. A 60. C
61. D 62. C 63. C 64. B 65. B 66. D 67. A 68. D 69. B 70. C
71. C 72. D 73. D 74. A 75. B